Estudos de História do Pensamento Científico

Coleção Campo Teórico

Dirigida por Manoel Barros da Motta
e Severino Bezerra Cabral Filho

Da mesma coleção:
Do Mundo Fechado ao Universo Infinito
Alexandre Koyré

Estudos de História do Pensamento Científico
Alexandre Koyré

Estudos de História do Pensamento Filosófico
Alexandre Koyré

O Normal e o Patológico
Georges Canguilhem

O Nascimento da Clínica
Michel Foucault

A Arqueologia do Saber
Michel Foucault

Da Psicose Paranoica em suas Relações com a Personalidade
Jacques Lacan

Teoria e Clínica da Psicose
Antonio Quinet

Michel Foucault – Uma Trajetória Filosófica
Paul Rabinow e Hubert Dreyfus

Raymond Roussel
Michel Foucault

Alexandre Koyré

Estudos de História do Pensamento Científico

3ª edição

Tradução e Revisão Técnica de:
MÁRCIO RAMALHO

Rio de Janeiro

- A EDITORA FORENSE se responsabiliza pelos vícios do produto no que concerne à sua edição, aí compreendidas a impressão e a apresentação, a fim de possibilitar ao consumidor bem manuseá-lo e lê-lo. Os vícios relacionados à atualização da obra, aos conceitos doutrinários, às concepções ideológicas e referências indevidas são de responsabilidade do autor e/ou atualizador.
  As reclamações devem ser feitas até noventa dias a partir da compra e venda com nota fiscal (interpretação do art. 26 da Lei n. 8.078, de 11.09.1990).

- Traduzido de:
  Études D'Histoire de La Pensée Scientifique
  Copyright © Éditions Gallimard, 1973
  All rights reserved.

- Estudos de História do Pensamento Científico
  ISBN 978-85-309-3567-2
  Direitos exclusivos para o Brasil na língua portuguesa
  Copyright © 2011 by
  FORENSE UNIVERSITÁRIA um selo da EDITORA FORENSE LTDA.
  Uma editora integrante do GEN | Grupo Editorial Nacional
  Travessa do Ouvidor, 11 – 6º andar – 20040-040 – Rio de Janeiro – RJ
  Tel.: (0XX21) 3543-0770 – Fax: (0XX21) 3543-0896
  bilacpinto@grupogen.com.br | www.grupogen.com.br

- O titular cuja obra seja fraudulentamente reproduzida, divulgada ou de qualquer forma utilizada poderá requerer a apreensão dos exemplares reproduzidos ou a suspensão da divulgação, sem prejuízo da indenização cabível (art. 102 da Lei n. 9.610, de 19.02.1998).
  Quem vender, expuser à venda, ocultar, adquirir, distribuir, tiver em depósito ou utilizar obra ou fonograma reproduzidos com fraude, com a finalidade de vender, obter ganho, vantagem, proveito, lucro direto ou indireto, para si ou para outrem, será solidariamente responsável com o contrafator, nos termos dos artigos precedentes, respondendo como contrafatores o importador e o distribuidor em caso de reprodução no exterior (art. 104 da Lei n. 9.610/98).

  2ª edição brasileira – 1991
  3ª edição brasileira – 2011
  Tradução e Revisão Técnica
  Márcio Ramalho

- CIP – Brasil. Catalogação-na-fonte.
  Sindicato Nacional dos Editores de Livros, RJ.

  Koyré, Alexandre, 1892-1964

  K89e   Estudos de história do pensamento científico / Alexandre Koyré; tradução de
  3.ed.   Márcio Ramalho. – 3. ed. – Rio de Janeiro: Forense, 2011.

  444p.: il. – (Campo teórico)

  Tradução de: Études d'histoire de la pensée scientifique
  Inclui índice
  ISBN 978-85-309-3567-2

  1. Ciência – Filosofia. 2. Ciência – História. I. Título. II. Série.

  11-1993   CDD: 509
                                                       CDU: 50(091)

O GEN | Grupo Editorial Nacional reúne as editoras Guanabara Koogan, Santos, LTC, Forense, Método e Forense Universitária, que publicam nas áreas científica, técnica e profissional.

Essas empresas, respeitadas no mercado editorial, construíram catálogos inigualáveis, com obras que têm sido decisivas na formação acadêmica e no aperfeiçoamento de várias gerações de profissionais e de estudantes de Administração, Direito, Enfermagem, Engenharia, Fisioterapia, Medicina, Odontologia, Educação Física e muitas outras ciências, tendo se tornado sinônimo de seriedade e respeito.

Nossa missão é prover o melhor conteúdo científico e distribuí-lo de maneira flexível e conveniente, a preços justos, gerando benefícios e servindo a autores, docentes, livreiros, funcionários, colaboradores e acionistas.

Nosso comportamento ético incondicional e nossa responsabilidade social e ambiental são reforçados pela natureza educacional de nossa atividade, sem comprometer o crescimento contínuo e a rentabilidade do grupo.

SUMÁRIO

Prefácio da Edição Original IX

ORIENTAÇÃO E PROJETOS DE PESQUISA 1

O PENSAMENTO MODERNO 7
Le Livre. Paris, 4º ano, maio de 1930

ARISTOTELISMO E PLATONISMO NA FILOSOFIA DA IDADE MÉDIA 15
Les Gants du Ciel. Ottawa, 1944. v. VI

A CONTRIBUIÇÃO CIENTÍFICA DA RENASCENÇA 43
Quinzième Semaine de Synthèse. Paris: Albin Michel, 1951

AS ORIGENS DA CIÊNCIA MODERNA: UMA NOVA INTERPRETAÇÃO 55
Diogène. Paris: Gallimard, n. 16, outubro de 1956

AS ETAPAS DA COSMOLOGIA CIENTÍFICA 83
Quartozième Semaine de Synthèse. Paris: Albin Michel, 1951

LEONARDO DA VINCI 500 ANOS DEPOIS 95
Texto inédito de uma conferência, Madison, 1953

A DINÂMICA DE NICCOLÒ TARTAGLIA 113
Colóquio Internacional de Royaumont, julho de 1957, *La Science au XVIᵉsiècle*. Paris: Hermann, 1960

GIAMBATTISTA BENEDETTI, CRÍTICO DE ARISTÓTELES 137
Mélanges Offerts à Étienne Gilson. Paris: Vrin, 1959

GALILEU E PLATÃO 165
Journal of the History of Ideas. Nova York, 1943, v. IV

GALILEU E A REVOLUÇÃO CIENTÍFICA DO SÉCULO XVII 197
Conférences du Palais de la Découverte. Paris, 7 de maio de 1955

GALILEU E A EXPERIÊNCIA DE PISA: A PROPÓSITO DE UMA LENDA 215
Annales de l'Université de Paris, 1937

O *DE MOTU GRAVIUM* DE GALILEU: DA EXPERIÊNCIA IMAGINÁRIA E DE SEU ABUSO 227

Revue d'Histoire des Sciences. Paris: PUF, 1960, v. XIII

TRADUTTORE-TRADITORE: A PROPÓSITO DE COPÉRNICO E DE GALILEU 283
Ísis. v. XXXIV, n. 95, 1943

ATITUDE ESTÉTICA E PENSAMENTO CIENTÍFICO 287
Critique, setembro-outubro de 1955

UMA EXPERIÊNCIA DE MEDIDA... 301
Proceedings of the American Philosophical Society, v. 97, n. 2, abril de 1953

GASSENDI E A CIÊNCIA DE SEU TEMPO 337
Tricentenaire de Pierre Gassendi, 1655-1955, Actes du Congrès.
Paris: PUF, 1957

BONAVENTURA CAVALIERI E A GEOMETRIA DOS CONTÍNUOS 351
Hommage à Lucien Febvre. Paris: A. Colin, 1954

PASCAL SÁBIO 385
Colóquio de Royaumont, novembro de 1954, Blaise Pascal, l'Homme et
l'Oeuvre. Paris: Éditions de Minuit, 1956

PERSPECTIVAS DA HISTÓRIA DAS CIÊNCIAS.. 415
Colóquio de Oxford, julho de 1961, Scientific Change..., Londres, 1963

ÍNDICE ONOMÁSTICO 427

PREFÁCIO DA EDIÇÃO ORIGINAL

Os artigos e ensaios reunidos neste volume esclarecem diversos aspectos de uma questão de interesse fundamental, a cujo estudo Alexandre Koyré dedicou o essencial de seu trabalho de historiador do pensamento científico, isto é, a gênese dos grandes princípios da ciência moderna. Ao lado das quatro grandes obras que publicou sobre esse tema – a tradução do primeiro livro (cosmologia) do *De revolutionibus*, de Copérnico,[1] os *Estudos galileanos*,[2] *A revolução astronômica*[3] e *Do mundo fechado ao universo infinito*[4] –, esta coletânea de artigos merece, sem dúvida alguma, um lugar de destaque, não só pelos numerosos elementos complementares que contém, mas também pelas conexões fecundas que permite estabelecer entre os vários campos da história intelectual e pelas preciosas indicações que fornece sobre o método de pesquisa e de análise de seu autor. A publicação deste volume se justifica mais ainda porque alguns dos textos nele reagrupados permaneciam inéditos, pelo menos em francês, e a maior parte dos outros se tornara de difícil acesso.

Estes artigos foram reordenados segundo a ordem cronológica de seus temas, e não segundo as épocas de sua redação. É verdade que, sem deixar de ser levada em consideração a inevitável necessidade de alguns recuos, a linha geral das pesquisas de Alexandre Koyré seguiu o mesmo plano cronológico, partindo da ciência escolástica para chegar a Newton. Estando os artigos relativos ao autor dos *Principia* reservados a um volume especial sobre *Estudos newtonianos*, esta coletânea compreende, na realidade, três grandes partes, dedicadas respectivamente à ciência da

---

1   COPÉRNICO, N. *Des révolutions des orbes celestes*. Introdução, tradução e notas de A. Koyré. Paris: Librairie Félix Alcan, 1934. v. VIII, 154 p.
2   KOYRÉ, A. *Études galiléennes*: I. *A l'aube de la science classique*; II. *La loi de la chute des corps. Descartes et Galilée*. III. *Galilée et la loi d'Inertie*. Paris: Hermann, 1940, 3 fasc., 335 p.
3   KOYRÉ, A. *La révolution astronomique. Copernic, Kepler, Borelli*. Paris: Hermann, 1961. 525 p. ("Histoire de la pensée", III).
4   KOYRÉ, A. *Du monde clos à l'univers infini*. Paris: Presses Universitaires de France, 1962. 279 p. (tradução francesa de *From the closed world to the infinite universe*. Baltimore: The John Hopkins Press, 1957).
    N. do T. – Edição brasileira: *Do mundo fechado ao universo infinito*. Tradução de Donaldson M. Garschagen. Rio de Janeiro: Editora Forense Universitária, 1979 (com a colaboração da Universidade de São Paulo).

Idade Média e da Renascença, a Galileu, e à obra de determinados sábios eminentes da primeira metade do século XVII (Mersenne, Cavalieri, Gassendi, Riccioli, Pascal).[5] Afora algumas pequenas correções tipográficas e a introdução de referências a passagens contidas no próprio volume, o texto dos artigos reproduzidos se acha exatamente de acordo com os originais. As traduções foram feitas com a constante preocupação de preservar tanto o pensamento de Alexandre Koyré como a sua habitual maneira de se exprimir.

Ao mesmo tempo que reúne um conjunto de estudos do mais alto interesse sobre as origens e a gênese da ciência moderna, este volume contém uma lição viva de método de pesquisa histórica. Com efeito aqui se acham reproduzidos vários textos particularmente reveladores dos princípios pelos quais se orienta o trabalho de Alexandre Koyré. O primeiro texto da coletânea é extraordinariamente claro e explícito. Nele o autor insiste, inicialmente, na sua "convicção da unidade do pensamento humano, particularmente em suas formas mais elevadas" (pensamento filosófico, pensamento religioso e pensamento científico), convicção que explica, em grande parte, a evolução de suas pesquisas.[6] Se, ao abordar o estudo das origens da ciência moderna, ele passa sucessivamente da astronomia à física e às matemáticas, prossegue ligando a evolução do pensamento científico à evolução das ideias *transcientíficas*, filosóficas, metafísicas e religiosas. As quatro obras acima citadas e a maior parte dos artigos reproduzidos neste volume constituem o fruto deste notável esforço de análise e interpretação de uma das revoluções mais importantes da história intelectual da humanidade. Para "dominar a trajetória desse pensamento (científico), no próprio movimento de sua atividade criadora", é indispensável recolocá-lo, tão fielmente quanto possível, no contexto de sua época e analisá-lo em toda a sua complexidade, com suas incertezas, seus erros e seus fracassos. Os artigos que se seguem demonstram da maneira mais convincente o cuidado com que Alexandre Koyré soube recorrer ao seu modo próprio de pensar, quer nos estudos de síntese destinados a destacar as grandes linhas de uma obra, a atmosfera científica de uma época ou a influência das ideias filosóficas, quer ainda nos artigos mais técnicos, dedicados ao estudo de matérias exatas, apoiados em numerosas citações. Por esta notável lição de método que nos proporciona, bem como pela riqueza de seu conteúdo, esta nova obra de Alexandre Koyré merece a leitura e a meditação dos estudiosos especializados em história do pensamento científico e, de modo muito mais amplo, de todos aqueles que se interessam pela história das ideias.

René Taton

---

5   Com exceção, bem entendido, do primeiro e do último artigo, nos quais Alexandre Koyré apresenta as ideias que orientam seu trabalho.
6   A esse respeito, ver, particularmente, o importante estudo de Y. Belaval (*Critique*. p. 675-704, ago.-set. 1964.).

ORIENTAÇÃO E PROJETOS DE PESQUISA[1]

Desde o início de minhas pesquisas fui inspirado pela convicção da unidade do pensamento humano, particularmente em suas formas mais elevadas. Pareceu-me impossível separar, em compartimentos estanques, a história do pensamento filosófico e a história do pensamento religioso, do qual o primeiro sempre se serve, quer para nele inspirar-se, quer para refutá-lo.

Essa convicção, transformada em princípio de pesquisa, mostrou-se fecunda para a intelecção do pensamento medieval e moderno, mesmo no caso de uma filosofia, aparentemente tão despojada de preocupações religiosas, como a de Spinoza. Mas era preciso ir mais longe. Tive de convencer-me, rapidamente, de que era analogamente impossível negligenciar o estudo da estrutura do pensamento científico.

A influência do pensamento científico e a visão do mundo por ele determinada não se acham presentes apenas nos sistemas que – como os de Descartes ou de Leibniz –, abertamente, se apoiam na ciência, mas também nas doutrinas – como é o caso das doutrinas místicas, aparentemente estranhas a qualquer preocupação dessa natureza. O pensamento, quando formulado em sistema, implica uma imagem, ou melhor, uma concepção do mundo, e se situa em relação a ela. Assim, por exemplo, a mística de Böhme é rigorosamente incompreensível sem referência à nova cosmologia criada por Copérnico.

Essas considerações me levaram ou, mais ainda, me reconduziram ao estudo do pensamento científico. De início, ocupei-me da história da astronomia. A seguir, minhas pesquisas se dirigiram ao

---
[1] Extrato de um *curriculum vitae* redigido por Alexandre Koyré em fevereiro de 1951.

campo da história da física e das matemáticas. A ligação cada vez mais estreita que se estabeleceu, nos primórdios dos tempos modernos, entre a *physica coelestis* e a *physica terrestris*, constitui a própria origem da ciência moderna.

A evolução do pensamento científico, pelo menos durante o período a cujo estudo então me dedicava, não formava, tampouco, uma série independente, mas, pelo contrário, estava intimamente ligada à evolução das ideias *transcientíficas*, filosóficas, metafísicas e religiosas.

A astronomia de Copérnico não só apresentava uma nova disposição, mais econômica, dos "círculos", mas também produzia uma nova imagem do mundo e um novo sentimento do ser. A transferência do Sol para o centro do mundo exprime o renascimento da metafísica da luz e eleva a Terra à categoria de astro. *Terra est stella nobilis*, dissera Nicolau de Cusa. A obra de Kepler parte de uma nova concepção da ordem cósmica, baseada na renovada ideia de um Deus-geômetra, e é a união da teologia cristã com o pensamento de Proclo que permite ao grande astrônomo libertar-se da obsessão da circularidade que dominara o pensamento antigo e medieval (e ainda o de Copérnico). Mas é também essa mesma visão cosmológica que o leva a rejeitar a intuição genial, porém cientificamente prematura, de Giordano Bruno, e o encerra nas fronteiras de um mundo de estrutura finita. Não podemos compreender verdadeiramente a obra do astrônomo, nem a do matemático, se não a virmos penetrada do pensamento do filósofo e do teólogo.

A revolução do método, operada por Descartes, também parte de uma nova concepção do saber. Através da intuição da infinidade divina, Descartes chega à grande descoberta do caráter positivo da noção do *infinito* que domina sua lógica e sua matemática. Enfim, a ideia filosófica – e teológica – do possível, intermediária entre o ser e o nada, permitirá a Leibniz avançar além dos escrúpulos que detiveram Pascal.

O resultado dessas pesquisas, levadas a efeito paralelamente ao magistério na *École Pratique des Hautes Études*, foi a publicação, em 1933, de um estudo sobre Paracelso e de um outro sobre Copérnico, seguidos, em 1934, de uma edição, com introdução, tradução e notas, do primeiro livro – cosmologia – do *De revolutionibus orbium coelestium* e, em 1940, dos *Estudos galileanos*. Nessa última obra, procurei analisar a revolução científica do século XVII, ao mesmo tempo fonte e resultado de uma profunda transformação espiritual que revolucionou não só o conteúdo, mas as próprias limitações do nosso pensamento. A substituição do cosmo finito e hierarquicamente ordenado do pensamento antigo e medieval por um universo infinito e homogêneo implica e impõe a reformulação dos princípios básicos da razão filosófica e científica, bem como a reformulação de noções fundamentais, como a de movimento, a de espaço, a do saber e a do ser. Eis por que a descoberta de leis muito simples, como a lei da queda dos corpos, custou a grandes gênios esforços tão prolongados, nem sempre coroados de êxito. Assim, a noção de inércia, tão manifestamente absurda na Antiguidade e na Idade Média quanto hoje nos parece plausível e até evidente, não pôde ser concebida em todo o seu rigor nem mesmo pelo pensamento de um Galileu, só o tendo sido por Descartes.

Durante a guerra, absorvido por outros trabalhos, não pude dedicar tanto tempo quanto teria desejado aos trabalhos teóricos. Porém, desde 1945, empreendi uma série de novas pesquisas sobre a formação, a partir de Kepler, da grande síntese newtoniana. Tais pesquisas constituirão o prosseguimento de meus trabalhos sobre a obra de Galileu.

O estudo do pensamento filosófico e religioso dos grandes protagonistas do matematismo experimental, dos precursores e contemporâneos de Newton e do próprio Newton revelou-se indispensável à completa interpretação desse movimento. As concepções filosóficas de Newton, relativas ao papel das matemáticas e da medida exata na constituição do saber científico, foram tão importantes para o sucesso de suas empreitadas quanto ao seu gênio matemático. Não foi por falta de habilidade experimental, mas pela insuficiência de sua filosofia da ciência – absorvida de Bacon –, que Boyle e Hooke fracassaram diante dos problemas de ótica. Foram profundas divergências filosóficas que alimentaram a oposição de Huygens e de Leibiniz a Newton.

Abordei alguns aspectos dessas pesquisas em meus cursos na Universidade de Chicago, em conferências nas Universidades de Estrasburgo e de Bruxelas, de Yale e de Harvard, bem como em comunicados feitos ao Congresso de História e Filosofia das Ciências (Paris,

1949) e ao Congresso Internacional de História das Ciências (Amsterdam, 1950). Por outro lado, em minhas conferências na 6ª Seção da *École Pratique des Hautes Études*, examinei problemas da mesma ordem: a transição do "mundo do aproximadamente" para o "universo da precisão", a elaboração da noção e das técnicas de mensuração exata, a criação de instrumentos científicos que possibilitaram a passagem da experiência qualitativa à experimentação quantitativa da ciência clássica e, enfim, as origens do cálculo infinitesimal.

A história do pensamento científico, tal como a entendo e me esforço por praticar, visa a dominar a trajetória desse pensamento no próprio movimento de sua atividade criadora. Para esse efeito, é essencial recolocar os trabalhos estudados em seu meio intelectual e espiritual, interpretá-los em função dos hábitos mentais, das preferências e das aversões de seus autores. É mister resistir à tentação, a que sucumbem muitos historiadores das ciências, de tornar mais acessível o pensamento frequentemente obscuro, inábil e mesmo confuso dos antigos, traduzindo-o numa linguagem moderna que o esclarece mas, ao mesmo tempo, o deforma. Ao contrário, nada é mais instrutivo do que o estudo das demonstrações de um mesmo teorema dadas por Arquimedes e Cavalieri, Roberval e Barrow.

É igualmente essencial integrar, na história de um pensamento científico, a maneira como ele se compreendia a si mesmo e como se situava em relação ao que o precedia e ao que o acompanhava. Não se deve subestimar o interesse das polêmicas de um Guldin ou de um Tacquet com Cavalieri e Torricelli. Seria perigoso não estudar de perto a maneira pela qual um Wallis, um Newton ou um Leibniz encaravam, eles próprios, a história de suas descobertas, ou negligenciar as discussões filosóficas que elas provocaram.

Enfim, deve-se estudar, com o mesmo zelo, tanto os erros e os fracassos como os sucessos. Os erros de um Descartes e de um Galileu, os fracassos de um Boyle e de um Hooke não são apenas instrutivos; são reveladores das dificuldades que tiveram de ser vencidas, dos obstáculos que tiveram de ser transpostos.

Tendo vivido duas ou três crises profundas de nosso modo de pensar – a "crise dos fundamentos" e o "eclipse dos absolutos" matemáticos, a revolução relativista, a revolução quântica –, tendo sofrido a destruição de nossas antigas ideias e feito o necessário esforço de adaptação às ideias novas, estamos mais aptos que nossos predecessores a compreender as crises e as polêmicas de outrora.

Acredito que nossa época seja particularmente favorável a pesquisas dessa ordem e a um ensino que lhes fosse dedicado sob o título de *História do pensamento científico*. Não vivemos mais no mundo das ideias newtonianas, nem mesmo maxwellianas, daí sermos capazes de encará-las de dentro e de fora, de analisar suas estruturas, de perceber as causas de suas insuficiências. Estamos mais bem aparelhados para compreender o sentido das especulações medievais sobre a composição do contínuo e a "latitude das formas", a evolução da estrutura do pensamento matemático e físico no decorrer do século passado, em seu esforço de criação de novas formas de raciocínio, e a crítica dos fundamentos intuitivos, lógicos e axiomáticos de sua validade.

Minha intenção não é limitar-me ao estudo do século XVII. A história dessa grande época deve iluminar os períodos mais recentes e os assuntos de que trataria seriam caracterizados, mas não esgotados, pelos seguintes temas:

– O sistema de Newton; o desenvolvimento e a interpretação filosófica do newtonianismo (até Kant e por Kant).

– A síntese de Maxwell e a história da teoria do campo.

– As origens e os fundamentos filosóficos do cálculo de probabilidades.

– A noção de infinito e os problemas dos fundamentos das matemáticas.

– As raízes filosóficas da ciência moderna e as interpretações recentes do conhecimento científico (positivismo, neokantismo, formalismo, neorrealismo, platonismo).

Acredito que, empreendidas de acordo com o método que esbocei, essas pesquisas projetariam muita luz sobre a estrutura dos grandes sistemas filosóficos dos séculos XVIII e XIX, todos os quais se estabelecem em função do saber científico, quer integrando-o, quer transcendendo-o. Além disso, elas nos permitiriam melhor compreender a revolução filosófico-científica do nosso tempo.

O PENSAMENTO MODERNO[1]

Que são os Tempos Modernos e o pensamento moderno? Outrora sabia-se muito bem: os Tempos Modernos começavam após o fim da Idade Média, exatamente em 1453; e o pensamento moderno começava com Bacon, que, enfim, opusera ao raciocínio escolástico os direitos à experiência e à sadia razão humana.

Era muito simples. Infelizmente, porém, isso é totalmente falso. A história não opera através de saltos bruscos; e as divisões nítidas em períodos e épocas só existem nos manuais escolares. Desde que se comece a examinar as coisas um pouco mais de perto, desaparecem as fronteiras que se acreditava perceber anteriormente; os contornos se desfazem e uma série de gradações insensíveis nos leva de Francis Bacon a seu homônimo do século XIII, e os trabalhos dos historiadores e eruditos do século XX nos fizeram ver, passo a passo, um homem moderno em Roger Bacon e um retardado em seu célebre homônimo; "recolocaram" Descartes na tradição escolástica e consideraram que o início da filosofia moderna se situa em Santo Tomás. Em geral, o termo "moderno" tem algum sentido? Somos sempre modernos, em qualquer época, quando pensamos mais ou menos como nossos contemporâneos e de modo um pouco diferente do dos nossos mestres... *Nos moderni*, já dizia Roger Bacon... De modo geral, não será inútil querer estabelecer quaisquer divisões na continuidade da evolução histórica? A descontinuidade que se introduz nessa evolução não é artificial e facciosa?

Não se deve, entretanto, abusar do argumento da continuidade. As mudanças imperceptíveis em curto espaço de tempo engendram, a longo prazo, uma diversidade muito nítida; da semente à ár-

---

[1] Artigo publicado na revista *Le Livre*. Paris, 4º ano, nova série, n. 1, p. 1-4, maio de 1930.

vore não há saltos; e a continuidade do espectro não torna as cores menos diversas. É certo que a história da evolução espiritual da humanidade apresenta uma complexidade incompatível com divisões categóricas e radicais. Correntes de pensamento atravessam séculos inteiros, se superpõem e se entrecruzam. A cronologia espiritual e a cronologia astronômica não coincidem. Descartes está cheio de concepções medievais. Quantos de nossos contemporâneos não são, aliás, contemporâneos espirituais de Santo Tomás?

Não obstante, a periodização não é inteiramente artificial. Pouco importa que os limites cronológicos dos períodos sejam vagos e mesmo superpostos. A certa distância, *grosso modo*, as distinções se apresentam bastante nítidas e os homens de uma mesma época têm muito em comum. Quaisquer que sejam as divergências – e elas são grandes – entre os homens dos séculos XIII e XIV, comparemo-los a homens do século XVII, mesmo sendo estes últimos diferentes uns dos outros. Ver-se-á logo que eles pertencem a uma mesma família; sua "atitude" e sua "maneira de ser" são as mesmas. E essa maneira de ser e esse espírito são bem diferentes dos dos homens dos séculos XV e XVI. O *Zeitgeist* não é uma fantasia. E, se os "modernos" somos nós – e os que pensam mais ou menos como nós –, daí resulta que essa relatividade do moderno acarreta uma mudança de posição em relação aos "modernos" de outros períodos, instituições e problemas do passado. A história não é inalterável. Modifica-se, à medida que nos modificamos. Bacon era moderno quando a maneira de pensar era empirista. Mas não o é mais, numa época de ciência cada vez mais matemática, como a nossa. Hoje, é Descartes que é considerado o primeiro filósofo moderno. Assim, em cada período histórico e a cada momento da evolução, a própria história está por ser reescrita, e a pesquisa sobre nossos ancestrais está por ser empreendida de maneira diferente.

E a maneira de ser de nossa época, extremamente teórica, extremamente prática, mas também extremamente histórica, é bem caracterizada pela nova obra de Rey; e a coleção de *Textos e traduções destinados ao estudo da história do pensamento moderno*, cujos quatro primeiros volumes se acham diante de mim, poderia chamar-se *Coleção Moderna*... Outrora – e ainda há representantes retardados deste modo de pensar –, escrever-se-ia um *Discurso* ou uma *História*; quando muito, dar-nos-iam alguns excertos; mas o que se nos apresenta são os próprios textos – os mais marcantes, os mais significativos –, escolhidos, naturalmente dentre uma massa de tantos outros, também originais.[2]

Dentro de um espírito muito louvável de ecletismo – aliás, uma característica do modo de pensar do nosso tempo, que não se apega mais às separações demasiadamente nítidas e às divisões excessivamente rígidas –, os primórdios da Idade Moderna se situam nas épocas em que viveram pensadores da Renascença e mesmo da Pré-Renascença. Petrarca, Maquiavel, Nicolau de Cusa e Cesalpino nos mostram diferentes aspectos desta revolução, lenta, mas profunda, que marca o fim, a morte da Idade Média. É verdade que há pouco em comum entre esses quatro pensadores. E nenhum deles é verdadeiramente um moderno, sobretudo Petrarca. Suas invectivas contra os aristotélicos e contra a lógica escolástica, seu "humanismo", seu "augustinismo" (coisa curiosa: a cada renovação do pensamento, a cada reação religiosa, sempre se volta a Santo Agostinho) não nos devem levar a perder de vista o quanto, no fundo, ele é reacionário. Combate Aristóteles, mas como? É contra o pagão que ele lança seus violentos ataques. Procura subverter sua autoridade, porém visando a instaurar – ou reinstaurar –, em seu lugar, a ciência e, sobretudo, a sabedoria *cristã*, a autoridade da revelação e dos livros sagrados. Luta contra a lógica escolástica, mas em benefício de Cícero e da lógica retórica, pois, se admira Platão, é por questão de mera opinião, por espírito de oposição sem conhecê-lo. O belo volume com 16 diálogos de Platão, de cuja posse tanto se orgulha, para ele permaneceu sempre como uma carta fechada; nunca pôde ler. Tudo o que sabe a respeito é ainda a Cícero que o deve. Ora, certamente há mais pensamento filosófico numa página de Aristóteles do que em toda a obra de Cícero, e mais finura e profundidade lógica no latim bárbaro dos mestres parisienses do que nas belas frases bem elaboradas

---

2   *Textes et traductions pour servir à l'histoire de la pensée moderne*, coleção dirigida por Abel Rey, professor na Sorbonne: I. PETRARCA. *Sur ma propre ignorance et celle de beaucoup d'autres*. Tradução de J. Bertrand, prefácio de P. de Nolhac; II. MAQUIAVEL. *Le Prince*. Tradução de Colonna d'Istria, introdução de P. Hazard; III. CUES, Nicolas de. *De la docte ignorance*. Tradução de L. Moulinier, introdução de A. Rey; IV. CESALPINO. *Questions péripatéticiennes*. Tradução de M. Dorolle.

de Petrarca. Nunca uma oposição foi tão mal orientada, nunca uma admiração tão apaixonada teve um objeto mais indigno. Do ponto de vista do pensamento filosófico, trata-se de uma queda e de um recuo. Mas eis que esse ponto de vista é justamente inaplicável. Pouco importa que a lógica escolástica seja sutil. Pouco importa que a filosofia de Aristóteles seja profunda. Petrarca não se preocupa com isso, porque não as compreende, porque não está à altura da sua sutileza, da sua profundidade e, sobretudo, da sua tecnicidade. Sei, perfeitamente, de que reservas seria preciso cercar esta afirmação um tanto brutal, mas Petrarca e todo o humanismo não constituem, em grande parte, a revolta do simples bom-senso? Não no sentido do *bona mens*, mas no de senso comum?

As demonstrações complicadas da escolástica *aristotelizante* não lhe interessam. Afinal, elas não são persuasivas. Ora, o mais importante não é persuadir? Para que poderia servir o raciocínio senão para persuadir aquele a quem é endereçado? Ora, para esse efeito, o silogismo tem muito menos valor do que a retórica ciceroniana. Esta é eficaz, porque é clara, porque não é técnica, porque se dirige ao *homem*, e porque ao homem ela fala do que mais lhe interessa, isto é, dele próprio, da vida e da virtude. Ora, a virtude precisa ser amada, e não analisada; e é preciso possuí-la e praticá-la se se deseja realizar a finalidade última do homem, que é a salvação. E os verdadeiros filósofos, isto é, os verdadeiros professores de virtude, não nos ministram um curso de metafísica, não nos falam de coisas supérfluas, incertas e inúteis. "Eles procuram tornar bons os que ouvem... Pois mais vale... formar uma vontade piedosa e boa do que uma inteligência vasta e clara. É mais seguro querer o bem do que conhecer a verdade. A primeira coisa é sempre meritória, enquanto a outra é muitas vezes condenável e não admite desculpas..." Mais vale "amar a Deus... do que... esforçar-se por conhecê-lo". De início, conhecê-lo é impossível e, depois, "o amor é sempre feliz, enquanto o verdadeiro conhecimento por vezes é doloroso..." Não nos enganemos: sem embargo das citações de Santo Agostinho, não é de modo algum a humildade cristã que fala através da pena de Petrarca; e as afirmações que um São Pedro Damião poderia subscrever não significam desconfiança em relação à razão humana, tanto mais que a mística franciscana não constitui o rebaixamento da inteligência em face do amor. Trata-se bem do contrário. Trata-se da substituição do teocentrismo medieval pelo ponto de vista *humano*; da substituição, pelo problema moral, do problema metafísico e, também, do problema religioso; da substituição do problema da salvação pelo ponto de vista da ação. Ainda não é o nascimento do pensamento moderno, mas já é a expressão do fato de que "o espírito da Idade Média" está à beira do esgotamento, agonizando, morrendo.

É uma impressão análoga a que deixa a obra grandiosa do Cardeal Nicolau de Cusa. Não se trata de uma reação do bom-senso e do senso comum, vale apenas lembrar. E a tecnicidade da linguagem e da lógica da escolástica não tem nada que possa assustar esse magnífico construtor de sistemas. Mas ela o deixa insatisfeito, na medida em que não atinge o fim, que é, bem entendido, o conhecimento de Deus. Nicolau de Cusa permanece fiel ao ideal do conhecimento. Não o substitui por uma doutrina da ação. Quer provar, e não persuadir. Sua lógica não é uma lógica retórica. Ele não é, absolutamente, cético – a despeito do que se diga – e a *Douta Ignorância* é muito mais douta do que ignorante, pois *Deus melius SCITUR nesciendo*. Muito certamente, são velhos temas neoplatônicos que revivem em seu pensamento, e através de Mestre Eckart, de João Escoto Erígena, de Santo Agostinho e do pseudo-Dionísio, é a inspiração do Plotino que esse grande pensador procura. Sua obra se apresenta como uma reação. Mas os movimentos progressistas e as reformas sempre se apresentam como renascimentos, como recuos ao passado. E, apesar de seu desejo ardente e sincero de só refazer o antigo, o Cardeal Nicolau de Cusa constrói uma obra singularmente nova e ousada.

Sob certos aspectos, ele é seguramente um homem da "Idade Média". É tão teocentrista, tão profundamente e também naturalmente crente e católico quanto quem quer que seja. Mas conhece sobejamente a diversidade irremediável dos dogmas que dividem a humanidade e a ideia de uma religião natural – igualmente uma velha ideia, mas há ideias inteiramente novas? – oposta à relatividade das formas de crenças, essa ideia, que proporciona o essencial da atmosfera espiritual dos Tempos Modernos, encontra nele um consciente e convencido partidário.

Enganar-se-ia quem visse em seu matematismo algo de inteiramente novo. As analogias matemáticas destinadas a esclarecer as relações interiores da Trindade, e mesmo provas matemáticas da impossibilidade de uma *quadri-unidade* divina, bem como da conveniência de uma trindade, constituem coisa comum à escolástica latina e à escolástica grega. E o papel atribuído a considerações matemáticas é tradicional na escola agostiniana. O papel da luz e a ótica geométrica, de que se ocupavam com tanta paixão os neoplatônicos de Oxford e de outras partes – relembremos Witeliusz e Teodorico de Freiberg –, emprestavam uma certa matematização, quase natural, ao Universo. De fato, Descartes foi o herdeiro de uma tradição agostiniana. Ora, por "modernas" que nos pareçam as concepções do Cardeal sobre o *maximum* e o *minimum* que se confundem, sobre a reta e o círculo que coincidem no *maximum* e no *minimum*, não se trata de raciocínios puramente matemáticos: é uma teologia que os sustém. E sua lógica dialética ainda não é uma lógica hegeliana. Mas pouco importa: o fato dominante é que a velha lógica linear não o prende mais; que o velho Universo, bem ordenado e bem hierarquizado, não é mais o seu universo; que os enquadramentos do pensamento metafísico – forma e matéria, ato e poder – se esvaziaram, para ele, de um conteúdo vivo. Seu Universo é, ao mesmo tempo, mais um, menos determinado, mais dinâmico, mais atual. O *possest* nega justamente essa distinção, que foi, durante séculos, a base de uma concepção teísta do Universo. E ainda uma coisa: por "mística" que seja sua doutrina, o Cardeal confessa: é apenas uma teoria, não há experiência. Ele fala por ouvir dizer, baseando-se na experiência dos outros.

Com Nicolau Maquiavel, encontramo-nos verdadeiramente em todo um outro mundo. A Idade Média está morta. Mais ainda: é como se ela nunca tivesse existido. Nenhum de seus problemas – Deus, salvação, relações entre o mundo dos vivos e o além, justiça, fundamento divino do poder – existe para Maquiavel. Só há uma realidade: a do Estado; um fato: o poder; e um problema: como afirmar e conservar o poder no Estado. Ora, para resolvê-lo, não temos de nos embaraçar com pontos de vista, julgamentos de valor, considerações de moralidade, de bem individual etc., que, realmente, em boa lógica nada tem a ver com nosso problema. Que belo *Discurso do Método* implicitamente contém a obra do secretário florentino! Que belo tratado de lógica, ao mesmo tempo pragmática, indutiva e dedutiva, se pode extrair dessa obra magnífica. Eis aqui alguém que sabe ligar a experiência à razão – de modo inteiramente diverso do de F. Bacon – e que, antecipando-se aos séculos, vê na questão geral a questão mais simples. Maquiavel não aspira a criar uma nova lógica. Simplesmente a põe a funcionar e, sob esse aspecto, é comparável a Descartes, ultrapassando de um salto os degraus do silogismo. Sua análise – como a análise cartesiana – é construtiva e sua dedução é sintética. O imoralismo de Maquiavel é pura lógica. Do ponto de vista em que se coloca, a religião e a moral são apenas condicionantes sociais. É preciso saber lidar com fatos. Fatos com os quais se possa contar. Isso é tudo. Num *cálculo político*, é preciso levar em conta todos os fatores *políticos*. Nesse caso, por exemplo, que contribuição pode trazer ao resultado um julgamento de valor? Falsear – subjetivamente – esse resultado? Induzir-nos ao erro? Certissimamente; mas, de modo algum, modificar o resultado.

Trata-se de uma lógica e de um método, como acabamos de dizer. Mas a própria possibilidade de adotar – com aquele prodigioso desprendimento e aquela surpreendente naturalidade – essa atitude metódica indica e exprime o fato de que, não apenas na alma de Maquiavel, mas também, em torno dele, o mundo da Idade Média estava morto, completamente morto.

Mas não era assim em toda parte. E, não distante de Florença, na célebre e antiga Universidade de Pádua, o aristotelismo medieval – sob sua forma averroísta – ainda tinha uma existência artificial, que se prolongaria, entretanto, até o século XVII. As *Questões peripatéticas*, de Cesalpino, constituem um belo exemplo dessa nova mentalidade. E o estudo dessa obra – ou de obras semelhantes de um Cremonini – nos mostra muito bem quão poderosas eram as resistências que precisavam ser vencidas por um Descartes, por um Galileu, pelo "pensamento moderno", até que ponto a imagem do mundo medieval e antigo estava solidificada e "realizada" na consciência humana. Para Cesalpino, não existe a dúvida. A verdade é integral na obra de Aristóteles. Assim, é nela que se deve procurá-la. E, certamente, às vezes se pode melhorar este ou aquele detalhe, corrigir uma ou outra observação fisiológica ou física, mas o essencial permanece, isto é, o quadro dos conceitos metafísicos, o quadro das noções físicas, toda a máquina do mundo e toda a sua hierarquia. De fato, Cesalpino é muito inteligente. Suas análises e seus comentários são finos e penetrantes; suas distinções são profundas. O estudo dessas *Questões* é de grande proveito, ainda hoje. Mas não para a vida. O frio desprendimento da obra de Cesalpino, que deixa aos outros, segundo diz, o cuidado de pesquisar se o que ele explica está ou não de acordo com a fé e a vontade cristãs, restringindo seu ofício a explicar Aristóteles, constitui, muito provavelmente, uma máscara. Mas constitui, também, um sinal dos tempos: para colocar essa máscara – e poder usá-la – era preciso sentir – tão obscuramente quanto se possa imaginar – um desligamento também em relação a Aristóteles. Era preciso, de uma forma ou de outra, adotar a atitude de um professor moderno, trabalhar como um historiador. Ora, o que vive não é objeto de história. Nada está mais longe do homem que procura a verdade viva do que a atitude de um homem que pesquisa a verdade "histórica". E, quer ele tenha desejado ou não, e mesmo que não tenha desejado de modo algum, a exatidão e a *finesse* de Cesalpino já são quase as de um erudito. O pedantismo substitui o espírito. A construção ainda é bem sólida, ocupando um importante lugar. Mas não se vivia mais naquele contexto.

ARISTOTELISMO E PLATONISMO NA FILOSOFIA DA IDADE MÉDIA[1]

De certa forma, a filosofia da Idade Média é uma descoberta recente. Até relativamente poucos anos atrás, a Idade Média, como um todo, era apresentada sob as cores mais sombrias: triste época em que o espírito humano, subjugado à autoridade – dupla autoridade do dogma e de Aristóteles –, esgotava-se em discussões estéreis de problemas imaginários. Ainda hoje, o termo "escolástico" tem, para nós, um sentido nitidamente pejorativo.

Certamente, esse quadro não é totalmente falso. Tampouco é totalmente verdadeiro. A Idade Média teve sua época de profunda barbárie política, econômica e intelectual, época que se estende mais ou menos do século VI ao século XI. Mas teve também uma época extraordinariamente fecunda, época de vida intelectual e artística de uma intensidade sem par, que se estende do século XI ao século XIV (inclusive), e à qual devemos, entre outras coisas, a arte gótica e a filosofia escolástica.

Ora, a filosofia escolástica – sabemo-lo agora – foi algo de muito grande. Foram os escolásticos que promoveram a educação filosófica da Europa e criaram nossa terminologia, a terminologia de que ainda nos servimos. Foram eles que, por seu trabalho, permitiram ao Ocidente tomar, ou, mais exatamente, retomar o contato com a obra filosófica da Antiguidade. Sem embargo das aparências, há uma verdadeira e profunda continuidade entre a filosofia medieval e a filosofia moderna. Descartes, Malebranche, Spinoza e Leibniz, muitas vezes, não fazem senão continuar a obra de seus predecessores medievais.

Quanto às questões ridículas e ociosas sobre as quais discutiam indefinidamente professores e alunos das universidades de Paris, de

---

[1] Artigo publicado em *Les gants du ciel*, Otawa. v. VI, p. 75-107, 1944.

Oxford e do Cairo, eram mais ridículas e mais ociosas do que aquelas sobre as quais discutem atualmente? Talvez não concordemos com isso, apenas pelo fato de que não compreendemos bem as referidas questões, isto é, por que não utilizamos mais a mesma linguagem e não vemos o alcance e as implicações das questões discutidas, nem o sentido, muitas vezes voluntariamente paradoxal, da forma sob a qual são apresentadas.

Assim, pode haver algo mais ridículo do que indagar quantos anjos podem sentar-se na ponta de uma agulha? Ou, ainda, se o intelecto humano está situado na Lua ou em outra parte? Certamente, não. Mas somente na medida em que não se sabe ou não se compreende o que está em jogo. Ora, o que está em jogo é saber se o espírito, se um ser ou um ato espiritual — por exemplo, um julgamento — ocupa ou não um *lugar* no espaço... E isso já não é absolutamente ridículo. O mesmo ocorre com o intelecto humano. Pois o que está em jogo nessa estranha doutrina dos filósofos árabes é saber se o pensamento — o verdadeiro pensamento — é individual ou não. E se admiramos Lichtenberg por ter afirmado que seria melhor empregar uma forma impessoal e dizer: não: *eu penso*, mas: *pensa-se dentro de mim*; se aceitamos, ou pelo menos discutimos, as teses de Durkheim sobre a consciência coletiva, ao mesmo tempo imanente e transcendente ao indivíduo, não vejo por que — pondo a Lua de lado — deixar de tratar, com todo o respeito que merecem, as teorias de Avicena e de Averróis sobre a unidade do intelecto humano.

A barbárie medieval, econômica e política — como demonstram os belos trabalhos do grande historiador belga Pirenne — teve como origem muito menos a conquista do mundo romano por tribos germânicas do que a ruptura das relações entre o Oriente e o Ocidente, entre o mundo latino e o mundo grego. E é o mesmo motivo — a falta de relações com o Oriente helênico — que produziu a barbárie intelectual do Ocidente. Como foi a retomada dessas relações, isto é, a tomada de contato com o pensamento antigo, com a herança grega, que impulsionou o desenvolvimento da filosofia medieval. Por certo, na Idade Média, o Oriente — exceção feita de Bizâncio — não mais era grego. Era árabe. Assim, foram os árabes os *mestres* e *educadores* do Ocidente latino.

Frisei: *mestres* e *educadores*, e não apenas e simplesmente, como se costuma dizer, com frequência, *intermediários* entre o mundo grego e o mundo latino. Pois se as primeiras traduções de obras filosóficas e científicas gregas para o latim foram feitas, não diretamente do grego, mas através do árabe, isso não ocorreu somente porque não mais havia – ou ainda não há – ninguém, no Ocidente, que soubesse grego, mas também e talvez principalmente porque não havia ninguém capaz de compreender livros tão difíceis como a *Física* ou a *Metafísica* de Aristóteles, ou o *Almagesto*, de Ptolomeu, e porque, sem a ajuda de Alfarabi, de Avicena ou de Averróis, os latinos nunca teriam tido acesso a tais obras. É que não basta saber grego para compreender Aristóteles ou Platão – eis aí um erro frequente entre os filólogos clássicos; é preciso, além disso, saber filosofia. Ora, os latinos nunca souberam grande coisa de filosofia. A Antiguidade latina pagã simplesmente ignorou a filosofia.

É curioso verificar – e insisti, acima, porque isto me parece de importância capital e também porque, embora sabido, nunca é demais assinalar – é curioso verificar a indiferença quase total dos romanos pela ciência e pela filosofia. Os romanos se interessam pelas coisas práticas: a agricultura, o direito, a moral. Mas, por mais que procuremos, em toda a literatura latina clássica, uma obra científica digna desse nome, não a encontramos. Muito menos uma obra filosófica. Encontraremos Plínio, isto é, um conjunto de anedotas e bisbilhotices; Sêneca, isto é, uma exposição conscienciosa da moral e da física estoicas, adaptadas – ou seja, simplificadas – ao uso dos romanos; Cícero, isto é, ensaios filosóficos de um diletante homem de letras; ou Macróbio, um manual de escola primária.

É verdadeiramente surpreendente, quando se pensa nisso, verificar que os romanos, não havendo produzido nada por si mesmos, não tenham nem mesmo sentido a necessidade de recorrer a traduções. Com efeito, exceção feita de dois ou três diálogos traduzidos por Cícero (entre os quais o *Timeu*) – tradução da qual praticamente nada nos restou –, nem Platão, nem Aristóteles, nem Euclides, nem Arquimedes, jamais foram traduzidos para o latim. Pelo menos na época clássica. Pois se o *Órganon*, de Aristóteles, e as *Enéadas*, de Plotino, o foram, no final das contas isso só ocorreu muito tarde e foi obra de cristãos.[2]

---

2   As *Enéadas* foram traduzidas por Marius Victorinus, no século IV; o *Órganon*, por Boécio, no século VI. A tradução de Plotino foi perdida. Quanto à de Aris-

Talvez se possam invocar circunstâncias atenuantes, explicar a indigência da literatura científica e filosófica romana pela grande difusão do grego: todo romano "bem nascido" aprendia grego, como outrora, na Europa, conhecia-se o francês. Porém, não exageremos o grau dessa difusão. A própria aristocracia romana não era inteiramente "helenizada" ou, pelo menos fora de círculos muito restritos, não lia nem Platão, nem Aristóteles, nem mesmo os manuais estoicos. De fato, era para ela que Cícero e Sêneca escreviam.

Ora, não é assim que as coisas se passam no mundo árabe. É com um ardor surpreendente que, mal terminada a conquista política, o mundo árabe-islâmico se lança à conquista da civilização, da ciência e da filosofia gregas. Todas as obras científicas e todas as obras filosóficas serão, ou traduzidas, ou – é o caso de Platão – explanadas e parafraseadas.

O mundo árabe se sente, *e se diz*, herdeiro e continuador do mundo helênico. No que tem bastante razão. Pois a brilhante e rica civilização da Idade Média árabe – que não é uma Idade Média mas, antes, um Renascimento – é, verdadeiramente, continuadora e herdeira da civilização helênica.[3] E foi por isso que ela pôde desempenhar, em face da barbárie latina, o papel eminente de educadora que lhe foi característico.

Certamente, esse florescimento da civilização árabe-islâmica foi de muito curta duração. O mundo árabe, após haver transmitido ao Ocidente latino a herança clássica que recolhera, perdeu-a e até a repudiou.

Mas, para explicar esse fato, não é preciso invocar, como fazem muitas vezes os autores alemães – e mesmo os franceses –, uma repugnância congênita dos árabes pela filosofia; uma oposição irredutível entre o espírito grego e o espírito semítico; uma impenetrabilidade espiritual do Oriente em relação ao Ocidente – muitas tolices são ditas sobre o tema Oriente-Ocidente... As coisas podem ser explicadas muito mais facilmente pela influência de uma reação

---

tóteles, igualmente o foi, em grande parte: somente as *Categorias* e os *Tópicos* foram conhecidos na Idade Média.

3   Cf. MERZ, R. *Renaissance im Islam*. Basileia, 1914.

violenta da ortodoxia islâmica que, não sem razão, reprovava na filosofia sua atitude antirreligiosa e, sobretudo, pelo efeito devastador das ondas de invasões bárbaras, turcas e mongólicas (*berberes*, na Espanha) que arruinaram a civilização árabe e transformaram o Islã numa religião fanática, ferozmente hostil à filosofia.

É provável que, sem essa última "influência", a filosofia árabe tivesse seguido um desenvolvimento análogo ao da escolástica latina; que os pensadores árabes tivessem sabido encontrar respostas às críticas de Algazali, tivessem sabido "islamizar" Aristóteles... Mas eles não tiveram tempo para isso. Os sabres turcos e berberes estancaram brutalmente o movimento, e foi ao Ocidente latino que coube a tarefa de recolher a herança grega que os árabes lhe transmitiram.

Acabo de insistir na influência e no papel da herança antiga. É que a filosofia, pelo menos nossa filosofia, está toda ligada à filosofia grega, segue as linhas traçadas pela filosofia grega, adota atitudes previstas por ela.

Seus problemas são sempre os problemas do saber e do ser, levantados pelos gregos. Trata-se sempre da ordem délfica de Sócrates: Γνῶθι σεαυγόν, conhece-te a ti mesmo, responde as perguntas: que sou? e onde estou? isto é, o que significa *ser* e o que é o mundo? e, enfim, o que faço e o que devo fazer neste mundo?

E, de acordo com uma ou outra resposta que dermos a essas perguntas, segundo a atitude que adotarmos diante dessas questões, seremos platônicos ou aristotélicos, ou, ainda, plotinianos. A menos, porém, que sejamos estoicos. Ou céticos.

Na filosofia da Idade Média – pois se trata de filosofia –, reencontramos facilmente as atitudes típicas que acabo de mencionar. E, todavia, falando de modo geral, a situação da filosofia medieval – e a do filósofo, bem entendido – é bastante diferente da situação da filosofia antiga.

A filosofia medieval – quer se trate de filosofia cristã, judaica ou islâmica – se coloca, com efeito, no interior de uma religião revelada. Com quase uma única exceção, notadamente a do averroísta, o filósofo é *crente*. Para ele, certas questões estão resolvidas de antemão. Assim, como diz Gilson, de modo muito pertinente,[4] o filósofo antigo

---

4   Cf. GILSON, E. *L'esprit de la philosophie medieval*. Paris, 1932, 2 v.

pode perguntar-se se há deuses e *quantos* eles são. Na Idade Média – e, graças à Idade Média, o mesmo ocorre nos Tempos Modernos – não mais se podem levantar semelhantes questões. Sem dúvida, pode-se perguntar se Deus existe. Mais exatamente, pode-se perguntar como é possível demonstrar Sua existência. Mas a pluralidade dos deuses não faz mais nenhum sentido: todos sabem que Deus – quer Ele exista ou não – só pode ser um único. Além disso, enquanto Platão ou Aristóteles formam livremente suas concepções de Deus, o filósofo medieval, de modo geral, sabe que seu Deus é um Deus *criador*, concepção muito difícil, ou talvez mesmo impossível, de ser assimilada pela filosofia.[5]

Sobre Deus, sobre si mesmo, sobre o mundo, o destino e muitas outras coisas, o filósofo medieval sabe o que lhe ensina a religião. Sabe, pelo menos, que ela ensina. Diante desse ensino, ele deve tomar partido. Deve, ainda, diante da religião, justificar sua atividade *filosófica*; e, por outro lado, deve, diante da filosofia, justificar a existência da religião.[6]

Evidentemente, isso cria uma situação extremamente tensa e complicada. Muito felizmente, aliás, pois foram essa tensão e essa complicação nas relações entre a filosofia e a religião, entre a razão e a fé, que alimentaram o desenvolvimento filosófico do Ocidente.

E entretanto... apesar dessa situação inteiramente nova, desde que um filósofo – seja judeu, muçulmano ou cristão – aborde o problema central da metafísica, ou seja, o problema do Ser e da essência do Ser, ele reencontra em seu Deus Criador o Deus-Bem de Platão, o Deus-Pensamento de Aristóteles, o Deus-Uno de Plotino.

Em geral, a filosofia medieval nos é apresentada como inteiramente dominada pela autoridade de Aristóteles. Talvez isso seja verdadeiro, mas apenas no que se refere a um determinado período.[7] E a razão disso é bastante fácil de compreender.

Primeiramente, Aristóteles foi o único filósofo grego cuja obra completa – pelo menos toda a obra que era conhecida na Antiguida-

---

5 Assim ela é negada pelos filósofos medievais que mais fielmente se apegaram às exigências da filosofia, em detrimento da sujeição à supremacia e à autocracia, ou seja, pelos averroístas.
6 Cf. STRAUSS, Leo. *Philosophie und Gesetz*. Berlim, 1935.
7 *Grosso modo*, a partir da segunda metade do século XIII.

de – foi traduzida para o árabe e, mais tarde, para o latim. A obra de Platão não mereceu essa honra, tendo sido bem menos conhecida. Tampouco isso ocorreu por acaso. A obra de Aristóteles forma uma verdadeira enciclopédia do saber humano. Além da medicina e das matemáticas, ali se encontra de tudo: lógica – o que é de importância capital –, física, astronomia, metafísica, ciências naturais, psicologia, ética, política... Não é surpreendente que, na segunda Idade Média, ofuscada e esmagada por essa massa de saber, subjugada por essa inteligência verdadeiramente excepcional, Aristóteles se tenha tornado o representante da verdade, a culminância e a perfeição da natureza humana, o príncipe *di color che sanno*, como dirá Dante. O príncipe dos que sabem. E, sobretudo, dos que ensinam.

Pois Aristóteles, ademais, é uma pechincha para o professor. Aristóteles ensina e é ensinado; é discutido e comentado.

Também não é surpreendente que, uma vez introduzido na escola, aí tenha imediatamente deitado raízes (aliás, como autor da lógica, já se achava nessa posição desde sempre) e que nenhuma força humana tenha podido afastá-lo. As proibições e condenações quedaram letra morta. Não se podia desprover os professores de Aristóteles sem lhes dar qualquer coisa em seu lugar. Ora, até Descartes, não havia nada, absolutamente nada, a lhes oferecer.

Em compensação, Platão se explica mal. A forma dialogal não constitui uma forma escolar. Seu pensamento é sinuoso, difícil de assimilar, e muitas vezes *pressupõe* um saber científico considerável e, portanto, bem pouco encontradiço. Eis por que, talvez, desde o fim da Antiguidade clássica, Platão não mais tenha sido estudado fora da Academia. Onde, aliás, é menos estudado do que interpretado. Vale dizer: transformado.

Aliás, por toda parte é o manual que substitui o texto. O manual – como nossos próprios manuais – bastante eclético, sincretista, inspirado, sobretudo, pelo estoicismo e pelo neoplatonismo. Por isso, na tradição histórica, Platão aparece, de certa forma, *neoplatonizado*. Não somente entre os árabes, que frequentemente o confundem com Plotino, mas também entre os latinos, e mesmo entre os gregos bizantinos, que dele tomam conhecimento através dos comentários ou dos manuais neoplatônicos. Aliás, o mesmo ocorre no que se refere a Aristóteles.

E, entretanto, através dos escritos neoplatônicos, através de Cícero, Boécio, Ibn Gabirol (Avicebron) e, sobretudo e antes de tudo, através da obra grandiosa e magnífica de Santo Agostinho, subsistem certos temas, certas doutrinas e certas atitudes que, sem dúvida, transportadas e transformadas pelo contexto religioso em que se inserem, persistem e nos permitem falar de um platonismo medieval. E até mesmo afirmar que esse platonismo, que inspirou o pensamento medieval latino nos séculos XI e XII, não desapareceu com a chegada triunfal de Aristóteles às Escolas.[8] De fato, o maior dos aristotélicos cristãos, Santo Tomás, e o maior dos platônicos, São Boaventura, são exatamente contemporâneos.

Acabo de dizer que a Idade Média conhecia Platão mormente de segunda mão. Mormente... mas não unicamente. Pois, se o *Mênon* e o *Fédon*, traduzidos no século XII, permaneceram mais ou menos desconhecidos, em compensação o *Timeu*, traduzido e munido de um longo comentário por Chalcidius (no século IV), era conhecido de todos.

O *Timeu* é a história – ou, se se preferir, o mito – da criação do mundo. Nessa obra, Platão conta como o Demiurgo, ou o Deus supremo, depois de ter formado numa cratera uma mistura do *Mesmo* e do *Outro* – o que quer dizer, neste caso, do permanente e do cambiante –, com ela constrói a Alma do Mundo, ao mesmo tempo estável e móvel, os dois círculos do Mesmo e do Outro (isto é, os círculos do Zodíaco e da Eclítica) que, por suas revoluções circulares, determinam os movimentos do mundo sublunar. Os deuses inferiores, os deuses astrais, as almas, são formados com o que resta. Em seguida, recortando pequenos triângulos no espaço, Deus forma, com eles, os corpos elementares e, desses elementos, os corpos reais, as plantas, os animais, o homem, sendo ajudado em seu trabalho pela ação dos deuses inferiores.

Curiosa mistura de cosmogonia mítica e de mecânica celeste, de teologia e de física matemática... A obra desfrutou de um crédito considerável. As bibliotecas europeias estão repletas de manuscritos

---

[8] O conteúdo "platonizante" das doutrinas às vezes se dissimula – para nós – sob a indumentária de uma terminologia "aristotelizante".

e de comentários inéditos do *Timeu*.[9] Ela inspirou o ensino na Escola de Chatres, poemas, as enciclopédias medievais, obras de arte. É provável que a noção de deuses inferiores fosse chocante. Mas bastava substituí-los por anjos para tornar o *Timeu* aceitável.

No Oriente, o prestígio do *Timeu* foi tão grande quanto no Ocidente. Como Kraus mostrou recentemente,[10] a obra inspirou notadamente uma boa parte da alquimia árabe. É o caso, por exemplo, da doutrina de Jâbir da transformação dos metais, que é inteiramente baseada no atomismo matemático do *Timeu*. Os alquimistas se esforçam em calcular os pesos específicos dos metais baseando-se em considerações visivelmente inspiradas pela obra de Platão. Seguramente, com pouco sucesso. Mas não era por culpa deles. A ideia era boa. Hoje o percebemos.

Talvez o *Timeu* não contenha o platonismo por inteiro. Todavia, apresenta algumas de suas doutrinas fundamentais, especialmente a das ideias-forma, bem como a noção da separação do mundo sensível e do mundo inteligível. Com efeito, é inspirando-se nos modelos eternos que o Demiurgo constrói nosso mundo. Ao mesmo tempo, o *Timeu* oferece uma tentativa de solução – pela ação divina – para o problema das relações entre as ideias e o real sensível. É compreensível que os filósofos medievais tenham visto nessa obra uma doutrina muito aceitável e bastante compatível com a noção do Deus-criador. Pode-se mesmo dizer, inversamente, que a noção do Deus-criador se enriquece e se torna precisa graças ao *Timeu*, pela noção de um plano ideal de eternidade por ele preconcebido.

De qualquer maneira, o mundo árabe, sem chegar a conhecê-lo bem, conheceu Platão muito melhor do que os latinos o puderam conhecer. O mundo árabe conhecia, em particular, sua doutrina política. Também como foi muito bem mostrado por Strauss,[11] desde Alfarabi, o menos conhecido mas, talvez, o maior filósofo do Islã, a doutrina política de Platão ocupa seu lugar no pensamento árabe.

---

9   Cf. KLIBANSKY, R. *The continuity of the platonic tradition*. Londres, 1939.
10   Cf. KRAUS, P. *Jabir et les origines de l'alchimie arabe*. Cairo (Mémoires de l'Institut d'Égypte), 1942.
11   Op. cit.

Como é sabido, a doutrina política de Platão culmina na dupla ideia da Cidade ideal e do Chefe ideal da Cidade, o rei-filósofo que contempla a ideia do Bem e as essências eternas do mundo inteligível, fazendo reinar a lei do Bem na Cidade. Na transposição farabiana, a Cidade ideal torna-se a Cidade do Islã, e o lugar do rei-filósofo é tomado pelo profeta. Isto já é bastante claro em Alfarabi. E ainda mais claro em Avicena, que descreve o profeta – ou o Imã – como o rei-filósofo, o *Político* de Platão. Aqui, nada falta, nem mesmo o mito da caverna à qual volta o vidente. O profeta, o rei-filósofo – e aqui está sua superioridade sobre o filósofo *tout court* – é o filósofo, homem de ação, que sabe – o de que o filósofo não é capaz – traduzir a intuição intelectual em termos de imaginação e de mito, em termos acessíveis ao comum dos mortais. O profeta – o rei-filósofo – é, portanto, o legislador da Cidade. O filósofo sabe tão somente interpretar a lei do profeta e descobrir-lhe o sentido filosófico. É isso que explica, em última análise, a concordância entre o pensamento filosófico e a lei... bem compreendida.

Curiosa utilização da doutrina de Platão em favor da autocracia do Dirigente dos crentes. Mas – coisa ainda mais curiosa – a utilização teológica e política do platonismo não se detém aí. As teorias profetistas de Avicena serão, por sua vez, utilizadas para apoiar as pretensões do papado à teocracia universal. E o monge franciscano Roger Bacon vai, friamente, copiar Avicena, aplicando muito tranquilamente ao papa o que este nos diz do Imã. Entretanto, este permanece um caso isolado e, ao lado do direito romano e de Cícero, foi Aristóteles o responsável pela educação política da Europa.

A utilização de *A República*, de Platão, pelos pensadores políticos do Islã, bem como a da *Política*, de Aristóteles, pelos pensadores políticos da Europa, é um fato extremamente curioso e cheio de consequências importantes. A tarefa de examiná-lo nos levaria longe demais.[12] E não é como doutrinas políticas que me propus tratar aqui do aristotelismo e do platonismo, mas simplesmente como doutrinas, ou atitudes, metafísicas e morais.

---

12 Cf. LEGARDE, G. de. *La naissance de l'esprit laïque au déclin du Moyen Age*. Saint-Paul-Trois-Châteaux, 1934, 2 v.

A atração do platonismo – ou do neoplatonismo – sobre um pensamento religioso se exerce, por assim dizer, por si mesma. Com efeito, como não reconhecer a inspiração profundamente religiosa de Platão? Como não ver no seu Deus, que *nec fallit nec fallitur*, seu Deus que é o próprio Bem transcendente, ou seja, o Demiurgo que constrói o Universo para o bem e que, para dizer a verdade, só cria o bem, como não ver nisso algo de semelhante ao Deus das religiões da Bíblia? O tema da alma cristã, ou islâmica, tema constante entre os pensadores da Idade Média, pode encontrar prova mais bela do que o exemplo de Platão?

E, quanto a Plotino, como uma alma mística poderia deixar de identificar o Deus transcendente da religião como o Uno, transcendente ao Ser e ao Pensamento, do último dos grandes filósofos gregos? Todos os tipos de misticismo, desde que se tornem especulativos, desde que desejem ser pensados e não somente vividos, voltam-se naturalmente, e mesmo inevitavelmente, para Plotino.

Foi a leitura de livros platônicos que levou Santo Agostinho a Deus. Foi naqueles livros, conforme ele próprio nos conta em páginas inesquecíveis, que sua alma atormentada e inquieta, agitada pelo espetáculo do mal reinante no mundo, a ponto de se admitir a existência de um Deus do Mal, de um Deus mau ao lado do Deus bom, descobriu que há um único Deus. Foram os platônicos que ensinaram a Santo Agostinho que Deus é o próprio Bem criador, fonte inesgotável de perfeição e beleza. O Deus dos platônicos – o mesmo, segundo Santo Agostinho, que o da religião cristã – constitui o bem que, sem o saber, seu coração angustiado sempre procurou: o bem da alma, o único bem eterno e imutável, o único que vale a pena perseguir...

"Que importância tem o que não é eterno", repete Santo Agostinho, e o eco de suas palavras jamais será esquecido no Ocidente. Quinze séculos mais tarde, outro pensador, Spinoza, violentamente antibíblico, ainda nos falará de Deus, único bem que enche a alma de uma felicidade eterna e imutável.

A *alma* – eis a grande palavra dos platônicos, e toda filosofia platônica sempre é, finalmente, centrada na alma. Inversamente, toda filosofia centrada na alma é sempre uma filosofia platônica.

De certa forma, o platonismo medieval está maravilhado por sua alma, pelo fato de ter uma alma ou, mais exatamente, pelo fato de *ser* uma alma. E quando, de acordo com o preceito socrático, o platônico medieval procura conhecer-se a si mesmo, é o conhecimento de sua alma que é objeto de sua procura, e é no conhecimento de sua alma que ele encontra a felicidade.

Para o platônico medieval, a alma é algo tão alto, tão mais perfeito que o resto do mundo, que, a bem dizer, com esse resto ela nada tem em comum. Assim, não é para o mundo e seu estudo que se deve voltar o filósofo, mas para a alma. Pois é lá, no interior da alma, que reside a verdade.

Penetra em tua alma, em teu foro interior, ordena-nos Santo Agostinho. E são mais ou menos os mesmos termos que encontramos, no século XI, na pena de Santo Anselmo, bem como, ainda dois séculos mais tarde, na pena de São Boaventura.

A verdade reside no interior da alma – aí se reconhece o ensinamento de Platão. Mas a verdade, para o platônico medieval, é Deus, verdade eterna e fonte de toda a verdade, sol e luz do mundo inteligível: ainda um texto, ainda uma imagem platônica que reaparece constantemente na filosofia medieval e que permite, com certeza, distinguir o espírito e a inspiração de Platão.

A verdade é Deus. Portanto, é Deus que habita nossa alma, que se acha mais próximo da alma do que nós próprios. Assim se compreende o desejo do platônico medieval de conhecer sua alma, pois conhecer sua alma, no sentido pleno do termo, já significa quase conhecer Deus. *Deum et anima scire cupio*, suspira Santo Agostinho, Deus e alma, pois não se pode conhecer um sem conhecer o outro. *Noverim me, noverim te*,... pois – e esta é uma noção de capital e decisiva importância –, para o platônico medieval, *inter Deum et anima nulla est interposita natura*. Portanto, a alma humana é, literalmente, uma imagem de Deus, algo semelhante a Deus. É por isso, justamente, que ela não pode ser inteiramente conhecida.[13]

Compreende-se que tal alma não seja, para falar de modo claro, *unida* ao corpo. Ela não forma, com ele, uma unidade indissolúvel e essencial. Certamente, ela se acha no corpo. Mas está ali "como o pi-

---

[13] A alma se conhece direta e imediatamente; ela domina seu ser, mas não sua essência. A alma não possui a ideia da própria, pois sua ideia é Deus, conforme nos explicará Malebranche.

loto está no navio": ele o comanda e o guia, mas, em sua existência, não depende do navio.

O mesmo ocorre no que diz respeito ao homem. Pois, para o platônico medieval, o homem nada mais é que uma *anima immortalis mortali utens corpore*, uma alma estranhamente vestida por um corpo. Ela o usa, mas, ela própria, é independente do corpo. E, mais ainda, ela é antes constrangida e entravada do que ajudada por ele em sua ação. Com efeito, da atividade própria do homem, do pensamento e da vontade, só a alma é que é dotada. A tal ponto que, para o platônico, não se deveria dizer: o *homem* pensa, mas a *alma* pensa e percebe a verdade. Ora, nessa atividade o corpo não lhe serve de nada. Até pelo contrário, ele se interpõe como uma tela entre a alma e a verdade.[14]

A alma não tem necessidade do corpo para conhecer e para conhecer-se a si mesma. É imediatamente e diretamente que ela se conhece. Talvez ela não se conheça plena e inteiramente em sua essência. Não obstante sua existência, seu próprio ser é, para ela, o que há de mais certo e mais seguro no mundo. Trata-se de algo que não pode ser posto em dúvida. A certeza da alma, para ela própria, o conhecimento direto da alma por ela mesma – eis aí traços muito importantes. E muito platônicos. Assim, se nos encontrarmos alguma vez diante de um filósofo que nos explica que um homem, desprovido e privado de quaisquer sensações externas e internas, é capaz de se conhecer, mesmo assim, em seu ser, em sua existência, não hesitemos: ainda que ele nos diga o contrário, esse filósofo é um platônico.[15]

Mas isso não é tudo. Para o platônico, a alma não se restringe a conhecer-se a si própria. Conhecendo-se a si mesma, pouco que seja, ela conhece também Deus, uma vez que ela é sua imagem, por imperfeita e longínqua que seja e, na luz divina que a inunda, ela conhece tudo o mais. Pelo menos, tudo o que possa ser por ela conhecido e que vale a pena conhecer.

---

14   Assim, a alma desencarnada reencontra a plenitude de suas faculdades. Forçando um pouco os termos, poder-se-ia dizer que a alma se acha encerrada em seu corpo como numa prisão. Em si mesma, ela é quase um anjo.
15   Certamente, aqui se reconhece Avicena.

A luz divina que ilumina todo homem que vem ao mundo, luz da verdade que emana do Deus-verdade, sol inteligível do mundo das ideias, imprime na alma o reflexo das ideias eternas, ideias de Platão transformadas em ideias de Deus, segundo as quais Deus criou o mundo; ideias que constituem os arquétipos, os modelos, os exemplares eternos das coisas cambiantes e fugidias do mundo eterno.

Por outro lado, não é estudando tais coisas – os objetos do mundo sensível – que a alma conhecerá a verdade. A verdade das coisas sensíveis não está nela: está na sua conformidade com as essências eternas, com as ideias eternas de Deus. Estas é que são o objeto verdadeiro do verdadeiro saber: são essas ideias, a ideia da perfeição, a ideia do número; é em direção a ela que se deve conduzir o pensamento, desviando-se do mundo oferecido a nossos sentidos (o platônico é sempre levado às matemáticas e o conhecimento matemático sempre é, para ele, o tipo de saber por excelência). A menos que ela não perceba, na beleza deste mundo sensível, o traço, o vestígio, o símbolo da beleza sobrenatural de Deus.

Ora, se é em torno da alma, imagem divina, que se organiza a concepção epistemológica e metafísica do platonismo medieval, esta concepção estará presente em todos os movimentos do pensamento. Problema central da metafísica medieval, as provas da existência de Deus têm, nesse pensamento, uma configuração extremamente característica.

Provavelmente, o filósofo utilizará a prova que afirma a existência do Criador partindo da existência da criatura; ou da prova que, partindo da ordem, da finalidade reinante no mundo, conclui pela existência de um ordenador supremo. Em outras palavras, as provas que se baseiam nos princípios de causalidade e de finalidade.

Mas tais provas não dizem muito ao espírito do platônico medieval. Uma boa demonstração deve ser construída de outro modo. Não deve partir do mundo material e sensível. Com efeito, para o platônico, ele *é*, tão somente, apenas uma medida muito tênue em que, de modo muito vago e imperfeito, reflete algo do esplendor e da glória de Deus; na própria medida em que ele é um símbolo. Conceber Deus como criador do mundo material, efêmero e finito, para o platônico, significa concebê-lo de maneira pobre demais.

Não, é em realidades muito mais profundas, mais ricas e mais sólidas que se deve buscar uma demonstração digna deste nome, ou seja, na realidade da alma; ou na das ideias. E, como as ideias ou seus reflexos se reencontram na alma, pode-se dizer que, para o platônico medieval, o *Itinerium metis in Deum* passa sempre pela *alma*.

Uma prova platônica é a prova pelos graus de perfeição, prova que, em razão desses graus, conclui pela existência da perfeição suprema e infinita, medida e fonte da perfeição parcial e finita.

Uma prova platônica é a prova que já mencionei, pela ideia da verdade, prova que, em razão da existência de verdades fragmentárias, particulares e parciais, conclui pela ideia de uma verdade absoluta e suprema, de uma verdade infinita.

Perfeição absoluta, verdade absoluta, ser absoluto: para o platônico, é assim que se concebe o Deus infinito.

Aliás, conforme nos ensina São Boaventura, não é preciso deter-se nessas provas "por graus": o finito, o imperfeito, o relativo implicam diretamente (na ordem do pensamento, como na do ser) o absoluto, o perfeito, o infinito. É justamente por isso que, por finitos que sejamos, podemos conceber Deus e, como nos ensinou Santo Anselmo, demonstrar a existência de Deus a partir de sua própria ideia: basta examinar, de algum modo, a ideia de Deus que temos em nossa alma para ver imediatamente que Deus, perfeição absoluta e suprema, não pode deixar de existir. Sua existência, e mesmo sua existência necessária, está de alguma forma incluída na perfeição que não pode ser pensada como não existente.

Portanto, concluamos: a primazia da alma, a doutrina das ideias, o iluminismo que suporta e reforça o inatismo de Platão, o mundo sensível concebido como um pálido reflexo da realidade das ideias, o apriorismo, e até o matematismo – eis um conjunto de traços que caracteriza o *platonismo medieval*.

Agora, voltemos ao aristotelismo.

Já afirmei que o platonismo da Idade Média, ou seja, o platonismo de um Santo Agostinho, de um Roger Bacon ou de um São Boaventura, não era, uma vez que muito lhe falta para isto, o platonismo de Platão. Da mesma forma, o aristotelismo, mesmo o de um Averróis e, *a fortiori*, o de um Avicena ou, para só falar dos filósofos da Idade Média ocidental, o aristotelismo de Santo Alberto Magno, de Santo Tomás ou de Sigério Brabante, não era, tampouco, o de Aristóteles.

Aliás, isso é normal. As doutrinas mudam e se modificam no curso de sua existência histórica: tudo o que vive está submetido ao tempo e à mudança. Somente as coisas mortas e desaparecidas permanecem imutáveis. O aristotelismo medieval não podia ser o de Aristóteles, uma vez que *vivia* num mundo diferente: num mundo onde, conforme assinalei acima, se *sabia* que havia e só podia haver um único Deus.

Os escritos aristotélicos chegam ao Ocidente – inicialmente através da Espanha, em traduções do árabe e, depois, em traduções diretas do grego – no decorrer do século XIII. Talvez, mesmo em fins do século XII.

Com efeito, desde 1210 a autoridade eclesiástica proibiu a leitura – vale dizer, o estudo – da física de Aristóteles. Prova cabal de que era obra conhecida desde um tempo já suficientemente longo para que os efeitos nefastos de seu ensino se fizessem sentir.

A proibição quedou letra morta: a difusão de Aristóteles caminha paralela à das escolas ou, mais exatamente, à das universidades.

Isso nos revela um importante fato: o meio no qual se propaga o aristotelismo não é o mesmo que absorvia as doutrinas platônicas do agostinismo medieval; e a atração exercida pelo aristotelismo tampouco é a mesma.[16]

O aristotelismo, disse eu há pouco, propaga-se nas universidades. Dirige-se a pessoas ávidas de *saber*. É *ciência*, antes de ser qualquer outra coisa, antes mesmo de ser filosofia, e é por seu valor de *saber científico*, e não por seu parentesco com uma atitude religiosa, que ele se impõe.

Até pelo contrário: o aristotelismo se afigura, inicialmente, incompatível com a atitude espiritual do bom cristão, bem como do bom muçulmano. E as doutrinas que ele ensina – a eternidade do mundo, entre outras – parecem nitidamente contrárias às verdades

---

16   Cf. ROBERT, G. *Les Écoles et l'enseignement de la théologie pendant la première moitié du XII siècle*. 2. ed. Paris: Ottawa, 1933.

da religião revelada,[17] e até mesmo a concepção fundamental do Deus-criador. Assim se compreende muito bem que a autoridade ou a ortodoxia religiosa tenha condenado Aristóteles. E que as filosofias da Idade Média tenham sido obrigadas a interpretá-lo, isto é, a repensá-lo num novo sentido, compatível com o dogma religioso. Esforço que apenas parcialmente logrou êxito com Avicena,[18] mas que foi brilhantemente bem-sucedido com Santo Tomás: Aristóteles, de certa forma cristianizado por Santo Tomás, tornou-se o fundamento do ensino no Ocidente.

Mas voltemos à atitude espiritual do aristotelismo. Afirmei que ele é impulsionado pelo desejo do saber *científico*, pela paixão pelo estudo. Mas não é a alma e, sim, o mundo, que ele estuda – a física, as ciências naturais... Pois o mundo, para o aristotélico, não é o reflexo pouco consistente da perfeição divina, livro simbólico no qual se pode decifrar – e ainda muito precariamente – a glória do Eterno; de alguma forma, o mundo se solidificou. É um "mundo", uma *natureza*, ou um conjunto hierarquizado e bem ordenado de *naturezas*, conjunto muito estável e muito firme e que possui uma existência própria; que a possui *por si próprio*. Possivelmente, para um aristotélico medieval essa existência é derivada de Deus e, até, criada por Deus; mas essa existência que Deus lhe confere, uma vez recebida, o mundo, a natureza, a criatura a possuem. A existência pertence à criatura e não mais a Deus.

Certamente, este mundo – e os seres deste mundo – é móvel e cambiante, submetido ao devir, à passagem do tempo. Por isso mesmo, ele se opõe à existência imutável e supratemporal de Deus. Mas, por móvel e temporal que seja, o mundo não é mais efêmero, e sua mobilidade não exclui, de forma alguma, a permanência. Muito pelo contrário: poderia dizer-se que, para o aristotélico, quanto mais as coisas mudam, mais são elas a mesma coisa; pois, se os indivíduos mudam, surgem no mundo e desaparecem, o mundo, *em si*, não muda: as *naturezas* permanecem as mesmas.

---

17   O aristotelismo, na realidade, é incompatível com a própria noção de religião revelada.

18   Aliás, é possível que a verdadeira doutrina esotérica de Avicena, cuidadosamente escamoteada ao vulgo – e o mesmo ocorre no que diz respeito a Alfarabi –, seja tão irreligiosa, e até antirreligiosa, quanto a de Averróis.

É até por isso mesmo que elas são *naturezas*. E é por isso que a verdade das coisas reside nelas.

O espírito do aristotélico não é, como o do platônico medieval, espontaneamente voltado para si mesmo: é naturalmente orientado para as coisas. Assim, são as coisas e a existência das coisas que constituem o que há de mais certo para ele. O ato primeiro e próprio do espírito humano não é a percepção de si mesmo; é a percepção de objetos naturais, de cadeiras, de mesas, de outros homens. Não é senão por um subterfúgio, uma contorção ou um raciocínio, que ele chega a se discernir e a se conhecer a si próprio.

O aristotélico possivelmente *tem* uma alma; certamente *não* é uma alma. É *um homem*.

Assim, à pergunta socrática, à pergunta: quem sou eu? isto é, que é o homem?, ele dará uma resposta totalmente diversa da resposta do platônico. O homem *não* é uma alma encerrada no corpo, alma imortal num corpo mortal: esta é uma concepção que, segundo o aristotelismo, rompe a unidade do ser humano; o homem é um *animal rationale mortale*, um animal racional e mortal.

Dito de outra forma, o homem não é algo estranho e – enquanto alma – infinitamente superior ao mundo; é uma *natureza* entre outras naturezas, uma natureza que, na hierarquia do mundo, ocupa um lugar próprio. Um lugar bastante elevado, talvez, mas que, contudo, se encontra *no mundo*.

Tanto quanto a filosofia do platônico é centrada na noção de *alma*, a filosofia do aristotélico é centrada na noção de *natureza*. Ora, a natureza humana abrange o corpo tanto quanto abrange a alma; ela é a unidade dos dois. Dessa forma, os atos humanos são, todos, ou quase todos, atos mistos; e em todos, ou quase todos – logo referir-me-ei à exceção –, o corpo intervém como fator integrante, indispensável e necessário. Privado de seu corpo, o homem não seria mais homem; mas tampouco seria um anjo. Reduzido a ser apenas uma alma, ele constituiria um ser incompleto e imperfeito. Não o haver compreendido é que é o erro do platônico.

Aliás, que é alma? De acordo com uma célebre definição, é a *forma do corpo organizado, possuindo vida em potencial*, definição que exprime admiravelmente a correlação essencial entre a *forma* – a alma – e a *matéria* – o corpo – no composto humano. Assim, se nada é mais fácil, para um platônico, do que demonstrar a imortalidade da alma, de tal forma ela está, desde o princípio, concebida como algo de completo e de perfeito,[19] nada é mais difícil para um aristotélico. E somente tornando-se infiel ao espírito do aristotelismo histórico – ou, se se preferir, reformando e transformando, neste particular (como em outros), o aristotelismo de Aristóteles –, criando uma espécie nova de formas substanciais que podem prescindir de matéria, é que Santo Tomás pôde conformar-se à verdade da religião.

Mas voltemos ao homem e a seus atos. Como vimos, o homem é, por sua *natureza*, um ser misto, um composto de alma e de corpo. Ora, todos os atos de um ser devem estar de acordo com sua natureza. O ato próprio do homem, o pensamento, o conhecimento, não pode deixar de engajar *toda* a sua natureza, isto é, seu corpo e sua alma, concomitantemente. Assim, o pensamento humano não somente se nos revelará como *começando* pela percepção das coisas materiais e, portanto, pela percepção sensível, mas esse elemento constituirá um momento necessário e integrante do pensamento.

Para o aristotelismo, o domínio do sensível é o domínio próprio do conhecimento humano. Não havendo sensação, não há ciência. Certamente, o homem não se limita a sentir; ele elabora a sensação. Recorda, imagina e, já por esses meios, liberta-se da necessidade da presença efetiva da coisa percebida. Mas além, num grau superior, seu intelecto *abstrai* a forma da coisa percebida da matéria à qual ela se acha naturalmente ligada, e é essa faculdade de abstração, a capacidade de pensar do modo abstrato, que permite ao homem fazer ciência e que o distingue dos animais. O pensamento abstrato da ciência está muito longe da sensação. Mas a ligação subsiste (*Nihil est in intellectu quod non prius fuerit in sensu...*). Dessa forma, os seres espirituais são inacessíveis ao pensamento humano, pelo menos *diretamente*, e só podem ser alcançados por ele mediante o raciocínio. Isso é válido para todos os seres espirituais, até e inclusive a alma humana.

Assim, enquanto a alma platônica se conhecia a si mesma, imediata e diretamente, é somente pelo raciocínio que a alma aristotéli-

---

19   A fim de conferir-lhe o caráter de substancialidade, o platônico medieval chega a dotá-la de uma matéria espiritual.

ca consegue conhecer-se; por uma espécie de raciocínio causal que conduz do efeito à causa, do ato ao agente. E, do mesmo modo que a alma agostiniana – imagem de Deus – possuía ou encontrava em si própria algo que lhe permitia conceber Deus, formar uma ideia – talvez muito imperfeita e longínqua mas, de qualquer forma, uma ideia – de Deus, seu arquétipo e sua origem, essa via se acha completamente fechada para o aristotélico. É somente através de raciocínio, de raciocínio causal, que ele pode atingir Deus, provar e demonstrar sua existência.

Portanto, todas as suas provas da existência de Deus são baseadas em considerações causais e partem, todas, da existência das coisas, do mundo exterior. Poder-se-ia até ir mais longe: é provando a existência de Deus que o aristotélico adquire a noção de Deus. É, como vimos, justamente o contrário para o platônico.

As provas da existência de Deus, dadas pelo aristotélico, demonstram essa existência como causa primeira ou fim último dos seres. E fundamentam-se no princípio da ἀνάγκη στῆναι, isto é, na impossibilidade de prolongar indefinidamente uma série causal,[20] de remontar infinitamente do efeito à causa: é preciso parar em algum ponto, estabelecer uma causa que, ela própria, não é causada, não constitui mais um efeito.

Pode raciocinar-se de maneira análoga construindo uma série, não mais de causas (eficientes), mas de fins: haverá de se achar, em algum ponto, um fim último, um fim em si. Podem examinar-se, também, certos aspectos particulares da relação causal, partir do fenômeno eminentemente importante do movimento. No aristotelismo, com efeito, tudo se move, e nada se move por si mesmo. Todo movimento pressupõe um motor. Então, de motor em motor, chegar-se-á ao último, ou primeiro, motor imóvel, o qual se revelará ser, ao mesmo tempo, o fim primeiro e último dos seres. Pode-se argumentar, enfim, a partir da contingência dos seres – prova preferida de Avicena – e fazer ver que a série dos seres contingentes não pode

---

20 Trata-se, bem entendido, de uma série *bem ordenada*, e não de uma série temporal. Esta, pelo contrário, pode ser prolongada indefinidamente. Assim, a criação *no tempo* é indemonstrável.

prolongar-se indefinidamente, devendo, em algum ponto, estancar num ser não contingente, isto é, necessário.[21]

Como bem se vê, todas essas provas – salvo, talvez, a que nos apresenta Deus como o fim último dos seres, bem supremo e objeto derradeiro, ou primeiro, de seu desejo e de seu amor – só nos apresentam Deus como causa, nem mesmo necessariamente criadora, do mundo. E nós recordamos quão insuficiente isso parecia ao platônico.

Certamente encontraremos, entre os aristotélicos, as provas pelos graus de perfeição e do ser... Mas, ainda nesse caso, enquanto o platônico, de certo modo, saltava do relativo ao absoluto, do finito ao infinito, é por graus que opera o aristotélico, fundamentando-se na impossibilidade de uma série infinita.

Assim, Duns Scoto, o lógico perfeito e sutil da Escola – no fundo, muito mais platônico do que habitualmente se acredita – julga que essas provas não se sustentam, nem podem sustentar-se. Partindo do finito e apoiando-se no princípio de que é preciso parar em algum ponto, pode-se demonstrar a existência de um Deus infinito. Talvez Aristóteles o faça. E também Avicena. Mas, por um lado, Avicena não é, como Duns Scoto observa muito bem, um aristotélico de estrita observância: Avicena é um crente. Além disso, Avicena – tanto quanto Aristóteles – supõe expressamente um mundo *eterno*: é indispensável um motor infinito para manter eternamente o movimento. Mas, se o mundo não é eterno e se é finito, um motor finito é amplamente bastante... Enfim, mais lógico do que Avicena, Aristóteles não faz de seu Deus motor um Deus criador. Avicena e, também, Santo Tomás, partem de um Deus criador. É também por esse motivo que eles chegam a isso: um, sendo muçulmano, e o outro, cristão, transformam, conscientemente ou não, a verdadeira filosofia de Aristóteles.[22]

Creio que Duns Scoto tem razão. Aliás, pouco nos importa. O aristotelismo medieval não é o de Aristóteles; é dominado, transformado, transfigurado pela ideia religiosa do Deus criador, do Deus infinito. Não

---

21   Aliás, a demonstração de Avicena, às vezes, vai diretamente do contingente ao necessário. Como se sabe, há muito de platonismo em Avicena.
22   Cf. GILSON, E. Les Seize Premiers Theoremata et la pensée de Duns Scot. *Archives d'Histoire doctrinale et littéraire au Moyen Âge*. Paris, v. 12-13, 1938.

obstante, é suficientemente fiel ao ensino de seu mestre para opor-se – até violentamente – às teorias do platonismo medieval.

Certamente, aceita a concepção – platônica e neoplatônica – de ideias eternas no espírito de Deus. Mas tais ideias são ideias divinas; não são as nossas ideias; e delas nenhuma luz chega até nós. Para que nos iluminemos, temos *nossa* luz, nossa luz *humana*, a inteligência que é *nossa*. Talvez ela nos venha de Deus, como, aliás, todas as coisas. Mas, se me for permitida esta imagem: não é um espelho que reflete a luz divina, é uma lâmpada que Deus acendeu em nós e que ilumina, agora, com sua própria luz. Essa luz é amplamente suficiente para nos permitir iluminar – conhecer – o mundo, e para nos dirigirmos no mundo. Basta, igualmente, para provar, com a ajuda de raciocínios como os que acabamos de esboçar, a existência de um Deus criador. Ela não é suficiente para nos permitir formar uma ideia verdadeira disso. Uma ideia que tornasse válidos, para nós, os argumentos do platônico.

Assim, a prova pela ideia – a prova anselmiana – seria boa para um anjo, ou seja, para um ser puramente espiritual, um ser que possuísse esta ideia de um Deus que pressupõe Santo Anselmo. Para nós, que não a possuímos, ela nada vale.

Bem se vê: é sempre a mesma coisa, a mesma ideia central: natureza humana, pensamento humano, e, se eu estudasse a moral, seria: conduta humana... Natureza, pensamento, conduta de um ser composto, de um ser cuja alma está íntima e quase indissoluvelmente ligada a seu corpo.

Ora, coisa curiosa, há um ponto em que o aristotelismo chega a romper a unidade da natureza humana, um ponto em que é o aristotélico infiel a seu mestre, Santo Tomás, que, contra ele, restabelece a unidade.

O aristotélico tem um profundo respeito pelo pensamento. Pelo verdadeiro pensamento, bem entendido. Ele o explica de forma diversa da de Platão. Ele nos mostra o pensamento sendo penosa e lentamente elaborado a partir da sensação bruta. No fundo, ele valoriza ainda mais o pensamento. E isso é motivo para que um ser *humano*, isto é, composto, possa chegar ao verdadeiro pensamento, possa atingir a verdade científica e até metafísica; isso o mergulha num estado de encantamento e de assombro sem limites.

Pois o pensamento, para o aristotélico, é a própria essência de Deus. Seu Deus, sabemo-lo bem, é pensamento puro. Pensamento que se pensa ele próprio, porque não encontra, em parte alguma, objeto digno de ser pensado por ele.

Ora, no homem, o pensamento é também algo de divino. Ou quase. Pois o aristotélico, por mais que nos mostre o pensamento elaborando-se a partir do sensível, como acabo de dizer, constata, não obstante, que em certo modo, em certa altura, o sensível é inteiramente ultrapassado. O pensamento – o do filósofo, do metafísico, o pensamento que domina e formula as leis essenciais do Ser e do Pensamento que toma consciência de si próprio – é uma atividade pura e inteiramente espiritual. Então, como pode ela pertencer a um ser *humano*? Aristóteles não dá resposta muito nítida a essa questão capital. Uma célebre passagem nos diz que o intelecto agente (νοῦς ποιητικός) é puro (ἀμιγής) e imortal (ἀθάνατος καί ἀπαθής), é separado (χωριστός) e nos vem de fora (θύραθεν).

Gerações de comentadores se têm esgrimido em torno desse texto, propondo-lhe as mais diversas e mais inverossímeis interpretações. *Grosso modo*, só há duas soluções possíveis: a de Alexandre de Afrodísia, que – modificando-a – os árabes adotarão, e a de Themistios, que – elaborando-a e dando-lhe um acabamento completo – adotará Santo Tomás.

Vamos examinar sucintamente essas duas soluções. Mas, antes, precisemos o que é o "intelecto agente".[23]

É incontestável que há, em nosso pensamento, um elemento ativo e um elemento passivo. Portanto, Aristóteles distingue, em nós, dois intelectos: o intelecto *agente* e o intelecto *paciente*. O primeiro

---

23 A noção de intelecto agente é bastante difícil, e o próprio Aristóteles se vê forçado a recorrer a uma comparação, ou melhor, a uma analogia: a apreensão da verdade pelo intelecto é algo de análogo à percepção sensível, e o intelecto se comporta em relação ao seu objeto mais ou menos como o olho o faz em relação ao que vê; ele é intelecção "em potencial". Ora, assim como não basta ter olhos para ver e como, sem a intervenção da luz, nenhuma visão efetiva (como ato) é possível, da mesma forma não é suficiente possuir um intelecto "com potencial de saber" para que se produza o conhecimento efetivo: é preciso, ainda, a intervenção ou a ação de um fator especial, o intelecto agente, ou intelecto em ação que assim desempenha, em relação ao intelecto humano, o papel que a luz desempenha em relação ao olho.

é o do mestre; o segundo, o do aluno. O primeiro é o que ensina; o segundo, o que aprende. O primeiro é o que dá; o segundo, o que recebe.

Contrariamente a Platão, que ensina que nada se pode aprender, senão o que já se sabe, Aristóteles julga que nada se pode saber, senão o que se aprendeu. E também que só se pode aprender alguma coisa se houver alguém que a tenha aprendido antes de nós, que a sabe e que nos transmite – nos impõe – esse saber.

Eis por que o pensamento – que Platão interpreta como um diálogo, diálogo da alma com ela própria, diálogo que a faz descobrir, por si mesma, nela mesma, a verdade que lhe é inata – é concebido pelo Estagirita sobre o modelo de uma aula. Uma aula que nos damos a nós mesmos, isto é, uma aula que o intelecto agente dá ao paciente.

Ora, já é bastante difícil ser aluno, *aprender* e *compreender* a verdade das ciências, da metafísica. Mas inventá-la, descobri-la com nossas próprias forças? É pedir demais à natureza humana, puramente humana. Assim, é preciso que a aula nos venha "de fora".

Por isso, Alexandre, e depois de Alexandre, Alfarabi, Avicena, Averróis – com diferenças cujo estudo seria longo demais[24] – consideram que esse mestre, que possui a verdade – ele não é necessário para ensinar? –, que a possui sempre, ou, em termos de Aristóteles, que está sempre em ação, não faz parte do composto humano. Ele age sobre o homem, sobre o intelecto humano (paciente ou passivo, παθητιχοζ) "de fora", e é em função dessa ação que o homem pensa, isto é, aprende e compreende.

O intelecto agente não é próprio de cada homem. É única e exclusivamente comum a todo o gênero humano. Com efeito, só o erro nos é próprio; é meu ou seu. A verdade, por outro lado, não pertence a quem quer que seja. Um pensamento *verdadeiro* é identicamente o mesmo em todos os que o exercitam. Segue-se que ele deve ser único, pois o que é múltiplo deve ser diferente.

A teoria árabe da "unidade do intelecto" humano explica por que a verdade é uma só para todo o mundo, e igualmente por que a

---

24 Cf. MANDONNET, R. P. M. *Siger de Brabant et l'averroisme latin au XIIIe siècle*. 2. ed. Louvain, 1911.

razão é única. Mas um problema se apresenta: o que se torna a alma humana nessa teoria que lhe recusa o exercício da atividade espiritual propriamente dita? Logicamente, tal alma não pode ser imortal, não pode existir após a morte de seu corpo...[25] Avicena, porém, se recusa a aceitar essa consequência ou, pelo menos, a aceitá-la integralmente. O pensamento, com efeito, é algo tão divino que o fato de haver pensado, de haver aprendido e compreendido, de haver atingido o saber da verdade, transforma o intelecto paciente num intelecto *adquirido*. E é esse intelecto que permanece após a morte do corpo, e continua a pensar, eternamente, as verdades que eram suas em vida.

Como vemos, a escola, o estudo da ciência e principalmente da filosofia, conduz a tudo; conduz à felicidade suprema que, para o homem, assim como para Deus, consiste no exercício do pensamento. Conduz, também, à imortalidade.[26]

A solução de Avicena é, visivelmente, uma solução bastarda, solução de homem que tem medo de admitir as consequências dos princípios que ele próprio estabelece para si mesmo. Assim, Averróis não a aceita. A unidade, ou melhor, a unicidade do intelecto humano (de todo o gênero humano) e o caráter não individual, impessoal, do pensamento implicam necessariamente a negação da imortalidade. O indivíduo humano – como todos os indivíduos de todas as outras espécies animais – é essencialmente temporal, passageiro e *mortal*. A definição aristotélica de homem – animal racional e mortal – deve ser levada a sério, no seu mais estrito sentido literal. Então, que é o homem? Nós o ouvimos: um ser animal, racional e mortal; um ser que vive *no mundo* e que, no mundo, age e cumpre seu destino. E o que deve ele fazer? Neste caso, também, a resposta é formal: o melhor, na medida do possível, é fazer ciência, filosofia. Simplesmente porque, sendo o pensamento a atividade mais elevada, seu exercício nos proporciona a satisfação mais pura e mais profunda.

---

25 Constituindo a "forma" do corpo, a alma não pode subsistir sem ele; a existência de atos puramente espirituais praticados pelo intelecto humano é a única coisa que nos permite considerá-la "separável". Ora, segundo a doutrina dos árabes, tais atos não são da alma.
26 A uma imortalidade impessoal, bem entendido.

O averroísmo constitui um poderoso movimento no sentido de laicizar a vida espiritual, de negar, de modo mais ou menos camuflado, o dogma religioso.[27] Mas não é apenas isso. Do ponto de vista filosófico, o averroísmo implica a negação da individualidade espiritual e, bem mais profundamente e bem mais perigosamente do que o platonismo, rompe a unidade do ser humano. Com efeito, se não era o homem, mas a alma, que pensava e queria, no platonismo era pelo menos *minha* alma, minha alma que era eu mesmo. Para o averroísta, quem pensa não sou eu, nem mesmo minha alma: é o intelecto agente, impessoal e comum a todos, que pensa *dentro de mim...*

Estranha consequência de uma doutrina humanista que acaba por privar o homem do que constitui sua natureza e fundamenta sua dignidade. Quão bem se pode compreender que Santo Tomás se tenha insurgido contra ela! Não só em nome da fé, como se disse tantas vezes, mas também em nome da razão. Pois, para ele, a filosofia averroísta não é apenas uma filosofia ímpia; é também, e sobretudo, talvez, uma má filosofia.

Assim, sua solução do problema levantado pelo texto de Aristóteles toma um sentido diametralmente oposto ao das soluções árabes. Ela é também a *única* que, no contexto do aristotelismo, permite salvaguardar a unidade e a individualidade da pessoa humana, do composto humano.

Essa solução nos ensina, *grosso modo*, que a atividade e a passividade, o intelecto agente e o intelecto paciente, são inseparáveis, e que, portanto, se o homem pensa, ele deve, necessariamente, possuir os dois. Ora, se Aristóteles nos diz que o intelecto agente nos vem "de fora", ele tem razão, com a condição de que se entenda que ele nos vem diretamente de Deus; que é Deus quem, a *cada um de nós*, confere, ao criar-nos, um intelecto agente. É justamente isso que faz de nós criaturas espirituais e explica, em última análise, a atividade puramente intelectual de nossa razão: a consciência de si mesmo, o conhecimento metafísico, a existência da filosofia. E é a espiritualidade de nossa alma que explica, por sua vez, o fato de

---

27 Ernest Renan disse, em seu belo livro sobre *Averroès et l'averroïsme*, que ninguém, além dos judeus, levou Averróis a sério. Isso constitui um erro total: o averroísmo desempenhou um papel de primeiríssima ordem na Idade Média e na Renascença.

que ela seja separável do corpo e subsista, imortal, quando o corpo morre.

Acabo de dizer que a solução tomista é a única que, no contexto do aristotelismo, permite salvaguardar a espiritualidade da alma e a unidade do composto humano. Talvez fosse mais exato dizer que ela se extravasa além do contexto do aristotelismo. O Deus de Aristóteles (e de Averróis), esse Deus que só se pensa em si mesmo e que ignora o mundo que não criou, é incapaz de desempenhar o papel que lhe atribui Santo Tomás. A solução tomista pressupõe um Deus criador e um mundo criado. Pois é somente num tal mundo, onde *singula propriis sunt creata rationibus*, que a individualidade *espiritual* e a *personalidade* humana são possíveis. Elas não são possíveis no Cosmo de Aristóteles. Esta é a lição que nos ensina a curiosa história do platonismo e do aristotelismo medievais.

A CONTRIBUIÇÃO CIENTÍFICA DA RENASCENÇA[1]

Falar da contribuição científica da Renascença pode parecer um paradoxo: ou até uma temeridade. Com efeito, se a Renascença constituiu uma época de fecundidade e de riqueza extraordinárias, uma época que enriqueceu prodigiosamente nossa imagem do Universo, todos sabemos, sobretudo nos dias atuais, que a inspiração da Renascença não foi uma inspiração científica. O ideal de civilização da época que se chama justamente a *Renascença* das letras e das artes não é, de modo algum, um ideal de ciência, mas um ideal de retórica.

Assim, é extremamente característico que a grande reforma da lógica por ela pretendida – penso na lógica de Ramus – tenha sido uma tentativa no sentido de substituir a técnica da prova, característica da lógica clássica, por uma técnica de persuasão.

O tipo que encarna o ambiente e o espírito da Renascença é, evidentemente, o grande artista. Mas é também, e talvez principalmente, o homem de letras. Foram os homens de letras os seus promotores, os seus anunciadores e "trombeteadores". Foram também os eruditos. E aqui permito-me lembrar-lhes o que disse Bréhier: "O espírito de erudição não coincide inteiramente – e até não coincide de maneira alguma – com o espírito da ciência".

Por outro lado, sabemos também – e isto é muito importante – que a época da Renascença foi uma das épocas menos dotadas de espírito crítico que o mundo conheceu. Trata-se da época da mais grosseira e mais profunda superstição, da época em que a crença na magia e na feitiçaria se expandiu de modo prodigioso, infinitamente

---

[1] Texto de uma comunicação feita à XV Semana de Síntese (1º de junho de 1949) e publicado no volume da *Quinzième Semaine de Syntèse*: La Synthèse, idée-force dans l'évolution de la pensée (Paris: Albin Michel, 1951. p. 30-40).

mais do que na Idade Média. E bem se sabe que, nessa época, a astrologia desempenha um papel muito maior do que a astronomia – parente pobre, como disse Kepler – e que os astrólogos desfrutam de posições oficiais nas cidades e junto aos potentados. E, se examinarmos a produção literária dessa época, tornar-se-á evidente que não são os belos volumes das traduções dos clássicos produzidos nas tipografias venezianas que constituem os grandes sucessos de livraria; são as demonologias e os livros de magia. Cardano e, mais tarde, Porta são os grandes autores, lidos em toda parte.

A explicação desse estado de espírito seria muito complexa, e não desejo tentá-la aqui. Há fatores sociológicos e fatores históricos envolvidos. Os próprios fatos da recuperação da velha literatura grega e latina, da difusão dessa literatura, do respeito que inspiravam nos homens de letras e nos eruditos da Renascença as narrações banais mais estúpidas, desde que contidas nos textos clássicos, devem ser levados em conta.

Mas, na minha opinião, há outra coisa. A grande inimiga da Renascença, do ponto de vista filosófico e científico, foi a síntese aristotélica, e pode dizer-se que sua grande obra foi a destruição dessa síntese.

Ora, esses traços que acabo de evocar, a credulidade, a crença na magia etc., me parecem ser consequências diretas daquela destruição. Com efeito, depois de ter destruído a física, a metafísica e a ontologia aristotélicas, a Renascença se viu sem física e sem ontologia, isto é, sem possibilidade de decidir, de antemão, se alguma coisa é possível ou não.

Ora, parece-me que, no nosso pensamento, o possível sempre se sobrepõe ao real, e o real não é senão o resíduo desse possível. Ele se coloca ou se acha no contexto do que não é impossível. No mundo da ontologia aristotélica, há uma infinidade de coisas que não são possíveis; uma infinidade de coisas, portanto, que sabemos de antemão serem falsas.

Uma vez essa ontologia destruída, e antes que uma nova ontologia, elaborada somente no século XVII, seja estabelecida, não se dispõe de critério algum que permita decidir se a informação que se recebe de tal ou qual "fato" é verdadeira ou não. Daí resulta uma credulidade sem limites.

O homem é um animal crédulo por natureza. É normal crer no testemunho, sobretudo quando ele provém de longe ou do passado; é normal crer no testemunho de pessoas honestas e respeitáveis, de pessoas que inspiram confiança. Assim, do ponto de vista do testemunho, nada é mais seguramente estabelecido do que a existência do diabo e dos feiticeiros. Na medida em que não se sabe que a ação da feitiçaria e da magia é uma coisa absurda, não se tem nenhum motivo para não acreditar nesses fatos.

Ora, em virtude do próprio fato da destruição da ontologia medieval e da ontologia aristotélica, a Renascença se viu entregue, ou conduzida, a uma ontologia mágica cuja inspiração é encontrada em toda parte. Se se examinarem os grandes sistemas, as grandes tentativas de síntese filosófica da época, seja Marsílio Ficino, ou Bernardino Telésio, ou mesmo Campanella, sempre se encontrará, no fundo de seu pensamento, uma ontologia mágica. Mesmo aqueles que, de alguma forma por dever, tinham de defender a ontologia aristotélica, os averroístas e os alexandristas paduanos, foram contaminados pelo espírito da época. E tanto em Nifo quanto em Pomponazzi encontram-se a mesma ontologia mágica e a mesma crença nos poderes demoníacos.

Assim, se se desejasse resumir em uma frase a mentalidade da Renascença, eu proporia a fórmula: *tudo é possível*. A única questão é saber se "tudo é possível" em virtude de intervenções de forças sobrenaturais, e essa é a demonologia sobre a qual Nifo escreveu um volumoso livro que teve um enorme sucesso; ou se se recusa à intervenção de forças sobrenaturais, para afirmar que tudo é natural e que mesmo os fatos miraculosos se explicam por uma ação da natureza. É nessa naturalização mágica do sobrenatural que consiste o que se chamou de "o naturalismo" da Renascença.

Ora, se essa credulidade de "tudo é possível" é o reverso da medalha, também existe um anverso. Esse anverso é a curiosidade sem fronteiras, a acuidade de visão e o espírito de aventura que conduzem às grandes viagens de descobrimento e às grandes obras de descrição. Mencionarei apenas o descobrimento da América, a circum-navegação da África, a circum-navegação do mundo, que enriquecem prodigiosamente o conhecimento dos fatos e alimentam a curiosidade pelos fatos, pela riqueza do mundo, pela variedade e multiplicidade das coisas. Sempre que uma coleção de fatos e uma acumulação do saber se fizerem suficientes, sempre que se pôde prescindir de teoria, o século XVI produziu coisas maravilhosas.

Nada mais belo, por exemplo, que as coleções de desenhos botânicos que revelam uma acuidade de visão positivamente prodigiosa. Pensemos nos desenhos de Dürer, nas coletâneas de Gesner, na grande enciclopédia de Aldrovandi, repletos, aliás, de histórias sobre o poder e a ação mágicos das plantas. Em compensação, o que falta é a teoria da classificação, a possibilidade de classificar de maneira razoável os fatos reunidos: no fundo, não se ultrapassa o estágio do catálogo. Mas acumulam-se os fatos, as compilações e as coleções, criam-se jardins botânicos e organizam-se coleções mineralógicas. Tem-se um imenso interesse pelas "maravilhas da natureza", pelas *varietas rerum*, tem-se a alegria de perceber essa variedade.

O mesmo se passa com as viagens, a geografia. O mesmo ocorre no que se refere à descrição e ao estudo do corpo humano. Sabe-se que Leonardo já fizera dissecações ou, mais exatamente, pois isso havia sido feito muito tempo antes dele, foi Leonardo que ousou fazer os respectivos desenhos, acumulando sobre uma única prancha os detalhes por ele observados em vários objetos anatômicos. E é em 1543, data duplamente memorável – é a data da publicação do *De revolutionibus orbium celestium*, de Copérnico –, que aparece a grande compilação *De fabrica corporis humani*, de Vesálio.

A tendência erudita traz, igualmente, seus frutos. Involuntariamente, talvez. Aliás, pouco importa. Os grandes textos científicos gregos que eram desconhecidos ou mal conhecidos, na época anterior, são traduzidos, editados ou retraduzidos e reeditados. Assim, na realidade é somente no século XV que Ptolomeu é verdadeiramente traduzido integralmente para o latim e, como se sabe, é em função do estudo de Ptolomeu que se realizará a reforma da astronomia. Também os grandes matemáticos gregos são traduzidos e editados no decorrer do século XVI: Arquimedes, de início; depois, Apolônio, Papos, Héron. Enfim, em 1757, Maurolico tenta reconstituir os livros perdidos de Apolônio, empreitada que será, até Fermat, uma das principais ambições dos grandes matemáticos do fim do século XVI e do início do século XVII. Ora, é certo que são a retomada e a assimilação da obra de Arquimedes que se situam na base da revolução científica que se realizará no século XVII, como somente a meditação sobre o teor dos livros de Apolônio sobre as crônicas é que tornará possível a revolução astronômica operada por Kepler.

Passando à evolução científica propriamente dita, certamente poderia dizer-se que ela se processa à margem do espírito renascente e à margem da Renascença propriamente dita. E não é menos verdadeiro o fato de que a destruição da síntese aristotélica constitui a base preliminar e necessária dessa evolução.

Bréhier nos faz recordar que, na síntese aristotélica, o mundo forma um Cosmo físico bem ordenado, Cosmo onde qualquer coisa se acha no seu lugar, em particular a Terra, localizando-se no centro do Universo, em virtude da própria estrutura desse Universo. É evidente que se fazia necessária a destruição dessa concepção do mundo para que a astronomia heliocêntrica pudesse alçar seu voo.

Não tenho tempo, aqui, de retraçar a história do pensamento astronômico. Sem embargo, gostaria de insistir no fato de que foram os filósofos que começaram o movimento. É certo que foi a concepção de Nicolau de Cusa que inaugurou o trabalho destrutivo que conduz à demolição do Cosmo bem ordenado, colocando sobre o mesmo plano ontológico a realidade da Terra e a realidade dos Céus. A Terra, diz-nos ele, é uma *stella nobilis*, uma estrela nobre, e é por isso mesmo, tanto quanto pela afirmação da infinidade ou, antes, da indeterminação do Universo, que ele põe em movimento o processo de pensamento que resultará na nova ontologia, na geometrização do espaço e no desaparecimento da síntese hierárquica.

Na física e na cosmologia aristotélicas, para traduzi-las numa linguagem um tanto moderna, é a própria estrutura do espaço físico que determina o lugar dos objetos que nele se encontram. A Terra está no centro do mundo porque, por força de sua natureza, ou seja, ela é pesada, deve achar-se no centro. Os corpos pesados se dirigem para o centro, não porque alguma coisa lá se encontre ou porque alguma força física os atraia para lá; eles se dirigem ao centro porque é sua natureza que para lá os impele. E se a Terra não existisse, ou se se imaginasse que ela fosse destruída e que não houvesse senão um pequeno pedaço que tivesse escapado a essa destruição, esse pedaço conservado iria, da mesma maneira, colocar-se no centro, como o único "lugar" que lhe convém. Para a astronomia, isso quer dizer que é a estrutura do espaço físico, tanto quanto sua própria natureza, que determina o lugar e o movimento dos astros.

Ora, é justamente a concepção inversa que abre caminho aos diversos sistemas astronômicos que se opõem à concepção aristotélica e nos quais o ponto de vista físico substitui gradualmente o ponto de vista cosmológico.

Se os corpos pesados, no que diz Copérnico, se dirigem para a Terra, não é porque se dirigem ao centro, isto é, a um lugar determinado do Universo; eles se comportam assim simplesmente porque querem voltar à Terra. O raciocínio de Copérnico faz com que uma realidade ou uma ligação *física* substitua uma realidade e uma ligação metafísica; faz com que uma estrutura cósmica seja substituída por uma força *física*. Assim, qualquer que seja a imperfeição da astronomia copernicana do ponto de vista físico ou mecânico, ela identifica a estrutura física da Terra à dos astros celestes, dotando-os, a todos, de um mesmo movimento circular. Por isso mesmo, ela assimilou os mundos sublunar e supralunar e, daí, realizou a primeira etapa da identificação da matéria ou dos seres componentes do Universo, vale dizer, da destruição daquela estrutura hierarquizada que dominava o mundo aristotélico.

Não tenho tempo, aqui, de retraçar a história da luta entre a concepção copernicana e a concepção ptolemaica da astronomia e da física. Foi uma luta que durou dois séculos. Os argumentos de parte a parte não eram absolutamente desprezíveis. Para dizer a verdade, não eram muito fortes, nem de um lado, nem de outro. Mas o que nos importa, especialmente aqui, não é o desenvolvimento da astronomia como tal, mas o progresso na unificação do Universo, a substituição do Cosmo estruturado e hierarquizado de Aristóteles por um Universo regido pelas mesmas leis.

O segundo passo nessa unificação é dado por Tycho Brahe que, embora partidário – por razões físicas muito válidas – da concepção geocêntrica, deu à astronomia e à ciência em geral algo de absolutamente novo, a saber, um espírito de precisão: precisão na observação dos fatos, precisão na medida e precisão na fabricação dos instrumentos de medida usados na observação. Não se trata, ainda, do espírito experimental, mas, de qualquer forma, já se trata da introdução, no conhecimento do Universo, de um espírito de precisão.

Ora, é a precisão das observações de Tycho Brahe que se situa na base do trabalho de Kepler. Com efeito, conforme nos diz este último, se o Senhor nos deu um observador como Tycho Brahe, não temos o direito de desprezar uma diferença de oito segundos entre suas observações e o cálculo. Tycho Brahe – é ainda Kepler quem nos diz – destruiu definitivamente a concepção das órbitas celestes portadoras dos planetas e circundantes da Terra ou do Sol e, por isso – ainda que ele não tenha apresentado o problema a si mesmo –, impôs a seus sucessores a consideração das causas físicas dos movimentos celestes.

Tampouco posso expor, aqui, a obra magnífica de Kepler, obra confusa e genial, e que, talvez, melhor represente o espírito da Renascença na ciência, se bem que, cronologicamente, ela lhe seja posterior. Com efeito, as grandes publicações de Kepler pertencem ao século XVII: a *Astronomia nova sirve physica coelestis* é de 1609 e a *Epitome astronomiae copernicanae* foi publicada de 1618 a 1621.

O que é radicalmente novo na concepção do mundo de Kepler é a ideia de que o Universo, em todas as suas partes, é regido pelas mesmas leis, e por leis de natureza estritamente matemática. Seu Universo é certamente um Universo estruturado, hierarquicamente estruturado em relação ao Sol e harmoniosamente ordenado pelo Criador, que nele se exprime através de um grande símbolo, mas a norma que Deus segue na criação do mundo é determinada por considerações estritamente matemáticas ou geométricas.

Foi estudando os cinco corpos regulares de Platão que Kepler teve a ideia de que o conjunto daqueles corpos formava o modelo sobre o qual Deus criou o mundo, e que as distâncias dos planetas a partir do Sol deviam conformar-se às possibilidades de encaixe, um no outro, daqueles corpos regulares. A ideia é tipicamente kepleriana: há regularidade e harmonia na estrutura do mundo, mas esta é estritamente geométrica. O Deus platônico de Kepler construiu o mundo dando-lhe forma geométrica.

Kepler é um verdadeiro *Janus bifrons*. Em sua obra, encontra-se a transformação, extremamente característica, de uma concepção ainda animista do Universo numa concepção mecanicista. Kepler, que, no *Mysterium cosmographicum*, começa explicando os movimentos dos planetas pela força das almas que os impelem e os guiam, nos diz, na *Epitone*, que não é o caso de recorrer a almas onde a ação de forças materiais ou semimateriais, tais como a luz ou o magnetismo, oferece uma explicação suficiente. Ora, o mecanismo é suficiente justamente porque os movimentos planetários seguem leis estritamente matemáticas.

Ademais, tendo em vista que Kepler descobriu que a velocidade dos movimentos dos planetas não é uniforme, mas está sujeita a variações periódicas no tempo e no espaço, ele teve de enfrentar o problema das causas físicas produtoras desses movimentos. Por isso, teve de formular, embora de maneira imperfeita, a primeira hipótese da atração magnética e, possivelmente não totalmente universal, mas que, de qualquer forma, alcançava suficientemente longe para poder ligar os corpos do Universo ao Sol.

Kepler soube descobrir as verdadeiras leis dos movimentos planetários. Em compensação, não soube formular as leis do movimento, pois não foi capaz de levar, até o estágio para tanto necessário – aliás, seria extremamente difícil –, a geometria do espaço e chegar à nova noção de movimento que daí resulta. Para Kepler, que, nessa questão, permanece como um bom aristotélico, o repouso não precisa ser explicado. O movimento, pelo contrário, precisa de uma explicação e de uma força. Por isso, Kepler não consegue conceber a lei da inércia. Em sua mecânica, como na de Aristóteles, as forças motrizes produzem velocidades e não acelerações. A persistência de um movimento implica a ação permanente de um motor.

O insucesso de Kepler certamente se explica pelo fato de que, dominado pela ideia de um mundo bem ordenado, não pode admitir a ideia de um Universo infinito. E nada é mais característico, nesse particular, do que a crítica que faz às intuições de Giordano Bruno. Bruno, com certeza, não é um sábio; é um matemático execrável – quando faz um cálculo, pode-se ter certeza de que está errado – que quer reformar a geometria, nela introduzindo a concepção atômica das "minima" e, contudo, compreende melhor do que ninguém – certamente porque é filósofo – que a reforma da astronomia operada por Copérnico implica o abandono total e definitivo da ideia de um Universo estruturado e hierarquicamente ordenado. Também proclama, como uma ousadia inigualável, a ideia de um Universo infinito.

Embora ainda não possa chegar – justamente porque não é matemático e não conhece a física, a verdadeira, a de Arquimedes – à noção de um movimento que se dá por si mesmo num espaço doravante infinito, de qualquer forma chega a conceber e a afirmar essa geometrização do espaço e a expansão infinita do Universo, que é a premissa indispensável à revolução científica do século XVII, à fundação da ciência clássica.

É muito curioso ver Kepler opor-se a essa concepção. O mundo de Kepler, certamente muito mais vasto que o da cosmologia aristotélica, e até o da astronomia copernicana, ainda está limitado pela abóbada estelar, situada em torno da imensa cavidade ocupada por nosso sistema solar. Kepler não admite a possibilidade de um espaço que se estenda mais além, nem a de um espaço cheio, isto é, povoado de outras estrelas, de estrelas que não vemos – isto seria, pensa ele, uma concepção gratuita e anticientífica –, nem a de um espaço vazio: um espaço vazio não seria nada, ou seria um nada existente. Ele se acha sempre dominado pela ideia de um mundo expressão do Criador, e mesmo da Trindade divina. Assim, vê no Sol a expressão do Deus-Pai; no mundo estelar, a do Deus-Filho; e na luz e na força que circulam entre os dois no espaço, a expressão do Espírito. E é justamente essa fidelidade à concepção de um mundo limitado e finito que não permitiu a Kepler ultrapassar os limites da dinâmica aristotélica.

Kepler e Bruno podem estar ligados à Renascença. Com Galileu, saímos segura e definitivamente dessa época. Galileu não tem nada do que a caracteriza. Ele é antimágico no mais elevado grau. Não sente nenhuma alegria ante a variedade das coisas. Pelo contrário, o que o anima é a grande ideia – arquimediana – da física matemática, da redução do real ao geométrico. Assim, ele geometriza o Universo, isto é, identifica o espaço físico com o da geometria euclidiana. É nisso que ele ultrapassa Kepler. E é por isso que foi capaz de formular o conceito do movimento que constitui a base da dinâmica clássica. Pois, embora ele não se tenha – provavelmente, por prudência – pronunciado nitidamente sobre esse problema da finidade ou da infinidade do mundo, o Universo de Galileu certamente não é limitado pela abóbada celeste. Assim, ele admite que o movimento é uma *entidade* ou um *estado* tão estável e tão permanente quanto o *estado* de repouso; admite, portanto, que não há necessidade de força constante a atuar sobre o móvel para explicar seu movimento; admite a relatividade do movimento e do espaço e, por conseguinte, a possibilidade de aplicar à mecânica as leis estritas da geometria.

Galileu talvez seja o primeiro espírito a acreditar que as formas matemáticas eram efetivamente realizadas no mundo. Tudo o que existe no mundo está submetido à forma geométrica; todos os movimentos são submetidos a leis matemáticas, não só os movimentos regulares e as formas regulares que, talvez, sejam absolutamente inexistentes na natureza, mas também as formas irregulares. A forma irregular é tão geométrica quanto a forma regular; uma é tão precisa quanto a outra; a forma irregular é apenas mais complexa. A ausência, na natureza, de retas e círculos perfeitos não constituiu uma objeção ao papel preponderante das matemáticas na física.

Galileu se nos afigura, ao mesmo tempo, como um dos primeiros homens que compreenderam, de modo muito preciso, a natureza e o papel da experiência na ciência.

Galileu sabe que a experiência – ou se me posso permitir o emprego da palavra latina *experimentum*, para justamente situá-la em oposição à experiência comum, à experiência que não passa de observação –, que o *experimentum* é preparado, que o *experimentum* é uma pergunta feita à natureza, uma pergunta feita numa linguagem muito especial, na linguagem geométrica e matemática. Sabe que não basta observar o que se passa, o que se apresenta normalmente e naturalmente aos nossos olhos; sabe que é preciso saber formular a pergunta e, além disso, saber decifrar e compreender a resposta, ou seja, aplicar ao *experimentum* as leis estritas da medida e da interpretação matemática.

Galileu foi, também, pelo menos na minha opinião, quem construiu ou criou o primeiro instrumento verdadeiramente científico. Afirmei que os instrumentos de observação de Tycho Brahe já eram de uma precisão desconhecida até sua época. Mas os instrumentos de Tycho Brahe, como todos os outros instrumentos de astronomia antes de Galileu, eram instrumentos de observação; quando muito, eram instrumentos – mais precisos que os de seus predecessores – de medida de fatos simplesmente observados. Em certo sentido, trata-se ainda de ferramentas, enquanto os instrumentos galileanos

– e isso é verdadeiro tanto para o pêndulo quanto para o telescópio – constituem instrumentos no sentido mais profundo do termo: são encarnações da teoria. O telescópio de Galileu não é um simples aperfeiçoamento da luneta "batava"; é construído a partir de uma teoria ótica; e é construído com uma determinada finalidade científica, a saber, revelar aos nossos olhos coisas que são invisíveis a olho nu. Eis o primeiro exemplo de uma teoria encarnada na matéria, que nos permite ultrapassar os limites do observável, no sentido do que é dado à percepção sensível, base experimental das ciências pré-galileanas.

Assim, fazendo do que é matemático o fundo da realidade física, Galileu é necessariamente levado a abandonar o mundo qualitativo e a relegar a uma esfera subjetiva, ou relativa ao ser vivo, todas as qualidades sensíveis de que são feitas o mundo aristotélico. A cisão é, portanto, extremamente profunda.

Anteriormente ao advento da ciência galileana, certamente com mais ou menos dose de acomodação e de interpretação, aceitávamos o mundo que se oferecia a nossos sentidos como o mundo real. Com Galileu, e depois de Galileu, presenciamos uma ruptura entre o mundo percebido pelos sentidos e o mundo real, ou seja, o mundo da ciência. Esse mundo real é a própria geometria materializada, a geometria realizada.

Então, saímos da Renascença propriamente dita. E é sobre essas bases, sobre a base da física galileana e de sua interpretação cartesiana, que se construirá a ciência tal como a conhecemos, nossa ciência, e é sobre essas mesmas bases que se poderá construir a grande e vasta síntese do século XVII, concluída por Newton.

AS ORIGENS DA CIÊNCIA MODERNA:[1] UMA NOVA INTERPRETAÇÃO

Desde os tempos heroicos de Pierre Duhem, homem de energia e saber assombrosos, a quem devemos a revelação da ciência medieval, um grande número de trabalhos foi dedicado ao estudo desse assunto. A publicação das grandes obras de Thorndike e de Sarton e, nestes últimos 10 anos, a publicação das brilhantes pesquisas de Anneliese Maier e de Marshall Clagett, para não falar de uma multidão de outras monografias e estudos, alargou e enriqueceu extraordinariamente nossos conhecimentos e nossa compreensão da ciência medieval e de suas relações com a filosofia medieval – cujo conhecimento e compreensão fizeram progressos ainda maiores –, bem como da cultura medieval em geral.

Entretanto, o problema das origens da ciência moderna e de suas relações com a Idade Média continua a ser uma *questio disputata* muito vivamente debatida. Os partidários de uma evolução contínua, bem como os partidários de uma revolução, firmaram-se todos em suas posições e parecem incapazes de convencer uns aos outros.[2] Na minha opinião, isso ocorre muito menos porque eles se acham em desacordo a respeito dos fatos do que pela circunstância de não concordarem no que diz respeito à própria essência da ciência moderna e, por conseguinte, no que se refere à importância relativa de certos caracteres fundamentais desta última. Ademais,

---

1 Artigo extraído de *Diogène*. Paris: Gallimard, n. 16, 1956. p. 14-42.
2 Ver, por exemplo, meu estudo sobre o livro de Anneliese Maier, *Die Vorläufer Galileis im XIV, Jahrhundert*. Roma, 1949, publicado em *Archives Internationales d'Histoire des Sciences*. 1951. p. 769 e segs., e sua resposta: "Die naturphilosophische Bedeutung der scholastichen Impetus-Teorie". In: *Scholastik*. p. 32 e segs.

o que, a uns, parece uma diferença de grau, a outros se apresenta como uma oposição de natureza.[3] A concepção da continuidade encontra em A. C. Crombie seu mais eloquente e mais absoluto defensor. Com efeito, sua brilhante e erudita obra sobre Robert Grosseteste[4] — uma das contribuições mais importantes para o nosso conhecimento da história e do pensamento medievais entre as publicações destes últimos 10 anos, obra que associa a uma excepcional riqueza de informação uma profundidade e uma sutileza de interpretação igualmente notáveis — tende principalmente a demonstrar que a ciência moderna não só tem suas fontes profundas no solo medieval, mas também que — pelo menos em seus aspectos fundamentais e essenciais —, por sua inspiração metodológica e filosófica, é uma invenção medieval. Ou, para retomar os próprios termos de Crombie (p. 1):

> "O traço distintivo do método científico do século XVII, se se o compara com o da Grécia antiga, era sua concepção da maneira pela qual uma teoria devia estar ligada aos fatos observados que ela se propunha explicar, a série de passos lógicos que ele comportava para edificar teorias e submetê-las aos controles experimentais. A ciência moderna deve profundamente seus êxitos ao uso desses métodos indutivos e experimentais, que constituem o que muitas vezes se chama *método experimental*. A tese deste livro é a seguinte: a compreensão sistemática, moderna, pelo menos dos aspectos qualitativos desse método, é devida aos filósofos ocidentais do século XIII. Foram eles que transformaram a geometria dos gregos e dela fizeram a ciência experimental moderna."

Se o puderam fazer, entende Crombie, foi porque, contrariamente a seus predecessores gregos — e mesmo árabes —, foram capazes de utilizar o empirismo prático das artes e ofícios, buscando ao mesmo tempo uma explicação racional e, assim, de ultrapassar as limitações desse empirismo, e porque, ainda aqui, ao contrário dos gregos, foram capazes de formar uma concepção muito mais unifi-

---

3   Assim Crombie vê uma diferença de grau no fato de que o método quantitativo tenha substituído o método qualitativo (cf. *Robert Grosseteste...* p. 4, 25 e segs.), enquanto para mim se trata de uma diferença de natureza.

4   CROMBIE, A. C. *Robert grosseteste and the origins of experimental science, 1100-1700*. Oxford: Claredon Press, 1953. XII-369 p. Cf. também CROMBIE, A. C. *Augustine to Galileo*. Londres: Falcon Press, 1952. XVI-463p.

cada da existência. Em consequência, se os diferentes tipos e modos de conhecimento que os gregos distinguiram – físico, matemático e metafísico – correspondiam, para eles, a tipos diferentes de existência, os filósofos cristãos do Ocidente, pelo contrário, "viram neles essencialmente diferenças de métodos" (p. 2).

Os problemas metodológicos desempenham um importante papel durante os períodos críticos da ciência – como nós próprios vimos numa época recente. Portanto, não é surpreendente que eles tenham ocupado um lugar de tanto relevo no século XIII, numa época em que, em consequência do afluxo sempre crescente de traduções do árabe e do grego, o mundo ocidental tinha de assimilar um volume quase opressor de novos conhecimentos científicos e filosóficos. Ora, os problemas mais importantes aos quais se aplica a metodologia científica referem-se à relação entre as teorias e os fatos. Seu objetivo é fixar as condições que a teoria deve satisfazer para ser aceita e estabelecer os diversos métodos que nos permitem decidir se uma dada teoria é válida ou não. Em outros termos, para retomar as expressões medievais, os métodos de "verificação" e de "falsificação".

Segundo Crombie, os cientistas-filósofos do século XIII tiveram o grande mérito de compreender o interesse que, para essa "verificação" e essa "falsificação", apresenta o método experimental, na medida em que ele se distingue da simples observação, que é a base da indução aristotélica. Assim, eles descobriram e elaboraram as estruturas fundamentais do "método experimental" da ciência moderna. A bem dizer, descobriram mais que isso, ou seja, descobriram o verdadeiro sentido e a verdadeira função de uma teoria científica, bem como reconheceram que uma tal teoria "jamais poderia estar certa" e, portanto, não podia pretender ser necessária, isto é, ser única e definitiva.

Naturalmente, Crombie não diz que a ciência medieval (a ciência dos séculos XIII e XIV) utilizou o método experimental tão bem e tão largamente quanto a ciência do século XVII. Assim, ele declara (p. 19):

> "Certamente, o método experimental não se achava plenamente desenvolvido, em todos os seus detalhes, no século XIII, nem mesmo no século XIV. Tampouco esse método era sempre aplicado, sistematicamente. A tese deste livro é a de que uma teoria sistemática

da ciência experimental já era compreendida e aplicada por um número de filósofos suficiente para produzir a revolução metodológica à qual a ciência moderna deve a sua origem. Com essa revolução, apareceu no mundo latino ocidental uma noção clara da relação entre a teoria e a observação, noção na qual se fundamentam a concepção e a aplicação prática modernas da pesquisa científica e da explicação, um conjunto nítido de métodos que permitem tratar dos problemas físicos."

Quanto à ciência do século XVII, e à sua filosofia, não acarretaram eles, segundo Crombie, nenhuma modificação fundamental nos métodos científicos existentes. Apenas substituíram o procedimento qualitativo pelo procedimento quantitativo e adaptaram à pesquisa experimental um novo tipo de matemática (p. 9, 10):

"O melhoramento mais importante ulteriormente trazido àquele método escolástico é a passagem, generalizada no século XVII, dos métodos qualitativos aos métodos quantitativos. Os aparelhos e instrumentos especiais de medida tornaram-se mais numerosos e mais precisos; passou-se a dispor do recurso a meios de controle para isolar os fatores essenciais de fenômenos complexos; estabeleceram-se métodos de medidas sistemáticas, a fim de determinar as variações concomitantes e de poder exprimir os problemas sob uma forma matemática. Todavia, tudo isso não representava senão progressos alcançados em procedimentos já conhecidos. A contribuição original e notável no século XVII foi a de associar a experiência à perfeição de um novo tipo de matemática e à nova liberdade em resolver os problemas físicos através de teorias matemáticas, das quais as mais surpreendentes são as da dinâmica moderna."

A ciência do século XVII proclamou sua absoluta originalidade e julgava-se fundamentalmente oposta à ciência da escolástica medieval que pretendia subverter. Entretanto (p. 2):

"A concepção da estrutura lógica da ciência experimental, defendida por sábios eminentes, como Galileu, Francis Bacon, Descartes e Newton, era precisamente aquela que tinha sido elaborada nos séculos XIII e XIV. Eles herdaram também a contribuição concreta que as diversas ciências receberam durante aquele período."

*

Vemos que a teoria histórica de Crombie, além de sua concepção geral de uma continuidade do desenvolvimento do pensamento científico, do século XIII ao século XVII, comporta uma visão muito interessante do papel desempenhado pela metodologia nesse mesmo desenvolvimento. Segundo ela, primeiramente os pensadores do século XIII adquiriram uma concepção da ciência e do método científico que, em seus aspectos fundamentais – notadamente na utilização das matemáticas para formular teorias e experiências para sua "verificação" e sua "falsificação" –, era idêntica à do século XVII; *a seguir*, aplicando deliberadamente esse método às pesquisas científicas particulares, estabeleceram uma ciência do mesmo tipo que a de Galileu, Descartes e Newton. E é para provar essa tese muito original que Crombie nos apresenta, em seu livro, uma história extremamente interessante das discussões medievais do *methodo*, isto é, do desenvolvimento da lógica *indutiva* (domínio bastante negligenciado pelos historiadores desta disciplina), bem como um estudo sugestivo e pleno de interesse do desenvolvimento da ótica na Idade Média. Com efeito, é mais ao domínio da ótica do que ao da *física* propriamente dita (ou dinâmica) que Crombie se refere para a "verificação" de sua teoria.

As discussões metodológicas dos filósofos medievais seguem o modelo fixado pelos gregos e estão estreitamente ligadas ao modo pelo qual Aristóteles trata do problema da ciência (método indutivo e dedutivo) em suas *Segundas analíticas*. Na maior parte dos casos, elas nos são apresentadas como *Comentários dessas Analíticas*. E, entretanto, aqueles *Comentários* da Idade Média, pelo menos alguns deles e, em todo caso, os de Robert Grosseteste, o herói da história contada por Crombie, representam um progresso nítido em relação a seus modelos gregos, ou árabes. Citemos Crombie mais uma vez (p. 10-11):

> "A manobra estratégica pela qual Grosseteste e seus sucessores dos séculos XIII e XIV criaram a ciência experimental moderna consistia em unir o hábito experimental das artes práticas ao racionalismo da filosofia do século XII.
> Grosseteste parece ter sido o primeiro escritor da Idade Média a reconhecer e enfrentar os dois problemas metodológicos fundamentais da indução e da 'verificação' e 'falsificação' experimentais que se levantaram quando a concepção grega da demonstração geométrica foi aplicada ao mundo da experiência. Ele parece ter sido o primeiro a estabelecer uma teoria sistemática e coerente da investigação experimental e da explicação racional, teoria que faz

do método geométrico grego a ciência experimental moderna. Com seus sucessores, ele foi, tanto quanto se sabe, o primeiro a utilizar e a ilustrar essa teoria, através de exemplos, nos pormenores da pesquisa original de problemas concretos. Eles próprios acreditavam estar criando uma nova ciência e, em particular, uma nova metodologia. Uma grande parte do trabalho experimental dos séculos XIII e XIV foi, de fato, realizada com o fim único de ilustrar essa teoria da ciência experimental, e todas as suas obras refletem esse aspecto metodológico."

Assim, por exemplo, uma das mais importantes e mais frutíferas ideias metodológicas de Grosseteste, a ideia segundo a qual a ciência matemática muitas vezes pode fornecer a *razão* de um conhecimento adquirido empiricamente no campo da física, parece ter sido inicialmente por ele desenvolvida como uma concepção puramente epistemológica, mais tarde posta em prática no exame de problemas físicos particulares e ilustrada por exemplos tomados da ótica (cf. p. 51-52). De fato, isso é bastante natural, tendo em vista que a ótica (como a astronomia e a música) havia sido classificada por Aristóteles como *mathematica media*, isto é, colocada numa categoria de ciências que, embora distintas das ciências matemáticas puras, constituíam, não obstante, ciências *matemáticas*, na medida em que seu objeto – contrariamente ao que ocorre no caso de sua física – podia ser tratado matematicamente (tal como nossas matemáticas aplicadas). Mas, no que diz respeito a Grosseteste, esse recurso à ótica também tem outro sentido, muito mais profundo. Com efeito, como salienta Crombie em diversas oportunidades e, penso eu, com inteira justiça, "a metafísica platônica... sempre comportou a possibilidade de uma explicação matemática". O neoplatônico Grosseteste, para quem a luz (*lux*) era uma "forma" do mundo criado que "informou" a matéria informe e, por sua expansão, gerou a própria extensão do espaço, pensava que "a ótica era a chave para a compreensão do mundo físico" (p. 104-105), porque, como Ibn Gabirol já havia sustentado anteriormente, e como Roger Bacon sustentará depois dele, Grosseteste acreditava "que toda ação causal seguia o modelo da luz". Assim, a metafísica da luz faz da ótica a base da física que, desse modo, se torna – ou, pelo menos, se *pode* tornar – uma física *matemática*.

Todavia, apesar dessa tendência – potencial – à matematização da física, Grosseteste não vai muito longe no sentido de uma geometrização da natureza. Muito pelo contrário: estabelece uma cuidadosa e nítida distinção entre as matemáticas e as ciências naturais (ele nos diz, por exemplo, que a razão da igualdade dos ângulos de incidência e de reflexão não reside na geometria, mas na natureza da energia radiante): insiste sempre na incerteza das teorias físicas, em oposição à certeza das matemáticas – segundo Crombie, ele teria afirmado até que todo conhecimento físico não era senão uma probabilidade[5] –, incerteza que é precisamente a razão pela qual a verificação experimental de sua exatidão é necessária.

"Na concepção da ciência", diz Crombie (p. 52) "que Grosseteste, como os filósofos do século XII que o precederam, adquirira de Aristóteles, havia um duplo movimento: da teoria à experiência e da experiência à teoria". Assim, em seu comentário sobre as *Segundas analíticas*, Grosseteste diz: "Há dois caminhos que nos levam do conhecimento já existente ao (novo) conhecimento, a saber, do mais simples ao complexo, e inversamente", isto é, dos princípios aos efeitos e dos efeitos aos princípios. "Conhecia-se cientificamente um fato, acreditava-se ele, quando era possível deduzi-lo de princípios anteriores, mais bem conhecidos, que constituíam suas causas. Na realidade, isso significava ligar o fato a outros fatos através de um sistema de deduções. Ele encontrava a ilustração de tal procedimento nos *Elementos*, de Euclides."

Nas matemáticas, a progressão do mais simples e do mais bem conhecido ao complexo era chamada "síntese" pelos gregos e a progressão do mais complexo ao mais simples, "análise". Mas, num certo sentido, não há diferença fundamental entre esses processos, ou métodos, tendo em vista que tanto as premissas como as conclusões são indiscutíveis, necessárias e até evidentes por si mesmas.

---

5 Isto me parece um exagero. De fato, na passagem citada por Crombie (p. 59, n. 2), Grosseteste declara apenas que, nas ciências naturais, há *minor certitudo propter mutabilitatem rerum naturalium*, sublinhando que, *segundo* Aristóteles, a ciência e a demonstração *maxime dicta* só existem em matemática, enquanto nas outras ciências também há ciência e demonstração, mas *non maxime dicta*. Grosseteste tem plena razão, considerando-se que Aristóteles faz uma distinção muito nítida entre as coisas que são necessariamente iguais e as coisas que só são iguais na maioria dos casos ou habitualmente. Assim, a afirmação de Grosseteste não contém nenhuma inovação e não deve ser interpretada como anunciadora da ciência física "probabilista".

A situação é totalmente diferente nas ciências naturais. Os princípios simples não são, absolutamente, evidentes, nem mesmo mais bem conhecidos do que os fatos complexos apresentados. A simples indução empírica não nos conduz ao fim desejado. Há um salto entre ela e a asserção elucidativa, causal. A fim de preparar esse salto, devemos utilizar um método análogo ao da análise e da síntese: o método da "resolução e da composição". Mas isso não é bastante: devemos verificar a exatidão dos princípios (causas) aos quais chegamos através desse procedimento, submetendo-os à prova da experimentação, porque a "resolução" pode ser obtida de mais de uma maneira e os efeitos a explicar podem ser deduzidos de mais de uma causa ou série de causas (p. 82 e segs.).

> "Assim, Grosseteste julgava que, nas ciências naturais, a fim de distinguir a verdadeira causa das outras causas possíveis, um processo de verificação e de falsificação devia ocorrer no fim da composição. Uma teoria obtida por resolução e intuição, sublinhou, devia permitir encontrar, por dedução, consequências que ultrapassassem os fatos originais sobre os quais a indução se fundamentava. Pois, quando a argumentação segue o procedimento da composição, dos princípios à conclusão... ela pode continuar indefinidamente por subsunção da menor extrema no meio-termo. Baseando-se em consequências, procedia-se a experiências controladas graças às quais as causas falsas podiam ser eliminadas."

Todo método científico implica uma base metafísica ou, pelo menos, alguns axiomas sobre a natureza da realidade. Os dois axiomas de Grosseteste naturalmente herdados dos gregos e, de fato, admitidos por todos ou quase todos os representantes da ciência da natureza, tanto antes como depois deles, são os seguintes: o primeiro é o princípio da uniformidade da natureza, isto é, as formas são sempre idênticas em seu funcionamento. Como ele diz em *De generatione stellarum: Res eiusdem naturae eiusdem operationis secundum naturam suam effectivae sunt. Ergo si secundum naturam suam non sunt eiusdem operationis effectivae, non sunt eiusdem naturae.* Em apoio desse princípio, ele cita o *De Generatione II*, de Aristóteles: *Idem similiter se habens non est natum facere nisi idem*; "a mesma causa, nas mesmas condições, só pode produzir o mesmo efeito" (p. 85).

O segundo axioma era o do princípio de economia, ou *lex parsimoniae*, também tomado de Aristóteles, que nele via um princípio pragmático e que Grosseteste, como o fizeram seus precursores medievais e seus sucessores modernos, empregava como princípio que governa não só a ciência, mas a própria natureza:

"Partindo dessas pressuposições referentes à realidade, o método de Grosseteste consistia em estabelecer uma distinção entre as causas possíveis pela experiência e pela razão. Ele extraía deduções de teorias rivais, rejeitava as que contradiziam tanto os dados da experiência quanto o que considerava como uma teoria estabelecida, verificada pela experiência, e utilizava as teorias que eram verificadas pela experiência para explicar novos fenômenos.

Esse método foi explicitamente aplicado por ele em seus *Opuscula* sobre questões científicas diversas, nas quais as teorias pelas quais ele aborda seu estudo às vezes são originais, mas, de modo geral, são tiradas de autores anteriores, como Aristóteles, Ptolomeu ou diversos naturalistas árabes. Suas dissertações sobre a natureza das estrelas e dos cometas" (p. 87), bem como as que tratam da natureza e da causa do arco-íris, e da razão pela qual certos animais têm chifres, constituem bons exemplos.

*

Embora, provavelmente, nunca tenha assistido às conferências de Robert Grosseteste, é Roger Bacon que Crombie considera seu melhor discípulo. Diz ele com destaque (p. 139):

> "O escritor que penetrou mais profundamente e que de modo mais completo desenvolveu a atitude de Grosseteste no que se refere à natureza e à teoria da ciência foi Roger Bacon. Pesquisas recentes mostraram que, por muitos aspectos de sua ciência, Bacon simplesmente retomava a tradição de Oxford e de Grosseteste, embora tivesse condições de consultar novas fontes, desconhecidas de Grosseteste, como, por exemplo, a *Ótica*, de Alhazen, e, portanto, não só de repetir, mas também de melhorar, em certos casos, pelo menos as teorias óticas de Grosseteste. Em compensação, em outros casos ele as substituiu por teorias muito menos perfeitas.
>
> Assim, enquanto em sua teoria da propagação da luz (multiplicação das *species*) aceitava a explicação de Grosseteste, que via no fenômeno um processo de autogeração e de regeneração da *lux*, como a analogia que este último estabelecia entre a luz e o som, ele tornou clara, de maneira notável, essa concepção, declarando que a luz

não era o fluxo de um corpo, mas uma pulsação. Também aceitou a posição de Alhazen, que rechaçava a concepção de uma propagação instantânea da luz. Porém, enquanto Grosseteste explicava a formação do arco-íris por uma série de refrações da luz 'no meio de uma nuvem convexa', Bacon, ao mesmo tempo em que punha em relevo, com justiça, o papel desempenhado por cada gota de chuva, e notava que cada observador via um arco-íris diferente,[6] substituiu de modo bastante desastrado a refração pela reflexão. Quanto à sua posição geral, lógico-metodológica, Roger Bacon acentua, *ao mesmo tempo*, os aspectos matemáticos e experimentais da ciência.

As matemáticas, segundo Roger Bacon, são a porta e a chave das ciências e das coisas deste mundo, das quais permitem um conhecimento certo. Em primeiro lugar, todas as categorias dependem de um conhecimento da qualidade de que tratam as matemáticas e, por conseguinte, toda a excelência da lógica depende das matemáticas" (p. 143).

Mas só havia a ciência da lógica. A da natureza dependia, também, segundo ele, das matemáticas, pelo menos numa larga medida (ibidem). Assim, Roger Bacon declara:

"Nas matemáticas, como disse Averróis no primeiro livro de sua *Física*..., as coisas que nos são conhecidas e as que se encontram na natureza são as mesmas...; é somente nas matemáticas que se encontram as demonstrações mais convincentes, baseadas nas causas necessárias. Donde é evidente que, se nas outras ciências desejamos chegar a uma certeza em que não reste nenhuma dúvida e a uma verdade sem erro possível, devemos fundamentar os conhecimentos nas matemáticas. Robert, bispo de Lincoln, e Adam de Marisco seguiram esse método e, se alguém descia às coisas particulares, aplicando a força das matemáticas às diferentes ciências particulares, veria que nada de grande pode ser nelas discernido sem as matemáticas."

Pode-se facilmente notar isso observando que a astronomia é inteiramente baseada nas matemáticas, e que é através de cálculos e raciocínios matemáticos que chegamos – no cálculo do calendário – a determinar os fatos.

Por outro lado, ninguém colocou a ciência experimental em plano tão elevado quanto Roger Bacon, que lhe atribuiu não só a

---

6   Ele recebeu o ensinamento de Alexandre de Afrodísia ou de Avicena, ou mesmo de Sêneca.

prerrogativa de confirmar – ou invalidar – as conclusões do raciocínio dedutivo (*verificação* e *falsificação*), mas também aquela, muito mais relevante, de ser a fonte de verdades novas e importantes que não podem ser descobertas por outros meios. De fato, quem poderia, sem experiência, saber o que quer que fosse sobre o magnetismo? Como seria possível, sem a experiência, descobrir os segredos da natureza e, por exemplo, fazer avançar a medicina? É a ciência experimental, que une raciocínio e trabalho manual, que nos permitirá construir os instrumentos e as máquinas que, ao mesmo tempo, darão à humanidade – ou à cristandade – conhecimento e poder.

Mas não preciso insistir: todos conhecem as assombrosas antecipações – e a credulidade surpreendente – de Roger Bacon.

Infelizmente, não posso analisar aqui a exposição que Crombie nos faz sobre a ótica medieval e sobre o modo pelo qual a Idade Média explicava o arco-íris. Sob sua erudita orientação, abordamos Santo Alberto Magno (p. 197-200), Witeliusz (p. 213-232), que certamente conhecia tanto Grosseteste como Roger Bacon, embora não os cite, e que, ademais, era um convicto partidário da metafísica neoplatônica da luz do grande pensador de Oxford, e, finalmente, Teodorico de Freiberg (p. 232-259), o maior teórico da ótica da Idade Média, e que foi o primeiro a admitir uma dupla refração dos raios luminosos nas gotas da chuva. Cumpre-me voltar à história da metodologia na qual Crombie nos apresenta, como sucessores de Grosseteste que retomaram e desenvolveram sua lógica dedutiva, Duns Scoto – o que é bastante natural – e Guilherme de Occam, o que é surpreendente, tendo em vista que Occam – o próprio Crombie insiste neste ponto (p. 17) – "reagiu violentamente contra o platonismo agostiniano de seu tempo", do qual Robert Grosseteste foi um partidário tão fervoroso.

Com efeito, Crombie acredita que a epistemologia positivista de Occam (a qual, segundo ele, era favorável ao desenvolvimento da ciência empírica) constituía, por assim dizer, o desfecho normal do movimento metodológico lançado por Robert Grosseteste, e mesmo seu acme. Assim, resumindo os pontos de vista de Grosseteste, nos diz (p. 13) haver ele sustentado que a função das matemáticas era apenas a de descrever e de pôr em correlação os fatos e os acontecimentos. As matemáticas não podiam dar a conhecer nem as causas eficientes, nem as outras causas produtoras de mudanças na natureza, porque elas, explicitamente, faziam abstração dessas causas, cuja pesquisa era o papel próprio da ciência da natureza, ciência na qual, "entretanto, o conhecimento das causas era apenas parcial e provável". Além disso, em sua apresentação geral da evolução intelectual (epistemológica) da filosofia científica na Idade Média, que citei acima (p. 19), Crombie já nos dizia (p. 11) que:

> "O principal resultado desse esforço, destinado a compreender como é preciso empregar a teoria para coordenar os fatos numa correta disciplina prática, foi o de mostrar que, na ciência, o único 'critério de verdade' era a coerência lógica e a verificação experimental. A pergunta metafísica sobre o *porquê* das coisas, que era respondida em termos de substâncias e de causas, em termos de *quod quid est*, foi progressivamente substituída pela pergunta científica sobre o *como* das coisas, respondida simplesmente colocando-se fatos em correlação, não importa por que meio, lógico ou matemático, que conduzisse a tal fim."

Quanto a Occam, que nada mais era que experimentador, incitava os filósofos da natureza a esforçarem-se por conhecê-la através da experimentação; pois criticava violentamente as concepções tradicionais da causalidade – não só as das causas finais que, segundo ele, eram apenas "metafóricas", mas também as das causas eficientes – e reduzia o conhecimento à simples observação das sequências de fatos e acontecimentos. Em consequência, seu programa prático para as ciências da natureza prescrevia simplesmente pôr em correlação os fatos observados, "ou salvar as aparências por meio da lógica e das matemáticas" (p. 175). Ademais, aplicando sem piedade o princípio da permanência – a célebre "navalha de Occam" –, "ele formou uma concepção do movimento que deveria ser retomada na teoria da inércia do século XVII" (ibidem).

Ele chegou a isso rejeitando, ao mesmo tempo, a concepção aristotélica e a teoria do *impetus*, definindo (p. 176) "o movimento como um conceito que não tem realidade fora dos corpos em movimento", e respondeu a célebre questão *a quo moventur projecta?* afirmando que "a coisa que se move num tal movimento (a saber, o movimento de um projétil), depois que o corpo movido se separou do primeiro propulsor, é a própria coisa movida, não porque haveria nela uma força qualquer: pois essa coisa que se move e a coisa movida não podem ser distinguidas. Se disserdes que todo efeito novo implica uma causa própria, e que um movimento local é um efeito novo, eu digo que um movimento local não é um efeito novo... porque ele nada mais é que o fato de que o corpo que se move está nas diferentes partes do espaço, de tal maneira que ele nunca se acha somente numa única dessas partes, pois duas coisas contraditórias não podem, ambas, ser verdadeiras".

*

Detenhamo-nos aqui alguns momentos e, antes de proceder à análise das relações entre a ciência medieval e a ciência moderna, tais como Crombie as apresenta, vejamos se podemos considerar sua tese como provada. Devo confessar que duvido muito. Pessoalmente, iria até mais longe. De fato, parece-me que o próprio conteúdo das pesquisas de Crombie conduz a uma concepção totalmente diferente do desenvolvimento da ciência medieval e de sua *anima motrix* e, sob certos aspectos, contrária a esse desenvolvimento.

Crombie considera que o advento da *ciência experimental* da Idade Média, ciência que ele opõe à ciência puramente teórica dos gregos, pela associação da teoria da *praxis*, foi determinado pela atitude ativa da civilização cristã que, por natureza, se opõe à passividade que caracteriza a atitude da Antiguidade.[7]

Não discutirei aqui a concepção de Crombie sobre as origens cristãs da *scientia activa et operativa*. Com efeito, é absolutamente certo que podemos encontrar, na tradição cristã — mesmo medieval —, elementos suficientes que impliquem uma elevada ideia do trabalho (trabalho manual), e que a concepção bíblica do Deus-criador pode servir de modelo à atividade humana e contribuir para o desenvolvimento da indústria e mesmo do comércio — como ocorreu no caso dos puritanos. Entretanto, é bastante curioso notar que as tendências ativistas e a mutação no sentido da prática foram geralmente consideradas características do espírito moderno, cujo interesse por este mundo se opõe ao desprendimento do espírito medieval, para o qual este "vale de lágrimas" é apenas um lugar de passagem e de

---

[7] Crombie insiste na tendência prática do ensino da Escola de Chartres, de Kilwardby etc.

provações, onde o *homo viator* deve preparar-se para a vida eterna. Em consequência, os historiadores da ciência e da filosofia opuseram a ciência industrial de Francis Bacon e de Descartes, que fazia do homem o "senhor e dono da natureza", ao ideal contemplativo, tanto da Idade Média quanto dos gregos. O que quer que se diga, aliás, dessa concepção – pela qual não assumo, absolutamente, nenhuma responsabilidade –, estou certo, porém, de que Crombie reconhecerá que, a despeito dos exemplos que cita, a cristandade medieval se achava muito mais preocupada com o outro mundo do que com este, e que o desenvolvimento do interesse dedicado à tecnologia – como parece mostrá-lo de modo bastante convincente toda a história moderna – está muito estreitamente associado à secularização da civilização ocidental e ao fato de que o interesse se desviou da vida futura para a vida no mundo.

Quanto a mim, não acredito que o nascimento e o desenvolvimento da ciência moderna possam explicar-se pelo fato de que o espírito se tenha desviado da teoria para a *praxis*. Sempre pensei que essa explicação não concordava com o verdadeiro desenvolvimento do pensamento científico, mesmo no século XVII. Ela me parece concordar ainda menos com o desenvolvimento do pensamento nos séculos XIII e XIV. Não nego, bem entendido, que, apesar de seu suposto – e, muitas vezes, real – desprendimento, a Idade Média ou, para ser mais exato, um certo número e até um número bastante grande de pessoas da Idade Média se tenha vivamente interessado pela técnica, nem que elas tenham dado à humanidade um certo número de invenções de alta importância, das quais algumas provavelmente teriam podido, se houvessem sido feitas pelos antigos, salvar a Antiguidade do desmoronamento e da destruição devidos às invasões dos bárbaros.[8] Mas, na realidade, a invenção do arado, do arreio, da biela e da manivela, e do leme a ré, nada tem que ver com o desenvolvimento científico. Maravilhas como o arco gótico, os vitrais, o fuso dos relógios no fim da Idade Média não constituíram os resultados do progresso das teorias científicas e tampouco suscitaram esse progresso. Por curioso que possa parecer, uma descoberta tão revo-

---

8   De fato, a ruína da Antiguidade é fundamentalmente devida ao fato de que ela foi incapaz de resolver os problemas do transporte.

lucionária como a das armas de fogo teve tanta incidência científica quanto careceu de base científica. As balas de canhão derrubaram o feudalismo e os castelos medievais, mas a dinâmica medieval não foi modificada. De fato, se o interesse prático era a condição necessária e suficiente ao desenvolvimento da ciência experimental – na nossa acepção dessa palavra –, essa ciência teria sido criada, pelo menos mil anos antes de Robert Grosseteste, pelos engenheiros do Império Romano, senão pelos da República Romana.

A história da ótica da Idade Média, tal como no-la conta o próprio Crombie, parece-me confirmar minhas dúvidas sobre a interdependência profunda – pelo menos até o desenvolvimento da tecnologia científica, que é um fenômeno recente por excelência – das realizações práticas e teóricas. Naturalmente, é possível, embora muito pouco verossímil, que o gênio desconhecido que inventou as lunetas tenha sido conduzido por considerações teóricas. Por outro lado, é certo que essa descoberta em nada influenciou o desenvolvimento da ciência ótica da Idade Média, enquanto esta última, o que quer que Roger Bacon tenha podido dizer, não foi a origem nem da tecnologia ótica, nem da construção de instrumentos óticos.[9] No século XVII, pelo contrário, a invenção do telescópio foi o resultado de um desenvolvimento da teoria, tendo sido seguido pelo progresso da técnica.

E se Crombie afirma que a "revolução metodológica do século XIII" produziu a ciência nova e que, de modo geral, a metodologia era o motor e o fator determinante do progresso científico, não creio tampouco que ele o tenha provado. Uma vez mais, parece-me que os próprios resultados de suas pesquisas solapam sua tese.

Crombie nos mostrou, efetivamente, que o célebre "método de resolução e de composição" que, muitas vezes, nos foi apresentado como o *proprium* da epistemologia galileana (e que Randall desco-

---

9 A ótica não fez nenhum progresso desde Teodorico de Freiberg até Maurolico ou, praticamente (as obras de Maurolico não tendo sido publicadas antes do século XVI), de Teodorico de Freiberg até Kepler. Mas a ótica de Kepler, conforme mostrou Vasco Ronchi, não é baseada em concepções medievais, mas evidencia a "catástrofe da ótica medieval", cf. RONCHI, Vasco. *Storia della luce*. 2. ed. Bolonha, 1952; tradução francesa, Paris, 1956.

briu nos trabalhos dos aristotélicos de Pádua),[10] não era, absolutamente, uma invenção "moderna", mas já era bem compreendido, descrito e ensinado pelos lógicos da Idade Média desde o século XIII e mesmo o século XII. Além disso, Crombie nos mostrou que ele remonta ao método da *análise* e da *síntese* (os termos *resolutio* e *compositio* não constituindo senão a tradução daquelas palavras gregas), utilizadas pelos gregos e descrito por Aristóteles em suas *Segundas analíticas*. Entretanto, se assim é – e dificilmente se pode pôr isso em dúvida, depois da demonstração de Crombie –, a única conclusão que podemos tirar desse fato importantíssimo parece ser a de que a metodologia abstrata tem relativamente pouca importância no desenvolvimento concreto do pensamento científico. Parece que todos sempre souberam que era preciso tentar reduzir as combinações complexas aos elementos simples e que as suposições (hipóteses) deviam ser "verificadas" e "falsificadas" por dedução e confrontação com os fatos. Há uma tentação de aplicar à metodologia a célebre expressão de Napoleão a propósito da estratégia: seus princípios são muito simples, mas é a aplicação que conta.

A história do desenvolvimento da ciência parece confirmar esse ponto de vista. O próprio Crombie admite que a "revolução metodológica" realizada por Grosseteste não o havia levado a nenhuma descoberta importante, nem mesmo na ótica. E, quanto às ciências da natureza em geral, a determinação, dada por Grosseteste, da "causa" dos chifres de certos animais,[11] determinação que é inteiramente fundamentada na concepção aristotélica das "quatro causas", parece muito pouco com o que *nós* habitualmente chamamos ciência, seja ela experimental ou não.

Ocorre mais ou menos o mesmo no que se refere a Roger Bacon. Suas experiências, mesmo as que não são fantasiosas ou puramente literárias, não são muito superiores às de Grosseteste e, de qualquer modo, não representam um progresso revolucionário – se

---

10 RANDALL JR., J. R. The Development of Scientific Method in the School of Padua. *Journal of the History of Ideas*, 1940; cf. O meu Galileo and Plato. Ibidem, 1944.
11 Cf. p. 69: "O motivo pelo qual eles têm chifres é que eles não têm dentes nas duas maxilas, e o fato de eles não terem dentes nas duas maxilas é o motivo pelo qual têm vários estômagos."

é que representam algum progresso – em relação às experiências da ciência grega. Por outro lado, o progresso real do pensamento científico parece ter sido, em boa medida, independente do progresso da metodologia: há um método – mas não uma metodologia – nos trabalhos de Jordano de Nemore; e, quanto ao século XIII, não há razão alguma para crer que o Peregrino de Maricourt – o único verdadeiro realizador de experiências dessa época – se apoiava, de alguma maneira, em Grosseteste.[12] Mesmo no campo da ótica, os reais progressos dessa ciência nos trabalhos de Bacon, de Witeliusz e de Teodorico de Freiberg são determinados, não por considerações metodológicas, mas por novas contribuições, em primeiro lugar da *Ótica* de Alhazen que, por razões evidentes, não podia ser influenciada pela "revolução metodológica" do Ocidente.

Para dizer a verdade, Crombie sabe muito bem – seguramente melhor do que ninguém – que sua "revolução metodológica" foi de alcance bastante limitado e que o desenvolvimento contínuo das discussões metodológicas no fim da Idade Média não foi acompanhado de um desenvolvimento paralelo da ciência. Ele chega a explicar essa ausência de progresso científico pelo fato de que os filósofos dessa época se dedicavam exclusivamente ao estudo de problemas puramente metodológicos, o que acarretou um divórcio entre a metodologia e a ciência – assim, nem Duns Scoto, nem Guilherme de Occam se interessaram realmente pela ciência –, divórcio que foi altamente prejudicial a esta, embora não tenha, segundo parece, sido prejudicial àquela.

Certamente, Crombie tem razão: um excesso de metodologia é perigoso e, muitas vezes, senão na maior parte do tempo, conduz à esterilidade, do que temos exemplos suficientes em nossa época.

---

12 O Peregrino de Maricourt e, depois dele, Roger Bacon insistem no fato de que um experimentador deve poder executar um trabalho manual. Com efeito, tal é o caso numa época em que os "artesões" não são capazes de fabricar os instrumentos necessários ao sábio. Assim, Galileu, Newton e Huygens tinham, eles próprios, de polir suas lentes ou seus espelhos etc. Entretanto, isso ocorreu apenas durante certo tempo e, sob a influência da ciência e de suas necessidades, criou-se uma indústria de fabricação de instrumentos que se encarregou daquele "trabalho manual": os astrônomos – salvo algumas exceções – não preparam eles próprios seus astrolábios.

Quanto a mim, iria até mais longe: considero que o lugar da metodologia não está no começo do desenvolvimento científico, mas, por assim dizer, no meio dele. Nenhuma ciência jamais começou por um *tractatus de methodo*, nem nunca progrediu graças à aplicação de um método elaborado de maneira puramente abstrata, sem embargo do *Discurso do método*, de Descartes. Este, como todos sabem, foi escrito não *antes*, mas *depois* dos *Ensaios* científicos dos quais ele constitui o prefácio. De fato, ele codifica as regras da geometria algébrica cartesiana. Assim, a própria ciência cartesiana não era o desfecho de uma revolução metodológica; como a de Galileu não foi o resultado da "revolução metodológica" de Robert Grosseteste. Ademais, mesmo admitindo que a metodologia tenha tido uma influência preponderante sobre o desenvolvimento científico, esbarraríamos num paradoxo: ver uma metodologia essencialmente aristotélica engenderar – com três séculos de atraso – uma ciência fundamentalmente antiaristotélica.

Enfim, não tenho, absolutamente, nenhuma certeza de que estejamos autorizados a aplicar ao ensino lógico de Grosseteste o termo "revolução".[13] Como já observei, parece-me que, na realidade, Crombie demonstrou a continuidade perfeita e surpreendente do desenvolvimento do pensamento lógico: desde Aristóteles e seus comentadores gregos – e árabes – até Robert Grosseteste, Duns Scoto e Guilherme de Occam, até os grandes lógicos italianos e espanhóis... e até John Stuart Mill há uma ininterrupta cadeia, da qual o bispo de Lincoln é um dos elos mais importantes, pois ele ressuscitou essa tradição e a implantou no Ocidente. Entretanto, é a lógica e a metodologia de Aristóteles que ele transplantou, e como essa lógica e essa metodologia fazem parte integrante da física e da metafísica aristotélicas, elas se achavam perfeitamente de acordo com a ciência aristotélica da Idade Média, e não com a do século XVII, que não o era, ou o era apenas muito pouco. Mas a metafísica de Grosseteste não era, absolutamente, aristotélica. De fato, se ela comportava uma boa dose de aristotelismo, em seus principais aspectos era uma metafísica neoplatônica, o que nos leva ao problema da influência da

---

13 De fato, ao mesmo tempo em que sublinha seu aspecto revolucionário, o próprio Crombie reconhece que a metodologia de Grosseteste é essencialmente aristotélica.

filosofia, ou da metafísica em geral, e não unicamente da lógica ou da metodologia, sobre o pensamento científico.

Crombie sublinha – e estou feliz em declarar-me inteiramente de acordo com ele – que o platonismo e o neoplatonismo sempre tenderam, pelo menos em princípio, a dar um tratamento matemático aos fenômenos naturais e, assim, a conferir às matemáticas um papel muito mais importante no sistema das ciências do que o que lhes atribuía o aristotelismo. Ele insiste, também – no que tem perfeita razão –, no fato de que a metafísica da luz de Robert Grosseteste, da qual este fez também o fundamento da física, constituía a primeira etapa do desenvolvimento de uma ciência matemática da natureza. Aqui, também, estou perfeitamente de acordo com ele. Com efeito, creio que é neste ponto que Grosseteste dá provas de enorme originalidade (não devemos esquecer que, apesar da harmonia natural entre o platonismo e a matematização da natureza, o neoplatonismo finalmente desenvolveu uma concepção dialética, mágica e não matemática do mundo – a aritmologia não é a matemática) e de uma profundidade de intuição que somente o desenvolvimento científico contemporâneo nos permite apreciar plenamente. É exato que era totalmente prematuro querer reduzir, como ele o fez, a física à ótica, e ninguém, exceto Roger Bacon, aceitou seu ponto de vista. É igualmente verdadeiro o fato de que a evolução da ótica não desempenhou um papel determinante na formação da física do século XVII e que Galileu não se inspirou na ótica. Entretanto – e supreende-me bastante que Crombie não mencione este fato –, a grande obra de Descartes devia chamar-se *O mundo* ou *Tratado da luz*, se bem que, de fato, sua física não tenha sido modelada sobre a ótica e, ademais, tenha sido muito pouco matemática. De qualquer maneira, foi o platonismo (e, naturalmente, o pitagorismo) que inspirou a ciência matemática da natureza no século XVII (e seus métodos) e a opôs ao empirismo dos aristotélicos (e sua metodologia). Todavia, como vimos, não é apenas ao matematismo platônico, mas também e muito mais ao empirismo da tradição nominalista e positivista que Crombie deseja atribuir o mérito de haver inspirado a ciência "moderna".

Infelizmente, mais uma vez não posso aceitar seu ponto de vista. Naturalmente, não ponho em dúvida que a crítica da concepção aristotélica tradicional (que atinge seu ponto culminante quando

Guilherme de Occam ataca a validade das causas finais e nega a possibilidade de se conhecerem todas as outras) tenha desempenhado um papel importante ao desentulhar o terreno sobre o qual podia edificar-se a ciência moderna e ao suprimir certos obstáculos que se antepunham a essa edificação. Mas, por outro lado, duvido muito que ela tenha sido alguma vez um fator positivo no desenvolvimento científico.

Com efeito, nem os brilhantes trabalhos matemáticos e cinemáticos de Nicolau de Oresme – que derivam diretamente dos da Escola de Oxford, inspirados pelo grande Bradwardine –, nem a elaboração da teoria do *impetus*, por ele próprio e por João Buridano, nem mesmo o fato de que eles tenham aceitado a possibilidade de um movimento diurno da Terra, nada tiveram que ver com o nominalismo ou o positivismo.

Crombie não o nega. Considera que o maior mérito do nominalismo consiste não no desenvolvimento da teoria do *impetus*, mas na sua rejeição por Guilherme de Occam, em favor de uma concepção que ele assimila – como muitos outros historiadores[14] – à concepção da inércia no século XVII. Não creio que essa interpretação seja inteiramente exata, nem que o texto citado por Crombie a corrobore, e nem mesmo que a admita, se bem que ela seja, *para nós*, bastante natural. *Para nós*, que nos lembramos da declaração aparentemente análoga de Descartes, que afirma não fazer distinção entre o movimento e o corpo em movimento: *para nós*, que esquecemos que, para Descartes, como para nós mesmos, o movimento é essencialmente um *estado* oposto ao *estado* de repouso – o que não é para Occam – e que, portanto, ele é – contrariamente à afirmação de Occam – um *efeito novo*, e um efeito que, para ser produzido, requer não somente uma causa, mas até uma causa perfeitamente determinada. Parece-me que, se tivermos tudo isso presente no espírito e se não introduzirmos no texto de Occam o que não está nele contido, reconheceremos que é impossível dele deduzir concepções como, por exemplo, as da conservação da direção e da velocidade que im-

---

14 Como, recentemente: LANGE, H. *Geschichte der Grundlagen der Physik*. Munique: Freiburg, 1952, Bd. I., p. 159; cf. *Études sur Léonard de Vinci*, de Pierre Duhem. v. II, p. 193; e, contra a tese, MAIER, Anneliese. Op. cit. n. 1.

plica a concepção moderna do movimento, e não lhe atribuiremos a descoberta do princípio da inércia.

Não nego que, como disse Anneliese Maier, a concepção de Occam *teria podido* desenvolver-se e chegar ao movimento concebido como estado. Para mim, é suficiente verificar que não foi esse o caso. E que nenhum dos numerosos discípulos do *Venerabilis Inceptor* jamais tentou fazê-lo. O que é, pelo menos, para mim, a prova de sua perfeita esterilidade. De fato, o método nominalista conduz ao ceticismo e não à renovação da ciência.

O positivismo é filho do fracasso e da renúncia. Nasceu da astronomia grega e sua melhor expressão é o sistema de Ptolomeu. O positivismo foi concebido e desenvolvido não pelos filósofos do século XIII, mas pelos astrônomos gregos que, tendo elaborado e aperfeiçoado o método do pensamento científico – observação, teoria hipotética, dedução e, finalmente, verificação através de novas observações –, se acharam diante da incapacidade de penetrar no mistério dos verdadeiros movimentos dos corpos celestes, e que, em consequência, limitaram suas ambições a uma "operação de salvamento dos fenômenos", isto é, a um tratamento puramente formal dos dados da observação, tratamento que lhes permitia fazer predições válidas, mas cujo preço era a aceitação de um divórcio definitivo entre a teoria matemática e a realidade subjacente.[15]

É essa concepção – que não é absolutamente progressiva, como Crombie parece acreditar, mas, pelo contrário, retrógrada no mais alto grau – que os positivistas do século XIV – nisso muito próximos dos séculos XIX e XX, que apenas substituíram a resignação pela fatuidade – tentaram impor à ciência da natureza. E foi pela revolta contra esse derrotismo tradicional que a ciência moderna, de Copérnico (que Crombie classifica, de modo bastante surpreendente, entre os positivistas)[16] a Galileu e a Newton, conduziu sua revolução contra

---

15   Esse é o ponto de vista formulado por Proclo e Simplicius, ao qual Averróis firmemente aderiu.
16   Esse estranho erro a propósito de Copérnico, que Crombie opõe a Galileu, declarando (p. 309): "Ele [Galileu] recusou-se a aceitar a declaração do próprio Copérnico, segundo o qual [sua teoria] era simplesmente uma construção matemática, declaração que está de acordo com a opinião dos astrônomos ocidentais desde o século XIII; a teoria heliostática era [para Galileu] uma

o empirismo estéril dos aristotélicos, revolução que se fundamenta na convicção profunda de que as matemáticas são mais do que um meio formal de ordenar os fatos, constituindo a própria chave da compreensão da Natureza.

De fato, a maneira pela qual Crombie concebe os motivos que inspiraram a ciência matemática moderna não está em desacordo com a minha. Assim, em sua excelente descrição da posição epistemológica de Galileu, declara (p. 309):

> "Se, na prática, Galileu julgava a exatidão de uma 'proposição hipotética' segundo o critério familiar da verificação experimental e da simplicidade, é evidente que seu objetivo não era simplesmente elaborar um método prático para 'salvar as aparências'. Na realidade, ele se esforçava para descobrir a real estrutura da Natureza, por ler no verdadeiro livro do Universo. Era totalmente exato que 'o principal resultado das pesquisas dos astrônomos foi apenas explicar os motivos das aparências dos corpos celestes'; mas, na crítica que formulou do sistema de Ptolomeu, ele disse, precisamente, que, 'se satisfazia um astrônomo apenas aritmético, não satisfazia nem contentava um astrônomo filósofo'. Em compensação, Copérnico havia compreendido muito bem que, se se podiam salvar as aparências celestes com falsas suposições acerca da Natureza, podia-se fazê-lo ainda muito mais facilmente com suposições verdadeiras. Assim, não era apenas pela aplicação pragmática do princípio de economia que a hipótese simples devia ser escolhida. Era a própria Natureza, 'que não faz por causas numerosas o que pode fazer por poucas', a própria Natureza que mandava aprovar o sistema de Copérnico."

Esse era, pelo menos, o ponto de vista de Galileu, profundamente convencido que estava do caráter matemático da estrutura profunda na Natureza. De fato, como disse Crombie (p. 305-306):

> "Concebendo a ciência como uma descrição matemática das relações, Galileu permitiu à metodologia libertar-se da tendência a um excessivo empirismo, tendência que constituía a principal deficiência da

---

visão exata da Natureza", é o único erro realmente importante que Crombie cometeu em sua excelente obra; erro que, aliás, ele próprio corrige em seu *Augustine to Galileo*. p. 326, Londres, 1953 e 1956. Na realidade, Galileu nunca considerou sua teoria apenas uma simples construção matemática e jamais disse algo que pudesse ser interpretado nesse sentido. Foi Osiander, e não o próprio Copérnico, quem exprimiu esse ponto de vista no prefácio que escreveu para a primeira edição do *De revolutionibus orbium coelestium*, em 1543.

tradição aristotélica, e lhe deu um poder de generalização que, não obstante, se mantinha estritamente circunscrito aos dados da experiência, coisa que os neoplatônicos que o haviam precedido ainda não tinham realizado, senão raramente. Galileu chegou a esse estágio em primeiro lugar, não hesitando em utilizar em suas teorias matemáticas conceitos de que nenhum exemplo fora ou pudera ser observado. Ele exigia apenas que, daqueles conceitos, se pudessem deduzir fatos observados. Assim, por exemplo, não existe plano absolutamente perfeito, nem corpo isolado a mover-se num espaço euclidiano vazio, infinito e, entretanto, foi a partir desses conceitos que Galileu elaborou, em primeira mão, a teoria da inércia do século XVII. 'E, diz ele, minha admiração não tem mais limites quando vejo como Aristarco e Copérnico permitiram que sua razão, ainda que violentando seus sentidos e, apesar deles, se tenha tornado senhora da sua credulidade'."

Eis aí: a maneira pela qual Galileu concebe um método científico correto implica uma predominância da razão sobre a simples experiência, a substituição de uma realidade empiricamente conhecida por modelos ideais (matemáticos), a primazia da teoria sobre os fatos. Só assim é que as limitações do empirismo aristotélico puderam ser superadas e que um verdadeiro método *experimental* pôde ser elaborado. Um método no qual a teoria matemática determina a própria estrutura da pesquisa experimental, ou, para retomar os próprios termos de Galileu, um método que utiliza a linguagem matemática (geométrica) para formular suas indagações à natureza e para interpretar as respostas que ela dá. Um método que, substituindo o mundo do mais ou menos conhecido empiricamente pelo Universo racional da precisão, adota a mensuração como princípio experimental mais importante e fundamental. É esse método que, baseado na matematização da natureza, foi concebido e desenvolvido, senão pelo próprio Galileu – cujo trabalho experimental é praticamente destituído de valor e que deve seu renome de realizador de experiências aos esforços infatigáveis dos historiadores positivistas –, pelo menos por seus discípulos e sucessores. Em consequência, parece-me que Crombie exagera um pouco o aspecto "experimental" da ciência de Galileu e a intimidade das relações dessa ciência com os fatos experimentais.[17] Com efeito, Galileu se engana toda vez que

---

17   Cf. meu artigo: An Experiment in measurement in the XVIIth Century. In: *Proceedings of the american philosophical society*. 1952. p. 253-283.

se atém à experiência. Todavia, Crombie parece reconhecer muito bem a transformação radical que a nova ontologia trouxe às ciências físicas e mesmo o sentido muito especial das célebres afirmações, aparentemente positivistas, do grande florentino. Assim, ele escreve (p. 310):

> "A mudança capital introduzida por Galileu, com outros matemáticos 'platonizantes', como Kepler, na ontologia científica, foi identificar a substância do mundo real às entidades matemáticas contidas nas teorias utilizadas para descrever as aparências."

Mudança realmente capital, que conduziu a mudanças igualmente importantes de *métodos*, distintos de pura *metodologia*. Entretanto, Crombie prefere empregar este último termo e, por conseguinte, escreve, "nominalizando" Galileu (p. 305-306):

> "O resultado prático importante que se obteve foi abrir o mundo físico à utilização ilimitada das matemáticas. Galileu destruiu os mais graves inconvenientes da concepção de Aristóteles, segundo o qual havia uma ciência da 'física' colocada fora do domínio das matemáticas, declarando que as substâncias e as causas que essa física colocaram em postulados não passavam de simples palavras."

Portanto, depois de ter ouvido de Crombie que a ciência moderna – a de Galileu e de Descartes – não só utiliza modos de raciocínio totalmente novos (do impossível ao real), mas também se baseia numa ontologia completamente diferente da ciência tradicional à qual se opõe, e que essa luta contra a tradição tem uma profunda significação filosófica, é surpreendente a leitura do que se segue, como conclusão de sua pesquisa (p. 318):

> "Não obstante os enormes recursos que as novas matemáticas trouxeram ao século XVII, a estrutura lógica e os problemas da ciência experimental se tinham mantido fundamentalmente os mesmos desde o início da história moderna, cerca de quatro séculos antes. A história da teoria da ciência experimental, de Grosseteste a Newton, é realmente uma série de variações sobre o tema de Aristóteles, segundo o qual o objetivo da pesquisa científica era descobrir premissas verdadeiras para chegar a um conhecimento comprovado das observações, introduzindo-se o novo instrumento da experiência e transformando-o na chave das matemáticas. O pesquisador se esforçava por edificar um sistema verificado de proposições no seio do qual a relação entre o particular e o geral era a de uma consequência necessária."

O nome de Newton fornece, aparentemente, a chave da asserção de Crombie. De fato, Crombie acredita na concepção positivista de Newton, sobre o qual escreve (p. 317):

> "Seu método matemático era realmente ligado às observações, da mesma maneira que a 'ciência superior' matemática dos comentadores de Aristóteles, ciência que 'fornece a razão de alguma coisa da qual a ciência inferior fornece o fato', mas que não fala das causas dessa coisa."

O objetivo de Newton, distinguindo sua "via matemática" da "investigação das causas", distinguindo, por exemplo, o estudo da ótica e da dinâmica do estudo "da natureza e da qualidade da gravitação e da luz", conforme nota Crombie, era desembaraçar sua obra de qualquer relação com as duas ontologias científicas mais populares de seu tempo, a saber, as que derivavam de Aristóteles e de Descartes, que ele considerava não haverem sido "deduzidas dos fenômenos". Não que Newton negasse que "discutir causas reais dos fenômenos pudesse ser da competência da ciência" (p. 316), mas simplesmente ele hesitou "em afirmar que tenha feito tal descoberta em algum caso particular".

Isto é justo. Todavia, não penso que Crombie faça justiça ao realismo brutal que Newton combina com a crença em que as causas reais dos fenômenos ora sejam desconhecidas, ora pertençam a um domínio do ser que ultrapassa o ser físico. Assim, por exemplo, o *espírito* ou os *espíritos* que causam a atração e a repulsão, constituindo as *forças reais* que mantêm a unidade e a estrutura do mundo, como as *forças reais* que ligam os átomos da matéria que compõe os corpos. Temos de tratá-las matematicamente, determina-nos Newton, e, fazendo-o, não nos devemos ocupar de sua natureza real. Mas, por outro lado, devemos tê-las em conta, pois elas são todas *reais*, e sua determinação constitui um objetivo essencial da pesquisa científica.

Crombie não acredita que assim seja. Considera, consequentemente, que a ciência de Galileu e de Descartes, baseada numa ontologia matemática inspirada em Platão, uma ciência que tendia a um conhecimento real, embora naturalmente parcial e provisório, do mundo real, perseguia um objetivo impossível e mesmo falso. Newton, que havia renunciado a pesquisar as causas ou, pelo menos, havia postergado sua pesquisa a um futuro longínquo, e tinha proclamado o divórcio entre a "filosofia experimental" e a metafísica – e mesmo a física –, era mais avisado: voltou à metodologia aristotélica e à epistemologia nominalista da Idade Média.

Crombie considera a ciência moderna resolutamente positivista. Portanto, é na história – ou na pré-história – do positivismo que vê a progressão da "ciência experimental". Segundo ele, essa história comporta uma lição filosófica (p. 319):

> "A verdade filosófica que toda a história da ciência experimental, desde o século XII, tornou notória é que o método experimental, inicialmente concebido como um método que permite descobrir as verdadeiras causas dos fenômenos, revela-se um método que permite simplesmente fazer-lhes a verdadeira descrição.
>
> Uma teoria científica deu toda a explicação que dela se podia esperar quando colocou em correlação os dados da experiência de modo tão exato, tão completo e tão prático quanto possível. Qualquer outra questão que pudesse ser levantada não caberia em linguagem científica. Por sua natureza, tal descrição é provisória, e o programa prático da pesquisa é substituir teorias limitadas por outras cada vez mais completas."

Aceitaremos a lição filosófico-histórica de Crombie? Quanto a mim, não acho que devêssemos fazê-lo. Para mim, que não creio na interpretação positivista da ciência – nem mesmo na de Newton –, a história contada de modo tão brilhante por Crombie contém uma lição bem diferente: o empirismo puro – e mesmo a "filosofia experimental" – não conduz a parte alguma. E não é renunciando ao objetivo aparentemente inacessível e inútil do conhecimento do real mas, pelo contrário, é perseguindo-o com ousadia que a ciência progride na via infinita que leva à verdade. Por conseguinte, a história dessa progressão da ciência moderna deveria ser dedicada a seu aspecto *teórico*, pelo menos tanto quanto a seu aspecto *experimental*. De fato, como já afirmei, e como bem o expõe a história da lógica das ciências contada por Crombie, não só o primeiro está estreitamente ligado ao último, mas ele domina e determina sua estrutura. As grandes revoluções científicas do século XX, tanto quanto as do século XVII ou do século XIX, embora naturalmente assentadas na descoberta de fatos novos – ou na impossibilidade de verificá-los –, são fundamentalmente revoluções *teóricas*, cujo resultado não foi a melhoria da conexão entre elas e os "dados da experiência, mas a aquisição de uma nova concepção da realidade profunda subjacente àqueles "dados".

Entretanto, as moradas do reino de Deus são numerosas. E pode-se tratar de história de muitas maneiras. Então, digamos que, no reino da história, Crombie edificou uma belíssima morada.

AS ETAPAS DA COSMOLOGIA CIENTÍFICA[1]

Masson-Oursel acaba de apresentar concepções do mundo, segundo as quais o homem e o mundo formam uma unidade indivisa e não estão separados um do outro, nem se opõe um ao outro. É certo que, no que chamamos ciência – inclusive a ciência cosmológica –, estamos em presença de uma atitude totalmente diferente, de uma certa oposição entre o homem no mundo e o mundo em que ele vive.

Se eu tivesse tomado inteiramente ao pé da letra o título de minha comunicação – as cosmologias científicas, isto é, aquelas que levam às últimas consequências a separação e, portanto, a desumanização do cosmo –, não teria, verdadeiramente, grande coisa a dizer, e teria tido de começar imediatamente com a época moderna, provavelmente com Laplace. Quando muito teria podido evocar, à guisa de pré-história, as concepções das primeiras épocas da astronomia grega, a de Aristarco de Samos, de Apolônio, de Hiparco, porque as concepções cosmológicas, mesmo as que consideramos científicas, só muito raramente – quase nunca, até – foram independentes de noções que não o são, ou seja, de noções filosóficas, mágicas e religiosas.

Mesmo para um Ptolomeu, mesmo para um Copérnico, mesmo para um Kepler, e mesmo para um Newton, a teoria do cosmo não era independente daquelas noções.

Portanto, tomarei "cosmologias científicas" num sentido mais amplo, capaz de englobar as doutrinas dos pensadores que acabo de citar.

As teorias cosmológicas nos levam necessariamente à Grécia, pois parece ter sido na Grécia que, pela primeira vez na história, sur-

---

1 Texto de uma comunicação apresentada em 31 de maio de 1948 à "XIV Semana de Síntese". *Revue de Synthèse*. Paris: Albin Michel, nova série, t. 29, p. 11-22, jul./dez. 1951.

giu a oposição do homem ao cosmo, que redundou na desumanização deste último. Certamente, ela nunca terá sido completa e, em suas grandes metafísicas, como as de Platão ou de Aristóteles, e até na própria noção do cosmo, estaremos em presença de ideias de perfeição, de ordem e de harmonia que o penetram, ou da noção platônica do reino da proporção, tanto no cósmico quanto no social e no humano, isto é, em presença das concepções unitárias.

Mas, em todo caso, é aí que me parece ter nascido o estudo dos fenômenos cósmicos como tais.

Por certo, podemo-nos perguntar se não devemos recuar mais longe no tempo e se não devemos colocar a origem da astronomia e da cosmologia científica, não na Grécia, mas na Babilônia. Parece-me haver duas razões para não fazê-lo. Uma está ligada ao fato de que os babilônios nunca se desembaraçaram da astrobiologia que Masson-Oursel acaba de evocar e de que a Grécia conseguiu fazê-lo (aliás, é possível que, na Grécia, a astrobiologia não tenha sido absolutamente um fenômeno original, mas, pelo contrário, um fenômeno tardio, muito posterior à origem da astronomia). A outra razão é menos histórica: está ligada à própria noção que atribuímos à ideia da ciência e do trabalho científico. Com efeito, se admitíssemos uma certa concepção ultrapositivista e ultrapragmática da ciência e do trabalho científico, certamente deveríamos dizer que foram os babilônios que começaram. Realmente, eles observaram os céus, fixaram as posições das estrelas e organizaram os respectivos catálogos, anotando, dia a dia, as posições dos planetas. Se isso é feito cuidadosamente durante séculos, chega-se, no fim das contas, a ter catálogos que revelarão a periodicidade dos movimentos planetários e oferecerão a possibilidade de prever, para cada dia do ano, a posição das estrelas e dos planetas que serão reencontrados cada vez que se olhar para o céu. O que é muito importante para os babilônios, pois, dessa previsão das posições de planetas, depende, pelos caminhos da astrologia, uma previsão dos acontecimentos que se darão na Terra. Assim, se a previsão e a predição equivalem a ciência, nada é mais científico do que a astronomia babilônica. Mas se vir no trabalho científico, sobretudo, um trabalho teórico e se se acreditar – como é o meu caso – que não há ciência onde não há teoria, rejeitar-se-á a ciência babilônica e dir-se-á que a cosmologia científica dá seus primeiros passos na Grécia, pois foram os gregos que, pela primeira vez, conceberam e formularam a exigência intelectual do saber teórico: *preservar os fenômenos*, isto é, formular uma teoria explicativa do dado observável, algo que os babilônios jamais fizeram.

Insisto na palavra "observável", pois é certo que a primeira acepção da célebre fórmula σώζειν τὰ φαινόμενα é, justamente: explicar os fenômenos, preservá-los, isto é, revelar a realidade subjacente, revelar, sob a aparente desordem do dado imediato, uma unidade real, ordenada e inteligível. Não se trata, segundo uma equivocada interpretação positivista muito em voga, apenas de ligá-los por meio de um cálculo, a fim de chegar à previsão. Trata-se, verdadeiramente, de descobrir uma realidade mais profunda e que lhes forneça a explicação.

Isso é que é bastante importante, e que nos permite compreender a conexão essencial, muitas vezes desprezada pelos historiadores, entre as teorias astronômicas e as teorias físicas. Pois é um fato que as grandes descobertas – ou as grandes revoluções nas teorias astronômicas – sempre estiveram ligadas a descobertas ou modificações nas teorias físicas.

Não lhes posso fazer um esboço, mesmo sucinto, dessa história extremamente apaixonante e instrutiva. Desejo, simplesmente, fixar algumas etapas da matematização do real, que é o trabalho próprio do astrônomo.

Já afirmei que ela começa com a decisão de descobrir, sob a aparência desordenada, uma ordem inteligível. Assim, encontramos em Platão uma fórmula muito clara das exigências e dos pressupostos da astronomia teórica: reduzir os movimentos dos planetas a movimentos regulares e circulares. Programa que é aproximadamente executado por seu discípulo Eudoxo e aperfeiçoado por Calipo. Com efeito, eles substituem o movimento irregular dos astros errantes por movimentos bem ordenados de esferas concêntricas, isto é, encaixadas umas nas outras.

Zombou-se muito – atualmente, menos – desse apego helênico à forma circular, desse desejo de fazer, de todos os movimentos celestes, movimentos circulares. Quanto a mim, não acho que isso seja ridículo ou estúpido. O movimento de rotação é um tipo próprio e notável de movimento, o único que, num mundo finito, continua eternamente sem alteração, e era justamente isso que procuravam os gregos: algo que pudesse continuar ou reproduzir-se eternamente. O "eternismo" dos gregos é algo inteiramente característico de sua mentalidade científica. Os teóricos gregos nunca falam da origem das coisas ou, se o falam, é de um modo muito conscientemente mítico. Quanto à ideia de que o movimento circular é um movimento *natural*, paradoxalmente ela parece confirmar-se em nossos dias: o Sol gira, as nebulosas giram, os elétrons giram, tudo gira. Como negar que haja nisso algo de inteiramente "natural"?

Agora, voltemos aos que tentaram representar os movimentos celestes como resultantes de um encaixe de esferas, girando umas dentro das outras. Com exceção de um fenômeno, que não se explicava razoavelmente – é muito importante ver a atenção dada pelos gregos à necessidade de explicar verdadeiramente um fenômeno –, a saber, a variação na luminosidade dos planetas, que ora eram muito brilhantes, ora não o eram, fato que só se podia explicar admitindo mudanças em suas distâncias em relação à Terra, eles se saíram muito bem.

Foi esse fato que tornou necessária a invenção de uma nova teoria explicativa, teoria dita dos epiciclos e das excêntricas, que foi elaborada, sobretudo, pela Escola de Alexandria, por Apolônio, Hiparco e Ptolomeu.

Entre as duas se coloca um entremeio extraordinário; um gênio de primeira ordem, Aristarco de Samos, lança como hipótese explicativa o duplo movimento da Terra, em torno do Sol e em torno de si mesma. É bastante curioso que ele não tenha tido seguidores. Segundo parece, teve um único grande discípulo. Plutarco disse: "Aristarco propõe essa teoria como hipótese e Seleuco a afirmou como verdade". O texto é importante, pois confirma o desejo que tinha e a distinção que os gregos faziam entre uma simples hipótese de cálculo e a hipótese fisicamente verdadeira: a revelação da verdade.

Aristarco não teve sucesso, e não se sabe o porquê. Por vezes se disse que a ideia do movimento da Terra contradizia demasiadamente as concepções religiosas dos gregos. Penso que, antes, foram outras as razões que determinaram o insucesso de Aristarco, certamente as mesmas que, desde Aristóteles e Ptolomeu até Copérnico, se opuseram a toda hipótese não geocêntrica: foi a invencibilidade das objeções *físicas* contra o movimento da Terra. Como já declarei, há uma ligação necessária entre o estado da física e o estado da astronomia. Ora, para a física antiga, o movimento circular (de rotação) da Terra no espaço se afigura – e devia afigurar-se – como oposto a fatos incontestáveis e em contradição com a experiência quotidiana; em suma, como uma impossibilidade física. Ainda outra coisa constituía obstáculo à aceitação da teoria de Aristarco, a saber, a grandeza desmesurada de seu Universo, pois, se os gregos admitiam que o Universo era bastante grande em relação à Terra – ele era até muito grande! –, ainda assim as dimensões postuladas pela hipótese de Aristarco lhes pareciam excessivamente inconcebíveis. Suponho que assim era, pois em pleno século XVII ainda parecia impossível, a muita gente boa, admitir tais dimensões. Também se dizia – e isto é algo inteiramente razoável – que, se a Terra girava em torno do Sol, isso se veria através da observação das estrelas fixas: que, se não se verifica nenhuma paralaxe, é que a Terra não gira. Admitir que a abóbada celeste é tão grande que as paralaxes das fixas não são observáveis parecia contrário ao bom-senso e ao espírito científico.

A astronomia dita dos epiciclos deve sua origem ao grande matemático Apolônio e foi desenvolvida por Hiparco e por Ptolomeu. Reinou sobre o mundo até Copérnico, e mesmo muito tempo depois dele. Ela constitui um dos maiores esforços do pensamento humano.

Por vezes se tem falado mal de Ptolomeu e já se procurou rebaixá-lo em relação a seus predecessores. Creio que tais atitudes são destituídas de razão. Ptolomeu fez o que pôde. Se não inventou, desenvolveu as ideias astronômicas de sua época; calculou de modo admirável os elementos do sistema. E, se rejeitou a doutrina de Aristarco, ele o fez por motivos científicos.

Vamos dar uma olhada na teoria em questão. Havia sido bem compreendido que a distância dos planetas à Terra não era sempre a mesma. Portanto, era preciso que os planetas, em seus cursos, pudessem aproximar-se e afastar-se da Terra. Além disso, era preciso explicar as irregularidades de seus movimentos – ora eles parecem avançar, ora param, ora andam para trás – e, assim, imaginou-se fazê-los girar, não sobre um círculo, mas sobre dois ou três círculos; prendendo ao primeiro círculo um círculo menor, ou colocando o próprio grande círculo sobre um círculo menor. O círculo de suporte se chama deferente; o círculo suportado, o epiciclo. Pode-se, igualmente, para simplificar o mecanismo, substituir o círculo de suporte e o epiciclo suportado por um único círculo, mas descentrado em relação à Terra, o que quer dizer que, se a Terra se acha num ponto T, o grande círculo gira, não em torno da Terra, mas em torno de um ponto excêntrico. As duas maneiras de representar os movimentos celestes são absolutamente equivalentes e podem combinar-se uma com a outra. Nada impede, por exemplo, de colocar-se um epiciclo sobre um eixo excêntrico.

Colocando círculos uns sobre os outros e fazendo-os girar a velocidades diferentes, pode-se desenhar qualquer curva fechada. E colocando-os em número suficiente pode-se desenhar tudo o que se quiser: até uma linha reta ou um movimento em forma de elipse. Evidentemente, às vezes, é preciso acumular um número considerável de círculos, o que complica os cálculos, mas, em teoria, isso é sempre permitido.

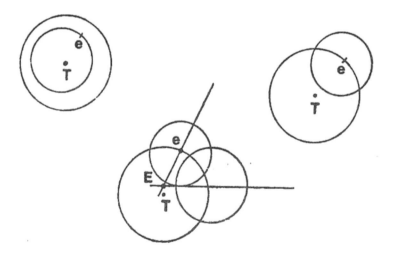

A teoria dos epiciclos é uma concepção de uma profundidade e de uma capacidade matemática extraordinárias, e era preciso todo o gênio dos matemáticos gregos para formulá-la.

Nessa teoria, havia apenas um único ponto, ou um único fato, dificilmente aceitável: para não aumentar indefinidamente o número de círculos, Ptolomeu teve de renunciar ao princípio do movimento circular uniforme ou, mais exatamente, encontrou um meio aparente de conciliar a aceitação do princípio com a impossibilidade de segui-lo de fato. Ele resolveu que a dificuldade pode ser vencida admitindo-se que o movimento é uniforme, não em relação ao centro do próprio círculo – os círculos não giram de modo uniforme em relação a seus próprios centros –, mas em relação a um certo ponto interior excêntrico, ponto que ele chama de *equante*.

Isso era uma coisa muito grave, pois, abandonando o princípio do movimento circular uniforme, abandonava-se a explicação física dos fenômenos. É a partir de Ptolomeu, justamente, que encontramos uma ruptura entre a astronomia matemática e a astronomia física.

Com efeito, enquanto os filósofos e os cosmólogos continuavam a admitir que os corpos celestes eram movidos por movimentos uniformes das órbitas corpóreas, insistindo no valor dessa concepção do ponto de vista físico, os astrônomos matemáticos respondiam que o problema físico não lhes dizia respeito e que o objetivo deles era determinar as posições dos planetas, sem se ocuparem do mecanismo que os conduzia no lugar determinado pelo cálculo.

Por meu turno, penso que Ptolomeu se decide por essa ruptura entre a astronomia física e a astronomia matemática porque acredita na astrologia, e que, do ponto de vista astrológico, tanto quanto do ponto de vista prático, de fato era inútil saber como, física e realmente, os planetas chegam a um determinado lugar. O que é importante é saber calcular suas posições para poder delas deduzir as consequências astrológicas.

Não posso estender-me sobre este problema, se bem que ele seja importante e que a divergência entre as duas astronomias tenha subsistido durante um tempo muito longo: de fato, até Copérnico e Kepler. Os astrônomos árabes, na Idade Média, tentaram, muito razoavelmente, restabelecer a unidade, substituindo os círculos puramente matemáticos de Ptolomeu por esferas ou órbitas corpóreas. Eles foram seguidos no mundo cristão. Cito o grande astrônomo Peurbach, que conseguiu constituir um modelo dos movimentos planetários (sem, entretanto, poder reduzir esses movimentos planetários a revoluções uniformes) e, com um número relativamente muito pequeno de esferas materiais, chegou a explicar todos os seus movimentos.

A grande revolução que desalojou a Terra do centro do Universo e a lançou no espaço data de ontem. Entretanto, é muito difícil compreender os motivos que guiaram o pensamento de Copérnico. É certo que, de um lado, houve um motivo físico. A impossibilidade de explicação física, mecânica, da astronomia ptolemaica, aquele famoso *equante* que introduzira nos céus um movimento não uniforme, pareciam-lhe verdadeiramente inadmissíveis. Assim, seu discípulo Rhaeticus nos diz que a grande vantagem da nova astronomia consiste no fato de que ela nos liberta dos *equantes*, isto é, ela nos proporciona, enfim, uma imagem coerente da realidade cósmica, e não duas imagens, uma dos filósofos e a outra dos astrônomos matemáticos, as quais, finalmente, não concordavam entre si.

Ademais, essa nova imagem simplificava a estrutura geral do Universo, explicando – e vejam que é sempre a mesma tendência: busca da coerência inteligível do real, explicando a desordem do fenômeno puro – as irregularidades aparentes dos movimentos planetários, reduzindo-os justamente a puras "aparências" irreais. Com efeito, essas irregularidades aparentes (paradas, retrogradações etc.) revelavam-se, na maioria das vezes, ser apenas efeitos secundários, a saber, projeções no céu dos movimentos da própria Terra.

Uma terceira vantagem dessa teoria era a ligação sistemática que ela estabelecia entre os fenômenos celestes e o fato de que as aparências, isto é, os dados da observação relativa aos diversos planetas, se achavam explicados, pelo menos em parte, por um único fator, a saber, o movimento da Terra. Então, daí, se podia mais facilmente deduzir os movimentos verdadeiros e os movimentos reais.

Como Copérnico chegou a sua concepção? É difícil dizer, porque o que ele próprio nos diz a respeito não conduz a sua astronomia. Assim, ele nos conta haver encontrado testemunhos relativos aos autores antigos que tinham tentado explicar as coisas de maneira diversa da de Ptolomeu, os quais, particularmente, haviam proposto fazer do Sol o centro dos movimentos dos planetas inferiores (Vênus e Mercúrio), e que ele pensou que se podia tentar fazer a mesma coisa em relação aos outros.

Mas isso o teria levado a constituir uma astronomia no gênero da que Tycho Brahe desenvolveu depois dele. Aliás, é curioso verificar que ninguém tentou fazer isso anteriormente, antes de Copérnico. Alguma coisa, logicamente, deveria colocar-se entre Ptolomeu e Copérnico. O que nos mostra que a história do pensamento científico não é inteiramente lógica. Assim, para compreender-lhe a evolução, é mister levar em conta fatores extralógicos. Dessa forma, uma das razões — provavelmente a mais profunda — da grande reforma astronômica operada por Copérnico não era absolutamente científica.

De minha parte, penso que, se Copérnico não se deteve no estágio de Tycho Brahe — admitindo que ele tenha tido essa intenção —, foi por uma razão de estética, ou de metafísica, por considerações de harmonia. Sendo o Sol a fonte de luz e sendo a luz o que há de mais belo e de melhor no mundo, parecia-lhe, de acordo com a razão que governa o mundo e que o cria, que essa luminária devesse ser colocada no centro do Universo que ela está encarregada de iluminar. Copérnico o diz expressamente e creio que não há razão alguma para não acreditar na adoração que tinha pelo Sol; tanto mais que o grande astrônomo Kepler, que verdadeiramente inaugura a astronomia moderna, é ainda mais heliólatra do que Copérnico.

Não posso deixar de mencionar Tycho Brahe, cujo sistema astronômico, que deveria surgir antes do de Copérnico, é um exato equivalente deste último, com a diferença de que Tycho Brahe admite que a Terra é imóvel e que o Sol, com todos os planetas girando em torno dele, gira em torno da Terra.

Que razões teria ele para assim retroceder em relação a Copérnico? Creio que ele foi levado por dois tipos de considerações, de naturezas bem diferentes: de um lado, suas convicções religiosas, que não lhe permitiam aceitar uma doutrina contrária às Santas Escrituras e, de outro lado, a impossibilidade de admitir o movimento da Terra do ponto de vista físico. Assim, ele insiste nas objeções físicas contra esse movimento, no que, aliás, tem perfeita razão: as objeções físicas contra o movimento da Terra eram irrefutáveis antes da revolução científica do século XVII.

Resta-me ainda falar de Kepler, cuja obra tampouco é inteiramente científica, sendo profundamente inspirada pela ideia de harmonia, pela ideia de que Deus organizou o mundo segundo leis de harmonia matemática. Para Kepler, essa é a chave da estrutura do Universo. Quanto aos respectivos lugares que atribui ao Sol e à Terra, ele é, bem entendido, copernicano, pela mesma razão de Copérnico:

para ele, o Sol representa Deus; é o Deus visível do Universo, símbolo do Deus criador, que se exprime no Universo criado; e é por isso que é preciso que ele esteja no centro.

É sobre essa base metafísica que Kepler edifica sua obra científica que, tanto em suas intenções quanto em seus resultados, ultrapassa de longe a de Copérnico. Com efeito, o objetivo perseguido por Kepler é muito ambicioso e muito moderno: ele quer reconstituir (ou, mais precisamente, estabelecer) a unidade da concepção científica do mundo, a unidade entre a física e a astronomia. Assim, a grande obra astronômica, a obra fundamental de Kepler, dedicada ao planeta Marte, se chama *Astronomia nova, Α ἰτιολογήτος seu physica coelestis (Astronomia nova ou física celeste)*.

O raciocínio de Kepler é guiado pela ideia da explicação causal: se o Sol se acha no centro do mundo, é preciso que os movimentos dos planetas não sejam ordenados em relação a ele de uma maneira geométrica ou ótica – como em Copérnico –, mas também de uma maneira física e dinâmica. O esforço de Kepler é, assim, o de encontrar, não apenas uma concepção astronômica que permita ordenar e "preservar" os fenômenos, mas ainda uma concepção física que permita explicar, por causas físicas, o movimento real dos corpos celestes no mundo.

Assim, no prefácio da *Astronomia nova*, ele insiste na necessidade dessa unificação entre a física celeste e a física terrestre, no fato de que o Sol não é simplesmente o centro do mundo, limitando-se a iluminá-lo, e deixando funcionar, fora e independentemente dele, os mecanismos motores dos planetas, cada um completo em si mesmo, mas deve exercer uma influência física sobre os movimentos dos astros.

Infelizmente, não tenho tempo para falar-lhes mais sobre a estrutura do pensamento kepleriano e a elaboração técnica de sua doutrina. O que é curioso e divertido é que Kepler, na dedução das famosas leis que levam seu nome e que todos conhecem, a saber, que os corpos celestes se movem sobre elipses e que os espaços varridos pelos raios vetores são proporcionais ao tempo, comete um duplo erro. Mas os erros se compensam, se bem que sua dedução acaba por ser justa graças precisamente a esse duplo erro.

Provavelmente, foi porque Kepler queria, desde o início, encontrar uma solução nova para o problema dos movimentos planetários, uma física celeste, uma astronomia causal (Αἰτιοκογήτoζ), que ele não tentou – o que era factível ––, depois de haver achado que a trajetória real de Marte era uma elipse, reproduzir essa elipse por um arranjo de círculos, mas imediatamente substituiu o mecanismo dos círculos, das esferas ou das órbitas que guiam e transportam os planetas, pela ideia de uma força magnética, emanando do Sol, que dirige seus movimentos.

Poderia dizer-se, dando uma olhada de conjunto sobre a evolução do pensamento astronômico, que inicialmente ele se esforçava por descobrir a realidade ordenada dos movimentos astrais, subjacentes à desordem das aparências. Para fazê-lo, os gregos empregaram os únicos meios matemáticos e físicos que lhes permitia o estado dos conhecimentos científicos de sua época, isto é, a ideia do movimento natural e circular, donde a necessidade de explicar os movimentos aparentes por uma superposição e uma acumulação de movimentos circulares. O fracasso de Ptolomeu acabou por tornar necessária uma transformação da própria física, e a astronomia só teve êxito, com Kepler, e ainda mais com Newton, baseando-se numa nova física.

Poder-se-ia, igualmente, conceber esta evolução sob o aspecto do estudo das dimensões do Universo. Disse-lhes que o Universo grego, o Cosmo grego (e medieval) era finito. Certamente, era bastante grande – em relação às dimensões da Terra –, mas não suficientemente grande para nele alojar uma Terra móvel, uma Terra girando em torno do Sol. A concepção da finidade necessária do Universo estelar, do Universo visível, é muito natural: *vemos* uma abóbada celeste; podemos imaginá-la estando muito longe, mas é extremamente difícil admitir que não haja abóbada e que as estrelas estejam distribuídas no espaço sem ordem, aleatoriamente, a distâncias extraordinárias e diferentes umas das outras. Isso implica uma verdadeira revolução intelectual.

As objeções contra a finidade, e mesmo contra a extensão desmesurada do Universo, são de um alcance considerável. Desse modo, elas são reencontradas durante todo o curso da história da astronomia. Assim, Tycho Brahe se insurge contra Copérnico, em cujo sistema a distância entre o Sol e as estrelas seria, *no mínimo*, de 700 vezes a distância do Sol à Terra, o que lhe parece absolutamente inadmissível e, de forma alguma, correspondente aos dados da observação (desarmada de telescópios). Ora, é em virtude de razões análogas que Kepler, que admite o movimento orbital da Terra e que, portanto, é obrigado a estender as dimensões do nosso Universo na medida necessária para explicar a ausência de paralaxes das estrelas fixas, ainda assim não pode admitir a infinidade do mundo. A abóbada celeste, ou nosso mundo celeste, permanece necessariamente finito para ele. O mundo celeste é imensamente grande, seu diâmetro é de seis milhões de vezes o diâmetro terrestre, mas é finito. A infinidade do mundo é metafisicamente impossível. Ademais, nenhuma consideração científica parece impor-lhe essa infinidade.

Giordano Bruno é quase o único a admiti-lo. Mas, justamente, Bruno não é nem um astrônomo, nem um sábio; é um metafísico cuja visão do mundo é avançada em relação à ciência de seu tempo. Pois é apenas em Newton, certamente por razões científicas, porquanto a física clássica, a física galileana, postula a infinidade do Universo e a identidade do espaço real com o da geometria, mas também por razões teológicas, que se encontra afirmada a infinidade do Universo astral.

LEONARDO DA VINCI 500 ANOS DEPOIS[1]

"De tempos em tempos, o Céu nos envia alguém que não é apenas humano, mas também divino, de modo que, por meio de seu espírito e da superioridade de sua inteligência, podemos atingir o Céu."
— É assim que Vasari começa sua biografia de Leonardo da Vinci. Tais eram os sentimentos dos contemporâneos de Vasari em relação ao grande florentino; tais teriam sido, certamente, embora formulados de outra maneira, os sentimentos de nossos próprios contemporâneos: sentimentos de respeito, de admiração, até de veneração pelo grande artista, pelo grande sábio da Renascença.

É por isso que, em 1952, 500 anos depois do nascimento de Leonardo da Vinci, no mundo inteiro, na Itália, na França, na Inglaterra, nos Estados Unidos, houve um grande número de celebrações e de comemorações desse acontecimento, e ainda um certo número de reuniões em que artistas, historiadores, sábios e homens de ciência se encontraram, não só para comemorar, mas também para comparar seus pontos de vista e elaborar em conjunto uma compreensão melhor de Leonardo da Vinci, uma apreciação melhor do lugar que lhe deve ser destinado na história do espírito humano.

É sempre difícil a tarefa de interpretar o papel de um grande homem na história. Um grande homem, naturalmente, pertence a seu tempo. Entretanto – precisamente porque o chamamos "grande" –, ele não pertence a seu tempo, pelo menos inteiramente, mas o transcende e lhe impõe sua própria marca. Por assim dizer, ele transforma o passado e modifica o futuro.

A fim de situá-lo exatamente, temos de confrontá-lo com seus predecessores, seus contemporâneos e seus sucessores. Tarefa di-

---

[1] Texto inédito de uma conferência feita em Madison (Wisconsin), em 1953, traduzido do inglês por D. K.

fícil e complicada, que se torna tanto mais difícil quanto maior é o homem de que falamos, em suas aspirações, seu pensamento e sua obra.

Isso se torna ainda mais desafiador quando se trata de Leonardo, um gênio universal, se é que em algum tempo houve algum.

Além disso, no caso em apreço, estamos em presença de uma dificuldade particular e única no gênero: não há um único Leonardo da Vinci; há dois.

Por um lado, o Leonardo da Vinci que eu poderia chamar homem "público" ou homem "exterior". O adolescente bem-dotado, nascido em 15 de abril de 1452, filho de Ser Piero da Vinci e que, com a idade de 14 ou 15 anos, se torna aluno ou, antes, um aprendiz de Andrea Verrocchio e, a seguir, seu colaborador.

Há o jovem bem apessoado, brilhante e dotado de dons excepcionais: músico, pintor, escultor, arquiteto, engenheiro, que Lourenço, o Magnífico, emprestou, em 1481, a Ludovic Sforza, cognominado Il Moro, duque reinante de Milão. Posto a serviço deste último em 1482, serviu-o durante quase 20 anos, até a queda desse príncipe por ocasião da tomada de Milão pelos franceses. Trabalhou para ele como uma espécie de "homem de sete instrumentos": como mestre de cerimônias, organizando espetáculos e festas; como engenheiro e supervisor, abrindo canais e construindo fortificações e fossos; como artista, pintando para Ludovic o retrato de sua cunhada Isabela d'Este e também os de suas belas amantes, Cecilia Callerani (1485) e Lucrezia Crivelli (1495); mas, antes e acima de tudo, como escultor, trabalhando durante anos na grande estátua equestre de Francesco Sforza, a qual, ultrapassando em dimensão as de Donatello e de Verrocchio, devia dar a conhecer ao mundo o poder da dinastia dos Sforza e a glória de Leonardo.

Eis o homem que, ao mesmo tempo em que trabalhava para Il Moro, pintou *A Ceia* e *A Virgem no rochedo*, para os dominicanos de Santa Maria delle Grazie; que, mais tarde, em Florença, para onde voltou após a queda de seu patrão, pintou *A Santa Família*, *Leda*, *Mona Lisa* e *A Batalha de Anghiari*, assim firmando sua reputação como o maior pintor de sua época.

Eis o homem que serviu Cesar Borgia e que, em 1507, retornou a Milão, para ali trabalhar, desta feita para os franceses, para Charles d'Amboise e para o marechal Trivulzio; que, depois, sendo obrigado a partir quando os franceses abandonaram a cidade, foi para Roma servir aos Medicis, o Papa Leão X, e que, enfim, cansado mas não alquebrado, vencido pelo mundo mas não desencorajado, aceitou, em 1515, o convite do rei da França, Francisco I, e passou os últimos anos de sua vida no castelo de Cloux, perto de Amboise, onde morreu tranquilamente em 2 de maio de 1519.

Eis o homem público ou "homem exterior" que o século XIX considera com admiração o maior representante de seu tempo, o artista e o artesão incomparável, exemplo perfeito do individualismo livre e criador, afirmando-se em obras de uma perfeição e de uma beleza imperecíveis.

Ao mesmo tempo figura trágica, pois o destino foi duro para este homem e suas obras. Certos retratos foram perdidos. Perdidos também foram os famosos desenhos de *A Batalha de Anghiari*. *A Ceia* se deteriora. A grande estátua de Francesco Sforza, Il Cavallo, nunca foi moldada: não havia dinheiro para pagar o metal; ou então o metal era necessário para a fabricação de armas. Quanto ao modelo de argila erigido em 1493 sobre o pedestal onde devia ser colocado o monumento em bronze, desapareceu sem deixar rastros sob a ação conjunta da chuva e das flechas dos soldados do marechal Trivulzio, que o utilizaram como alvo para seus arremessos.

Por maior que seja, este homem público não é Leonardo em toda a sua inteireza. Há um outro Leonardo, o homem "interior", o homem secreto. O homem que Francisco I chamava respeitosamente "Meu Pai" e do qual dizia a Benvenuto Cellini, 20 anos após a morte de Leonardo, que este não era somente o homem que conhecia melhor do que ninguém a escultura, a pintura e a arquitetura, mas também e, acima de tudo, um grande filósofo; o homem que havia enchido de notas e de ensaios filosóficos e científicos inumeráveis folhas de papel e as tinha coberto de desenhos geométricos, mecânicos, anatômicos, projetos de livros a serem escritos e de máquinas a serem construídas; o homem que escreveu essas notas e esses ensaios em caracteres invertidos, decifráveis somente diante de um espelho para protegê-los de olhares indiscretos, e que, além disso, os manteve em segredo e nunca os mostrou a alguém ou, pelo menos, muito raramente. Assim, em 1517, ele os franqueou a Antonio de Beatis, secretário do Cardeal Aragon, que em seguida fez um relatório a seu chefe, assinalando que aqueles manuscritos eram muito bonitos e poderiam ser muito úteis se fossem publicados.

Tais papéis jamais foram publicados. Em vez de deixá-los para Francisco I que, pelo menos, os teria guardado, todos reunidos, Leonardo, antes de morrer, legou-os em testamento a Francesco Melzi, seu *domesticus*, aluno, secretário e amigo. Melzi os levou para a Itália e, do mesmo modo que seu mestre, guardou-os mais ou menos em segredo. Depois de sua morte, passaram a seus herdeiros, que os perderam em parte e, finalmente, no fim do século XVI, venderam o que restava a um certo Pompeo Leoni, escultor italiano a serviço da corte da Espanha.

A continuação da história desses papéis é complicada e longa demais para ser narrada aqui. Eles foram encontrados na Espanha, depois novamente na Itália, antes de serem dispersos entre Paris e Windsor, Turim e Milão. O que importa é que, com exceção das partes dos manuscritos relativas à pintura, e que constituíram a base do *Trattato della pittura*, publicado em Paris em 1651, do manuscrito com o nome de "Arundel" (Thomas Howard, Lord Arundel, levou-o em 1638 da Espanha para a Inglaterra, onde o antropólogo alemão Blumenbach o viu em 1788), de certo número de páginas relativas a problemas científicos que Libri subtraiu dos Arquivos do Instituto de França e que mencionou em sua *História das ciências matemáticas na Itália*, em 1841, todos os outros manuscritos permaneceram desconhecidos.

Somente no último quartel do século XIX é que foram descobertos nas grandes bibliotecas públicas, onde dormiam tranquilamente havia vários séculos, alguns desses manuscritos. Foram transcritos, traduzidos e finalmente publicados por Jean-Paul Richter (1888), Ravaisson-Mollien, Mac Curdy e outros mais.

A impressão produzida por essas publicações foi considerável. O personagem Leonardo adquiriu proporções sobre-humanas. Foi proclamado o maior espírito moderno, fundador das técnicas e da ciência modernas, precursor de Copérnico, de Vesálio, de Bacon e de Galileu, aparecendo miraculosamente como um *proles sine matre* no começo do mundo moderno.

A seguir, nos primeiros anos do século XX, o grande sábio e erudito francês Pierre Duhem, a quem devemos a redescoberta da ciência medieval, publicou sua famosa obra *Léonard de Vinci, ceux qu'il a lus et ceux qui l'ont lu* (1906-1913), na qual tenta destruir aquela imagem mítica de Leonardo, que acabo de evocar, substituindo-a por outra estritamente histórica.

O livro de Duhem é o ponto de partida de toda a pesquisa moderna e, em comparação com seus imensos méritos, pouco importa que esse autor, ofuscado e arrebatado por sua dupla descoberta, a da ciência medieval, de um lado, e, de outro, a de elementos medievais no pensamento de Leonardo, nos tenha apresentado, afinal, uma imagem algo estranha e paradoxal do grande gênio: a imagem de um Leonardo que não era apenas um homem de ciência, mas também um sábio tão grande quanto o próprio Duhem: um Leonardo, último fruto da tradição medieval, sobretudo a dos nominalistas parisienses, que havia cuidadosamente estudado e que havia preservado e transmitido mediante seus manuscritos aos homens de ciência do século XVII. Daí se seguiu que Leonardo não mais apareceu como um gênio único, como o haviam visto os historiadores do século XIX. Muito pelo contrário, na concepção de Duhem, ele se tornou um elo – o elo mais importante – entre a Idade Média e os Tempos Modernos, restabelecendo, assim, a unidade e a continuidade do desenvolvimento do pensamento científico.

Os eruditos contemporâneos, ao mesmo tempo em que reconhecem numerosos elementos medievais no pensamento de Leonardo da Vinci (com efeito, sua dinâmica, sua concepção da ciência, o papel atribuído à experiência e às matemáticas têm contrapartidas medievais), não aceitaram a imagem traçada por Duhem.

Nós que, graças ao movimento desencadeado por Duhem, conhecemos, bem melhor do que ele poderia ter conhecido, tanto o pensamento da Idade Média como o da Renascença, aprendemos que, para impregnar-se da tradição medieval, Leonardo não precisava meditar sobre os manuscritos e os *incunabula* de Alberto da Saxônia ou de Bradwardine, de Nicolau de Oresme ou de Buridano, de Swineshead ou de Nicolau de Cusa, se bem que provavelmente ele os tenha lido ou compulsado alguns deles. Com efeito, essa tradição antiaristotélica, a tradição da dinâmica baseada no conceito do *impetus*, força, potência motriz presente nos corpos em movimento, que os nominalistas parisienses opunham à dinâmica de Aristóteles,[2] estava no ar. Era uma tradição ainda viva, que se achava presente tanto no ensino universitário quanto nos livros populares escritos em língua vulgar – particularmente em italiano –, cuja importância e larga difusão agora sabemos apreciar.

Sabemos também que, para reencontrar essa tradição, os homens de ciência do século XVI – Bernardino Baldi, Cardano, Tartaglia ou Benedetti – não precisavam ler os manuscritos de Leonardo: poderiam encontrá-la mais facilmente num grande número de livros impressos na época.

A concepção de Duhem, embora acentuando a continuidade do desenvolvimento histórico, teve como resultado paradoxal apresentar Leonardo como um tardio espírito medieval, mais ou menos isolado em seu tempo.

Historiadores mais recentes tendem a estabelecer uma ligação mais estreita entre Leonardo e sua época. Levam-nos a notar a existência de uma literatura científica e técnica em língua vulgar, como acabo de mencionar. Em particular, sublinham que a dissecação de corpos humanos era bastante frequente no século XV e no início do século XVI. Também relacionam os estudos técnicos e os desenhos de Leonardo com o interesse por tais questões, muito vivo na época, muito mais avançado sob esse aspecto do que se acreditava ainda

---

2   Segundo a dinâmica de Aristóteles, todo movimento violento implica a ação contínua de um motor ligado a um corpo movido. Não há movimento sem motor. Separemo-los, e o movimento cessará. Assim, se se parar de puxar ou empurrar um veículo, ele cessará de se mover e parará.
    Muito boa teoria, que explica bastante bem a maior parte dos fenômenos da vida quotidiana, mas que encontra as maiores dificuldades nos casos em que os corpos continuam a mover-se, mesmo quando não são mais empurrados ou puxados por um motor: flechas projetadas por um arco, pedras lançadas pela mão etc.
    É por isso que a crítica da dinâmica de Aristóteles sempre foi centrada sobre o problema *a quo moventur projecta?* O que faz com que se movimente o objeto projetado? É para explicar esse movimento que os nominalistas parisienses adotaram a teoria do *impetus*, força motriz transmitida pelo motor ao corpo movido, força que permanecia no corpo movido, da mesma forma que o calor permanece no corpo aquecido e se torna, assim, de algum modo, um motor interior que continua a exercer sua ação sobre o corpo depois que este se acha separado de seu primeiro motor.

há pouco tempo. Efetivamente, um grande número de máquinas representadas nos desenhos de Leonardo parece não haver sido engendrado por seu espírito, sendo apenas épuras de objetos que existiam, que ele tinha visto, provavelmente em seu redor. Outros sábios, reagindo violentamente contra a tentativa de Duhem de "medievalizar" Leonardo e dele fazer um erudito colecionador de alfarrábios, tendem a ligá-lo diretamente aos gregos: a Arquimedes, por quem Leonardo realmente demonstrou um profundo interesse, a Euclides, cujo método, segundo claras evidências, ele tentou imitar. Quanto aos outros, inclinam-se a aceitar a opinião dos contemporâneos de Leonardo: *uomo senza lettere*, isto é, sem cultura.

Foi assim que eles substituíram a imagem, transmitida por Duhem, de um Leonardo que lera tudo e fora por todos lido, pela imagem de um Leonardo que nada lera e por ninguém fora lido. Quer parecer-me que, em sua reação contra a teoria de Pierre Duhem, os sábios contemporâneos foram longe demais. Com efeito, Leonardo é um *uomo senza lettere*; ele próprio no-lo diz, acrescentando, contudo, que foram seus inimigos que o cognominaram dessa forma, disputando entre si os direitos superiores da experiência. Todavia, que quer dizer tudo isso? Nada acredito, a não ser que ele não era um "homem de letras", um humanista, que lhe faltava cultura literária, que jamais fez estudos universitários, que não sabia grego e latim, que não podia utilizar o italiano precioso e requintado da Corte dos Medicis, ou dos Sforza, ou dos membros da Academia. Certamente, tudo isso é verdadeiro. De fato, segundo o último editor de seus escritos, sua linguagem é a de um fazendeiro ou de um artesão toscano; sua gramática é incorreta, sua ortografia é fonética. Em suma, isso significa que ele aprendeu tudo por si próprio. Mas autodidata não significa ignorante e *uomo senza lettere* não se pode traduzir por *pessoa iletrada*, sobretudo no caso em questão. Portanto, não devemos admitir, porque ele não podia escrever em latim, que tampouco pudesse ler. Talvez não muito bem. Entretanto, se pôde ler Ovídio, o que seguramente fez, pôde ser-lhe muito menos difícil ler um livro de ciências – geometria, ótica, física ou medicina –, assuntos que conhecia perfeitamente. As obras científicas são, de fato, fáceis de ler, com a condição de que seus assuntos sejam familiares ao leitor. Dificuldades se encontram no que se refere a textos literários.

Aliás, eu me pergunto se, impregnados como somos por nossa tradição intelectual, ao mesmo tempo acadêmica e visual, podemos figurar as condições em que o conhecimento, pelo menos um certo tipo de conhecimento, podia ser adquirido e transmitido durante as épocas que precederam a nossa. O grande historiador francês Lucien Febvre, que tanto fez pela renovação dos estudos históricos na França, costumava insistir na diferença entre nossa estrutura mental – ou, pelo menos, nossos hábitos mentais, hábitos dos povos que leem em *silêncio* e que tudo aprendem visualmente – e a estrutura ou as estruturas próprias das pessoas da Idade Média, e mesmo dos séculos XV e XVI, que liam *em voz alta*, tinham de *pronunciar* as palavras e aprender tudo, ou pelo menos a maior parte das coisas que sabiam, *de ouvido*. Aquelas pessoas, para as quais não só a fé – *fides* –, mas também o conhecimento – *scientia* – era *ex auditu*, não acreditavam que tivessem de ler um livro a fim de saber do que ele tratava, na medida em que houvesse alguém que lhes transmitisse seu conteúdo de viva voz.

Assim, não devemos minimizar tudo o que o jovem Leonardo pudera aprender, por ouvir dizer, em Florença – os florentinos são particularmente loquazes –, sobre Ficino e Pico e sobre as Atas da Academia, sem nunca ter tido necessidade de abrir seus grandes *in-folios*. Por ouvir dizer, ele pudera aprender suficientemente sobre o conhecimento que ali havia do mundo – uma mistura de platonismo e de escolástica, de magia e de hermetismo – para, daí, fazer uma livre escolha.

Tampouco devemos minimizar os conhecimentos filosóficos e científicos que ele teria podido adquirir em Milão através do *commercium* (contato) com seus amigos Marliani, um célebre médico, descendente de uma espécie de dinastia de cientistas, Luca Pacioli, matemático, autor de uma imensa *Summa* de aritmética, de álgebra e de geometria, aliás escrita em italiano, e não em latim, que Leonardo comprou em Pádua, em 1494, ou ainda com os adeptos e os discípulos de Nicolau de Cusa, dos quais um certo número se encontrava em Milão, conforme hoje sabemos. Eles teriam podido – e certamente o fizeram – mostrar-lhe textos importantes e contar-lhe muitas coisas relativas às discussões medievais entre os partidários da dinâmica aristotélica pura e os defensores da teoria do *impetus*, adotada por Nicolau de Cusa, bem como por Giovanni Marliani, tio de seu amigo.

Eles teriam podido falar-lhe também das discussões relativas à *unidade* e à pluralidade dos mundos, questão debatida acaloradamente durante a Idade Média e na qual os filósofos medievais, por razões teológicas, a fim de não limitar a onipotência divina, defenderam contra Aristóteles e seus *sequazes* a tese da pluralidade ou, pelo menos, na possibilidade da pluralidade dos mundos, dos quais diziam que Deus poderia criar tantos quantos quisesse, embora, de fato, tivesse criado apenas um.

Não é concebível que Leonardo não tenha ouvido falar dessas coisas, mesmo que não tenha lido o texto dessas discussões. Por mim, creio que o dilema: "rato de biblioteca", que repete o que leu ou puro gênio original que tudo cria e inventa, é um falso dilema, tão falso quanto as imagens contraditórias de Leonardo filósofo e sábio ou prático ignorante. Essas duas imagens provêm de uma projeção no passado das condições preponderantes em nossos dias. Com efeito, estamos tão habituados a tudo aprender na escola – as ciências e as artes, a medicina e o direito –, que facilmente nos esquecemos de que, até o século XIX, e mesmo mais tarde, os técnicos, engenheiros, arquitetos, construtores de navios e até de máquinas, sem falar dos pintores e dos escultores, não recebiam instrução em escolas, mas aprendiam seu ofício na prática.

Também nos esquecemos – ou não compreendemos muito bem – de que, por todas essas razões, os ateliês de um Ghiberti, de um Brunelleschi ou de um Verrocchio eram, ao mesmo tempo, locais em que se aprendiam muitas e muitas coisas. Tantas, se não mais, quantas se aprendem nas escolas nos nossos dias: cálculo, perspectiva – isto é, geometria –, a arte de talhar as pedras e de moldar o bronze, a arte de desenhar um mapa e de fortificar uma cidade, a arte de construir abóbadas e abrir canais.

Não eram ignorantes aqueles "iletrados", instruídos naqueles famosos ateliês e, se seus conhecimentos eram principalmente empíricos, não eram absolutamente desprezíveis. Eis por que Leonardo tinha toda a razão ao opor os conhecimentos que adquirira pela experiência à ciência livresca de seus adversários humanistas. Aliás, aqueles ateliês, sobretudo o de Verrocchio, eram muito mais do que locais onde se conservava e se mantinha uma habilidade tradicional: pelo contrário, eram lugares em que os problemas novos e antigos eram estudados, onde novas soluções eram discutidas e aplicadas, onde se faziam experiências e onde havia impaciência em aprender tudo o que se passava em outras partes.

O ateliê de Verrocchio não explica o milagre de Leonardo. Nada explica o milagre de um gênio, mas foi esse ateliê que o formou e deu a seu espírito uma certa orientação que o conduziu à *praxis* e não à *teoria* pura.

Essa tendência prática é bastante importante para nos permitir compreender e avaliar a obra científica de Leonardo da Vinci.

Com efeito, ele é muito mais um engenheiro do que homem de ciência. Um engenheiro-artista, bem entendido. Semelhante a Verrocchio, que George Sarton cognominou o São João de Leonardo. Semelhante a Alberti ou a Brunelleschi. Um tipo de homem no qual o espírito da Renascença encontra uma de suas melhores e mais eloquentes encarnações.

Leonardo, um homem da Renascença... Não é simplesmente demais? Eu próprio não sublinhei a oposição entre Leonardo e os sábios eruditos e homens de letras do *Quattrocento*? Certamente, eu o fiz e estou pronto a admitir que, em boa medida, o espírito e a obra de Leonardo ultrapassam a Renascença e até se lhe opõem, se opõem, sobretudo, às tendências míticas e mágicas do espírito da Renascença, das quais Leonardo é completamente liberto.

Também sei que o próprio conceito de Renascença, por mais claramente que tenha sido determinado por um Burckhardt ou por um Wölflin, foi submetido a uma crítica tão impiedosa pelos eruditos de nosso tempo, que quase foi destruído por eles, que descobriram fenômenos típicos da Renascença no meio da Idade Média e, *vice-versa*, um grande número de elementos medievais no pensamento e na vida da Renascença.

Entretanto, parece-me que o conceito da Renascença, sem embargo da crítica à qual foi submetido, não pode ser rejeitado, que o fenômeno histórico que ele designa possui uma unidade real, se bem que, evidentemente, complexo. Todos os fenômenos históricos são complexos e os elementos, idênticos ou análogos, produzem, em diferentes combinações ou diferentes misturas, resultados diferentes.

Eis por que me sinto autorizado a sustentar que Leonardo da Vinci, pelo menos em certos traços de sua personalidade – um gênio, repito, nunca pertence inteiramente a seu tempo –, é um homem da Renascença e até representa os seus aspectos mais significativos e mais fundamentais.

Ele é um homem da Renascença pela vigorosa afirmação de sua personalidade, pelo universalismo de seu pensamento e por sua curiosidade, por sua percepção direta e aguda do mundo *visível*, sua maravilhosa intuição do espaço, seu sentido do aspecto dinâmico do ser. Poderia dizer-se até que, sob certos aspectos, em seu humanismo – se bem que ele seja moderno, por sua rejeição da autoridade e do saber livresco –, em sua evidente indiferença pela concepção cristã do Universo, algumas das mais profundas tendências da Renascença encontram sua afirmação no espírito de Leonardo.

Mas voltemos ao nosso ponto de vista. Como afirmei, Leonardo é um engenheiro-artista, um dos maiores, sem dúvida alguma, que o mundo já conheceu. É um homem da *praxis*, isto é, um homem que não constrói teorias, mas, objetos e máquinas, e que, na maior parte das vezes, pensa como tal. Daí, sua atitude quase pragmática diante da ciência que, para ele, é: não objeto de contemplação, mas instrumento de ação.

Mesmo em matemática, isto é, em geometria, embora lhe devamos algumas descobertas puramente teóricas, como a determinação do centro de gravidade da pirâmide e alguns teoremas curiosos sobre as lúnulas, sua atitude é geralmente a de um engenheiro: o que ele busca são soluções práticas, soluções que possam ser adotadas como sucesso na *rerum naturae*, por meio de instrumentos mecânicos. Se estes nem sempre são estritamente corretos, mas apenas aproximativos, ele acha que isso não tem importância, desde que sejam os mais próximos possíveis do ponto de vista da *praxis*. Com efeito, por que nos deveríamos sentir constrangidos por diferenças teóricas, se estas são tão insignificantes que nem um olho humano, nem um instrumento, nunca as podem descobrir? Assim, a geometria de Leonardo da Vinci é principalmente dinâmica e prática.

Nada é mais característico, a esse respeito, do que sua maneira de tratar ou de resolver o velho problema da quadratura do círculo. Leonardo o resolve fazendo o círculo rolar sobre uma linha reta...

solução elegante e fácil que, infelizmente, nada tem a ver com o problema levantado e tratado pelos geômetras gregos. Mas, do ponto de vista da *praxis*, por que não empregar métodos não ortodoxos? Por que deveria ser permitido traçar linhas retas e círculos e não rolar estes sobre aquelas? Por que deveríamos ignorar ou esquecer a existência das rodas? Ora, se a geometria de Leonardo é de ordem *prática*, ela não é absolutamente empírica. Leonardo não é um empirista. Não obstante sua profunda compreensão do papel decisivo e da importância predominante da observação e da experiência na busca do conhecimento científico, ou talvez justamente *por causa* disso, ele nunca subestimou o valor da teoria. Pelo contrário, coloca-o muito acima do da experiência, cujo mérito principal consiste justamente, segundo ele, em que nos permite a elaboração de uma boa teoria. Uma vez elaborada, essa teoria (boa, isto é, matemática) absorve e mesmo substitui a experiência.

Na obra científica de Leonardo, essa exaltação do pensamento teórico permanece, infelizmente, algo teórica. Ele não a pode pôr em prática; ele não aprendeu a pensar de maneira abstrata. Possui um maravilhoso dom de intuição, mas não pode fazer uma dedução correta a partir de princípios dos quais tem uma percepção instintiva, de modo que não pode formular a lei de aceleração da queda dos corpos, embora seja capaz de compreender a verdadeira natureza desse tipo de movimento. Assim, não pode enunciar, como princípio abstrato, o princípio da igualdade entre a ação e a reação que aplica instintivamente em sua análise dos casos concretos – ou, mais precisamente, semiconcretos – de percussão dos corpos, de que trata com uma exatidão extraordinária, e que permanecerá inigualada por mais de um século.

Entretanto, há um campo do conhecimento no qual a maneira concreta de pensar de Leonardo não era uma desvantagem: é o da geometria. Com efeito, Leonardo é um geômetra nato e possui, no mais elevado grau, o dom extremamente raro da intuição no espaço. Esse dom lhe permite contornar sua falta de formação teórica. Não só ele trata de todo tipo de problemas relativos às lúnulas e à transformação das figuras e dos corpos uns nos outros, à construção de figuras regulares e à determinação de centros de gravidade, fabricando compassos para traçar as seções cônicas, como também, conforme já assinalei, consegue fazer algumas verdadeiras descobertas.

Ao mesmo tempo – e isto me parece muito importante –, a geometria, em Leonardo, domina a ciência do engenheiro. Assim, sua geometria é principalmente a de um engenheiro e, *vice-versa*, sua arte de engenheiro é sempre a de um geômetra. É precisamente por essa razão que ele proíbe aqueles que não são geômetras de exercer essa arte e, até mesmo, de ensiná-la. "A mecânica", ele nos diz, "é o paraíso das ciências matemáricas". A mecânica, isto é – o sentido desse termo mudou desde o século XV –, a ciência das máquinas, uma ciência – ou uma arte – na qual Leonardo – gênio técnico, se é que isso existiu alguma vez – desenvolve uma capacidade absolutamente alucinante. Que é que ele não construiu?! Máquinas de guerra e máquinas para a paz, carros de assalto e máquinas perfuratrizes, armas e gruas, bombas e teares, pontes e turbinas, tornos para fazer parafusos e para polir as lentes, palcos giratórios para espetáculos de teatro, prensas para imprimir e rolamentos sem fricção, veículos e embarcações que se moviam por si mesmos, submarinos e máquinas voadoras, máquinas destinadas a tornar mais fácil o trabalho dos homens e a aumentar seu bem-estar e seu poder. Todavia, para dizer a verdade, essas considerações práticas e utilitárias não me parecem ter desempenhado um papel preponderante, nem no espírito de Leonardo, nem em sua ação. E talvez eu me tenha enganado ao chamá-lo "construtor de máquinas". Uma designação mais correta seria "inventor".

Realmente, dentre todas as maravilhosas máquinas cujos desenhos cobrem inúmeras páginas de seus manuscritos, não há nenhuma certeza de que tenha construído uma única delas. Ele parece ter estado muito mais preocupado com a elaboração de seus projetos do que com sua realização; muito mais interessado no poder intelectual do espírito humano, capaz de conceber e de inventar máquinas, do que no verdadeiro poder que elas teriam podido proporcionar aos homens e nas realizações práticas que lhes teriam permitido. Eis, talvez, a razão profunda pela qual tão raramente ele tentou fazer uso de suas próprias invenções, ou mesmo das de outrem. Por exemplo, ao contrário de Dürer, ele nunca se serviu, pelo menos em seu próprio proveito, das duas grandes invenções técnicas de seu tempo, a imprensa e a gravura, embora tenha inventado e aperfeiçoado a prensa de imprimir e gravado, ele próprio, as pranchas com representações dos corpos geométricos regulares para a obra *De divina proportione*, de seu amigo Luca Pacioli. E é provavelmente por essa mesma razão que os desenhos de Leonardo, que encarnam a imaginação do teórico e não a experiência do prático, são tão diferentes das obras e das coletâneas técnicas dos séculos XV e XVI. Enquanto estas últimas são esboços ou pinturas, os desenhos de Leonardo são "épuras", as primeiras que foram desenhadas.

Da mesma forma, enquanto é extremamente difícil reconstruir as máquinas da Idade Média, das quais temos apenas a descrição ou os desenhos, nada é mais fácil do que construir as de Leonardo ou, mais exatamente, nada é mais fácil do que construí-las hoje. Assim, por exemplo, Robert Guatelis construiu uma bela coleção de modelos de Leonardo que a International Business Machine Corporation expôs, em 1952, antes de doá-la ao museu de Vinci, lugar de nascimento de Leonardo. Mas duvido muito que alguém, inclusive o próprio Leonardo, as tivesse podido construir em sua época. Isso em nada diminui o gênio de Leonardo, mas o faz aparecer em sua verdadeira natureza: o de um *tecnólogo*, muito mais que o de um *técnico*.

O engenheiro Leonardo é, certamente, um dos maiores tecnólogos de todos os tempos. Mas o que dizer do físico Leonardo? Historiadores modernos, por uma justificada reação contra os exageros de seus predecessores, observaram que suas expressões muitas vezes são vagas e muitíssimas vezes contraditórias; que sua tecnologia carece de precisão; que sua concepção da *forza* – força motriz que é a causa do movimento dos corpos livres – é mítica ou poética (com efeito, ele a definiu ou a descreveu como a única entidade neste mundo, onde tudo se esforça por persistir no ser, que tende, pelo contrário, a sua aniquilação e a sua morte); que sua noção de peso (gravidade), às vezes apresentada como uma causa e às vezes como um efeito do movimento, é inconsistente. Sublinham, também, as variações de Leonardo em sua concepção da taxa de aceleração da queda (livre) dos corpos, proporcional, em certas passagens, ao espaço (trajetória) atravessado pelo corpo e, em outras passagens, ao tempo gasto na queda.

Tudo isso é verdade. Porém, não devemos esquecer que esses conceitos e essas questões são difíceis e que, por exemplo, é muito fácil a confusão entre a aceleração em relação ao espaço e a aceleração em relação ao tempo. Essa confusão é tão fácil que persistiu até

Galileu e Descartes que, também eles, a fizeram e tiveram dificuldade em desembaraçar esses conceitos ambíguos.

Tampouco devemos esquecer que os escritos de Leonardo se estendem sobre um grande período e que não sabemos exatamente quando tal ou qual texto foi escrito. É bem possível que as contradições e as variações não provenham da inconsistência, mas do desenvolvimento, da evolução do espírito, do progresso. Não poderíamos admitir – de minha parte, isso me parece extremamente provável – que, tendo começado a pensar de uma maneira confusa – o pensamento sempre começa assim –, Leonardo tenha progressivamente aberto caminho em direção à clareza? Se assim era, o quadro seria muito diferente, e deveríamos atribuir a Leonardo o mérito de ter compreendido a verdadeira estrutura da aceleração do movimento da queda dos corpos pesados, embora, como já mencionei, ele tenha sido incapaz de exprimir sua intuição em termos matemáticos e daí deduzir a relação exata entre o tempo gasto e o espaço percorrido num tal movimento. Entretanto, é possível que, nesse mesmo caso, sua intuição tenha sido fundamentalmente correta.

Particularmente, penso que assim foi. Mas é difícil demonstrá-lo, pois a terminologia de Leonardo é, de fato, extremamente vaga e inconsistente. É a terminologia de um *uomo senza lettere*. Ele nos diz, por exemplo, que o espaço percorrido pelo corpo que cai cresce à maneira de uma pirâmide, mas não especifica a que faz alusão: se à aresta, ao volume ou à seção da pirâmide. Com efeito, é pena que Leonardo não tenha sido, como queria Duhem, um aluno dos nominalistas parisienses. Nesse caso, teria tido à sua disposição uma terminologia precisa e sutil e seria fácil, para mim, expor com exatidão o que ele entendia com essa afirmação. Infelizmente, ele não era sucessor deles, como não foi o predecessor de Galileu, do qual se acha separado precisamente pela concepção de *forza* ou do *impetus*, causa inerente do movimento, concepção da qual Galileu se libertou, ao mesmo tempo em que liberava a física, substituindo essa concepção pela da *inertia*.

Porém, apesar de seu atraso no domínio teórico, é muito interessante, para um filósofo ou um historiador das ciências, estudar Leonardo como físico.

O historiador deve admitir que, embora não tenha conhecido o princípio da inércia, Leonardo não deixou de enunciar fatos que, para nós, implicam uma referência ao princípio e que, além disso, só foram enunciados depois de sua descoberta por Galileu. Portanto, Leonardo foi o único que, durante mais de um século, em oposição à opinião unânime dos teóricos e dos práticos – isto é, os pirotécnicos e os artilheiros –, afirmou que a trajetória de um projétil de canhão era uma curva contínua e não, como se acreditava, uma linha composta de dois segmentos de reta ligados entre si por um arco de círculo. Voltando ao caso que já mencionei, ao estudo do fenômeno do choque, ele foi o primeiro – e, além disso, o único, em cerca de 150 anos – não só a estabelecer, para dois móveis iguais que se encontram, a lei geral da igualdade da velocidade após o choque e a dos ângulos de incidência e de reflexão, mas também a demonstrar que, se dois corpos iguais se deslocam, um em direção ao outro, a velocidades diferentes, eles trocarão essas velocidades após o choque. Quanto aos filósofos, poderão admirar e analisar essa estranha faculdade que permitia a Leonardo chegar a tais conclusões, ignorando as premissas em que se baseiam.

Com isso em mente, podemos descobrir, examinando-o mais de perto, que não só o físico, mas também sua física, oferece mais interesse do que se admitia até recentemente, e que, até em sua imperfeição e sua fragilidade, essa física é mais original, pelo menos em suas intenções, do que parece à primeira vista.

Parece que, com suas hesitações, suas contradições e suas inconsistências, os textos de Leonardo revelam um persistente esforço no sentido de reformar a física, tornando-a a um só tempo dinâmica e matemática. Assim, o caráter dialético de sua concepção da *forza* poderia ser explicado como uma tentativa de transformar a própria ideia da causa física, fundindo as ideias da *causa efficiens* e da *causa finalis* no conceito de potência ou de força que tende a desaparecer no efeito que produz e no qual ela se esgota. É possível, também, que as variações na concepção do peso – fonte e efeito do movimento – não possam ser compreendidas senão como uma sucessão de esforços no sentido de "dinamizar" esse conceito e de fundir estática e dinâmica, ligando uma à outra, a energia potencial de um corpo pesado à que ele adquire em seu movimento de queda.

Quanto à tendência a matematizar a física, além de sua tentativa infrutífera de deduzir a lei da aceleração da queda e de seu sucesso na análise das leis do choque, ela se manifesta em seu profundo interesse por Arquimedes, que cita em várias ocasiões e cujos manuscritos pesquisou durante toda a sua vida. Essa tendência se manifesta ainda mais em sua concepção da ciência física em geral, concepção à qual a geometria euclidiana, com toda a certeza, forneceu o modelo.

Segundo Leonardo, a física deveria começar por um conjunto de princípios e de proposições que forneceriam a base de desenvolvimentos ulteriores. Ideal admirável, com efeito, e que permanece um ideal.

Não preciso insistir na obra de Leonardo no campo das ciências naturais, da geologia, da botânica e da astronomia. Ela é muito melhor conhecida e é indiscutível. Mas não se pode deixar de admirar a precisão, a qualidade artística de seus desenhos, sua visão aguda, a engenhosidade de sua técnica, frequentemente superior à de Vesálio. Porém, devo insistir no fato de que toda a sua obra sobre anatomia visa a um objetivo muito definido e preciso: *descobrir* a estrutura interna mecânica do corpo humano, para torná-la acessível à observação direta, isto é, à *visão*.

Ei-nos levados diante de uma questão que já abordei nesta conferência: a importância relativa e a relação entre ver e ouvir, *visus* e *auditus*, como funções e instrumentos do saber em diferentes épocas e em diferentes culturas.

Parece-me que, através de Leonardo e, com ele, talvez pela primeira vez na história, o *auditus* tenha sido relegado ao segundo lugar, ocupando o *visus* o primeiro.

O fato de que o *auditus* seja colocado em segundo lugar implica, no domínio das artes, a promoção da pintura ao cume de sua respectiva hierarquia. Isso, como Leonardo cuidadosamente nos explica, porque a pintura é a única arte capaz de *verdade*, isto é, a única capaz de nos mostrar as coisas tal como são. Mas, no domínio do conhecimento e da ciência, isso quer dizer algo diferente, algo muito mais importante. Isso significa, de fato, a substituição de *fides* e de *traditio*, do saber dos outros, pela *visão* e *intuição* pessoais, livres e sem constrangimento.

Leonardo da Vinci não desenvolveu a ciência que sonhou. Não o teria podido fazer. Era cedo demais e ele tinha muito pouca influência sobre o pensamento científico de seus contemporâneos e de seus sucessores imediatos. Porém, seu lugar na história do pensamento humano é muito importante: graças a ele e através dele, como vimos, a *técnica* tornou-se *tecnologia* e o espírito humano elevou-se ao ideal de conhecimento, no qual, um século mais tarde, se inspiraram Galileu e seus amigos, os Membros da *Accademia dei Lincei*, que rejeitaram a autoridade e a tradição e quiseram *ver* as coisas tal como eram.

A DINÂMICA DE NICCOLÒ TARTAGLIA[1]

Na história da dinâmica, Tartaglia ocupa um lugar bastante importante. Cumpre notar que foram as ideias fundamentalmente tradicionalistas da *Nova scientia*,[2] e não as ideias, muito mais avançadas, dos *Quesiti et inventioni diverse*,[3] que tiveram mais influência sobre seus contemporâneos.

A nova ciência anunciada pelo pequeno livro de Tartaglia é a ciência da balística. Ora, se ele certamente exagera, ao pretender ser seu inventor – com efeito, Leonardo da Vinci ocupou-se do assunto muito antes dele –, não é menos verdadeiro o fato de que ele foi o primeiro a tratar dessa "ciência" num livro impresso; e também o primeiro a submeter a um tratamento matemático, isto é, geométrico, algo que, até então, não tinha sido mais do que uma "arte", pura e simplesmente empírica. Por isso, a *Nova scientia* marca uma época e os méritos de Tartaglia continuam sendo muito grandes, embora as teorias por ele expostas em sua obra sejam inteiramente falsas (as ciências, consideradas de modo geral, sempre se iniciam com falsas teorias). Mas a existência de uma teoria, mesmo falsa, constitui um enorme progresso em relação ao estado pré-teórico.

A base da dinâmica da *Nova scientia* é quase puramente tradicional. Mas sua apresentação não o é. Com efeito, Tartaglia parece querer evitar qualquer discussão filosófica a respeito dos conceitos de que se utiliza – movimento natural e violento etc. –, bem como

---

1 Artigo publicado em *La science du XVIᵉ siècle*, Colóquio Internacional de Royaumont, 1º a 4 de julho de 1957. Paris: Hermann, 1960. p. 93.416. Este artigo também foi parcialmente publicado no *Philosophisches Jahrbuch*, 1958 (Festschrift Hedwig Conrad-Martius).
2 *Nova Scientia Inventa da Nicolo Tartalea*. Veneza, 1537.
3 *Quesiti et Inventione Diverse di Nicolo Tartalea, Brisciano*. Veneza, 1546.

toda discussão relativa às causas do fenômeno que estuda. Assim, ele nunca faz a pergunta: *a quo moventur projecta?*, e não menciona a existência de teorias concorrentes – a de Aristóteles e a do *impetus* –, que explicam de maneiras diferentes a ação do motor sobre o móvel, no caso do movimento violento, ou a aceleração espontânea dos corpos graves, no caso do movimento natural. Ele procede de *modo geométrico*, começando por dar uma série de definições, seguidas de *suposições* (axiomas) e de *sentenças comuns*, das quais, finalmente, deduz as *proposições* da nova ciência. Daí resulta um certo caráter grosseiro da obra. Mas isso é realmente desejado por Tartaglia que, certamente, se considera empirista – os canhões são fatos, os projéteis voam e caem – e se dirige ao prático e não ao filósofo. São justamente dados empíricos e conceitos empíricos – pelo menos, na medida em que assim acredita – que ele deseja submeter a um tratamento matemático (geométrico), sem passar por uma teoria explicativa que forme o elo entre eles. E o fracasso de seu prematuro positivismo bem nos mostra a dificuldade de sua empreitada. E o perigo que, para uma ciência nascente, comporta uma exagerada confiança no empirismo.

A *Nova ciência*, de Tartaglia, não é um tratado *de motu*. Ela não estuda todos os possíveis movimentos dos corpos, dentro da realidade concreta; não se ocupa dos corpos "leves"; faz abstração de certas condições reais do movimento, especialmente da existência e da resistência do meio; ocupa-se apenas dos corpos "igualmente graves", isto é, corpos tais que, "dada a gravidade de sua matéria e em virtude de sua forma, não são suscetíveis de sofrer uma oposição sensível do ar em seu movimento" (I, def. I), o que significa, praticamente, corpos esféricos de chumbo, de ferro, de pedra ou de outra matéria semelhante, no que se refere à gravidade (p. B, verso); em outras palavras: balas de canhão.

Essa definição do "corpo igualmente grave" é seguida pelas definições do instante: "o que não tem partes" (def. III); do tempo: "medida do movimento e do repouso" (def. IV); do movimento: "transmutação (transferência) que um corpo faz de um lugar para outro lugar", constituindo os termos dessa transferência "instantes". A essa definição Tartaglia acrescenta a observação de que certos sábios distinguem seis espécies de movimento, embora Aristóteles só conheça três. Quanto a ele, Tartaglia, só se ocupa do movimento local. Daí, sua definição.

O movimento local dos corpos igualmente graves pode ser: ou um movimento natural, isto é (def. VI), "o que executam, sem qualquer violência, de um lugar superior para um lugar inferior"; ou um movimento violento (def. VII), a saber, o que executam "por serem a isso forçados, de baixo para cima, de cima para baixo, de um lado para outro, em virtude (causa) de algum poder movimentador". Assim, para Tartaglia — e eis aí algo de importante, embora, certamente, como já o veremos, puramente tradicional —, o movimento descendente de um corpo grave é seu único e exclusivo movimento natural. Todos os outros, como o de um corpo que se desloca horizontalmente, são tão violentos quanto o movimento para cima.

Quanto ao poder movimentador que acaba de ser mencionado, é definido por Tartaglia (def. XIII) como "qualquer máquina artificial que seja capaz de lançar ou puxar violentamente um corpo grave no ar".

A *suposição primeira* nos diz que, se um corpo em movimento produz um efeito (um choque) maior, é porque ele se move mais rapidamente. A *sentença comum* I acrescenta que um corpo grave produz um efeito tanto maior [chocando-se com] outro corpo, quanto maior a altura de que ele vem em movimento natural; e a *sentença comum* IV acrescenta que um corpo grave, animado de movimento violento, produzirá um efeito tanto maior sobre um corpo quanto mais próximo este se encontrar do ponto de partida (princípio) deste movimento.

Dessas *suposições* e *sentenças comuns* — através de um raciocínio bastante curioso, que se baseia no fato de que um corpo que cai de uma altura maior (do alto de uma torre) se choca com o solo com uma força maior do que um corpo que cai de uma janela a meia altura da torre e, portanto, se desloca mais rapidamente —, Tartaglia deduz (prop. I) que, "no movimento natural, todo corpo grave se desloca tanto mais rapidamente quanto mais se afasta do ponto de partida (princípio) ou se aproxima do ponto de chegada (do fim) de seu movimento". Essa identificação do afastamento do ponto de partida com a aproximação do ponto de chegada — identificação perfeitamente natural e cujo caráter falacioso Benedetti será o primeiro a reconhecer — implica o fato de que um corpo que se dirigisse para o centro do mundo, com a condição, bem entendido, de poder lá chegar, por um canal – admitamos – que atravessasse a Terra diametralmente, lá chegaria com a velocidade máxima. Com efeito, o movimento do corpo grave em direção ao centro do mundo é semelhante ao de um viajante que está andando em direção a um lugar desejado:

> "Quanto mais ele vai se aproximando desse lugar, mais se apressa e se esforça para caminhar; como acontece com um peregrino que vem de um lugar longínquo; quanto mais próximo se acha de seu país, mais ele se esforça para caminhar com todas as suas forças, e tanto mais quanto mais longínquo é o país de onde vem; assim, procede o corpo grave; ele se apressa, igualmente, em direção a seu próprio ninho, que é o centro do mundo, e quanto mais afastado é o lugar de onde vem, tanto mais rapidamente ele se desloca à medida que ele se aproxima."

Mas que fará o corpo grave quando atingir seu "ninho"? Estacionará ali, como o peregrino que volta a seu país? Ou continuará seu percurso? Na primeira edição da *Nova scientia*, Tartaglia não o diz. Mas a segunda edição (1550) resolutamente toma partido contra a possibilidade de parada:

> "Acabamos de lembrar", escreve Tartaglia, "que a opinião de um grande número de filósofos era a de que, se existisse um canal aberto de fora a fora através da Terra, passando por seu centro, no qual um corpo se pudesse movimentar, da maneira como explicamos acima, esse corpo pararia subitamente ao chegar ao centro do mundo. Mas essa opinião, segundo me parece, não é exata.[4] Longe de parar subitamente ao chegar ao centro, o móvel, animado que se achava de uma grande velocidade, ultrapassaria esse ponto, como se tivesse sido lançado num movimento violento, e se dirigiria em direção ao céu do hemisfério oposto ao nosso, para, em seguida, voltar na direção do mesmo centro, ultrapassá-lo novamente, ao chegar a ele, em virtude de um movimento violento que, desta feita, o traria em nossa direção, daí recomeçando ainda a mover-se em movimento natural em direção ao mesmo centro etc., diminuindo gradualmente de velocidade até, enfim, parar efetivamente no centro da Terra."

---

4 Tartaglia não tem razão em dizer "segundo me parece", pois a opinião que defende é comum aos partidários da dinâmica do *impetus*. Mas Tartaglia é bastante levado a se atribuir uma originalidade exagerada.

Daí em diante, estando fixada a estrutura geral dos movimentos dos corpos graves, Tartaglia nos apresenta dois corolários bastante importantes, a saber: a) que o corpo grave se desloca mais lentamente no início de seu movimento e, mais rapidamente, no fim; b) que sua velocidade varia constantemente, isto é, que ela não pode ser a mesma em dois instantes diferentes do percurso.

Somente agora, na proposição II, é que Tartaglia estabelece que "todos os corpos graves semelhantes e iguais partem do início de seu movimento natural com a velocidade[5] igual, mas aumentam suas velocidades de maneira tal que, aquele que atravessar um espaço maior se deslocará mais rapidamente".

A velocidade do movimento de descida – Tartaglia não diz expressamente que ela lhe é proporcional – aumenta, portanto, em função do espaço percorrido.

As propriedades do movimento violento são rigorosamente contrárias às do movimento natural. Assim (prop. III):

> Quanto mais um corpo grave se afasta do princípio ou se aproxima do fim do movimento violento, mais lentamente ele se desloca.

Donde o importantíssimo corolário, em virtude do qual Tartaglia rejeita a crença comum na aceleração inicial do projétil, crença fundamentada, além disso, na negação de que a potência do choque cresce com o afastamento do referido projétil de seu ponto de lançamento.

> Daí, é manifesto que um corpo grave tem, no início de seu movimento violento, a maior velocidade e, no fim, a menor dentre as que tem em qualquer outro lugar do seu percurso; e que, quanto maior for o espaço que ele tiver de percorrer, tanto mais rapidamente ele se deslocará no início do seu movimento (cor. I).

Como o corpo em movimento natural, aquele que se move em um movimento violento não pode ter uma mesma velocidade em dois instantes diferentes de seu percurso (cor. 2); por outro lado (aqui, a situação é estritamente inversa à do movimento natural), todos os corpos graves semelhantes e iguais se deslocarão, no fim de

---

5   Tartaglia evita a difícil questão da determinação dessa velocidade.

seu movimento, com uma velocidade igual, qualquer que tenha sido a que tinham no início.[6]

Isso implica uma consequência importante, embora prematura, pois ainda não se determinou a forma da trajetória do movimento violento – aliás, a questão será reestudada por Tartaglia no Livro II de sua obra –, a saber, se dois corpos são lançados sob um mesmo ângulo, porém com velocidades diferentes, a trajetória do mais lento será exatamente semelhante à que, a partir de um certo ponto, notadamente aquele em que sua velocidade é igual à velocidade inicial do mais lento, será descrita pelo mais rápido (figura 1).

Tratemos agora do problema geral da forma da trajetória descrita por um corpo grave em seu movimento violento. Sua resolução é tanto mais difícil para Tartaglia quanto mais ele, não somente aceita a tese comum da incompatibilidade entre o movimento natural e o movimento violento, mas lhe atribui um valor absoluto. Em outros termos: ele nega resolutamente a possibilidade do movimento "misto", no qual Nicolau de Cusa e Leonardo da Vinci tanto haviam insistido. Assim, ele nos diz na proposição V:

> "Nenhum corpo grave pode, durante qualquer espaço de tempo, nem de lugar, deslocar-se com um movimento composto (misto), ao mesmo tempo, de movimento violento e de movimento natural."

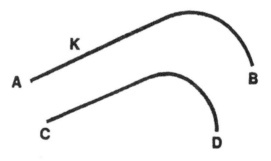

Figura 1: *A velocidade do primeiro corpo (o mais rápido), em K, é igual à do segundo (o mais lento) em C.*

---

6   Ainda aqui, Tartaglia não diz qual será essa velocidade final e não a assimila ao repouso.

Com efeito, se o fizesse, deveria mover-se aumentando continuamente sua velocidade e, ao mesmo tempo, diminuindo-a não menos continuamente, o que, evidentemente, é impossível.

A trajetória do corpo lançado obliquamente no ar apresentar-se-á, portanto, descrevendo de início uma linha reta, depois uma curva (arco de círculo), e depois, de novo, uma reta (figura. 2).

A solução de Tartaglia, vê-se bem, é inteiramente tradicional, mas, como quer que seja, não deriva, de modo algum, do princípio que ele defendeu tão vigorosamente. Inteiramente pelo contrário: da impossibilidade do movimento misto deveria resultar uma trajetória completamente diversa, ou seja, angular; o corpo deveria seguir um percurso retilíneo até atingir

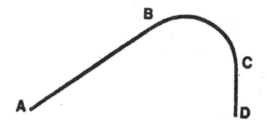

Fig. 2

o ponto de velocidade *mínima* que marca o fim de seu movimento violento; a seguir, deveria descer em linha reta, em movimento natural, até o solo (figura 3).[7] Com efeito, por que a trajetória se curvaria para baixo? A teoria do movimento "misto" poderia explicá-lo. Tartaglia não o pode. Com efeito, a desaceleração do projétil não vem ao acaso. Pois não é o movimento violento *rápido*, é todo movimento violento que é incompatível com o movimento natural. Inversamente, se se admite que o movimento violento retilíneo se torna curvo em determinado momento, sob a influência do peso, é preciso, para ser consequente, admitir que essa influência se exerce durante todo o percurso, e não apenas nas proximidades de seu fim.

---

7   Tais trajetórias aparecem em livros dedicados à arte do canhão em pleno século XVI.

Fig. 3

No fundo, Tartaglia o sabe. Assim, ele acrescenta à suposição II do Livro II de sua obra (suposição que nos diz justamente que toda trajetória de um corpo grave lançado obliquamente será composta, de início, de uma parte retilínea, depois, de uma parte curvilínea – circular –, à qual se vai ajuntar a vertical da queda) uma observação que corrige o enunciado precedente. Com efeito, num sentido estrito, a trajetória em questão não pode ter nenhuma parte perfeitamente retilínea; devido ao peso que, continuamente, puxa o corpo grave em direção ao centro do mundo, ela será inteiramente encurvada. Porém, Tartaglia estima que ela será tão pouco encurvada que seu desvio será perfeitamente imperceptível a nossos sentidos, e que podemos deixar de levá-lo em conta. Portanto, podemos supor que ela será verdadeiramente reta e que a parte visivelmente curva será verdadeiramente circular.[8]

A simplificação introduzida por Tartaglia no traçado da trajetória não é uma abstração teórica. É uma simplificação prática. Portanto, parece certo que ele adotou o traçado tradicional da trajetória – o dos artilheiros – como um fato, e que foi obrigado a introduzir em sua teoria certas concepções, como a da encurvação do movimento violento, as quais lhe permitiam não se afastar dos dados da experiência que lhe eram fornecidos pelos práticos. Portanto, ele admite – desde a proposição III do Livro I – que o movimento violento pode ser tanto retilíneo como curvilíneo, e considera que a desaceleração

---

8   É curioso verificar que o frontispício da *Nova scientia* contém a representação de uma peça de artilharia lançando um obus numa trajetória sensivelmente curva.

desse movimento depende da grandeza do caminho percorrido (cf. *supra*), sem se preocupar com a forma desse caminho.[9]

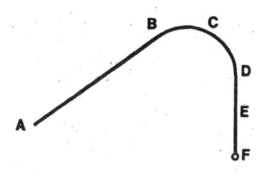

Fig. 4

Aplicada ao problema da trajetória da bala de canhão, essa concepção permite afirmar que seu movimento violento pode ser efetuado tanto em círculo como em linha reta, e até mesmo que esse movimento permanecerá violento até o momento em que a bala começa sua descida vertical, isto é, até o ponto C (cf. o desenho da figura 5). É aí, e não no topo da curva,

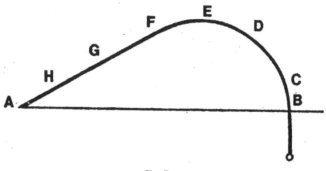

Fig. 5

---

9   De fato, os teóricos da dinâmica do *impetus* sempre admitiram (aliás, como Aristóteles) que o movimento circular sobre a Terra era um movimento violento.

que se localiza o ponto de velocidade *minima*, pois é aí que se esgota e desaparece o movimento violento (livro II, sup. III). O alcance máximo, ou, para empregar os próprios termos de Tartaglia, "o efeito mais longínquo" (livro II, sup. IV) de um lançamento num dado plano, é medido pela distância entre o ponto de partida e o ponto onde começa a descida vertical. Ele varia com a elevação do canhão e depende da dimensão da parte retilínea do percurso, assim como da de sua parte circular. Se Tartaglia tivesse sido consequente consigo mesmo, teria tido de admitir que a dimensão total do caminho percorrido no movimento violento é sempre idêntica, qualquer que seja o ângulo de lançamento do projétil. Isso lhe teria permitido calcular a dimensão relativa das partes retilíneas e circular da trajetória, mas ele não extrai essa consequência – embora imediata – de sua concepção do movimento violento, talvez porque se dê conta do caráter artificial dessa concepção. Tudo o que nos diz é que a parte circular da trajetória será tanto maior quanto maior for o ângulo do lançamento, com exceção, bem entendido, do caso em que o lançamento é feito perpendicularmente, para cima ou para baixo (figura 6).

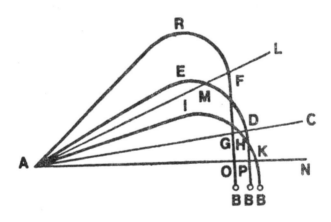

Fig. 6

Com efeito, para fazer a junção de um lançamento horizontal com a descida vertical, basta um quadrante de círculo (prop. IV), como se vê na figura 7.

Quando o lançamento é dirigido (obliquamente) para cima, um quadrante de círculo não basta: o segmento EF será, portanto, maior (prop. V).

Por outro lado, quando o lançamento é dirigido obliquamente para baixo, a curva de junção será menor do que um quadrante (prop. VI).

Daí – visivelmente tendo esquecido o que havia dito na proposição IV do livro I –, Tartaglia deduz (prop. VII) que: "As trajetórias dos movimentos violentos dos corpos igualmente graves, lançados abaixo do horizonte com a mesma inclinação, serão semelhantes, e, por conseguinte, proporcionais às distâncias percorridas",

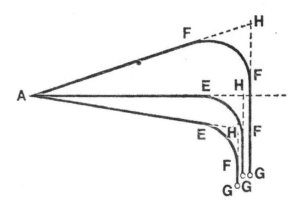

Fig. 7

o que quer dizer que as relações entre as distâncias, neste caso, dependem somente das relações entre as velocidades iniciais, e são proporcionais a elas (figura 8).

As proposições VIII e IX, explicando que a mesma distância (horizontal) pode corresponder a duas elevações diferentes do canhão, e que o alcance é *minimum* para a elevação de 90º – canhão apontado verticalmente –, demonstram que o maior alcance corresponde a um ângulo de 45º, que se acha exatamente no meio, e que o alcance de tal tiro é 10 vezes o do tiro horizontal. Tartaglia acrescenta, até, que a parte retilínea da trajetória será quatro vezes maior do que a do tiro horizontal.

A sequência da *Nova scientia* (livro III) é dedicada a questões práticas: como determinar as distâncias e as elevações dos objetivos visados... e à descrição de um instrumento de medida de ângulos, muito aproximado, aliás, do quadrante do Regiomontanus. Tais questões não nos interessam diretamente.

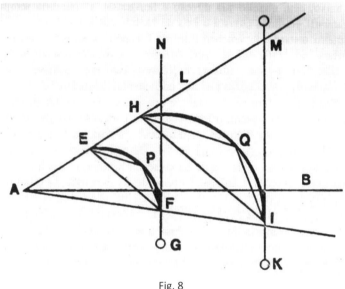

Fig. 8

Tartaglia afirma, no prefácio de seu livro – epístola dedicatória a Francesco Maria della Rovere, duque de Urbino, prefeito de Roma e capitão-geral do Senado de Veneza –, que elaborou uma teoria que permite calcular, a partir de um dado alcance, isto é, estabelecido experimentalmente para um determinado ângulo, o alcance dos tiros de canhões e morteiros em função de suas elevações. Mas nunca a publicou. E os livros IV e V da *Nova scientia* jamais foram impressos.

Em compensação, em 1646 Tartaglia publica seus *Quesiti et inventione diverse*, cujos dois primeiros livros contêm um estudo de balística no qual ele retoma, completa e, por vezes, modifica as teorias expostas na *Nova scientia*.

Do ponto de vista da dinâmica, a modificação mais importante e, sob certos aspectos, decisiva, consiste no abandono da simplificação prática que permitia afirmar que uma parte da trajetória do projétil é retilínea. Em consequência, Tartaglia rejeita a venerável crença na existência de um movimento violento em linha reta, a menos que este não se dirija diretamente para o céu ou, ao contrário, para o centro do mundo. A trajetória de uma bala de arcabuz ou de uma bala de canhão não comporta nenhuma parte retilínea; nem quando o tiro é dirigido (obliquamente) para cima ou para baixo; nem quando sua direção é horizontal: a trajetória sempre é inteiramente em linha curva e a bala de canhão começa a abaixar-se desde o primeiro instante de seu lançamento. Tartaglia acrescenta que, se não sustentara essa teoria em sua *Nova scientia*, foi porque desejava ser compreendido pelas pessoas comuns. É possível. Também é possível – como creio – que suas concepções tenham, entrementes, evoluído.

Teoria perfeitamente inaudita, e que parece ser completamente contrária à experiência. Assim, o interlocutor de Tartaglia – os *Quesiti* são escritos sob a forma de diálogos e discussões –, no caso, o duque Francesco Maria d'Urbino, protesta violentamente.[10] De certo, ele deseja admitir que os movimentos para cima e para baixo sejam retilíneos. Mas que, em nenhuma outra direção, e independentemente da dimensão da trajetória, o projétil não se mova em linha reta, eis aí algo que não é crível e em que ele não crê, tanto mais que experiências feitas em Verona, com uma colubrina de 20 libras, lhe mostraram muito bem que, à distância de 200 passos, a bala se colocava no ponto de mira, o que significa que ela voava em linha reta. Que, se a referida colubrina fosse elevada para atirar a uma distância maior, a trajetória não seria inteiramente em linha reta é muito provável, e o duque está disposto a concordar com isso. Mas daí não se pode concluir que ela seja incapaz de lançar uma bala em linha reta a uma distância de 200 passos, ou de 100, ou de 50.

Ao que Tartaglia retruca que a bala não só não percorrerá 50 passos em linha reta, como nem mesmo um único passo. A crença contrária é devida à fraqueza do intelecto humano,[11] que tem dificuldade em distinguir o falso do verdadeiro. Assim, Tartaglia pergunta a Sua Excelência, que acredita que a bala fará uma parte de seu per-

---

10 *Quesito*, III. p. 11 e segs.
11 Assim, não são os sentidos; é o intelecto que doravante é responsável pelo erro.

curso em linha reta e o restante em linha curva, por que razão e causa própria essa bala se deslocará assim, em linha reta, em que parte de sua trajetória e até onde ela irá dessa maneira, e, também, qual é a causa pela qual ela se deslocará depois em linha curva, em que parte de sua trajetória, e a partir de que ponto ela o fará? O duque responde que é a grande velocidade da bala, da qual está animada quando sai da boca da peça, que constitui a causa própria pela qual, durante pouco tempo, ou espaço, ela se deslocará em linha reta; mas que, mais tarde, faltando-lhe em algum grau vigor e velocidade, ela começará a desacelerar-se e a abaixar-se paulatinamente em direção à Terra e continuará assim até que caia na Terra.

Resposta admirável confirma Tartaglia. Com efeito, é a velocidade da bala que se opõe à encurvação da trajetória, cuja declinação aumenta com a desaceleração, pois um corpo impulsionado em movimento violento se torna tanto menos pesado quanto mais velozmente se desloca e, por conseguinte, tanto mais retilineamente ele caminha através do ar, que o sustenta tanto mais facilmente quanto mais leve ele é.[12] Inversamente, quanto menos rapidamente ele se desloca, mais pesado se torna e, portanto, mais fortemente é, por essa gravidade, puxado para a Terra. Essa diminuição de peso do corpo grave em função de sua velocidade não impede, entretanto, que, nos efeitos produzidos, isto é, na percussão, o corpo em questão atue com toda a sua gravidade natural, aumentada ainda em razão de sua velocidade, e por isso atue com tanto mais força quanto mais rapidamente se deslocar, e inversamente. O duque está de acordo, mas Tartaglia prossegue:

> Suponhamos, então, que todo o caminho, ou toda a trajetória (trânsito) que deve percorrer ou que percorreu a bala atirada pela referida colubrina seja [representada] pela linha *abcd* em toda a sua extensão; se é possível que em alguma de suas partes ela seja perfeitamente reta, admitiremos que será a parte *ab*; que esta seja dividida em duas partes iguais em *e*; então, a bala atravessará mais rapidamente o espaço *ae* (segundo a proposição II do livro I de nossa *Nova scientia*) do que o espaço *eb*. Ora, por razões já explicadas, a bala se deslocará mais retilineamente no espaço *ae* do que no espaço *eb*, porque a linha *ae* será mais reta do que a linha *eb*, o que

---

12 A perda de peso do corpo grave, em virtude de seu movimento rápido, resulta da incompatibilidade entre os *impetus* natural e violento.

é uma coisa impossível, porque, se se supõe que toda a linha *ab* é perfeitamente reta, uma metade dela não pode ser nem mais nem menos reta que a outra metade, e, se uma metade fosse mais reta que a outra, seguir-se-ia necessariamente que essa outra metade não seria reta e, por conseguinte, que a linha *ab* não seria reta.

Aplicando-se o mesmo raciocínio à parte *ae* – divide-se essa parte em *f* –, segue-se que nenhuma parte da trajetória pode ser reta, por mínima que seja, e que ela é inteiramente curva (figura 9). O duque, todavia, não está convencido. Assim, ao raciocínio matemático de Tartaglia ele opõe o testemunho irrecusável da experiência: as balas chegam diretamente ao ponto de mira, o que só poderia acontecer se elas se deslocassem em linha reta.

Argumento falacioso, responde Tartaglia. É verdade que acreditamos ver a bala ir diretamente ao ponto visado: ora, trata-se de uma ilusão. A bala não vai em linha reta, ainda mais que ela não se eleva sobre o horizonte [quando o canhão é apontado horizontalmente], tudo isso é impossível. Mas nossos sentidos não são suficientemente agudos e precisos para distin-

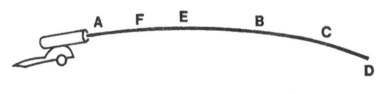

Fig. 9

guir a curva muito estendida, do início da trajetória, de uma linha reta; assim, um mar calmo nos parece ser perfeitamente plano, quando na realidade sua superfície é de uma esfera.

O duque admite o valor do raciocínio, embora a tese de Tartaglia continue a parecer-lhe estranha. Mas ele não se entrega: pois, mesmo que se admitisse que uma bala atirada horizontalmente fosse, em todo o seu percurso, desviada de seu curso pela gravidade que sobre ela atua nas condições mais favoráveis a essa ação, certamente não será o caso em que ela é atirada obliquamente no ar e em que a gravidade é menos apta a fazê-la desviar. A trajetória oblíqua comporta, certamente, uma parte retilínea.

Tartaglia, porém, mantém sua posição. O que é impossível é impossível. Assim, a bala não se deslocará em linha reta senão quando for atirada verticalmente para cima (ou em direção à Terra ou ao centro do mundo); em qualquer outra posição, ela descreverá uma curva. Seguramente, é verdade que a gravidade atuará tanto menos quanto maior for a elevação do tiro e que, por isso, a encurvação será tanto mais fraca. Porém, nunca será nula. Jamais, uma bala poderá deslocar-se em linha reta, "em nenhuma parte, por mínima que seja, de seu movimento".

Admitido o que precede, não é menos verdade que a perda de peso da bala, em função da rapidez de seu movimento e, mais ainda, em função da obliquidade (elevação) do tiro, tem consequências teóricas e práticas de grande importância: é ela que explica, por um lado, o alongamento da parte praticamente retilínea da trajetória com o aumento da velocidade da bala e com a abertura do ângulo de elevação do canhão. É ela que explica, por outro lado, por que o tiro horizontal, entre todos, é o menos eficaz e, consequentemente, por que, ao bombardear uma fortaleza situada no topo de uma colina, é preferível colocar o canhão, não no mesmo nível do alvo (numa colina vizinha), mas bem abaixo.

O alongamento do percurso praticamente horizontal em função da velocidade do obus é uma consequência imediata da similitude das trajetórias dos projéteis lançados sob o mesmo ângulo da obliquidade, estabelecida por Tartaglia na *Nova scientia*. Esse alongamento, no caso do tiro oblíquo, necessita de considerações mais sutis, baseadas na doutrina de Arquimedes relativa aos centros de gravidade e ao equilíbrio da balança. Ora, esse equilíbrio se realiza de forma mais perfeita quando dois corpos iguais são suspensos por braços iguais da balança (p. 12v) (figuras 10 e 11).

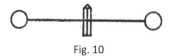

Fig. 10

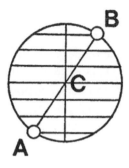

Fig. 11

Nesse caso, o travessão ocupa uma posição horizontal, e os corpos são ditos "em posição de igualdade". É nessa posição que os corpos em questão são mais pesados, ou, o que dá no mesmo, é quando os corpos se acham em posição de igualdade que a gravidade natural tem mais eficácia para puxá-los para baixo. Afastemos o travessão da balança de sua posição de igualdade, fazendo-o girar sobre seu eixo: os corpos em questão tornar-se-ão mais leves na própria medida em que se afastam dessa posição, ou que se aproximam da vertical. O mesmo ocorre no que se refere ao plano inclinado: a gravidade natural do corpo colocado sobre tal plano age tanto menos – este corpo exerce tanto menos pressão sobre o plano – quanto maior é a inclinação. Tartaglia conclui, portanto, de modo geral, que "um corpo pesado equilibrado, partindo da posição de igualdade, torna-se mais leve ao afastar-se dessa posição, e tanto mais quanto se afasta" (figura 12).

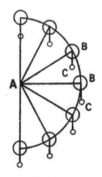

Fig. 12

A seguir, esquecendo – se se pode dizer assim – que os projéteis não se acham pendurados nos braços de uma balança, mas levando em conta o fato de que, tampouco são sustentados por planos inclinados, Tartaglia continua, assimilando o movimento horizontal ao de um corpo que se move "no plano de igualdade".

Quando uma peça é apontada horizontalmente, pode dizer-se que o projétil nela se encontra na posição de igualdade e que, lançado nessa posição, ele é mais pesado do que seria em qualquer outra posição da peça em relação à posição horizontal. Assim, neste caso, o projétil se desloca com mais dificuldade e começa a descer muito mais cedo do que o faria em qualquer outra que fosse a posição da peça. Em outras palavras, e para utilizar a expressão dos artilheiros, ele se desloca "bruscamente" por menor tempo do que a partir de qualquer outra elevação e, em consequência, produz menos efeito.

Em compensação, quando se move sobre uma linha oblíqua (quando se afasta da posição de igualdade), o projétil se torna tanto mais leve quanto maior é essa obliquidade ou, o que dá no mesmo, a gravidade natural age sobre ele de modo mais fraco. Daí resulta que a mesma força (a mesma quantidade de pólvora) o lançará mais longe, e que a distância que ele atravessa em movimento retilíneo, isto é, a parte da trajetória que percorre com uma grande velocidade, será mais longa – quatro vezes mais longa para uma elevação de 45º do que para o tiro horizontal. Ora, sabemos que a trajetória começa a encurvar-se *sensivelmente* quando a velocidade do projétil diminui também sensivelmente. Sabemos também que a força do choque do projétil sobre uma parede depende essencialmente da velocidade com a qual ele se move. As consequências práticas dessas considerações são claras. Admitamos que o comprimento da trajetória praticamente retilínea do projétil num tiro horizontal seja de 200 passos. Para uma elevação de 45º, esse comprimento será de 800. Por outro lado, admitamos que o alvo a atingir – a fortaleza construída sobre uma colina vizinha daquela sobre a qual nos encontramos – esteja a uma distância de 60 passos (em linha horizontal). A bala de canhão que atirarmos horizontalmente chegará ao obstáculo com uma velocidade suficiente para fazê-la percorrer ainda 140 passos em linha reta. Agora, coloquemos o canhão abaixo. A distância que a bala deverá percorrer será certamente maior. Admitamos que seja de 100 passos. Quando ela se chocar com a parede, estará deslocando-se com uma velocidade suficiente para percorrer ainda 700 passos, e seu impacto será mais forte. O mesmo ocorreria se o afastamento do canhão colocado sobre a colina fosse de 130 passos e o do canhão que se acha situado na várzea, de 600. Por outro lado, se este último estivesse afastado de 760 passos, o tiro horizontal seria o mais potente.

Não zombemos desses raciocínios absurdos. Aplicar as matemáticas à ciência do movimento é algo de muito difícil. E, quanto à aplicação do esquema da balança, onde ele não vem ao caso, o século XVI, desde Leonardo da Vinci e até Kepler, o faz com uma comovente e compreensível unanimidade. Com efeito, como não sucumbir à tentação de estender à dinâmica um esquema que teve tanto êxito na estática?

O problema da trajetória retilínea ou curvilínea é retomado por Tartaglia em uma série de diálogos com o cavaleiro de Rhodes, prior de Barletta, Gabriel Tadino di Martinengo (ques. VI, VII, VIII, IX e X). Tartaglia repete os argumentos que apresentara ao duque de Urbino e lhes acrescenta uma explicação suplementar – e muito razoável – do erro dos artilheiros que acreditavam, todos eles, na "retidão" do tiro desferido bruscamente, a saber, o fato de que a linha de visada e o eixo do canhão não só não são idênticos, mas até não são quase nunca paralelos. Assim, se ocorre – como efetivamente ocorre – que a bala atinge o alvo visado, não é porque ela se desloca em linha reta, seguindo a linha de visada, ou uma paralela a esta; é porque a linha de visada e a trajetória – curva – da bala se cruzam e, por isso, possuem um ou mesmo dois pontos comuns (figs. 13 e 14).

Vimos Tartaglia defender obstinadamente a verdade teórica (geométrica) contra as pretensões da experiência – pseudoexperiência – do senso comum e dos artilheiros que, muitas e muitas vezes, é invocada pelo prior de Barletta. Todavia, é evidente que não se trata, absolutamente, de rejeitar em bloco o testemunho dos artilheiros; muito menos os fatos que a experiência deles permitiu estabelecer e que tornou certos e indubitáveis. Assim, por exemplo, é certo que, se se atira duas vezes em seguida com um mesmo canhão – com elevação e cargas idênticas –, o segundo tiro alcança

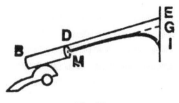

Fig. 13

Fig. 14

uma distância maior que a do primeiro; como é certo que, para golpear uma muralha com a forma *maximale*, é preciso colocar-se a uma certa distância dela, nem perto nem longe demais.

Portanto, Tartaglia considera de seu dever explicar-nos esses fatos. Assim, à pergunta – retórica – que lhe faz o prior de Barletta (*Quesito* IV. p. 13 r.):

> "'Se se atirar com a mesma peça de artilharia duas vezes, uma após a outra, com a mesma alça, em direção ao mesmo objetivo, com a mesma carga, os dois tiros serão iguais?', ele responde com segurança: – 'Sem dúvida alguma, serão desiguais; o segundo tiro terá um alcance maior do que o primeiro'. – 'Por que razão?', pergunta o prior, e Tartaglia explica: – 'Por duas razões. A primeira é que, no momento do primeiro tiro, a bala encontra o ar em repouso, enquanto, no momento do segundo tiro, ela o encontra não somente todo agitado pela bala do primeiro tiro, mas ainda tendendo e correndo possantemente em direção ao lugar do alvo. Ora é mais fácil mover-se e penetrar numa coisa já movida e penetrada do que numa coisa que está em repouso e em equilíbrio. Por conseguinte, no momento do segundo tiro, a bala, encontrando um obstáculo menor do que no momento do primeiro, irá mais longe do que a primeira bala.'"

A segunda razão é técnica: a primeira explosão da pólvora será mais fraca do que a segunda. Com efeito, a primeira se produz num canhão cheio de umidade; a segunda, num canhão perfeitamente seco. Entretanto, não teria razão quem, como o prior, concluísse daí que, se se dispara uma série de tiros, o alcance deles vai sempre aumentando. Efetivamente, o aquecimento da peça provoca uma contracorrente. Ademais, numa peça excessivamente aquecida, a explosão se dá com demasiada rapidez.

O mecanismo imaginado por Tartaglia para explicar o alongamento da trajetória do segundo tiro de canhão não pode ser invocado no caso da variação da força da percussão. Com efeito, esta se manifesta já no primeiro tiro... Então, Tartaglia imagina outro mecanismo. Ouçamos o Signor Jacomo de Achaia fazer-lhe a pergunta (*Quesito* XVIII, p. 24 r.):

> "*S. Jacomo.* Por experiência própria, verifiquei que, atirando com um canhão sobre uma muralha e situando-me bem próximo [a esta], não pude causar um efeito tão poderoso quanto o que obtive situando-me mais longe. Ora, pelas razões alegadas por V. Sa., em sua *Nova scientia*, deveria dar-se justamente o contrário, porque a bala atirada por uma peça de artilharia, quanto mais se afasta da boca dessa peça, tanto mais velocidade ela perde, o que quer dizer que se desloca menos rapidamente e, no ponto em que se desloca menos rapidamente, produz um efeito menor. Inversamente, quanto mais próximo é o lugar de onde é atirada a bala do lugar da percussão, tanto maior deve ser o efeito produzido, porque a bala se desloca em movimento mais rápido e, não obstante, como acabo de dizer, acho, por experiência própria, que é totalmente o contrário. Portanto, peço a V. Sa. que me explique a causa desse inconveniente."

Um teórico da têmpera de Galileu teria respondido negando o fato. Mas os homens como Galileu são raros na história. Então, Tartaglia – como, antes dele, Dulaert de Gand e Louis Coronel[13] – se limita a explicar que o aumento do poder do choque é perfeitamente compatível com a diminuição da velocidade do projétil, conforme demonstrado na *Nova scientia*.

O fato é – nos diz ele – que toda coisa que se move também move outra coisa qualquer. Assim, a bala projetada por uma certa

---
13   Cf. DUHEM, P. *Études sur Léonard de Vinci*, III. Paris, 1913; CLAGETT, Marshal. *The Science of Mechanics in the Middle Ages*. Madison: Wisconsin, 1959.

ventosidade da pólvora, junto com essa ventosidade, empurra diante dela uma coluna de ar, a qual pode ser comparada com uma viga de madeira, e se move muito mais lentamente do que a bala que nela penetra e a atravessa em toda a sua extensão em muito pouco tempo. Ora, se o canhão é colocado perto demais da parede, a coluna de ar — que, normalmente, se alarga e se dissipa a uma certa distância da boca do canhão, mas que, em virtude da proximidade entre o canhão e a parede, não teve tempo de fazê-lo — chega ao ponto de contato com a parede antes de ser atravessada pela bala. Então, ela reflui para trás e, por isso mesmo, opõe uma resistência ao movimento da bala (ela se interpõe entre a bala e a parede como uma espécie de almofada). Mas, se a distância que separa o canhão da parede é maior, a bala tem tempo de atravessar toda a coluna e de golpear a parede sem que a força desse golpe seja entravada pelo choque de retorno da coluna de ar que a bala deixou atrás de si.

Como bem se vê, o duplo esforço de Tartaglia, tentando assentar a teoria balística diretamente sobre a experiência e, ao mesmo tempo, tentando rejeitar as pretensões da "experiência" confusa da vida quotidiana e da prática técnica, não teve sucesso. E não poderia ter tido. Ele era, ao mesmo tempo, prematuro e demasiadamente pouco radical. Assim, Tartaglia não teve muita influência sobre seus contemporâneos, sobretudo no que tinha de mais precioso. Pois, se a teoria da trajetória tripartite exposta na *Nova scientia* teve muito sucesso no século XVI e mesmo mais tarde, a teoria da trajetória inteiramente curvilínea exposta nos *Quesiti* não teve sucesso algum. Ninguém, nem mesmo os matemáticos que, como Cardano ou Bernardino Baldi,[14] deveriam ter sido seduzidos por ela, nem mesmo Giambattista Benedetti, que opõe à tradição os sólidos fundamentos da filosofia matemática, ninguém a adotou nem a discutiu. Benedetti, com efeito, critica algumas das opiniões de Tartaglia emitidas nos *Quesiti*, mas nunca se refere à teoria geral ali exposta. Giambattista Benedetti, porém, não é particularmente característico: não se interessa pela balística e, se trata da teoria do arremesso, objeto de ataque tradicional dos adversários de Aristóteles, não procura de-

---

14 Cf. KOYRÉ, Alexandre. J. B. Benedetti critique d'Aristote. In: *Mélanges E. Gilson*. Paris: 1959, e neste volume, p. 128-151.

terminar a trajetória descrita pelo projétil. As carências de Cardano, de Baldi e de alguns outros são muito mais características. Elas nos mostram o poder da tradição empírico-técnica. É ela, e não a influência de Leonardo da Vinci, como pretendeu Duhem, que neles encontramos. Ao mesmo tempo um outro poder se revela: o do esforço que teve de realizar o pensamento de Galileu para vencer o obstáculo levantado pela tradição.

GIAMBATTISTA BENEDETTI, CRÍTICO DE ARISTÓTELES[1]

Giambattista Benedetti[2] é, muito certamente, o físico italiano mais interessante do século XVI, e aquele cujo papel histórico foi o mais importante. Com efeito, sua influência sobre o jovem Galileu que, em seu tratado *De motu*, o segue passo a passo, é inegável e profunda.

Certamente, Benedetti não ultrapassou os limites que separam a ciência medieval – e a da Renascença – da ciência moderna. Esse mérito insigne pertence a Galileu. Mas ele foi muito mais longe do que Tartaglia, seu mestre e predecessor imediato, no esforço de matematização da ciência. Mais ainda: em oposição consciente e refletida à física empirista e qualitativa de Aristóteles, procurou erigir, sobre as bases da estática de Arquimedes, uma física, ou, para usar seus próprios termos, uma "filosofia matemática" da natureza.

Sua tentativa não teve êxito, e não podia ter, pois, ao contrário de Galileu, não pôde libertar-se da ideia confusa do *impetus*, causa do movimento: é justamente nela que ele fundamenta sua dinâmica. Entretanto, consegue – e isto não é um magro título de glória – demonstrar matematicamente a inexistência da *quis media* e a continuidade paradoxal do movimento de vaivém, bem como, ao contrá-

---

1 Artigo extraído de *Mélanges offerts à Étienne Gilson*. Toronto/Paris: Pontifical Institute of Medieval Studies, 1959. p. 351-372.
2 Giambattista Benedetti nasceu em Veneza em 1530. Embora pertencesse a uma família nobre (o que ele nunca esquece de mencionar na página de rosto de seus livros), tornou-se, em 1567, "matemático do Duque de Savoia" e assim permaneceu até a sua morte (em 1590). Cf. o trabalho sobre Benedetti de R. Bordiga nos *Atti di Reale Instituto Veneto*, 1925-1926, meus *Études galiléennes*. Paris, 1939, I e II, e GIACOMELLI, Raffaele. *Galileo Galilei giovane e il suo "de motu"*. Pisa, 1949.

rio de toda a tradição milenar, consegue mostrar que dois corpos, se forem pelo menos de "natureza" ou de "homogeneidade" (isto é, de peso específico) idêntica, cairão com a mesma velocidade, qualquer que seja o peso individual de cada um deles. Aqui, também, é a Galileu que cabe o mérito de ter sabido generalizar a proposição de Benedetti e estendê-la a *todos* os corpos sem distinção de "naturezas". Mas, embora não seja verdade que é o primeiro passo que conta, é certo que ele facilita o segundo.

No prefácio (dedicatória a Gabriel de Guzman) de sua obra, *Resolução de todos os problemas de Euclides...*,[3] na qual, com a idade de apenas 23 anos, deu a primeira demonstração de seu brilhante talento de geômetra, Benedetti explica a seu ilustre correspondente que a doutrina de Aristóteles, segundo a qual os corpos pesados caem mais rapidamente do que os corpos leves, na proporção de seus respectivos pesos, deve ser corrigida em dois pontos essenciais: primeiramente, não é o *peso* em si, mas o *excesso* de peso do móvel sobre o peso do meio ambiente que determina a velocidade da queda; em segundo lugar, não é o peso individual do corpo em questão, mas somente seu peso específico que está em jogo. Mas passemos a palavra ao próprio Benedetti. É interessante ver o pensamento ainda inábil do jovem geômetra abrir penosamente o caminho em direção à grande descoberta, tanto mais que, 20 anos depois, Benedetti retomará os mesmos problemas, tratando-os então com perfeita clareza e precisão.[4]

---

3   *Resolutio omnium Euclidis problematum aliorumque una tantum modo circuli data apertura*. Venetiis, 1553.

4   O prefácio em questão foi republicado por Benedetti em 1554 com o título *Demonstratio proportionum motuum localium contra Aristotelem* (Veneza, 1554) e reimpresso por G. Libri no volume III de sua *Histoire des sciences mathématiques en Italie*, nota XXV (Paris, 1840. 258 p.). Como o pequeno livro de Benedetti é extremamente raro, vou citá-lo de acordo com a reimpressão de Libri. Não obstante sua importância, a obra de Benedetti parece não ter atraído a atenção de seus contemporâneos. Dela não se encontra citação em parte alguma, pelo menos que seja do meu conhecimento. Em compensação, foi objeto de um desavergonhado plágio feito por Jean Taisnier, que a reproduz textualmente e com as figuras, em seu *Opusculum... de natura magnetis... item de motu continuo* etc., Coloniae, 1562. Ora, coisa curiosa, sem embargo do veemente protesto de Benedetti na introdução a seu *De gnomonum umbrarumque solarium usu*. Turim, 1574, é a Taisnier (e não a Benedetti) que Stevin se refere como aquele que primeiro ensinou que os corpos graves

Como Tartaglia, em sua *Nova scientia* (de 1537), Benedetti só se ocupará dos movimentos dos corpos "homogêneos" de forma semelhante: "Saiba, portanto", escreve ele a Guzman, "que a proporção de um corpo em relação a [outro] corpo (com a condição de que sejam homogêneos e tenham as mesmas formas) é a mesma que a de uma causa em relação a outra" (Libri, III, nota XXV, p. 258). Mas não é essa a proporção que guardam as velocidades dos corpos em queda livre, porém outra (ibidem, p. 259):

"Suponho que a proporção entre os movimentos [velocidades] dos corpos semelhantes, mas de homogeneidades diferentes, movendo-se no mesmo meio, e [através do] mesmo espaço, é [a] que existe entre os excessos (notadamente de seus pesos, ou de suas levezas) em relação ao meio, com a condição de que esses corpos tenham uma forma semelhante. E *vice-versa*, isto é, a proporção entre os ditos excessos em relação ao meio é a mesma que [existe entre] seus movimentos. O que é demonstrado da seguinte maneira:

Suponhamos um meio uniforme *bfg* (por exemplo, água), no qual sejam colocados dois corpos [esféricos] de homogeneidades diferentes, isto é, de espécies diferentes (figura 1). Admitamos que o corpo *d.e.c* seja de chumbo e o corpo *a.u.i*, de madeira, e que cada um deles seja mais pesado do que um corpo semelhante, porém constituído de água. Admitamos que esses corpos esféricos e aquosos sejam *m* e *n*. Suponhamos o centro do mundo em *s*. Admitamos que o termo *ad quem* do movimento seja a linha *h.o.x.k*, e o termo *a quo*, a linha *a.m.d*, [e que] ambos [sejam] circulares em torno do centro do mundo. Então, se se prolongam as linhas *s.o* e *s.x* até os termos *a quo* dessas linhas, as linhas interceptadas por esses termos serão iguais... Suponhamos, ainda, que o centro do corpo *a.u.i* seja colocado no ponto de *interseção* do prolongamento da linha *s.o* com a linha *a.m.d* e [o centro] do corpo *d.e.c*, [no ponto de interseção] da linha *s.x* [com *a.m.d*]. A seguir, admitamos que o corpo aquoso igual ao corpo *a.u.i* seja *m* e o que [o corpo] *n* seja igual ao corpo *d.e.c*; [enfim, admitamos] que o corpo *d.e.c* seja oito vezes mais pesado do

---

(de peso específico idêntico) executam seu movimento de queda no mesmo tempo; cf. STEVIN, Simon. Appendice de la statique. *Oeuvres mathématiques*. Leide, 1634. p. 501.

que o corpo *n* e que o corpo *a.u.i*, duas vezes [mais pesado] do que o corpo *m*.

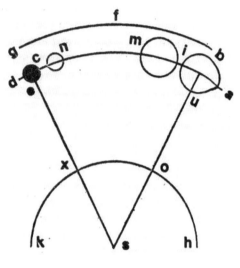

Fig. 1

Então, digo que a proporção entre o movimento do corpo *d.e.c* e o movimento do corpo *a.u.i* (na hipótese admitida) é a mesma que existe entre os excessos de peso dos corpos *d.e.c* e *a.u.i* em relação aos corpos *n* e *m*, isto é, o tempo durante o qual o corpo *a.u.i* se moverá será séptuplo do tempo durante o qual [se moverá] o corpo *d.e.c*. Pois, de acordo com a proposição III do livro de Arquimedes *De insidentibus*, é claro que, se os corpos *a.u.i* e *d.e.c* fossem igualmente graves como os corpos *m* e *n*, eles não se moveriam de modo algum, nem para cima, nem para baixo, e, segundo a proposição VII do mesmo [livro], os corpos mais pesados do que o meio [no qual são colocados] se movem para baixo. Consequentemente, os corpos *a.u.i* e *c.e.d* se moverão para baixo, e a resistência do úmido (quer dizer, da água) ao [movimento do] corpo *a.u.i* se fará em proporção de menos do dobro e, ao do corpo *d.e.c*, de menos do óctuplo. Daí se segue que o tempo que o centro do corpo *d.e.c* levará para atravessar o espaço dado será em proporção de sete vezes (sete vezes mais longo) em relação ao tempo que levará o centro do corpo *a.u.i* para atravessá-lo (falo do movimento natural, pois a natureza age em toda parte pelas linhas mais curtas, isto é, pelas linhas retas, a menos que qualquer coisa o impeça). Isso ocorre porque, como se pode deduzir do livro de Arquimedes supracitado, a proporção entre os movimentos não está em conformidade com a proporção entre as gravidades *a.u.i* e *d.e.c*, mas com a proporção entre as relações das gravidades *a.u.i* e *m* e *d.e.c* e *n*. O inverso dessa suposição é suficientemente claro, em virtude desta própria suposição.

Então, digo que, se houvesse dois corpos com a mesma forma e da mesma espécie, [tais corpos] fossem iguais ou desiguais, mover-se-iam, no mesmo meio, em espaços iguais por tempos iguais. Essa proposição é muito evidente, pois, se eles se movessem em tempos desiguais, deveriam ou ser de espécies diferentes ou mover-se através de meios diferentes... coisas que se opõem à hipótese.

Mas, para mostrá-lo mais claramente, [admitamos que] *g* e *o* sejam dois corpos semelhantes (esféricos) e homogêneos e que *a.c* seja o meio uniforme (figura 2); que as linhas *b.d.f*, *p.i.q* e *r.m.u.t* sejam linhas terminais circulares equidistantes com centro em *s*; que a linha *p.i.q* seja considerada o termo *a quo* e a linha *r.m.u.t* o termo *ad quem* [do movimento]. Demonstro agora que os corpos *g* e *o* se moverão através do supracitado espaço no supracitado meio em tempos iguais.

Seja, por exemplo, o corpo *o*, em quantidade [volume], quádruplo do corpo *g*. Tendo em vista o que foi dito acima, é claro que ele será, igualmente, quatro vezes mais pesado do que *g* (pois, se ele fosse igual a *g*, em quantidade e em peso, não haveria qualquer dúvida de que esses corpos se moveriam em tempos iguais). Então, na imaginação, divido o corpo *o* em quatro partes iguais, [formando corpos] semelhantes ao corpo dividido (de forma esférica). Sejam [esses corpos] *h, k, l, n*, cujos centros situo sobre a linha *p.q*, de modo que a distância entre *l* e *k* seja a mesma que a distância entre *l* e *n*. Em seguida, divido a linha *k.l* em duas partes iguais no ponto *i*.

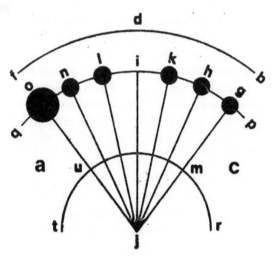

Fig. 2

Este, de acordo com a ciência comum e também segundo Arquimedes, será o centro de gravidade dos corpos *h*, *k*, *l*, *n*. Ademais, é evidente que cada um dos corpos *h*, *k*, *l*, *n* se moverá da [linha] *p.i.q* até *r.m.u.t* no mesmo tempo que o corpo *g*... e, então, que todos os corpos *h*, *k*, *l*, *n*, juntos, partindo no mesmo instante, se moverão igualmente, isto é, no mesmo tempo, e que sempre a linha que passa por seus centros de gravidade será equidistante da linha *r.m.u.t*.

Enfim, se se imagina a linha que vai do centro do corpo *o* ao ponto *i* dividida em duas partes iguais... então esse ponto de divisão será o centro de gravidade dos [corpos] *h*, *k*, *l*, *n* e do corpo *o*. Ora, portanto, se a dita linha, movida pela força dos supracitados corpos, fosse desligada da linha *p.q*, ou [de uma linha] equidistante desta, o corpo *o*, movido em movimento natural, mover-se-ia num tempo igual em um espaço igual àquele [que é atravessado] pelos corpos *h*, *k*, *l*, *n* (porque a linha *o.i*, tendo estado equidistante de *m.u.r.t* no início do movimento, permanecerá sempre equidistante dela), espaço que é o mesmo [espaço] atravessado pelo corpo *g*.

Portanto, a partir daí, posso demonstrar uma parte da suposição supracitada, a saber, que se houvesse dois corpos, com a mesma forma, mas de homogeneidades diferentes e de corporalidades desiguais, cada um deles sendo mais pesado do que o meio no qual se movem, e se o menor fosse de uma espécie mais pesada que o maior, mas o maior mais pesado que o menor, a suposição supracitada seria verdadeira.

Sejam, por exemplo, dois corpos *m* e *n*, com a mesma forma, mas de homogeneidades diferentes e que, além disso, sejam desiguais (pois, se fossem iguais, não haveria qualquer dúvida); que, desses corpos, *m* seja o maior, mas que a espécie do corpo *n* seja mais grave do que a espécie do corpo *m*; que, entretanto, o corpo *m* seja mais pesado do que o corpo *n* e cada um deles mais pesado do que o meio no qual se movem. Então, digo que a suposição é verdadeira. Admitamos que o primeiro corpo seja *a.u.i*, [que ele seja] igual e semelhante na forma ao corpo *m*, mas da espécie do corpo *n*. Então, para os corpos *a.u.i* e *m* a suposição é perfeitamente evidente. Mas, segundo a demonstração apresentada acima, o corpo *n* mover-se-á no mesmo tempo que o corpo *a.u.i*. Por isso mesmo, a proposição é constante.

Donde resulta que o movimento mais rápido não é causado pelo excesso da gravidade ou da leveza do corpo mais rápido em relação às do corpo mais lento (sendo os corpos de formas semelhantes), mas, na verdade, pela diferença específica dos corpos em relação à gravidade e à leveza [do meio], o que não está de acordo com a doutrina de Aristóteles, nem de algum de seus comentadores que tive ocasião de ver ou ler, ou com os quais pude conversar."

Giambattista Benedetti preza muito a originalidade de seu pensamento[5] e a autenticidade de suas descobertas, e não temos nenhuma razão para suspeitar que lhe falte veracidade. Quanto ao mais, sua teoria, tal qual, não é efetivamente encontrada entre os comentadores antigos, medievais ou modernos, da *Física* de Aristóteles. Não é menos certo que, entre eles, se encontrem teorias bastante análogas – a saber, aquelas segundo as quais a velocidade do corpo movido depende, não da relação geométrica entre a potência e a resistência (V = P : R), mas da relação entre o *excesso* da primeira sobre a segunda (V = P − R) –, para nos permitir aproximá-las e nos

---

5   Talvez até demais. Assim, ele faz questão de nos dizer que, se foi aluno de Tartaglia, este não lhe ensinou senão os quatro primeiros livros de Euclides.

fazer ver, na doutrina de Benedetti – essencialmente uma substituição de um esquema de Aristóteles por um esquema de Arquimedes –, não um acidente histórico, mas o fim de uma longa tradição.

*

Trinta anos depois da publicação do *Resolutio omnium problematum*, Benedetti publicou uma coletânea de artigos, cartas e pequenos tratados (*Diversarum speculationum mathematicarum et physicarum liber*,[6] Taurini, 1585), a qual, em sua parte relativa à física, contém um ataque em regra à física de Aristóteles, a cujo respeito Benedetti não está longe de subscrever a famosa asserção de Ramus ("tudo o que Aristóteles disse é falso"). Dessa parte também consta uma exposição – certamente a melhor que já foi feita – sobre a dinâmica do *impetus*, da qual Benedetti se proclama um decidido partidário. Como todos os seus antecessores, inicialmente ele dirige sua crítica contra a teoria aristotélica do arremesso e, mais radicalmente do que um grande número deles, considera que essa teoria não tem valor algum.

Assim, diz-nos (p. 184):

> "No fim do livro da *Física*, Aristóteles considera que o corpo movido pela violência e separado de seu motor se move porque é movido, durante algum tempo, pelo ar ou pela água que o seguem. O que não pode ocorrer, pois o ar que, para fugir do vazio, penetra no lugar abandonado pelo corpo, não só não empurra o corpo mas, antes, o retém. Com efeito, [durante tal movimento] o ar é, pela violência, empurrado pelo corpo e separado por ele de sua parte anterior. Assim, o ar opõe resistência ao corpo. Além disso, quanto mais condensado for o ar na parte anterior, tanto mais raro se torna na parte posterior. Assim, rarefazendo-se pela violência, ele não permite ao corpo avançar com a mesma velocidade com que é lançado, pois todo agente sofre na medida em que age. Eis por que, quando o ar é

---

6   Não vou expor, aqui, o conteúdo da coletânea de Benedetti, na qual se acham muitas coisas interessantes como, por exemplo, o cálculo das diagonais do quatrilátero inscrito num círculo (15 anos antes de Viète) e um estudo do equilíbrio dos líquidos nos vasos comunicantes, com a teoria de uma prensa hidráulica (quase 20 anos antes da publicação das *Wisconstighe Gedachtnissen*, de Stevin), bem como uma excelente exposição do sistema do mundo de Copérnico. Limitar-me-ei a estudar a sua dinâmica.

> arrastado pelo corpo, o próprio corpo é retido pelo ar. Pois essa rarefação do ar não é natural, mas violenta e, por essa razão, o ar resiste e puxa o móvel contra si mesmo, pois a natureza não permite que entre um e outro desses corpos (isto é, entre o móvel e o ar) haja um vazio. Assim, eles sempre se acham em estado de contiguidade e, como o móvel não se pode separar do ar, sua velocidade no ar é entravada."

Assim, não é a reação do meio que explica o movimento persistente do projétil. Muito pelo contrário, essa reação só pode impedi-lo. Quanto ao movimento em si, seja violento ou natural, sempre se explica por uma força motriz imanente ao móvel. Com efeito, "a velocidade de um corpo separado de seu primeiro motor provém de uma certa impressão natural, de uma certa impetuosidade adquirida pelo citado móvel" (ibidem).

> "Pois todo corpo grave, quer se mova violentamente ou naturalmente, recebe em si mesmo um *impetus*, uma impressão do movimento, de tal modo que, separado da causa motriz, continua, durante certo lapso de tempo, a mover-se por si mesmo. Portanto, quando o corpo se move em movimento natural, sua velocidade aumenta sem cessar. Com efeito, o *impetus* e a *impressio*, que nele existem, crescem sem cessar, pois ele está constantemente unido à causa motriz. Daí também resulta que, se, depois de haver posto a roda em movimento com a mão, se retira a mão, a roda não para imediatamente, mas continua a girar durante certo tempo" (ibidem, p. 286).

Que é esse *impetus*, essa força motriz, causa do movimento imanente ao móvel? É difícil dizer. É uma espécie de qualidade, potência ou virtude que se imprime ao móvel ou, melhor dito, que o torna impregnado, devido e em seguida a sua associação com o motor (que a possui), devido e em seguida a sua participação em seu movimento. É também uma espécie de *habitus* que o móvel adquire, tanto mais quanto *mais tempo* é submetido à ação do motor.[7] Assim,

---

7   O raciocínio de Benedetti nos pode parecer absurdo. Porém, se com os partidários da dinâmica do *impetus* se concebe – ou se imagina – a força motriz como uma qualidade, *qualitas motiva* análoga, por exemplo, ao calor, o absurdo aparente desaparece: é claro que um corpo se torna tanto mais quente – se torna tanto mais impregnado de calor – quanto mais tempo permanece perto do fogo.
     É assim que ainda raciocina o jovem Galileu em seu *De motu* e, bem mais tarde, Gassendi, o qual, em seu *De motu impresso a motore translato* (Paris,

por exemplo, se uma pedra é lançada pela funda mais longe do que é lançada pela mão, é porque faz, com a funda, *numerosas* revoluções, o que a "impressiona" mais... (p. 160):

"Eis a verdadeira razão pela qual um corpo grave é lançado mais longe pela funda do que pela mão: quando é girado pela funda, o movimento produz no corpo grave uma impressão maior do *impetus* do que o faria a mão, de tal modo que o corpo, liberado da funda e guiado pela natureza, segue seu caminho numa linha contígua à rotação que fez por último. E não é preciso pôr em dúvida que a funda possa imprimir ao corpo um *impetus* maior, pois, em seguida a numerosas revoluções, o corpo recebe um *impetus* sempre maior. Quanto à mão, enquanto faz o corpo girar, ela não é o centro de seu movimento (sem embargo do que quer que diga Aristóteles) e a corda não é seu semidiâmetro." O que significa que a circularidade do movimento alegada por Aristóteles não vem absolutamente ao caso. Aliás, o movimento circular produz no corpo um *impetus* a mover-se *em linha reta*. Com efeito (p. 160):

> "A mão gira, tanto quanto possível, em círculo; esse movimento da mão, em círculo, obriga o projétil a adquirir, também ele, um movimento circular, enquanto, por sua inclinação natural, esse corpo, desde que tenha recebido um *impetus*, desejaria continuar seu caminho em linha reta, como se vê na figura 3, na qual *e* designa esse corpo e *a.b*, a linha reta tangente à circunvolução *a.a.a.a* quando o corpo se torna livre."[8]

Assim, é seguindo a linha reta, tangente à circunferência que o fazia descrever a mão ou a funda, que se vai mover o corpo deixado livre para prosseguir o curso de acordo com a natureza própria do *impetus* que o movimento circular lhe conferiu. Mas ele não prosseguirá por muito tempo em seu movimento retilíneo. Pois

> "esse *impetus impressus* decresce continuamente e, pouco a pouco, introduz-se nele a inclinação da gravidade, a qual, compondo-se (misturando-se) com a impressão feita pela força, não permite que a

---

1652), explica a persistência do movimento no móvel pelo costume que ele tem do movimento, contra o que, muito justamente, protesta G. A. Borelli em sua *Theorica planetarum medicearum...* Florença, 1664. p. 57.

8   Citado por DUHEM, P. *Études sur Léonard de Vinci*. Paris, 1913. v. III, p. 216.

linha *a.b* continue sendo reta durante muito tempo. Bem depressa, ela se torna curva, porque o corpo em questão é movido por duas causas, das quais uma é a violência impressa e a outra, a natureza. Note-se que isso é contrário à opinião de Tartaglia, que nega que um corpo qualquer possa ser movido simultaneamente pelos movimentos natural e violento".[9]

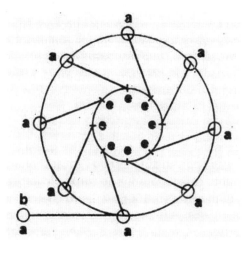

Fig. 3

A explicação dada por Benedetti, aliás bastante de acordo com a tradição, pode, com justiça, parecer confusa. O que, para dizer a verdade, não nos deveria surpreender desmedidamente: a noção do *impetus* é, com efeito, uma noção muito confusa. No fundo, ela se restringe a traduzir em termos "científicos" uma concepção baseada na experiência quotidiana, em um dado do senso comum.

Efetivamente, que é o *impetus*, a *forza*, a *virtus motiva*, senão uma condensação, se assim se pode dizer, do esforço muscular e do impulso? Assim, ela concorda muito bem com "os fatos" – reais ou não – que formam a base da experiência da dinâmica medieval e, muito particularmente, com o "fato" da aceleração inicial do projétil. Esse fato ela mesma o explica: não é necessário tempo para que

---

9   Benedetti faz alusão à teoria exposta por Tartaglia em sua *Nova scientia* (Veneza, 1537), segundo a qual uma mistura do movimento violento com o movimento natural é rigorosamente impossível; cf. *Nova Scientia*, Livro I, prop. V.

o *impetus* se apodere do móvel? Todos sabem, aliás, que é preciso "tomar um impulso" para saltar um obstáculo; que o carro que se empurra ou se puxa começa a andar lentamente e aumenta progressivamente sua velocidade: ele também adquire impulso. E todos sabem – até as crianças que jogam bola – que, para golpeá-la devidamente, é preciso colocar-se a uma certa distância – não próximo demais – da bola, para fazer com que ela tome seu impulso.[10]

Impetus, impressão, qualidade ou causa motriz, tudo isso é algo que passa do movente ao móvel e que, tendo entrado no móvel ou o tendo impregnado e impressionado, o afeta. Assim, ele se opõe a outras qualidades ou causas (porque os *impetus* se constrangem mutuamente e dificilmente podem coexistir no móvel), mesmo naturais. Desse modo, o *impetus* do movimento violento entrava a ação do peso natural; impede os corpos graves de se mover para baixo; em outros termos, ele os torna mais leves.

Porém, é preciso observar que a concepção do *impetus*, em Benedetti, é um pouco mais precisa do que em seus precursores medievais. Assim, ele insiste muito mais veementemente do que estes últimos no caráter *linear* do *impetus*, rejeitando, segundo parece, a noção do *impetus* "rotatório", embora, por outro lado, reprove Aristóteles por se ter enganado na classificação dos movimentos em naturais e violentos e por não ter compreendido que só o movimento circular é um movimento verdadeiramente natural, e não o movimento retilíneo, que nunca o é inteiramente, nem mesmo o movimento da queda dos corpos graves e o da elevação dos corpos leves (p. 184):

> "O movimento retilíneo dos corpos naturais para cima ou para baixo não é natural *primo* e *per se*, porque o movimento natural é perpétuo ou, para dizê-lo melhor, não é suscetível de cessar, e não pode ser de outra forma senão circular, e nenhuma parte integrante de seu todo

---

10 Os artilheiros e arcabuzeiros da Idade Média e da Renascença (e mesmo os dos Tempos Modernos) acreditaram, todos, na aceleração da bala no início de seu percurso, no que não estavam totalmente destituídos de razão, pois a pressão dos gases produzidos pela explosão da pólvora não cessa quando o obus sai da boca da peça. Mas não é daí que advém a crença na aceleração, firmemente estabelecida muito antes da invenção das armas de fogo: desde a Antiguidade, todas as pessoas acreditavam na aceleração inicial da flecha.

pode ter um movimento natural diverso daquele que pertence ao todo. Mas, se [uma tal parte] fosse desmembrada e separada de seu todo, e se ela se movesse livremente, dirigir-se-ia espontaneamente pela via mais curta ao lugar designado pela natureza a seu todo. Esse último movimento não é, *primo* e *per se*, [movimento] natural do citado corpo, pois tem origem numa causa contrária à sua natureza, isto é, no fato de que está fora de seu lugar [próprio, mas em outro], onde ele se acha em oposição à sua natureza. Por conseguinte, tal movimento é parcialmente, e não inteiramente, natural. Ora, o movimento próprio e natural é aquele que deriva da natureza do citado corpo, o que não é o caso do movimento reto. *Ergo*..."[11]

Aparentemente, o raciocínio de Benedetti que acabo de citar deveria conduzi-lo à afirmação do caráter privilegiado do movimento circular, bem como do de rotação, em relação ao movimento em linha reta. Ora, como vimos, é exatamente o contrário o que ele nos diz: o movimento circular da mão ou da funda imprime ao projétil um *impetus* em linha reta (p. 160):

> "Não silenciaremos sobre um efeito que se produz nessa circunstância. Quanto mais o aumento da velocidade do movimento giratório faz crescer o *impetus* do projétil, tanto mais a mão se sente puxada por esse corpo através da corda. Com efeito, quanto maior é o *impetus* do movimento que é impresso ao corpo, tanto mais poderosa é a inclinação desse corpo a mover-se em linha reta; tanto maior é, também, a força com a qual ele puxa, a fim de poder adquirir esse movimento."

Com efeito, de modo geral (p. 287):

> "Todo corpo grave que se move, seja por natureza, seja pela violência, naturalmente deseja mover-se em linha reta. Podemos reconhecê-lo claramente quando giramos o braço para lançar pedras com uma funda. As cordas adquirem um peso tanto maior e puxam a mão tanto mais [fortemente] quanto mais rapidamente a funda gira e quanto mais rápido é o movimento. Isso provém do apetite natural que se localiza na pedra e que a pressiona no sentido de mover-se em linha reta."

E não é apenas o movimento de circunvolução que engendra um *impetus* de natureza retiforme, mas também uma forma centrífuga num corpo que faz um circuito em torno de um centro que lhe é

---

11 A teoria do peso aqui desenvolvida por Benedetti é a de Copérnico.

exterior. O mesmo se passa no que se refere ao movimento de rotação. Pois o movimento de rotação nada mais é do que um conjunto de movimentos de circunvolução, em torno de seu eixo, das partes do corpo que gira sobre si mesmo. Todas estas partes são animadas de um *impetus* linear e aí está justamente a explicação do fato de que tal movimento não é durável como parece que devesse ser. Com efeito, em um movimento de rotação não existe um movimento natural, mas um conjunto de movimentos violentos, e até mesmo submetidos a uma dupla violência (p. 159; cf. DUHEM. Op. cit. p. 216).

> "Não é a um movimento de rotação mas, sim, a um movimento retilíneo que cada uma das pequenas partes do mó seria levada por seu *impetus* se ela estivesse livre. Durante o movimento de rotação, cada um desses *impetus* parciais é violento e, por isso, ele se corrompe.
> Imaginemos uma roda horizontal, tão perfeita quanto possível, repousando sobre um único ponto. Imprimamo-lhe um movimento de rotação com toda a força que possamos empregar, depois abandonemo-la. Do que resulta que seu movimento de rotação não é perpétuo?
> Isso tem quatro causas.
> A primeira é que tal movimento não é natural à roda.
> A segunda consiste em que a roda, mesmo quando repousasse sobre um ponto matemático, exigiria necessariamente sob ela um segundo polo capaz de mantê-la horizontal e esse polo deveria ser constituído de algum mecanismo corporal. Daí resultaria um certo atrito, o qual produziria uma resistência.
> A terceira causa é devida ao ar contíguo a essa roda, o qual a retém continuamente e, assim, resiste ao movimento.
> Agora, eis a quarta causa: consideremos cada uma das pequenas partes corporais que se move, ela própria, com o auxílio do *impetus* que lhe foi impresso por uma causa motriz extrínseca. Essa parte tem uma inclinação natural pelo movimento retilíneo e não pelo movimento curvilíneo. Se uma partícula presa à circunferência da citada roda se separasse desse corpo, não há dúvida alguma de que, durante certo tempo, essa parte separada se moveria em linha reta através do ar. Podemos reconhecê-lo num exemplo tirado das fundas com o auxílio das quais se atiram pedras. Nessas fundas o *impetus* do movimento que foi impresso ao projétil descreve, em virtude de uma espécie de propensão natural, um caminho retilíneo. A pedra lançada começa um caminho retilíneo segundo a reta que é tangente ao círculo que inicialmente descrevia e que nele toca no ponto onde a pedra se achava quando foi abandonada, como é razoável admitir.

Essa mesma razão faz com que, quanto maior for uma roda, tanto maior será o *impetus* que receberão as diversas partes da circunferência dessa roda. Também ocorre muitas vezes que, quando a queremos parar, não o conseguimos sem esforço e sem dificuldade. Com efeito, quanto maior é o diâmetro de um círculo, tanto menos curva é a circunferência desse círculo e, portanto, menos o *impetus* retilíneo é enfraquecido pelo desvio que lhe é imposto pela trajetória circular.

O movimento das partes que se acham sobre a citada circunferência, portanto, mais se aproxima do movimento que está de acordo com a inclinação que a natureza lhes atribui, inclinação que consiste em deslocar-se segundo a linha reta."

Assim, é mais difícil contrariá-lo.

*

Benedetti retoma o estudo dos problemas em questão (relação entre o movimento circular e o movimento em linha reta, a não persistência do movimento de rotação) numa carta a Paola Capra de Novarra, Duque de Savoia, na qual aplica sua concepção à explicação do fato de que o pião se mantém em posição vertical enquanto gira (rapidamente) e cai quando cessa de girar. Benedetti aceita, bem entendido, a explicação tradicional desse fato pela incompatibilidade dos *impetus*, que se entravam mutuamente em sua ação, e pela perda de peso do corpo em movimento, por comparação com esse mesmo corpo em repouso, mas ele a completa, ou melhor, a esclarece, com sua concepção do caráter violento da rotação (p. 285-286):

"V. Sa. me pergunta, em suas cartas, se o movimento circular de um mó de moinho que tivesse sido acionado uma vez poderia durar perpetuamente, no caso em que esse mó repousasse, por assim dizer, sobre um ponto matemático e em que se o pudesse supor perfeitamente redondo e perfeitamente polido.

Respondo que tal movimento não poderia ser perpétuo e, até, que não poderia durar muito tempo. De início, ele é freado pelo ar que lhe opõe uma certa resistência sobre o contorno do mó. Mas, além disso, ele é freado pela resistência das partes do móvel. Uma vez essas partes colocadas em movimento, elas têm um *impetus* que as leva naturalmente a mover-se em linha reta. Mas, como elas estão juntas e são contínuas, uma em relação a outra, sofrem violência quando são movidas em círculo. É pela força que, num tal movimento, elas permanecem unidas. Quanto mais rápido se torna seu movimento, mais cresce nelas essa inclinação natural a mover-se em linha reta, mais contrária é à sua própria natureza a obrigação de girar em círculo. Portanto, a fim de que elas permaneçam em sua natural coesão, malgrado sua tendência própria a mover-se em linha reta uma vez acionadas, é preciso que cada uma delas puxe, por assim dizer, tanto mais vivamente para trás, aquela que se acha na frente, quanto mais rápido for o movimento."

"Da inclinação das partes dos corpos redondos à retidão do movimento resulta que um pião que gira em torno de si mesmo com uma grande violência permanece, durante certo lapso de tempo, quase vertical sobre sua ponta de ferro, não se inclinando mais de um lado do que de outro em direção ao centro do mundo, porque, em tal movimento, cada uma de suas partes não tende única e absolutamente para o centro do mundo, porém, muito mais tende a mover-se perpendicularmente à linha de rotação, de tal modo que esse corpo, necessariamente, deve permanecer ereto. E, se digo que suas partes não se inclinam absolutamente em direção ao centro do mundo, eu o digo porque, apesar de tudo, elas nunca estão absolutamente privadas dessa espécie de inclinação, graças à qual o próprio corpo tende em direção a esse ponto. Entretanto, é verdade que, quanto mais rápido ele é, menos tende em direção ao mesmo ponto. Dito de outra maneira, o corpo em questão se torna mais leve. O que bem mostra o exemplo de flecha do arco, ou de qualquer outra máquina, a qual, quanto mais rápida for em seu movimento, tanto mais propensão terá a seguir em linha reta, o que quer dizer que ela se inclina tanto menos em direção ao centro do mundo; dito de outra forma, ela se torna mais leve.[12] Mas se queres ver essa verdade de

---

12   O raciocínio de Benedetti é um belo exemplo da confusão conceitual que reina na dinâmica pré-galileana a respeito do peso. Que o pião possa tornar-se mais leve em virtude de sua rotação rápida nos parece de um absurdo flagrante demais para poder ser admitido por quem quer que seja. Entretanto, Benedetti, ao afirmá-lo, não faz mais do que tirar uma conclusão correta da doutrina, comumente admitida, da incompatibilidade – relativa ou absoluta – dos *impetus* natural e violento, de onde resulta que um corpo animado de um movimento horizontal é menos pesado do que esse mesmo corpo em repouso.

modo mais claro, imagina que esse corpo, a saber, o pião, enquanto gira muito rapidamente, seja cortado ou dividido em um grande número de partes. Verás, então, que elas não descerão imediatamente em direção ao centro do mundo, mas se moverão, por assim dizer, diretamente em direção ao horizonte. O que (tanto quanto eu saiba) nunca foi observado no que diz respeito ao pião.[13] E o exemplo de tal pião ou de um outro corpo desse gênero bem mostra até que ponto os peripatéticos se enganam a respeito do movimento violento, movimento que consideram provocado pela reação do ar... enquanto, de fato, o meio desempenha um papel totalmente diverso, a saber, o de resistir ao movimento."

O meio, na física aristotélica, desempenha um duplo papel; é, ao mesmo tempo, resistência e motor. A física do *impetus* nega a ação motriz do meio. Benedetti acrescenta que mesmo sua ação retardativa foi mal compreendida e, sobretudo, mal avaliada por Aristóteles. É que Aristóteles compreendeu mal ou, mais exatamente, não compreendeu absolutamente o papel das matemáticas na ciência física. Assim, quase em toda parte, ele acabou chegando ao erro. Ora, somente partindo dos "fundamentos inabaláveis" da filosofia matemática – o que quer dizer, de fato partindo de Arquimedes e inspirando-se em Platão – é que se pode substituir a física de Aristóteles por uma física melhor, baseada nas verdades que o intelecto humano conhece por si mesmo.

Assim, Benedetti é plenamente consciente da importância de seu trabalho. Ele chega a posar de herói (p. 168 e segs.):

"Certamente, nos diz ele, tal é a grandeza e a autoridade de Aristóteles, que é difícil e perigoso escrever alguma coisa contra o que ele ensinou. Particularmente para mim, a quem a sabedoria desse homem sempre pareceu admirável. Não obstante, levado pela preocupação com a verdade, por cujo amor, se ele vivesse, ter-se-ia ele próprio inflamado, ... não hesito em dizer, no interesse comum, onde o fundamento inabalável da filosofia matemática me força a separar-me dele.

---

13   Benedetti tem razão: a natureza retilínea do *impetus* do movimento circular nunca fora ensinada antes dele.

Como aceitamos o fardo de provar que Aristóteles se enganou na questão dos movimentos naturais locais, devemos começar por adiantar certas coisas muito verdadeiras e que o intelecto conhece por si mesmo.[14] Em primeiro lugar, que dois corpos quaisquer, graves ou leves, com volume igual e de forma semelhante, mas compostos de matérias diferentes e dispostos da mesma maneira, observarão, em seus movimentos naturais locais, a proporção de suas gravidades ou levezas nos mesmos meios. O que é totalmente evidente por determinação da natureza, desde que levemos em consideração que a maior velocidade ou lentidão (enquanto o meio permanecer uniforme e em repouso) não provém de nada mais do que das quatro causas seguintes, a saber: a) da maior ou menor gravidade ou leveza; b) da diversidade da forma; c) da posição dessa forma em relação à linha de direção que se estende, reta, entre a circunferência e o centro do mundo; e, enfim, d) da grandeza desigual dos móveis. Donde está claro que, se não se modifica nem a forma (nem em quantidade, nem em qualidade), nem a posição dessa forma, o movimento guardará proporção com a causa motriz, que é o peso ou a leveza. Ora, o que digo da qualidade, da quantidade e da posição da mesma figura eu o digo da resistência no mesmo meio. Pois a dessemelhança ou a desigualdade das figuras, ou a posição diferente, modifica de maneira não desprezível o movimento dos corpos em questão, pois a pequena forma divide mais facilmente a continuidade do meio do que a grande, do mesmo modo como a forma aguda o faz mais rapidamente do que a obtusa. Igualmente, o corpo que se move com a ponta para a frente o faz mais rapidamente do que o que assim não se comporta. Portanto, cada vez que dois corpos encontrarem uma mesma resistência, seus movimentos serão proporcionais a suas causas motrizes. E inversamente, cada vez que dois corpos tiverem uma única e mesma gravidade ou leveza, e resistências diversas, seus movimentos terão, entre si, a proporção inversa da das resistências... e se o corpo que é comparado com o outro é da mesma gravidade ou leveza, mas de uma resistência menor, será mais rápido do que o outro, na mesma proporção em que sua superfície engendra uma resistência menor que a do outro corpo... Assim, por exemplo, se a

---

14   Notemos esta profissão de fé platônica.

proporção entre a superfície do corpo maior e a do corpo menor fosse de 4/3, a velocidade do corpo menor seria maior do que a do corpo maior, como o número quaternário é maior do que o ternário."
Um aristotélico poderia, e mesmo deveria, admitir tudo isso. Mas, acrescenta Benedetti, retomando a teoria por ele exposta 20 anos antes, ainda há algo a admitir, a saber (p. 168),

> "que o movimento natural de um corpo grave em diversos meios é proporcional ao peso desse corpo nos mesmos meios. Assim, por exemplo, se o peso total de certo corpo grave fosse representado por *a.i* (figura 4), e se esse corpo fosse colocado num meio qualquer, menos denso do que ele próprio (pois, se fosse colocado num meio mais denso, não seria grave, mas leve, conforme mostrou Arquimedes), esse meio lhe subtrairia a parte *e.i*, de tal modo que a parte *a.e* desse peso agiria sozinha; e se esse corpo fosse colocado em algum outro meio, mais denso, porém menos denso do que o próprio corpo, esse meio lhe subtrairia a parte *u.i* do citado peso e lhe deixaria livre a parte *a.u*.

Digo que a proporção entre a velocidade de um corpo no meio mais denso será como a

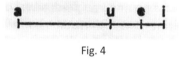

Fig. 4

proporção entre *a.e* e *a.u*, o que está muito mais de acordo com a razão do que se disséssemos que essas velocidades serão como *u.i* em relação a *e.i*, pois as proporções entre as velocidades se estabelecem somente em relação às forças motrizes (quando a figura é a mesma em qualidade, quantidade e posição). O que dizemos agora está, evidentemente, de acordo com o que escrevemos acima, pois dizer que a proporção entre as velocidades de dois corpos heterogêneos, porém semelhantes quanto à figura, à grandeza etc., no mesmo meio, é igual à proporção entre os próprios pesos, é a mesma coisa que dizer que as velocidades de um único e mesmo corpo em diversos meios são proporcionais aos pesos do citado corpo nesses mesmos meios."

Certamente, de seu ponto de vista, Benedetti tem toda a razão. Se as velocidades são proporcionais às forças motrizes e se uma parte da força motriz (do peso) é neutralizada pela ação do meio, é somente a parte restante que deve ser levada em conta e, nos meios cada vez mais densos, a velocidade do corpo grave diminuirá segundo uma progressão aritmética, e não geométrica, como queria Aristóteles. Mas o raciocínio de Benedetti, baseado na hidrostática de Arquimedes, não parte, absolutamente, das mesmas bases que o de Aristóteles. Para Aristóteles, o peso do corpo é uma de suas propriedades constantes e absolutas e não uma propriedade relativa, como para Benedetti e os "Antigos". Aí está por que, para Aristóteles, o peso atua em qualquer caso, em toda a sua extensão, nos diversos meios que lhe opõem resistência. Assim, Benedetti considera que a física de Aristóteles bem demonstra (p. 185) que este "não conhece a causa, nem da gravidade, nem da leveza dos corpos, que consiste na densidade ou na rarefação do corpo grave ou leve, e na densidade ou na rarefação maior ou menor dos meios". A densidade ou a rarefação, eis as propriedades absolutas dos corpos. O peso, isto é, a lentidão, e a leveza, não são senão resultantes dessas propriedades. Em si, todos os corpos são "graves", e os "leves" apenas o são em relação ao meio em que se acham.[15] A madeira é pesada no ar e leve na água, como o ferro é pesado na água e leve no mercúrio. E Benedetti, a fim de nos afastar de um erro no qual seria fácil incidir, nos previne de "que as proporções entre os pesos do mesmo corpo em diferentes meios não seguem as proporções entre suas densidades. Donde, necessariamente, se produzem proporções desiguais entre as velocidades e, especialmente, as velocidades dos corpos graves ou leves da mesma forma ou matéria, mas de grandezas diferentes, em seus movimentos naturais no mesmo meio, seguem proporções muito diferentes das indicadas por Aristóteles". Entre outras, "com o mesmo peso, um corpo menor será mais rápido", porque a resistência do meio será menor...

---

15 É interessante notar que esta doutrina se acha exposta por Marco Trevisano em seu Tratado inédito *De macrocosmo*; cf. BOAS, G. A fourteenth century cosmology, *Preceedings of the American philosophical society*. v. XVCIII (1954), p. 50 e segs., e CLAGET, Marshall. *The science of mechanics in the Middle Ages*. Madison, Wisconsin, 1958. p. 97.

De fato, segundo Benedetti, Aristóteles jamais compreendeu alguma coisa a respeito do movimento. Nem do movimento natural, nem do movimento violento. Quanto ao primeiro, isto é, o movimento de queda, "Aristóteles não deveria declarar (no Capítulo 8 do primeiro livro do *De coelo*) que o corpo é tanto mais rápido quanto mais se aproxima de seu objetivo, porém que o corpo é tanto mais veloz quanto mais se acha afastado de seu ponto de partida".

A oposição proclamada por Benedetti é real? Um corpo que se afasta de seu ponto de partida (*terminus a quo*) não se aproxima, por isso mesmo, de seu ponto de chegada (*terminus ad quem*)? Poder-se-ia acreditar nisso. Assim, Tartaglia, que construiu sua dinâmica sobre a consideração do ponto de partida dos corpos em seus movimentos naturais e violentos, escreve: "Se um corpo grave se move num movimento natural, *quanto mais se vai afastando de seu princípio* (ponto de partida) *ou se aproximando de seu fim, tanto mais rapidamente se desloca*".[16] Acrescentemos que o próprio Benedetti está longe de desprezar a consideração do ponto de chegada, do fim natural do movimento dos corpos graves. Com efeito, no mesmo momento em que dirige a Aristóteles a reprovação e a correção que acabo de citar, escreve ele: "Nos movimentos naturais e retilíneos, a impressão, a impetuosidade recebida cresce continuamente, pois o móvel tem em si mesmo sua causa motriz, isto é, *a propensão para se dirigir ao lugar que lhe é designado pela natureza.*" E, algumas linhas adiante, para explicar o mecanismo do movimento de queda, Benedetti acrescenta: "Pois a impressão cresce à medida que o movimento se prolonga, recebendo o corpo, continuamente, um novo *impetus*: com efeito, ele contém, em si mesmo, a causa de seu movimento, que é a inclinação por retomar seu lugar natural, fora do qual é posto pela violência." Assim, bem o vemos, a *causa* do movimento, para Benedetti, é exatamente a mesma que para Aristóteles, a saber, a tendência natural do corpo a retomar seu lugar natural. Mas o mecanismo em virtude do qual se realiza esse movimento e sua aceleração é tomado, por Benedetti, da dinâmica do *impetus*. São *impetus* consecutivos, continuamente engendrados pela causa motriz no decurso do movimento que, como causas secundárias, empurram ou levam o corpo em direção a seu lugar de destino. Ora, esse *impetus*

---

16   Cf. TARTAGLIA, Niccolò. *Nova scientia*. Livro I, prop. II e III.

se engendra com o movimento e no próprio movimento, à medida que o corpo se afasta de seu ponto de partida. Certamente, ao mesmo tempo ele se aproxima de seu ponto de chegada. Mas, embora Tartaglia tenha acreditado no contrário, matematicamente não é, absolutamente, a mesma coisa.[17]

No que se refere ao movimento violento, Aristóteles tampouco compreendeu grande coisa, pois não percebeu: nem o caráter essencialmente violento do movimento para cima, que não é, de forma alguma, o efeito de uma leveza substancial, não existente *in rerum natura*, mas o de uma extrusão de um corpo, menos grave (menos denso) do que o meio no qual se acha mergulhado, por esse meio; nem o caráter da continuidade do movimento de vaivém e da existência do movimento de repouso (*quies media*) entre a ida e a volta; nem a possibilidade de que um movimento em linha reta seja infinito no tempo. No que diz respeito ao movimento de vaivém (p. 183):

"No Livro VIII, Capítulo 8, da *Física*, Aristóteles diz que é impossível que alguma coisa se mova em linha reta, ora num sentido, ora noutro, isto é, indo e vindo sobre a citada linha, sem que haja um repouso nos extremos. O que digo, pelo contrário, ser possível. Para o exame desta questão, imaginemos (figura 5) um círculo *u.a.n*, movendo-se num movimento contínuo, num sentido qualquer, seja para a direita, seja para a esquerda, em torno do centro *o*. Imaginemos também o ponto *b*, fora desse círculo, onde quer que mais nos agrade e, desse ponto, tracemos duas linhas retas, *b.u* e *b.n*, conti-

---

17 A concepção do mecanismo da aceleração de Giambattista Benedetti é a mesma que a de Nicolau de Oresme; cf. DUHEM, P. *Études sur Léonard de Vinci*. v. III, p. 358 e segs.; *Le système du monde*. Paris, 1958. v. VIII, p. 299 e segs. A tomada em consideração do afastamento do ponto de partida, de preferência à aproximação do ponto de chegada, já se encontra em Estratão de Lâmpsaco e em Filão; na Idade Média, em Edigio Romano e Walter Burley; cf. DUHEM, P. *Le système du monde*. v. VIII, p. 266 e segs.; MAIER, Anneliese. *Na der Grenze von Scholastik und Naturwissen scschaft*. 2. ed. Roma, 1952. p. 195 e segs.; CLAGET, Marshall. *The science of mechanics...*, p. 525 e segs. No que se refere a Tartaglia, toda a sua dinâmica é, de fato, construída sobre o princípio da aceleração dos movimentos naturais e do retardamento dos movimentos violentos *a partir do ponto de partida*. A proporcionalidade entre a aceleração do movimento de queda e a distância percorrida tinha sido, inicialmente, admitida por Galileu e, a seguir, rejeitada como impossível; cf. meus *Études galiléennes*, II, La loi de la chute des corps. Paris, 1939.

guas (tangentes) ao círculo nos pontos *u* e *n*. Imaginemos ainda, em algum lugar entre essas duas linhas, outra linha, que poderá ser *u.n* ou *c.d* ou *e.f* ou *g.h*. Em seguida, tomemos o ponto *a* da circunferência do dito círculo e, desse ponto, tracemos uma linha até o ponto *b*. Essa linha *a.b* imaginemo-la fixa no ponto *b* e, entretanto, móvel, de maneira a poder seguir o ponto *a* em seu movimento de rotação em torno do ponto *o*. Então, essa linha [a.b] coincidirá ora com *b.u*, ora com *b.n*. Ora avançará de *b.u* para *b.n*, ora de *b.n* para *b.u*, como acontece com a linha das direções e retrogradações dos planetas. Em consequência, o círculo *u.a.n* será como o epiciclo, e *b*, como o centro da Terra. É claro que, quando a linha *b.a* coincide com *b.u* ou com *b.n*, ela não está imóvel, pois retrocede no mesmo instante, e que *b.n* e *b.u* tocam o círculo num ponto (somente). Também é claro que a dita linha *b.a* sempre corta as linhas *u.n* ou *c.d* ou *e.f.* ou *g.h* num ponto *t*. Imaginemos agora que alguém se mova seguindo o ponto *t* sobre alguma dessas linhas. É claro que este alguém nunca se achará em repouso mesmo num dos pontos extremos. Portanto, a opinião de Aristóteles não é verdadeira."[18]

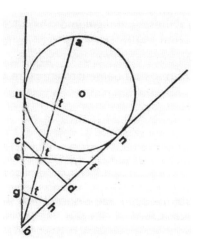

Fig. 5

---

18 A negação da *quies media* se encontra, na Idade Média, em François de Meyronnes e em João Buridano; cf. DUHEM, P. *Le système du monde*. v. VIII, p. 272 e segs.

Quanto ao movimento contínuo e infinitamente prolongado sobre uma reta finita, basta representar o movimento do ponto de interseção *i* das linhas *r.x* e *o.a* do desenho abaixo (figura 6):

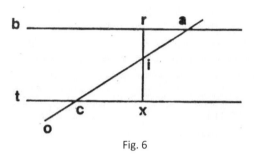

Fig. 6

Supondo-se que a linha *o.a* gire em torno do ponto *a*, que se supõe fixo, é claro que a distância entre *x* e *c* (ponto de interseção entre *o.a* e *x.t*) pode crescer até o infinito, e que o ponto *i* se pode aproximar indefinidamente do ponto *r*, mas jamais poderá atingi-lo. Seu movimento se desacelerará progressivamente – e indefinidamente –, mas nunca chegará ao ponto final de parada.[19]

O primeiro erro de Aristóteles, vê-se bem, foi o de haver desprezado, ou mesmo excluído, o raciocínio geométrico da física e não a ter construído sobre os fundamentos inabaláveis da filosofia matemática.

Mas ainda não esgotamos a lista dos erros físicos de Aristóteles. Agora chegamos ao mais grave: a navegação do vácuo. Com efeito, Benedetti no-lo diz sem rodeios: a demonstração aristotélica da inexistência do vácuo não vale nada (p. 172).

Como sabemos, Aristóteles faz a demonstração da impossibilidade da existência do vácuo por absurdo. No vácuo, isto é, na ausência de toda resistência, o movimento se efetuaria com uma velocidade infinita. Ora, nada é mais falso, segundo entende Benedetti.

---

19 Segundo Nicolau de Oresme um movimento sobre uma distância finita poderia ser indefinidamente prolongado, com a condição de que os espaços percorridos nos tempos sucessivos iguais fossem diminuídos da metade; cf. MAIER, Anneliese. Op. cit. p. 214 e segs.; CLAGET, Marshall. Op. cit. p. 528 e segs.

Tendo em vista que a velocidade é proporcional ao peso relativo do corpo, isto é, a seu peso absoluto diminuído – e não dividido por – da resistência do meio, segue-se imediatamente que a velocidade não aumenta indefinidamente e, anulando-se a resistência, a velocidade não se torna, absolutamente, infinita. "Mas, a fim de mostrá-lo mais facilmente, imaginemos uma infinidade de meios corpóreos, dos quais um é mais rarefeito do que o outro nas proporções que desejarmos, começando pela unidade, e imaginemos também um corpo *q*, mais denso do que o primeiro meio." A velocidade desse corpo, no primeiro meio, será evidentemente, finita. Ora, se o colocarmos nos diversos meios que imaginamos, sua velocidade certamente aumentará, mas nunca poderá ultrapassar um limite. Assim, o movimento no vácuo é perfeitamente possível.[20]

Mas que movimento será esse? Ou seja, qual será sua velocidade? Aristóteles considerava que, se o movimento no vácuo fosse possível, as relações entre as velocidades dos diferentes corpos no vácuo seriam as mesmas que num meio qualquer. Outro erro (p. 174). Asserção "inteiramente errada, pois, num meio qualquer, a proporção entre as resistências externas se subtrai da proporção entre os pesos, e o que resta determina a proporção entre as velocidades, que seria nula se a proporção entre as resistências fosse igual à proporção entre os pesos. Por isso, eles terão, no vácuo, proporções entre as velocidades diferentes daquelas existentes num meio qualquer, a saber: as velocidades dos corpos diferentes (isto é, dos corpos compostos de matérias diferentes) serão proporcionais a seus pesos específicos absolutos, ou seja, a suas densidades. Quanto aos corpos compostos da mesma matéria, terão, no vácuo, a mesma velocidade natural", o que se prova pelas seguintes razões: "Sejam dois corpos homogêneos *o* e *g* e seja *g* a metade de *o*. Sejam também dois outros corpos homogêneos em relação aos primeiros, *a* e *e*, dos quais cada um seja igual a *g*. Imaginemos que esses dois corpos sejam colocados nas extremidades de uma linha da qual *i* seja o meio (figura 7). É claro que o ponto *i* terá tanto peso quanto o centro de *o*. Assim, *i*, pela ação dos corpos *a* e *e*, se moverá no vácuo com a

---

20 A impossibilidade do movimento no vácuo já é afirmada por Filão, em virtude de raciocínios análogos aos de Benedetti.

mesma velocidade que o centro de o. Mas se os citados corpos a e e estivessem desligados da dita linha, nem por isso modificariam sua velocidade, e cada um deles seria tão rápido quanto g. Portanto, g seria tão rápido quanto o.[21]

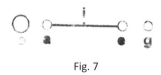

Fig. 7

O movimento no vácuo, a queda simultânea dos corpos graves homogêneos: já estamos bem longe da física de Aristóteles. Mas os fundamentos inabaláveis da filosofia matemática, o modelo sempre presente, no espírito de Benedetti, da ciência de Arquimedes não lhe permite parar aí. O erro de Aristóteles não foi somente o de não haver admitido a possibilidade do vácuo no mundo; foi o de ter forjado uma imagem falsa do mundo e de ter adaptado a física a essa imagem. É sua falsa cosmologia – Benedetti é favorável a Copérnico e provavelmente é por isso que insiste no caráter natural do movimento circular do todo e de suas partes (v. *supra*, p. 163) –, cosmologia baseada na negação do infinito, que constitui o fundamento de sua teoria do "lugar natural". De fato, "não há nenhum corpo, esteja no mundo ou fora do mundo (pouco importa o que diga Aristóteles), que não tenha seu lugar". Lugares extramundanos? Por que não? Haveria "algum inconveniente em que, fora do céu, se encontrasse um corpo infinito?" Certamente, Aristóteles o nega. Mas suas razões não são absolutamente evidentes, muito menos as que ele nos oferece da impossibilidade de uma pluralidade de mundos, da inalterabilidade do Céu e de ainda muitas outras coisas. Tudo isso porque, ainda uma vez, Aristóteles nunca compreendeu alguma coisa das matemáticas. A prova é que ele negou a realidade do infinito (p. 181):

---

21 É bastante curioso constatar que a mesma "experiência", imaginada por Leonardo da Vinci, o conduziu a uma conclusão rigorosamente oposta à que dela extraiu Benedetti. Segundo Leonardo, dois corpos, A e B, ligados um ao outro, cairiam duas vezes mais velozmente do que cada um deles separadamente.

"Com efeito, ele pensa – mas sem prová-lo e mesmo sem apresentar alguma razão disso – que as partes infinitas do contínuo não têm ação real, mas apenas potencial. O que lhe deve ser permitido, porque se todo o *continuum* realmente existente está em ação, todas as suas partes estarão em ação, pois é estúpido acreditar que as coisas que estão em ação se compõem das que não existem senão potencialmente. E tampouco se deve dizer que a continuidade dessas partes faz com que elas sejam potenciais e privadas de toda ação. Seja, por exemplo, a linha contínua *a.u*. Dividamo-la em partes iguais no ponto *e*. Não há nenhuma dúvida de que, antes da divisão, a metade *a.e* (embora seja contígua à outra *e.u*) está tanto em ação quanto toda a linha *a.u*, se bem que não seja distinguida pelos sentidos. E afirmo a mesma coisa da metade de *a.e*, isto é, da quarta parte de toda a linha *a.u*, e, da mesma forma, da oitava, da milésima e de qualquer que se queira".

Assim, a multiplicidade infinita não é menos real do que a finita. O infinito se acha na natureza como real, e não apenas como potencial. E o infinito real pode ser compreendido tão bem quanto o potencial.

A incompreensão das matemáticas que Benedetti tantas vezes reprova em Aristóteles nos revela, assim, algo de muito mais grave, a saber, sua negação do infinito. Aí está a derradeira fonte de todos os seus erros, notadamente aqueles que dizem respeito à estrutura do pensamento.

Inversamente, é sua negação do "finitismo" que explica, em última análise, a oposição de Giambattista Benedetti à doutrina e à tradição de Aristóteles, e determina seu lugar entre aqueles que conduziram a humanidade do mundo fechado dos antigos ao Universo infinito dos modernos.

GALILEU E PLATÃO[1]

O nome de Galileu está indissoluvelmente ligado à revolução científica do século XVI, uma das mais profundas, senão a mais profunda revolução do pensamento humano desde a descoberta do Cosmo pelo pensamento grego, revolução que implica uma radical "mutação" intelectual, da qual a ciência física moderna é, ao mesmo tempo, o fruto e a expressão.[2]

Por vezes, essa revolução é caracterizada e, ao mesmo tempo, explicada por uma espécie de revolta espiritual, por uma transformação completa de toda a atitude fundamental do espírito humano. A vida ativa, *vita activa*, tomando o lugar da *theoria, vita contemplativa*, que até então tinha sido considerada como sua forma mais elevada. O homem moderno procura dominar a natureza, enquanto o homem medieval ou antigo se esforça, principalmente, por contemplá-la. Portanto, deve explicar-se por esse desejo de dominar e de atuar a tendência mecanicista da física clássica – a física de Galileu, de Descartes, de Hobbes, *scientia activa, operativa*, que devia tornar o homem "senhor e dono da natureza". Deve-se considerá-la como resultante tão somente dessa atitude, como aplicação à natureza das categorias de pensamento do *homo faber*.[3] A ciência de Descartes

---

1 Tradução feita pela Sra. Georgette P. Vignaux do artigo Galileo and Plato, publicado no *Journal of the History of Ideas* (v. IV, n. 4, p. 400-428, outubro de 1943).
2 Cf. RANDALL JR., J. H. *The Making of the Modern Mind*. Boston, 1926. p. 220 e segs., 231 e segs.; cf. também WHITEHEAD, A. N. *Science and the Modern World*. New York, 1925.
3 É preciso não confundir essa concepção largamente difundida com a de Bergson, para quem toda a física, tanto a aristotélica quanto a newtoniana, é, em última análise, a obra do *homo faber*.

– *a fortiori* a de Galileu – nada mais é (como se tem dito) do que a ciência do artesão ou do engenheiro.[4]

Devo confessar que essa explicação não me parece inteiramente satisfatória. É verdade, bem entendido, que a filosofia moderna, tanto quanto a ética e a religião modernas, dá ênfase à ação, à *praxis*, muito mais do que o faziam o pensamento antigo e o medieval. Isso é tão verdadeiro quanto o que se refere à ciência moderna: penso na física cartesiana, em suas comparações com polias, cordas e alavancas. Entretanto, a atitude que acabamos de descrever é mais a de Bacon – cujo papel na história das ciências não é da mesma ordem[5] – do que a de Galileu ou de Descartes. A ciência destes não é o produto de engenheiros ou de artesãos, mas de homens cuja obra raramente ultrapassou o domínio da teoria.[6] A nova balística foi elaborada, não por fabricantes de munição ou artilheiros, mas "contra eles". E Galileu não aprendeu *seu* ofício com os homens que labutavam nos arsenais e estaleiros de Veneza. Muito pelo contrário: ele lhes ensinou o ofício *deles*.[7] Além disso, essa teoria explica dema-

---

4   Cf. LABERTHONNIÈRE, L. *Études sur Descartes*. Paris, 1935. p. 288 e segs., 297, 304, II: "Physique de l'exploitation des choses".

5   Bacon é o arauto, o *buccinator* da ciência moderna, mas não um de seus criadores.

6   A ciência de Descartes e de Galileu foi, bem entendido, extremamente importante para o engenheiro e o técnico. Afinal, ela provocou uma revolução técnica. Entretanto, não foi criada e desenvolvida nem por engenheiros, nem por técnicos, mas por teóricos e filósofos.

7   "Descartes artesão" é a concepção do cartesianismo que foi desenvolvida por Leroy em seu *Descartes social*. Paris, 1931, e que foi levada até o absurdo por F. Borkenau em seu livro *Der Übergang vom feudalen zum bürgelichen Weltbild*. Paris, 1934. Borkenau explica o nascimento da filosofia e da ciência cartesianas pelo aparecimento de uma nova forma de empresa econômica, isto é, a manufatura. Cf. a crítica do livro de Borkenau, crítica muito mais interessante e instrutiva do que o próprio livro, por GROSSMAN, H. Die gesellschaftlichen Grundlagen der mechanististhen Philosophie und die Manufaktur. *Zeitschrift für Sozialforschung*. Paris, 1935.
    Quanto a Galileu, é ligado às tradições dos artesões, construtores, engenheiros etc. da Renascença por OLSCHKI, L. *Galileu und seine Zeit*, 1927, e mais recentemente por ZILSEL, E. The sociological roots of sciente. *The American Journal of Sociology*, XLVII, 1942. Zilsel sublinha o papel desempenhado pelos "artesões qualificados" da Renascença no desenvolvimento da mentalidade científica moderna. Bem entendido, é verdade que os artistas, engenheiros,

siadamente pouco. Explica o prodigioso desenvolvimento da ciência do século XVII pelo desenvolvimento da tecnologia. Porém, este foi infinitamente menos impressionante do que aquele. Ademais, ela despreza os sucessos técnicos da Idade Média. Esquece o apetite de poder e de riqueza que inspirou a alquimia em todo o decurso de sua história.

Outros eruditos têm insistido na luta de Galileu contra a autoridade e contra a tradição, em particular a de Aristóteles, contra a tradição científica e filosófica que a Igreja mantinha e ensinava nas universidades. Têm sublinhado o papel da observação e da experiência na nova ciência da natureza.[8] É verdade que a observação e a experimentação constituem um dos traços mais característicos da ciência moderna. É certo que, nos escritos de Galileu, encontramos inúmeros apelos à observação e à experiência e uma amarga ironia em relação a homens que não acreditavam no testemunho de seus olhos, porque o que viam era contrário ao ensinamento das autoridades ou, pior ainda, que não queriam (como Cremonini) olhar através do telescópio de Galileu por medo de ver alguma coisa que contradissesse suas teorias e crenças tradicionais. Ora, foi precisamente construindo um telescópio e utilizando-o, observando cuidadosamente a Lua e os planetas, descobrindo os satélites de Júpiter, que Galileu desferiu um golpe mortal na astronomia e na cosmologia de sua época.

---

arquitetos etc. da Renascença desempenharam um papel importante na luta contra a tradição aristotélica, e que alguns deles – como Leonardo da Vinci e Benedetti – procuraram até desenvolver uma dinâmica nova, antiaristotélica. Porém, como Duhem demonstrou de maneira concludente, essa dinâmica era, em suas linhas principais, a dos nominalistas parisienses, a dinâmica do *impetus* de João Buridano e de Nicolau de Oresme. E se Benedetti, de longe o mais notável daqueles "precursores" de Galileu, transcende às vezes o nível da dinâmica "parisiense", não foi em razão de seu trabalho como engenheiro e artilheiro, mas porque ele estudou Arquimedes e decidiu aplicar "a filosofia matemática" à investigação da natureza.

---

8 Muito recentemente, um crítico me reprovou amigavelmente por haver desprezado esse aspecto do ensinamento de Galileu (cf. OLSCHKI, L. The Scientific Personality of Galileo. *Bulletin of the History of Medecine*, XII, 1942). Devo confessar que acredito não merecer essa reprovação, embora creia profundamente que a ciência é essencialmente teoria, e não uma coleção de "fatos".

Todavia, não se deve esquecer que a observação ou a experiência, no sentido da experiência espontânea do senso comum, não desempenhou um papel maior – ou, se o fez, tratou-se de um papel negativo, o papel de um obstáculo – na fundação da ciência moderna.[9] A física de Aristóteles e, mais ainda, a dos nominalistas parisienses, de Buridano e de Oresme, segundo Tannery e Duhem, era muito mais próxima da experiência do senso comum do que a de Galileu e a de Descartes.[10] Não foi a "experiência", mas a "experimentação", que desempenhou – mais tarde, somente – um papel positivo considerável. A experimentação consiste em interrogar metodicamente a natureza. Essa interrogação pressupõe e implica uma *linguagem* na qual se formulam as perguntas, como um dicionário nos permite ler e interpretar as respostas. Como sabemos, para Galileu, era através de curvas, círculos e triângulos, em linguagem matemática ou, mais precisamente, em *linguagem geométrica* – não na linguagem do senso comum ou através de puros símbolos –, que nos devemos dirigir à natureza e dela receber respostas. A escolha da linguagem e a decisão de empregá-la não podiam, evidentemente, ser determinadas pela experiência que o próprio uso dessa linguagem devia tornar possível. Era preciso que essa escolha e essa decisão tivessem origem em outras fontes.

---

9   MEYERSON, E. *Identité et réalité*. 3. ed. Paris, 1926. p. 156, mostra, de modo muito convincente, a falta de concordância entre "a experiência" e os princípios da física moderna.

10   DUHEM, P. *Le Système du monde*. Paris, 1913. I, p. 194 e segs.: "Com efeito, essa dinâmica parece adaptar-se tão felizmente às observações correntes que não poderia deixar de impor-se, inicialmente, à aceitação dos primeiros que especularam sobre as forças e os movimentos... Para que os físicos venham a rejeitar a dinâmica de Aristóteles e a construir a dinâmica moderna, ser-lhes-á preciso compreender que os fatos de que são testemunhas diárias não são, absolutamente, fatos simples, elementares, aos quais as leis fundamentais da dinâmica devam imediatamente aplicar-se; que a marcha do navio puxado pelos rebocadores, que o rolamento sobre uma estrada da viatura atrelada devem ser vistos como movimentos de extrema complexidade; numa palavra, que, para o princípio da ciência do movimento, se deve, por abstração, considerar um móvel que, sob a ação de uma única força, se move no vácuo. Ora, a partir de sua dinâmica, Aristóteles chega a concluir que tal movimento é impossível."

Outros historiadores da ciência e da filosofia[11] procuraram, mais modestamente, caracterizar a física moderna, enquanto *física*, por alguns de seus traços marcantes como, por exemplo, o papel que nela desempenha o princípio da inércia. Aqui, novamente, é exato que o princípio da inércia ocupa um lugar de relevo na mecânica clássica, em contraste com a mecânica da Antiguidade. É a lei fundamental do movimento. O princípio reina implicitamente na física de Galileu, explicitamente na de Descartes e de Newton. Mas limitar-se a essa característica me parece um tanto superficial. A meu ver, não basta simplesmente estabelecer o fato. Devemos compreendê-lo e explicá-lo, explicar por que a física *moderna* foi capaz de adotar esse princípio; compreender por que e como o princípio da inércia, que nos parece tão simples, tão claro, tão plausível e até evidente, adquiriu esse *status* de evidência e de verdade *a priori*, enquanto, para os gregos, tanto quanto para os pensadores da Idade Média, a ideia de que um corpo, uma vez em movimento, continuasse a se mover para sempre parecia evidentemente falsa e até absurda.[12]

Não tentarei, aqui, explicar as razões e as causas que provocaram a revolução espiritual no século XVI. Para nossas finalidades, basta descrevê-la, caracterizar a atitude mental ou intelectual da ciência moderna através de dois traços que se completam um ao outro. São eles: 1º) a destruição do Cosmo e, consequentemente, o desaparecimento, na ciência, de todas as considerações baseadas nessa noção;[13] 2º) a geometrização do espaço, isto é, a substituição, pelo espaço homogêneo e abstrato da geometria euclidiana, da concepção de um espaço cósmico qualitativamente diferenciado e concreto, o espaço da física pré-galileana. Podem-se resumir e exprimir essas duas características da seguinte maneira: a matematização (geometrização) da natureza e, por conseguinte, a matematização (geometrização) da ciência.

---

11 LASSWITZ, Kurd. *Geschichite der Atomistik*. Hamburgo e Leipzig, 1890. II, p. 23 e segs.; MACH, E. Die Entdeckung des Beharrunggesetzes. *Zeitschrift für Völkerpsychologie und Sprachwissenschaft*, vs. XIV e XV, 1883 e 1884, e CASSIRER, E. *Das Erkenntnisproblem in der Philosophie und Wissenschaft der neueren Zeit*, 2. ed. Berlim, 1911. I, p. 394 e segs.
12 Cf. MEYERSON, E. Op. cit. p. 124 e segs.
13 O *termo* permanece, bem entendido, e Newton sempre fala do Cosmo e de sua ordem (como fala de *impetus*), mas num sentido inteiramente novo.

A dissolução do Cosmo significa a destruição de uma ideia, a ideia de um mundo de estrutura finita, hierarquicamente ordenado, de um mundo qualitativamente diferenciado do ponto de vista ontológico. Essa ideia é substituída pela ideia de um Universo aberto, indefinido e até infinito, unificado e governado pelas mesmas leis universais, um universo no qual todas as coisas pertencem ao mesmo nível do Ser, contrariamente à concepção tradicional que distinguia e opunha os dois mundos do Céu e da Terra. Doravante, as leis do Céu e as leis da Terra se fundem. A astronomia e a física tornam-se interdependentes, unificadas e unidas.[14] Isso implica o desaparecimento, da perspectiva científica, de todas as considerações baseadas no valor, na perfeição, na harmonia, na significação e no desígnio.[15] Tais considerações desaparecem no espaço infinito do novo Universo. É nesse novo Universo, nesse novo mundo, onde uma geometria se faz realidade, que as leis da física clássica encontram valor e aplicação.

A dissolução do Cosmo, repito, me parece a revolução mais profunda realizada ou sofrida pelo espírito humano desde a invenção do Cosmo pelos gregos. É uma revolução tão profunda, de consequências tão remotas, que, durante séculos, os homens – com raras exceções, entre as quais Pascal – não lhe apreenderam o alcance e o sentido. Ainda agora, ela é muitas vezes subestimada e mal compreendida.

O que os fundadores da ciência moderna, entre os quais Galileu, tinham de fazer não era criticar e combater certas teorias erradas, para corrigi-las ou substituí-las por outras melhores. Tinham de fazer algo inteiramente diverso. Tinham de destruir um mundo e substituí-lo por outro. Tinham de reformar a estrutura de nossa

---

14 Como procurei demonstrar em sua obra (*Études galiléennes*, III, *Galilée et la loi d'inertie*. Paris, 1940), a ciência moderna resulta dessa unificação da astronomia e da física, o que lhe permite aplicar os métodos da pesquisa matemática, até então utilizados no estudo dos fenômenos celestes, ao estudo dos fenômenos do mundo sublunar.

15 Cf. BRÉHIER, E. *Histoire de la philosophie*. Paris, t. II, fasc. I, 1929. p. 95: "Descartes liberta a física da obsessão pelo Cosmo helênico, isto é, da imagem de certo estado privilegiado das coisas que satisfaz nossas necessidades estéticas. Não há estado privilegiado, pois todos os estados são equivalentes. Portanto, na física não há lugar para a pesquisa das causas finais e a consideração do melhor."

própria inteligência, reformular novamente e rever seus conceitos, encarar o Ser de uma nova maneira, elaborar um novo conceito do conhecimento, um novo conceito da ciência, e até substituir um ponto de vista bastante natural – o do senso comum – por um outro que, absolutamente, não o é.[16]

Isso explica por que a descoberta de coisas e de leis, que hoje parecem tão simples e tão fáceis que são ensinadas às crianças – leis do movimento, lei da queda dos corpos –, exigiu um esforço tão prolongado, tão árduo, muitas vezes vão, de alguns dos maiores gênios da humanidade, como Galileu e Descartes.[17] Por sua vez, esse fato me parece refutar as modernas tentativas de minimizar e até de negar a originalidade do pensamento de Galileu, ou, pelo menos, seu caráter revolucionário. Esse fato também torna patente que a aparente continuidade no desenvolvimento da física, da Idade Média aos Tempos Modernos (continuidade que foi tão energicamente enfatizada por Caverni e Duhem), é ilusória.[18] Seguramente, é ver-

---

16 Cf. TANNERY, P. Galilée et les principes de la dynamique. *Mémoires scientifiques*. Paris, 1926. v. VI, p. 399. "Se, para julgar o sistema dinâmico de Aristóteles, faz-se abstração dos preconceitos que derivam de nossa educação moderna, se se procura colocar-se no estado de espírito que podia ter um pensador independente no começo do século XVII, é difícil desconhecer que esse sistema está muito mais próximo do que o nosso da observação imediata dos fatos."
17 Cf. meu *Études galiléennes*, II, *La loi de la chute des corps*. Paris, 1940.
18 Cf. CAVERNI. *Storia del metodo sperimentale in Italia*. Florença, 1891-1896, 5 v., em particular os volumes IV e V. DUHEM, P. *Le Mouvement absolu et le mouvement relatif*. Paris, 1905; De l'accélération produite par une force constante. *Congrès international de l'Histoire des Sciences*. Genebra, III sessão, 1906; *Études sur Léonard de Vinci: Ceux qu'il a lus et ceux qui l'ont lu*. Paris, 1909-1913, 3 v., em particular o v. III: *Les précurseurs parisiens de Galilée*. Muito recentemente, a tese da continuidade foi sustentada por J. H. Randall Jr., em seu brilhante artigo: Scientific method in the school of Padua. *Journal of the History of Ideas*, I, 1940; Randall mostra, de modo convincente, a elaboração progressiva do método de "resolução e composição" no ensinamento dos grandes lógicos da Renascença. Entretanto, o próprio Randall declara que "faltou um elemento no método formulado por Zabarella: ele não exigiu que os princípios da ciência natural fossem matemáticos" (p. 204), e que o *Tractatus de paedia*, de Cremonini, ressoa como advertência solene aos matemáticos que triunfaram sobre a grande tradição aristotélica do empirismo racional" (ibidem). Ora, "essa insistência no papel das matemáticas que se

dade que uma tradição ininterrupta se faz presente desde as obras dos nominalistas parisienses até às de Benedetti, Bruno, Galileu e Descartes (eu mesmo acrescentei um elo à história dessa tradição).[19] Porém, a conclusão que Duhem extrai daí é enganosa: uma revolução bem preparada não deixa de ser uma revolução e, a despeito do fato de que o próprio Galileu, em sua mocidade (como, por vezes, ocorreu com Descartes), tenha partilhado das opiniões e ensinado as teorias dos críticos medievais de Aristóteles, a ciência moderna, a ciência nascida de seus esforços e de suas descobertas *não segue* a inspiração dos "precursores parisienses de Galileu". Ela se coloca imediatamente num nível totalmente diverso, num nível que eu gostaria de chamar de arquimediano. O verdadeiro precursor da física moderna não é nem Buridano, nem Oresme, nem mesmo Filão, mas Arquimedes.[20]

I

A história do pensamento científico da Idade Média e da Renascença, que começamos a conhecer um pouco melhor,[21] pode ser dividida em dois períodos. Ou melhor: como a ordem cronológica não corresponde senão muito grosseiramente a essa divisão, poderiam distinguir-se, *grosso modo*, na história do pensamento científico, três etapas ou épocas que correspondem, por sua vez, a três tipos diferentes de pensamento: inicialmente, a física aristotélica; a seguir, a física do *impetus*, extraída, como tudo o mais, do pensamento grego, e elaborada no decurso do século XIV pelos nominalistas parisienses;

---

acrescentou à metodologia lógica de Zabarella" (p. 205) constitui precisamente, a meu ver, o conteúdo da revolução científica do século XVII e, na opinião da época, a linha divisória entre os partidários de Platão e os de Aristóteles.

19 Cf. *Études galiléennes*. I: *A l'aube de la science classique*. Paris, 1940.
20 O século XVI, pelo menos em sua segunda metade, é o período em que se conheceu, se estudou e pouco a pouco se compreendeu Arquimedes.
21 Devemos essa consciência principalmente aos trabalhos de P. Duhem (às obras acima citadas devem-se acrescentar: *Les origines de la statique*. Paris, 1905, 2 v., e *Le Système du monde*. Paris, 1913-1917, 5 v.) e aos de Lynn Thorndike, cf. sua monumental *History of magic and experimental science*. New York, 1923-1941, 6 v. Cf. também, DIJKSTERHUIS, F. J. *Wal em worp*. Groningen, 1924.

finalmente, a física moderna, matemática, do tipo da de Arquimedes ou de Galileu.

Essas etapas são encontradas na obra do jovem Galileu. Elas não nos informam somente sobre a história – ou a pré-história – de seu pensamento, sobre os móveis e os motivos que o dominaram ou inspiraram, mas nos oferecem, ao mesmo tempo, reunido e, por assim dizer, esclarecido pela admirável inteligência de seu autor, um quadro impressionante e profundamente instrutivo de toda a história da física pré-galileana. Retracemos brevemente essa história, começando pela física de Aristóteles.

A física de Aristóteles, bem entendido, é falsa e completamente caduca. Não obstante, é uma "física", isto é, uma ciência altamente elaborada, embora não o seja matematicamente.[22] Não se trata de imaginação pueril, nem de grosseiro enunciado logomáquico de senso comum, mas de uma teoria, ou seja, uma doutrina que, partindo naturalmente dos dados do senso comum, os submete a um tratamento extremamente coerente e sistemático.[23]

Os fatos ou dados que servem de fundamento a essa elaboração teórica são muito simples e, na prática, nós os admitimos exatamente como o fazia Aristóteles. Todos nós achamos sempre "natural" ver um corpo pesado cair "para baixo". Exatamente como Aristóteles ou Santo Tomás, ficaríamos profundamente surpresos se víssemos um corpo grave – uma pedra ou um boi – elevar-se livremente no ar. Isso nos pareceria bastante "contra a natureza", e procuraríamos explicá-lo por algum mecanismo oculto.

Do mesmo modo, achamos sempre "natural" ver a chama de um fósforo dirigir-se "para cima" e colocar nossas panelas "sobre" o fogo. Ficaríamos surpresos e buscaríamos uma explicação se, por exemplo, víssemos a chama voltar-se "para baixo". Qualificaremos essa concepção ou, antes, essa atitude, de pueril ou simplista? Talvez. Podemos até assinalar que, segundo o próprio Aristóteles, a

---

22 A física aristotélica é essencialmente não matemática. Apresentá-la, como o faz Duhem (*De l'accélération produite par une force constante*. p. 859), como simplesmente baseada em outra fórmula matemática que não a nossa, constitui um erro.

23 Muitas vezes o historiador moderno do pensamento científico não aprecia devidamente o caráter sistemático da física aristotélica.

ciência começa precisamente quando se procura explicar as coisas que parecem naturais. Entretanto, quando a termodinâmica enuncia, como princípio, que o "calor" passa de um corpo quente para um corpo frio, mas não de um corpo frio para um corpo quente, não está ela simplesmente traduzindo a intuição do senso comum de que um corpo "quente" se torna "naturalmente" frio, mas de que um corpo frio não se torna "naturalmente" quente? E, até quando declaramos que o centro de gravidade de um sistema tende a adquirir a posição mais baixa e não se eleva sozinho, não estamos simplesmente traduzindo uma intuição do senso comum, aquela mesma que a física aristotélica exprime ao distinguir o movimento "natural" do movimento "violento"?[24]

Ademais, a física aristotélica, tanto quanto a termodinâmica, não se satisfaz em simplesmente exprimir na sua linguagem, o "fato" de senso comum que acabamos de mencionar. Ela o transpõe. A distinção entre movimentos "naturais" e movimentos "violentos" se situa numa concepção de conjunto da realidade física, concepção cujos traços principais parecem ser: a) a crença na existência de "naturezas" qualitativamente definidas; e b) a crença na existência de um Cosmo – em suma, a crença na existência de princípios de ordem em virtude dos quais o conjunto dos seres reais forma um todo hierarquicamente ordenado.

Um todo, ordem cósmica, harmonia: tais conceitos implicam que, no Universo, as coisas são (ou devem ser) distribuídas e dispostas numa certa ordem determinada; que sua localização não é indiferente, nem para elas, nem para o Universo; que, pelo contrário, qualquer coisa tem, segundo sua natureza, um "lugar" determinado no Universo, em certo sentido, o seu lugar próprio.[25] Um lugar para cada coisa e cada coisa no seu lugar: o conceito de "lugar natural" exprime essa exigência teórica da física aristotélica.

A concepção de "lugar natural" é baseada numa concepção puramente estática da ordem. Com efeito, se cada coisa estivesse "em ordem", cada coisa estaria em seu lugar natural e, bem entendido,

---

24 Cf. MACH, E. *Die Mechanik*. p. 124 e segs.
25 É somente em "seu" lugar que um ser atinge sua realização e se torna verdadeiramente ele próprio. Eis por que ele tende a dirigir-se a esse lugar.

ali ficaria e permaneceria para sempre. Por que deveria sair dali? Pelo contrário, ofereceria uma resistência a todo esforço no sentido de afastá-la. Não se poderia expulsá-la dali senão mediante algum tipo de *violência*, e se, em consequência de tal *violência*, o corpo se pusesse fora de "seu" lugar, procuraria voltar a ele.

Assim, todo movimento implica alguma espécie de desordem cósmica, uma perturbação no equilíbrio do universo, pois ele é ou o efeito direto da *violência* ou, pelo contrário, o efeito do esforço do Ser no sentido de compensar essa *violência*, para recuperar sua ordem e seu equilíbrio perdidos e perturbados, para colocar as coisas em seus lugares naturais, lugares onde deviam ficar e permanecer. É esse retorno à ordem que constitui, precisamente, o que chamamos de movimento "natural".[26]

Perturbar o equilíbrio, voltar à ordem. Está perfeitamente claro que a ordem constitui um estado sólido e durável, que tende a perpetuar-se indefinidamente. Portanto, não há necessidade de explicar o estado de repouso, pelo menos o estado de um corpo em repouso no seu lugar natural e próprio. É sua própria natureza que o explica, que explica, por exemplo, que a Terra esteja em repouso no centro do mundo. Do mesmo modo, é evidente que o movimento é necessariamente um estado transitório: um movimento natural cessa naturalmente quando atinge seu objetivo. Quanto ao movimento violento, Aristóteles é otimista demais para admitir que esse estado anormal possa durar. Além disso, o movimento violento é uma desordem que engendra desordem, e admitir que ele pudesse durar indefinidamente significaria, de fato, o abandono da própria ideia de um Cosmo bem ordenado. Portanto, Aristóteles mantém a crença tranquilizadora em que nada do que é *contra naturam possit esse perpetuum*.[27]

Assim, como acabamos de dizer, o movimento, na física aristotélica, é um estado essencialmente transitório. Entretanto, tomado ao pé da letra, esse enunciado seria incorreto e até duplamente incorreto. O fato é que o movimento, embora seja, para *cada um dos*

---

26 As concepções de "lugares naturais" e de "movimentos naturais" implicam a concepção de um Universo finito.
27 ARISTÓTELES, *Física*, VIII, 8, 215*b*.

corpos movidos ou, pelo menos para os do mundo sublunar, para os objetos móveis de nossa experiência, um estado necessariamente transitório e efêmero, para o conjunto do mundo, porém, é um fenômeno necessariamente eterno e, por conseguinte, eternamente necessário[28] – um fenômeno que não podemos explicar sem descobrir sua origem e sua causa na estrutura, tanto física como metafísica, do Cosmo. Tal análise mostraria que a estrutura ontológica do Ser material o impede de atingir o estado de perfeição que implica a noção de repouso absoluto e nos permitiria ver a causa física derradeira dos movimentos temporários, efêmeros e variáveis dos corpos sublunares no movimento contínuo, uniforme e perpétuo das esferas celestes.[29] Por outro lado, o movimento não é, a bem dizer, um *estado*; é um processo, um fluxo, um *vir a ser*, no qual e pelo qual as coisas se constituem, se atualizam e se realizam.[30] É perfeitamente verdadeiro que o Ser é o termo do "vir a ser", e o repouso, o fim do movimento. Porém, o repouso imutável de um ser plenamente atualizado é algo inteiramente diferente da imobilidade pesada e impotente de um ser incapaz de mover-se por si mesmo. O primeiro é algo de positivo, "perfeição e *actus*"; a segunda é apenas uma "privação". Por conseguinte, o movimento – *processus*, vir a ser, mudança – se acha colocado, do ponto de vista ontológico, entre os dois. É o ser de tudo que muda, de tudo aquilo cujo ser é alteração e modificação e que não é senão mudando e modificando-se. A célebre definição aristotélica do movimento – *actus entis in potentia in quantum est in potentia* –, que Descartes considerará perfeitamente ininteligível –, exprime admiravelmente o fato: o movimento é o ser – ou o *actus* – de tudo o que não é Deus.

Assim, mover-se é mudar, *aliter et aliter se habere*, mudar em si mesmo e em relação aos outros. Por um lado, isso implica um termo de referência em relação ao qual a coisa movida muda seu ser ou

---

28   O movimento só pode resultar de um movimento anterior. Por conseguinte, todo movimento efetivo implica uma série infinita de movimentos precedentes.
29   Num Universo finito, o único movimento uniforme que pode persistir indefinidamente é o movimento circular.
30   RIEZLER, Kurt. *Physics and Reality*. New Haven, 1940.

sua relação; o que implica – se examinamos o movimento local[31] – a existência de um ponto fixo em relação ao qual a coisa movida se move, um ponto fixo imutável que, evidentemente, só pode ser o centro do Universo. Por outro lado, o fato de que cada mudança, cada processo, precisa de uma causa para se explicar, implica o fato de que cada movimento precisa de um motor para produzi-lo, motor que o mantém em movimento por tanto tempo quanto dura o movimento. Com efeito, o movimento não se mantém, como ocorre com o repouso. O repouso – estado de privação – não precisa da ação de uma causa qualquer para explicar sua persistência. O movimento, a mudança, qualquer processo contínuo de atualização ou de deterioração, e até de atualização ou de deterioração, não pode prescindir de tal ação. Retirada a causa, cessa o movimento. *Cessante causa cessat effectus.*[32]

No caso do movimento "natural", essa causa ou esse motor é a própria natureza do corpo, sua "forma", que busca reconduzi-lo a seu lugar e, assim, mantém o movimento. *Vice-versa*, o movimento que é *contra naturam* exige, durante toda a sua duração, a ação *contínua* de um motor externo ligado ao corpo movido. Retirado o motor, o movimento cessa. Desligado o motor do corpo movido, o movimento também cessa. Aristóteles, como bem o sabemos, não admite a ação a distância.[33] Segundo ele, cada transmissão de movimento implica um contato. Portanto, só há dois tipos de tal transmissão: a pressão e a tração. Para fazer com que um corpo se mexa, é preciso empurrá-lo ou puxá-lo. Não existem outros meios.

Assim, a física aristotélica forma uma admirável teoria, perfeitamente coerente, a qual, para dizer a verdade, só apresenta um defeito (além de ser falsa): o defeito de ser desmentida pela prática quotidiana do lançamento. Mas um teórico que merece esse nome não

---

31 O movimento local – deslocamento – não é senão uma espécie, embora particularmente importante, de "movimento" (*kinesis*), movimento no domínio do espaço, em contraste com a alteração, movimento no domínio da qualidade, e a geração e a corrupção, movimento no domínio do ser.
32 Aristóteles tem toda razão. Nenhum processo de mudança ou de "vir a ser" pode prescindir de sua causa. Se o movimento, na física moderna, persiste por si mesmo, é porque ele não é mais que um processo.
33 O corpo *tende* a seu lugar natural, mas não é *atraído* por esse lugar.

se deixa perturbar por uma objeção levantada pelo senso comum. Se encontra um "fato" que não se enquadra em sua teoria, nega-lhe a existência. Se não pode negá-la, ele a explica. É na explicação desse fato quotidiano, o lançamento, movimento que continua a despeito da ausência de um "motor", fato aparentemente incompatível com sua teoria, que Aristóteles nos dá a medida de seu gênio. Sua resposta consiste em explicar o movimento, aparentemente sem motor, do projétil, pela reação do meio ambiente, ar ou água.[34] A teoria é um golpe de gênio. Infelizmente, além de falsa, é absolutamente impossível do ponto de vista do senso comum. Portanto, não é surpreendente que a crítica da dinâmica aristotélica volte sempre à mesma *quaestio disputata: a quo moveantur projecta?*

II

Já voltaremos a essa *quaestio*, mas primeiro devemos examinar outro detalhe da dinâmica aristotélica: a negação do vácuo e do movimento no vácuo. Com efeito, nessa dinâmica um vácuo não permite ao movimento produzir-se mais facilmente; pelo contrário, torna-o completamente impossível, por razões muito profundas.

Já dissemos que, na dinâmica aristotélica, cada corpo é concebido como dotado de uma tendência a achar-se no seu lugar natural e a ele voltar se dele é afastado pela violência. Essa tendência explica o movimento natural de um corpo, movimento que o leva a seu lugar natural pelo caminho mais curto e mais rápido. Segue-se que todo movimento natural se faz em linha reta e que cada corpo se dirige a seu lugar natural tão rapidamente quanto possível, isto é, tão rapidamente quanto o meio, que resiste a seu movimento e a ele se opõe, permite-lhe fazê-lo. Se nada houvesse para detê-lo, se o meio ambiente não opusesse qualquer resistência ao movimento que o anima (este seria o caso do vácuo), o corpo se dirigiria a "seu" lugar com uma velocidade infinita.[35] Mas tal movimento seria instantâneo, o que – a justo título – parece absolutamente impossível a Aristóteles. A conclusão é evidente: um movimento (natural) não se pode

---

34   Cf. ARISTÓTELES. *Física*, IV, 8, 215*a*; VIII, 10, 267*a*; *De coelo*, III, 2, 301*b*. MEYERSON, E. *Identité et réalité*. p. 84.
35   Cf. ARISTÓTELES. *Física*, VII, 5, 249*b*, 250*a*; *De coelo*, III, 2, 301*e*.

produzir no vácuo. Quanto ao movimento violento, como, por exemplo, o do lançamento, um movimento no vácuo equivaleria a um movimento sem motor. É evidente que o vácuo não é um meio físico e não pode receber, transmitir e manter um movimento. Ademais, no vácuo (como no espaço da geometria euclidiana) não há lugares privilegiados ou direções. No vácuo, não há, e não pode haver, lugares "naturais". Por conseguinte, um corpo colocado no vácuo não saberia aonde ir, não teria nenhuma razão para se dirigir em uma direção mais que em outra e, portanto, absolutamente nenhuma razão para mover-se. Vice-versa, uma vez posto em movimento, não teria por que parar aqui ou ali e, portanto, absolutamente nenhuma razão para parar.[36] As duas hipóteses são completamente absurdas.

Ainda uma vez, Aristóteles tem perfeita razão. Um espaço vazio (o da geometria) destrói inteiramente a concepção de uma ordem cósmica: num espaço vazio, não só não existem lugares naturais;[37] não existem *lugares* de espécie alguma. A ideia de um vazio não é compatível com a compreensão do movimento como mudança e como processo — talvez até com a do movimento concreto de corpos concretos "reais", perceptíveis (quero referir-me aos corpos de nossa experiência quotidiana). O vácuo é um contrassenso;[38] colocar as coisas em tal contrassenso é absurdo.[39] Só os corpos geométricos podem ser "colocados" num espaço geométrico.

O físico examina coisas reais; o geômetra examina razões em função de abstrações. Por conseguinte, sustenta Aristóteles, nada poderia ser mais perigoso do que misturar geometria e física, e aplicar um método e um raciocínio puramente geométricos ao estudo da realidade física.

III

Já assinalei que a dinâmica aristotélica, a despeito — ou talvez por causa — de sua perfeição teórica, apresentava um grave incon-

---

36 Cf. ARISTÓTELES. *Física*, IV, 8, 214*b*, 215*b*.
37 Se se preferir, poderá dizer-se que, no vácuo, todos os lugares são os lugares naturais de toda espécie de corpos.
38 Kant chamava o espaço vazio de *Unding*.
39 Sabemos que esta era a opinião de Descartes e de Spinoza.

veniente: o de não ser, absolutamente, plausível, o de ser completamente incrível e inaceitável para o simples bom-senso, o de estar, evidentemente, em contradição com a experiência mais comum. Portanto, nada há de espantoso no fato de que ela jamais tenha gozado de um reconhecimento universal e de que os críticos e os adversários da dinâmica de Aristóteles sempre lhe tenham oposto essa observação do bom-senso de que o movimento prossegue separado do motor que lhe dá origem. Os exemplos clássicos de tal movimento – rotação persistente da roda, voo da flecha, lançamento de uma pedra – sempre foram invocados contra ela, desde Hiparco e Filão, passando por João Buridano e Nicolau de Oresme, até Leonardo da Vinci, Benedetti e Galileu.[40]

Não pretendo analisar aqui os argumentos tradicionais que, desde Filão,[41] foram repetidos pelos partidários de sua dinâmica. *Grosso modo*, eles podem ser classificados em dois grupos: a) Os primeiros argumentos são de ordem material e sublinham o quanto é improvável a suposição segundo a qual um corpo grande e pesado – bala de canhão, mó que gira, flecha que voa contra o vento – pode ser movido pela reação do ar. b) Os outros são de ordem formal e assinalam o caráter contraditório da atribuição ao ar de um duplo

---

40 Para a história da crítica medieval de Aristóteles, cf. as obras acima citadas (nota n. 17), e JANSEN, B.; OLIVI. Der älteste scholastische Vertreter des heutigen Bewegungsbegriffes. *Philosophisches Jahrbuch* (1920); MICHALSKI, K. La Physique nouvelle et les différents courants philosophiques au XIV siècle. *Bulletin international de l'Académie Polonaise des Sciences et des Lettres*. Cracóvia, 1927; MOSER, S. *Grundbegriffe der Naturphilosophie bei Wilhelm von Occam* (Innsbruck, 1932); BORCHERT, E. *Die Lehre von der Bewegung bei Nicolaus Oresme* (Münster, 1934); MARCOLONGO, R. La Meccanica di Leonardo da Vinci. *Atti della Reale Accademia delle Scienze Fisiche e Matematiche*, XIX (Nápoles, 1933).

41 Sobre Filão, que parece ter sido o verdadeiro inventor da teoria do *impetus*, cf. WOHLWILL, E. Ein vorganger Galileis im VI. Jahrhundert. *Physicalische Zeitschrift*, VII (1906), e DUHEM, P. *Le Système du monde*, I: A *Física*, de Filão, não tendo sido traduzida para o latim, permaneceu inacessível aos escolásticos, que só tinham à sua disposição o breve resumo feito por Simplicius. Mas foi bem conhecida dos árabes, e a tradição árabe parece ter influenciado, diretamente e pela tradução de Avicena, a escola "parisiense" a um ponto até aqui insuspeitado. Cf. o importantíssimo artigo de PINÈS, S. Études sur Awhad al-Zaman Abu'l Barakat al-Baghdahi. *Revue des études juives* (1938).

papel, o de resistência e o de motor, bem como o caráter ilusório de toda a teoria: ela não faz senão deslocar o problema, do corpo para o ar, e se acha, por isso, obrigada a atribuir ao ar o que ele recusa a outros corpos, a capacidade de manter um movimento separado de sua causa externa. Se assim é, pergunta-se, por que não supor que o motor transmite ao corpo movido, ou lhe imprime, alguma coisa que o torna capaz de mover-se – algo chamado *dynamis, virtus motiva, virtus impressa, impetus, impetus impressus*, às vezes *forza* ou mesmo *motio*, que é sempre representado como alguma espécie de potência ou de força que passa do motor ao *móvel* e continua, então, o movimento, ou melhor, produz o movimento como sua causa?

É evidente, como o próprio Duhem reconheceu, que voltamos ao bom-senso. Os partidários da física do *impetus* pensam em termos de experiência quotidiana. Não é certo que precisamos fazer um *esforço*, empregar e despender força para mover um corpo, como, por exemplo, para empurrar um carro, lançar uma pedra ou entesar um arco? Não é claro que é essa força que move o corpo ou, antes, que o faz mover-se? – que é a força que o corpo recebe do motor que o torna capaz de vencer uma resistência (como a do ar) e de opor-se a obstáculos?

Os partidários medievais da dinâmica do *impetus* discutem longamente, e sem sucesso, sobre o *status* ontológico do *impetus*. Tentam incluí-lo na classificação aristotélica, interpretá-lo como uma espécie de *forma* ou uma espécie de *habitus*, ou como uma espécie de qualidade tal como o calor (Hiparco e Galileu). Essas discussões apenas mostram a natureza confusa e imaginativa da teoria que é um produto direto ou, se se pode dizer, uma condensação do senso comum.

Como tal, ela ajusta, melhor ainda do que o ponto de vista aristotélico, aos "fatos" – reais ou imaginários – que constituem o fundamento experimental da dinâmica medieval, em particular como o "fato" bem conhecido de que todo projétil começa por aumentar sua velocidade e adquire o máximo de rapidez algum tempo depois de se ter separado do motor.[42] Todos sabem que, para saltar um obstáculo,

---

42 É interessante notar que essa crença absurda, que Aristóteles compartilhou e transmitiu (*De coelo*, II, 6), era tão profundamente enraizada e tão univer-

é preciso "tomar impulso"; que um carro que se empurra ou se puxa parte lentamente e ganha velocidade pouco a pouco; também ele toma impulso e adquire sua força viva; da mesma forma que cada qual – até uma criança que lança uma bola – sabe que, para golpear o objetivo com força, é preciso colocar-se a uma certa distância, não perto demais, a fim de fazer com que a bola tome velocidade. A física do *impetus* não tem dificuldade em explicar esse fenômeno. Do seu ponto de vista, é perfeitamente natural que o *impetus* precise de algum tempo para "apoderar-se" do *móvel*, exatamente como o calor, por exemplo, precisa de tempo para difundir-se num corpo.

---

salmente aceita que o próprio Descartes não ousou negá-la abertamente e, como fez muitas vezes, preferiu explicá-la. Em 1630, ele escreve a Mersenne (A.-T., I, p. 110): "Também gostaria de saber se nunca experimentastes se uma pedra lançada com uma funda, ou a bala de um mosquete, ou um projétil de balestra se deslocam mais rapidamente e têm mais força no meio de seu movimento do que no começo e se fazem mais efeito. Pois essa é a crença do vulgo, com a qual, porém, minhas razões não estão de acordo; e acho que as coisas que são acionadas e que não se movem por si mesmas devem ter mais força no começo do que imediatamente depois". Em 1632 (A.-T., I, p. 259) e, ainda uma vez, em 1640 (A.-T., II, p. 37 e segs.), ele explica a seu amigo o que é verdadeiro nessa crença: "*In motu projectorum*, não creio, absolutamente, que o projétil se desloque menos rapidamente no começo do que no fim, a contar desde o primeiro momento em que cessa de ser acionado pela mão ou pela máquina; mas creio que um mosquete, estando afastado apenas de um pé e meio de uma muralha, não fará tanto efeito quanto se estivesse afastado de 15 ou 20 passos, porque a bala, saindo do mosquete, não pode tão facilmente expulsar o ar que se acha entre ele e essa muralha e, assim, deve deslocar-se menos rapidamente do que se essa muralha estiver menos próxima. Todavia, cabe à experiência determinar se essa diferença é sensível e duvido muito de todas aquelas que não foram feitas por mim mesmo." Contrariamente, o amigo de Descartes, Beeckman, nega peremptoriamente a possibilidade de uma aceleração do projétil e escreve (*Beeckman à Mersenne*, 30 de abril de 1630, cf. *Correspondance du P. Mersenne*. Paris, 1936. II, p. 457): "*Funditores verà ac pueri omnes qui existimant remotiora fortius ferire quàm eadem propinquiora, certò certius falluntur*". Entretanto, ele admite que deve haver algo de verdadeiro nessa crença e tenta explicá-lo: "*Non dixeram plenitudinem nimiam aeris impedire effectum tormentorii globi, sed pulverem pyrium extra bombardam jam existentem forsitan adhuc rarefieri, ideoque fieri posse ut globus tormentarius extra bombardam nova vi (simili tandem) propulsus velocitate aliquamdiu cresceret*".

A concepção do movimento que sustenta e apoia a física do *impetus* é completamente diferente da concepção da teoria aristotélica. O movimento não é mais interpretado como um processo de atualização. Entretanto, continua a ser uma mudança e, como tal, é preciso que se explique pela ação de uma força ou de uma causa determinada. O *impetus* é precisamente essa causa imanente que produz o movimento, o qual é, *converso modo*, o efeito produzido por ela. Assim, o *impetus impressus produz* o movimento; *move* o corpo. Mas, ao mesmo tempo, desempenha outro papel muito importante: sobrepuja a resistência que o meio opõe ao movimento.

Tendo em vista o caráter confuso e ambíguo da concepção do *impetus*, é bastante natural que seus dois aspectos e funções tenham de fundir-se, e que certos partidários da dinâmica do *impetus* devam chegar à conclusão de que, pelo menos em certos casos particulares, como o movimento circular das esferas celestes ou, mais geralmente, o rolamento de um corpo circular sobre uma superfície plana, ou, mais geralmente ainda, em todos os casos em que não há resistência externa ao movimento, como num *vacuum*, o *impetus* não se enfraquece, mas permanece "imortal". Esse modo de ver parece bastante próximo da lei da inércia e, portanto, é particularmente interessante e importante notar que o próprio Galileu, que em seu *De motu* nos faz uma das melhores exposições da dinâmica do *impetus*, nega decididamente a validade de tal suposição e afirma vigorosamente a natureza essencialmente perecível do *impetus*.

Evidentemente, Galileu tem toda a razão. Se se compreende o movimento como o efeito do *impetus*, considerado como sua causa – uma causa imanente, mas não interna, como uma "natureza" –, é impensável e absurdo não admitir que a causa ou força que o produz deva necessariamente ser despendida e finalmente esgotada nessa produção. Ela não pode permanecer a mesma em dois momentos consecutivos. Por conseguinte, o movimento por ela produzido deve necessariamente desacelerar-se e extinguir-se.[43] Assim, o jovem Galileu nos dá uma lição muito importante. Ele nos ensina que a física do *impetus*, embora compatível com o movimento num *vacuum*, é, como a de Aristóteles, *incompatível* com o princípio da inércia. Não

---

43 Cf. GALILEI, Galileu. *De motu, opere*. Edizione Nazionale. I, p. 314 e segs.

é a única lição que Galileu nos dá a respeito da física do *impetus*. A segunda é pelo menos tão precisa quanto a primeira. Mostra que, como a de Aristóteles, a dinâmica do *impetus* é incompatível com um método matemático. Ela não conduz a parte alguma. Trata-se de uma via sem saída.

A física do *impetus* fez muito pouco progresso durante os mil anos que separam Filão de Benedetti. Mas nos trabalhos deste último, e de modo mais claro, mais coerente e mais consciente nos do jovem Galileu, encontramos um resoluto esforço para aplicar a essa física os princípios da "filosofia matemática",[44] sob a evidente e inegável influência de "Arquimedes, o sobre-humano".[45]

Nada é mais instrutivo do que o estudo dessa tentativa – ou, mais exatamente, dessas tentativas – e de seu fracasso. Elas nos mostram que é impossível matematizar, isto é, transformar em conceito exato, matemático, a grosseira, vaga e confusa teoria do *impetus*. Foi preciso abandonar essa concepção para edificar uma física matemática na perspectiva da estática de Arquimedes.[46] Foi preciso formar e desenvolver um conceito novo e original do movimento. É esse novo conceito que devemos a Galileu.

IV

Conhecemos tão bem os princípios e os conceitos da mecânica moderna – ou, antes, estamos tão acostumados com eles –, que nos é quase impossível vislumbrar as dificuldades que foi preciso vencer para estabelecê-los. Tais princípios nos parecem tão simples, tão naturais, que não notamos os paradoxos que implicam. Entretanto, o simples fato de que os maiores e mais poderosos espíritos da humanidade – Galileu, Descartes – tiveram de lutar para fazer desses princípios os seus próprios princípios basta para nos mostrar que essas noções claras e simples – a noção de movimento ou a noção de es-

---

44 BENEDETTI, Giambattista. *Diversarum speculationum mathematicarum liber*. Taurini, 1585. p. 168.
45 GALILEI, Galileu. *De motu*. p. 300.
46 A persistência da terminologia – a palavra *impetus* é empregada por Galileu e seus alunos e até por Newton – não nos deve impedir de constatar o desaparecimento da ideia.

paço – não são tão claras e simples quanto parecem. Ou então, elas são claras e simples apenas de um certo ponto de vista, unicamente como parte de certo conjunto de conceitos e axiomas, fora do qual não mais são simples. Ou então, talvez, elas sejam claras e simples demais, tão claras e simples que, como todas as primeiras noções, são muito difíceis de assimilar.

O movimento, o espaço... Tentemos esquecer, por um momento, tudo o que aprendemos na escola. Tentemos figurar o que eles significam em mecânica. Procuremos colocar-nos na situação de um contemporâneo de Galileu, de um homem acostumado com os conceitos da física aristotélica que *ele* aprendeu em *sua* escola e que, pela primeira vez, se defronta com o conceito moderno de movimento. Que é isto? De fato, algo de muito estranho. Algo que não afeta de modo algum o corpo que dela é dotado: estar em movimento ou estar em repouso não faz diferença para o corpo em movimento ou em repouso, não lhe traz nenhuma alteração. O corpo, como tal, é totalmente indiferente a um e a outro.[47] Por conseguinte, não podemos atribuir o movimento a um determinado corpo considerado em si mesmo. Um corpo não está em movimento senão em relação a algum outro corpo que supomos em repouso. Todo movimento é relativo. Portanto, podemos atribuí-lo a um ou outro dos dois corpos, *ad libitum*.[48]

Assim, o movimento parece ser uma relação. Mas, ao mesmo tempo, é um *estado*, exatamente como o repouso é outro *estado*, inteira e absolutamente oposto ao primeiro. Além disso, eles são, um e outro, *estados persistentes*.[49] A famosa primeira lei do movimento, a lei da inércia, nos ensina que um corpo abandonado a si mesmo persiste eternamente em seu estado de movimento ou de repouso

---

47 Na física aristotélica, o movimento é um processo de mudança e sempre afeta o corpo em movimento.

48 Um dado corpo pode, portanto, ser dotado de qualquer número de movimentos diferentes que não interferem uns com os outros. Na física aristotélica, tanto quanto na do *impetus*, cada movimento interfere com cada um dos outros e às vezes até os impede de produzir-se.

49 Assim, o movimento e o repouso são colocados no mesmo nível ontológico; a persistência do *movimento* se torna, portanto, tão evidente por si mesma, sem que seja preciso explicá-la, quanto o havia sido a persistência do *repouso*.

e que temos de aplicar uma força para transformar um estado de movimento em estado de repouso, e *vice-versa*.[50] Entretanto, a eternidade não é inerente a toda espécie de movimento, mas somente ao movimento uniforme em linha reta. Como todos sabem, a física moderna afirma que um corpo, uma vez posto em movimento, conserva eternamente sua direção e sua velocidade, com a condição, bem entendido, de que não sofra a ação de alguma força externa.[51] Além disso, diante da objeção do aristotélico de que, se bem que ele conheça o movimento eterno, o movimento circular das esferas celestes, jamais encontrou um movimento retilíneo persistente, a física moderna responde: certamente! Um movimento retilíneo uniforme é absolutamente impossível, e só pode ser produzido no vácuo.

Reflitamos sobre isso e talvez não sejamos duros demais com o aristotélico que se sentia incapaz de assimilar e aceitar essa noção extravagante, a de uma relação-estado persistente, substancial, conceito de algo que, para ele, parecia tão abstruso e tão impossível quanto nos parecem as desastradas formas substanciais dos escolásticos. Não é surpreendente que o aristotélico se tenha sentido pasmado e perdido diante desse alucinante esforço para explicar o real pelo impossível ou, o que dá no mesmo, para explicar o ser real pelo ser matemático, porque, como já afirmei, os corpos que se movem em linha reta num espaço vazio infinito não são corpos *reais* que se deslocam num espaço *real*, mas corpos *matemáticos* que se deslocam num espaço *matemático*.

Mais uma vez, estamos tão habituados à ciência matemática, à física matemática, que não mais sentimos a estranheza de um ponto de vista matemático a respeito do Ser, a audácia paradoxal de Galileu, ao declarar que o livro da Natureza é escrito em caracteres geométricos.[52] Para nós, isso é óbvio. Mas não para os contemporâneos

---

50 Em termos modernos: na dinâmica aristotélica e na do *impetus*, a força produz o movimento, na dinâmica moderna, a força produz a aceleração.
51 Isso explica, necessariamente, a infinidade do Universo.
52 GALILEI, G. *Il Saggiatore, opere*. VI, p. 232: "*La filosofia è scritta in questo grandissimo libro, che continuamente ci sta aperto innanzi a gli occhi (io dico l'universo), ma non si può intendere se prima non s'impara a intender la lingua, e conoscer i caratteri, ne' quali è scritto. Egli è scritto in lingua matematica, e i caratteri son triangoli, cerchi, ed altre figure geometriche, senza i quali*

de Galileu. Portanto, o que constitui o verdadeiro assunto do *Diálogo sobre os dois maiores sistemas do mundo* é o direito da ciência matemática, da explicação matemática da Natureza, em oposição à explicação não matemática do senso comum e da física aristotélica, muito mais do que a oposição entre dois sistemas astronômicos. É fato que o *Diálogo*, como creio haver mostrado em meu *Études galiléennes*, não é tanto um livro sobre a *ciência*, no sentido que damos a essa palavra, quanto um livro sobre a filosofia – ou, para ser inteiramente exato e empregar uma expressão caída em desuso, porém venerável, um livro sobre a *filosofia da Natureza* –, pela simples razão de que a solução do problema astronômico depende da constituição de uma nova física, a qual, por sua vez, implica a solução da questão *filosófica* do papel que desempenham as matemáticas na constituição da ciência da Natureza.

De fato, o papel e o lugar das matemáticas na ciência não são um problema muito novo. Muito pelo contrário: durante mais de dois mil anos, foram objeto da meditação, da pesquisa e da discussão filosóficas. Galileu tem perfeita consciência disso. Nada há de assombroso nisso! Mesmo muito jovem, como estudante da Universidade de Pisa, as conferências de seu mestre, Francesco Buonamici, lhe podiam haver ensinado que a "questão" do papel e da natureza das matemáticas constitui o principal motivo de oposição entre Aristóteles e Platão.[53] E, alguns anos mais tarde, quando voltou a Pisa,

---

mezi è impossibile a intenderne umanamente parola". Cf. *Carta a Liceti*, de 11 de janeiro de 1641, *Opere*. XVIII, p. 293.

53 A enorme compilação de Buonamici (1.011 páginas *in folio*) constitui uma inestimável obra de referência para o estudo das teorias medievais do movimento. Embora os historiadores de Galileu tenham, muitas vezes, *feito menção* a ela, jamais a utilizaram. O livro de Buonamici é muito raro. Portanto, permito-me fazer-lhe uma citação bastante longa: BUONAMICI, Francisci; FLORENTINI e primo loco philosophiam ordinariam in Almo Gymnasio Pisano profitentis. *De Motu, libri X, quibus generalia naturalis philosophiae principia summo studio collecta continentur* (Florentiae, 1591), lib. X, cap. XI, *Jurene mathematicae ex ordine scientiarum expurgantur*, p. 56: "... Itaque veluti ministri sunt mathematicae, nec honore dignae et habitae propaideia, id est apparatus quidam ad alias disciplinas. Ob eamque potissime causam, quod de bono mentionem facere non videntur. Etenim omne bonum est finis, is vero cuiusdam actus est. Omnis vero actus est cum motu. Mathematicae autem motum non respiciunt.

desta feita como professor, ele podia ter aprendido com seu amigo e colega, Jacopo Mazzoni, autor de um livro sobre Platão e Aristóteles, que "nenhuma outra questão deu lugar a mais nobres e mais belas especulações... do que a de saber se o uso das matemáticas na física, como instrumento de prova e meio de demonstração, é oportuno ou não: em outras palavras: se nos é vantajoso ou, contrariamente, perigoso e prejudicial". "É bem sabido", diz Mazzoni, "que Platão acreditava que as matemáticas são particularmente apropriadas às pesquisas da física, pois que ele próprio recorreu a elas em diversas ocasiões para explicar os mistérios físicos. Mas Aristóteles sustentava um ponto de vista totalmente diferente e explicava os erros de Platão pelo seu demasiado apego às matemáticas."[54]

Haec nostri addunt. Omnem scientiam ex propriis effici: propria vero sunt necessaria quae alicui (?) quatenus ipsum et per se insunt. Atqui talia principia mathematicae non habent... Nullum causae genus accipit... proptereaquod omnes causae definiuntur per motum: efficiens enim est principium motus, finis cuius gratia motus est, forma et materia sunt naturae; et motus igitur principia sint necesse est. At vero mathematica sunt immobilia. Et nullum igitur ibi caussae genus existit"; ibidem, lib. I, p. 54: "*Mathematicae cum ex notis nobis et natura simul efficiant id quod cupiunt, sed caeteris demonstrationis perspeicuitate praeponentur, nam vis rerum quas ipsae tractant non est admodum nobilis; quippe quod sunt accidentia, id est habeant rationem substantiae quatenus subiicitur et determinatur quanto; eaque considerentur longe secus atque in natura existant. Attamen non-nullarum rerum ingenium tale esse comperimus ut ad certam materiam sese non applicent, neque motum consequantur, quia tamen in natura quicquid est, cum motu existit; opus est abstractione cuius beneficio quantum motu non comprehenso in eo munere contemplamur; et cum talis sit earum natura nihil absurdi exoritur. Quod item confirmatur, quod mens in omni habitu verum dicit; atqui verum est ex eo, quod, res ita est. Huc accedit quod Aristoteles distinguit scientias non ex ratione notionum sed entium*".

---

54 MAZZONI, Jacobi. Caesenatis. In: Almo Gymnasio Pisano Aristotelem ordinarie Platonem vero extra ordinem profitentis, *In Universam Platonis et Aristotelis Philosophiam Praeludia, sive de comparatione Platonis et Aristotelis*. Venetiis, 1597. p. 187 e segs. *Disputatur utrum usus mathematicarum in Physica utilitatem vel detrimentum afferat, et in hoc Platonis et Aristotelis comparatio*. "*Non est enim inter Platonem et Aristotelem quaestio, seu differentia, quae tot pulchris, et nobilissimis speculationibus scatet, ut cum ista, ne in minima quidem parte comparari possit. Est autem differentia, utrum usus mathematicarum in scientia Physica tanquam ratio probandi et medius terminus demons-*

Vê-se que, para a consciência científica e filosófica da época – Buonamici e Mazzoni não fazem mais do que exprimir a *communis opinio* –, a oposição ou, antes, a linha divisória entre o aristotélico e o platônico é perfeitamente clara. Se alguém reivindica para as matemáticas uma posição superior, se lhes atribui um real valor e uma posição decisiva na física, trata-se de um platônico. Pelo contrário, se alguém vê nas matemáticas uma ciência abstrata e, portanto, de menor valor do que aquelas – física e metafísica – que tratam do ser real; se, em particular, alguém sustenta que a física não precisa de nenhuma outra base senão da experiência e deve edificar-se diretamente sobre a percepção, que as matemáticas devem contentar-se com o papel secundário e subsidiário de simples auxiliar, trata-se de um aristotélico.

O que está em jogo, aqui, não é a certeza – nenhum aristotélico jamais pôs em dúvida a certeza das proposições ou demonstrações geométricas –, mas o Ser; nem mesmo o emprego das Matemáticas na física – nenhum aristotélico jamais negou nosso direito de medir o que é mensurável e de contar o que é contável –, mas a estrutura da ciência e, portanto, a estrutura do Ser.

Tais são as discussões às quais Galileu continuamente faz alusão no curso desse *Diálogo*. Assim, bem no início, Simplício, o aristotélico, sublinha que "no que se refere às coisas naturais, nem sempre precisamos procurar a necessidade de demonstrações matemáticas".[55] Ao que Sagredo, que se dá o prazer de não compreender Simplício,

---

trationum sit opportunus, vel inopportunus, id est, an utilitatem aliquam afferat, vel potius detrimentum et dammum. Creditit Plato Mathematicas and speculationes physicas apprime esse accommodatas. Quapropter passim eas adhibet in reserandis mysteriis physicis. At Aristoteles omnino secus sentire videtur, erroresque Platonis adscribet amori Mathematicarum... Sed si quis voluerit hanc rem diligentius considerare, forsan, et Platonis defensionem inveniet, videbit Aristotelem in nonnullos errorum scopulos impegisse, quod quibusdam in locis Mathematicas demonstrationes proprio consilio valde consentaneas, aut non intellexerit, aut certe non adhibuerit. Utramque conclusionem, quarum prima ad Platonis tutelam attinet, secunda errores Aristotelis ob Mathematicas male rejectas profitetur, brevissime demonstrabo".

55 Cf. GALILEI, Galileu. *Dialogo sopra i due Messimi Sistemi del mondo opere*. Edizione Nazionale, VII, 38; cf. p. 256.

replica: "Naturalmente, quando não se pode consegui-lo. Mas, se se pode, por que não?" Naturalmente! Se é possível, nas questões relativas às coisas da natureza, conseguir uma demonstração dotada de rigor matemático, por que não deveríamos procurar fazê-la? Mas isso é possível? Esse é exatamente o problema, e Galileu, na margem do livro, resume a discussão e exprime o verdadeiro pensamento do aristotélico: "Nas demonstrações relativas à natureza", diz ele, "não se tem de procurar a exatidão matemática."

Não se tem... Por quê? Porque é impossível. Porque a natureza do ser físico é qualitativa e vaga. Ela não se enquadra na rigidez e na precisão dos conceitos matemáticos. É sempre "mais ou menos". Portanto, como o aristotélico nos explicará mais tarde, a filosofia, que é a ciência do real, não precisa examinar os detalhes, nem recorrer às determinações numéricas ao formular suas teorias do movimento. Tudo o que ela deve fazer é enumerar suas principais categorias (natural, violento, retilíneo, circular) e descrever seus traços gerais, qualitativos e abstratos.[56]

O leitor moderno está, provavelmente, longe de se convencer disso. Ele acha difícil admitir que a "filosofia" tenha tido de contentar-se com uma generalização abstrata e vaga e não procurar estabelecer leis universais precisas e concretas. O leitor moderno não conhece a verdadeira razão dessa necessidade, mas os contemporâneos de Galileu a conheciam muito bem. Sabiam que a qualidade, tanto quanto a forma, sendo por natureza não matemática, não podia ser analisada em termos matemáticos. A física não é geometria aplicada. A matéria terrestre nunca pode exibir figuras matemáticas exatas. As "formas" nunca o "informam" completa e perfeitamente. Permanece sempre uma distância... Nos céus, bem entendido, as coisas se passam de outra maneira. Portanto, a astronomia matemática é possível. Mas a astronomia não é a física. Que isso tenha escapado a Platão, eis aí, precisamente, seu erro e o de seus partidários. É inútil tentar edificar uma filosofia matemática da natureza. O empreendimento está condenado antes mesmo de iniciar-se. Ele não conduz à verdade, mas ao erro.

---

56   Cf. *Diálogo*. p. 242.

"Todas essas sutilidades matemáticas", explica Simplício, "são verdadeiras *in abstracto*. Mas, aplicadas à matéria sensível e física, não funcionam.[57] Na verdadeira natureza, não há nem círculos, nem triângulos, nem linhas retas. Portanto, é inútil aprender a linguagem das figuras matemáticas. Não é nelas que está escrito, a despeito de Galileu e de Platão, o livro da Natureza. De fato, não é apenas inútil; é perigoso: quanto mais um espírito estiver acostumado à precisão e à rigidez do pensamento geométrico, menos ele será capaz de assimilar a diversidade móvel, cambiante, qualitativamente determinada do Ser".

Essa atitude do aristotélico nada tem de ridículo.[58] Pelo menos a mim ela me parece perfeitamente sensata. Não se pode estabelecer uma teoria matemática da qualidade, diz Aristóteles a Platão; nem mesmo do movimento. Não há movimento dos números. Mas *ignorato motu ignoratur natura*. O aristotélico do tempo de Galileu podia acrescentar que o maior dos platônicos, o *divino* Arquimedes,[59] jamais pôde elaborar outra coisa além de uma estática. Nada de dinâmica. Uma teoria do repouso. Não do movimento.

O aristotélico tinha toda a razão. É impossível fornecer uma dedução matemática da qualidade. Bem sabemos que Galileu, como Descartes pouco mais tarde, e pela mesma razão, foi obrigado a suprimir a noção de qualidade, a declará-la subjetiva, a bani-la do domínio da natureza,[60] o que implica, ao mesmo tempo, que ele tenha sido obrigado a suprimir a percepção dos sentidos como a fonte de conhecimento e a declarar que o conhecimento intelectual, e até *a priori*, é nosso único e exclusivo meio de apreender a essência do real.

Quanto à dinâmica e às leis do movimento, o *posse* só deve ser provado pelo *esse*. Para mostrar que é possível estabelecer as leis matemáticas da natureza, é preciso fazê-lo. Não há outro meio e Galileu está perfeitamente consciente disso. Portanto, é dando soluções matemáticas a problemas físicos concretos – o da queda dos corpos, o do movimento de um projétil – que ele conduz Simplício

---

57   Ibidem. 229 e 423.
58   Como se sabe, foi a mesma de Pascal e até de Leibniz.
59   Talvez valha a pena notar que, para toda a tradição doxográfica, Arquimedes é um *philosophus platonicus*.
60   Cf. BURTT, E. A. *The Metaphysical Foundations of Modern Physical Science*. Londres e Nova Iorque, 1925.

a confessar que "querer estudar os problemas da natureza sem as matemáticas é tentar fazer algo que não pode ser feito".

Parece-me que agora podemos compreender o sentido deste significativo texto de Cavalieri que, em 1630, escreve em seu *Specchio ustorio*:

> "Tudo o que traz (acrescenta) o conhecimento das ciências matemáticas, que as célebres escolas dos pitagóricos e dos platônicos viam como superiormente necessário à compreensão das coisas físicas, logo aparecerá claramente, assim espero, com a publicação da nova ciência do movimento prometida por este maravilhoso verificador da natureza, Galileu Galilei".[61]

Também compreendemos o orgulho de Galileu, o platônico, que, em seus *Discursos e demonstrações*, anuncia que "vai promover uma ciência completamente nova sobre um problema muito antigo", e que provará algo que ninguém provou até então, a saber, que o movimento de queda dos corpos é sujeito à lei dos números.[62] O movimento governado pelos números: o argumento aristotélico se achava, finalmente, refutado.

É evidente que, para os discípulos de Galileu, da mesma forma que para seus contemporâneos e antecessores imediatos, matemática significa platonismo. Por conseguinte, quando Torricelli nos diz "que entre as artes liberais, *somente* a geometria exercita e aguça o espírito e o torna capaz de construir um ornamento da *Cité* em tempos de paz e de defendê-lo em tempo de guerra", e que "*caeteris paribus*, um espírito conduzido à ginástica geométrica é dotado de uma

---

61   CAVALIERI, Bonaventura. *Lo specchio ustorio overo trattato delle Settioni Coniche e alcuni loro mirabili effettri intorno al Lume* etc. Bolonha, 1632. p. 152 e segs.: "*Ma quanto vi aggiunga la cognitione delle scienze Matematiche, giudicate da quelle famosissime scuole de' Pithagorici et de' 'Platonici', sommamente necessarie per intender le cose Fisiche, spero in breve sarà manifesto, per la nuova dottrina del moto promessaci dall'esquisitissimo Saggiatore della Natura, dico dal Sig., Galileo Galilei, ne' suoi Dialoghi...*"

62   GALILEI, Galileu. *Discorsi e dimonstrazioni mathematiche intorno a due nuove scienze*, Opere. Edizione Nazionale. VIII, p. 190: "*Nullus enim, quod sciam, demonstravit, spatia a mobile descendente ex quiete peracta in temporibus aequalibus, eam inter se retinere rationem, quam habent numeri impares ab unitate consequentes*".

força muito particular e viril",[63] não se mostra apenas um autêntico discípulo de Platão; ele se reconhece e se proclama como tal. Assim fazendo, permanece um fiel discípulo de seu mestre Galileu que, em sua *Resposta aos exercícios filosóficos*, de Antonio Rocco, dirige-se a este último pedindo-lhe que julgue por si mesmo o valor dos dois métodos rivais – o método puramente físico e empírico, e o método matemático – e acrescenta: "Decida, ao mesmo tempo, quem raciocinou melhor: Platão, que diz que sem as matemáticas não se poderia aprender filosofia, ou Aristóteles, que reprovou Platão por haver estudado demais a Geometria."[64]

Acabo de chamar Galileu de platônico. Creio que ninguém porá em dúvida que ele o seja.[65] Ademais, ele próprio o diz. Logo nas pri-

---

63 TORRICELLI, Evangelista. *Opera geometrica*. Florentiae, 1644., II, p. 7: "*Sola enim Geometria inter liberales disciplinas acriter exacuit ingenium, idoneumque reddit ad civitates adornandas in pace et in bello defendendas: caeteris enim paribus, ingenium quod exercitatum sit in Geometria palestra, peculiare quoddam et virile robur habere solet: praestabitque semper et antecellet, circa studia Architecturae, rei bellicae, nauticaeque etc.*"
64 GALILEI, Galileu. *Esercitazioni filosofiche di Antonio Rocco*, Opere. Edizione Nazionale. VII, p. 744.
65 O platonismo de Galileu foi mais ou menos claramente reconhecido por certos historiadores modernos das ciências e da filosofia. Assim, o autor da tradução alemã do *Diálogo* sublinha a influência platônica (doutrina da reminiscência) na própria forma do livro (cf. GALILEI, Galileu. *Dialog über die beiden hauptsächlichsten Weltsysteme, aus dem italienischen übersetzt und erläutert von E. Strauss*. Leipzig, 1891. p. XLIX); CASSIRER, E. *Das Erkenntnisproblem in der Philosophie und Wissenschaft der neueren Zeit*. 2. ed. Berlim, 1911. I, p. 389 e segs., insiste no platonismo de Galileu em seu ideal do conhecimento; OLSCHKI, L. *Galileo und seine Zeit*. Leipzig, 1927, fala da "visão platônica da Natureza" de Galileu etc. BURTT, E. A. *The Metaphysical Foundations of Modern Physical Science*. New York, 1925, é quem me parece ter melhor exposto o plano de fundo metafísico da ciência moderna (o matematismo platônico). Infelizmente, Burtt não soube reconhecer a existência de *duas* (e não uma) tradições platônicas, a da especulação mística sobre os números e a da ciência matemática. O mesmo erro, pecado venial no caso de Burtt, foi cometido por seu crítico, STRONG, E. W. *Procedures and Metaphysics*. Berkeley, Cal., 1936 e, no seu caso, foi um pecado mortal. Sobre a distinção entre os dois platonismos, cf. BRUNSCHVICG, L. *Les étapes de la philosophie mathématique*. Paris, 1922. p. 69 e segs., e *Le progrès de la conscience dans la philosophie occidentale*. Paris, 1937. p. 37 e segs.

meiras páginas do *Diálogo*, Simplício observa que Galileu, sendo matemático, provavelmente nutre simpatia pelas especulações numéricas dos pitagóricos. Isso permite a Galileu declarar que ele as considera totalmente desprovidas de sentido e, ao mesmo tempo, dizer: "Sei perfeitamente bem que os pitagóricos tinham a mais alta estima pela ciência dos números e que o próprio Platão admirava a inteligência do homem e acreditava que ele participa da divindade pela simples razão de que é capaz de compreender a natureza dos números. Eu mesmo me inclino a fazer idêntico julgamento."[66]

Como poderia ele ter uma opinião diferente, ele que acreditava que, no conhecimento matemático, o espírito humano atinge a própria perfeição do entendimento divino? Não diz ele que "sob a relação da *extensão*, isto é, no que se refere à multiplicidade das coisas a conhecer, que é infinita, o espírito humano é como um nada (mesmo se compreendesse um milhar de proposições, porque um milhar, comparado com a infinidade, é como se fosse zero); mas sob a relação da *intensidade*, tanto quanto esse termo significa assimilar intensamente, a saber, uma dada proposição, digo que o espírito humano compreende algumas proposições tão perfeitamente e delas tem uma certeza tão absoluta quanto pode ter a própria Natureza. A essa espécie pertencem as ciências matemáticas puras, isto é, a geometria e a aritmética, das quais o intelecto divino, bem entendido, conhece infinitamente mais proposições, pela simples razão de que conhece todas. Mas, quanto ao pequeno número que o espírito humano compreende, creio que nosso conhecimento se iguala ao conhecimento divino em certeza objetiva, porque consegue compreender a necessidade delas, além da qual não parece poder existir uma certeza maior".[67]

Galileu teria podido acrescentar que o entendimento humano é uma obra de Deus tão perfeita que, *ab initio*, está de posse dessas ideias claras e simples, cuja própria simplicidade é uma garantia de verdade, e que lhe basta voltar-se para si mesmo para encontrar em sua "memória" os verdadeiros fundamentos da ciência e do conhecimento, o alfabeto, isto é, os elementos da linguagem – a linguagem

---

66 *Diálogo*. p. 35.
67 *Diálogo*. p. 128 e segs.

matemática – que fala a Natureza criada por Deus. É preciso encontrar o verdadeiro fundamento de uma ciência *real*, uma ciência do mundo *real* – não de uma ciência que só atinge a verdade puramente formal –, a verdade intrínseca do raciocínio e da dedução matemáticos, uma verdade que não seria afetada pela não existência na Natureza dos objetos que estuda. É evidente que Galileu, não menos que Descartes, não se satisfaz com tal sucedâneo de ciência e de conhecimentos reais.

É dessa ciência, o verdadeiro conhecimento "filosófico", que é o conhecimento da própria essência do Ser, que Galileu proclama: "E eu lhes digo que, se alguém não conhece a verdade por si mesmo, é impossível a quem quer que seja lhe dar esse conhecimento. Com efeito, é possível ensinar essas coisas que não são nem verdadeiras nem falsas; mas as verdadeiras, pelas quais entendo as coisas necessárias, isto é, as que não podem ser de outra forma, todo espírito mediano ou as conhece por si mesmo, ou jamais pode aprendê-las".[68] Seguramente! Um platônico não pode ter uma opinião diferente, pois, para ele, conhecer nada mais é do que compreender.

Nas obras de Galileu, as alusões tão numerosas a Platão, a repetida menção da maiêutica socrática e da doutrina da reminiscência não são ornamentos superficiais provenientes do desejo de enquadrar-se na moda literária resultante do interesse que o pensamento da Renascença dedica a Platão. Tampouco visam a atrair para a nova ciência a simpatia do "leitor mediano", cansado e desgostoso da aridez da escolástica aristotélica. Nem a revestir-se, para opor-se a Aristóteles, da autoridade de seu mestre e rival, Platão. Muito pelo contrário. Essas alusões são perfeitamente sérias e devem ser tomadas tal como são feitas. Assim, para que ninguém possa ter a menor dúvida de seu ponto de vista filosófico, Galileu insiste:[69]

SALVIATI – A solução do problema em questão implica o conhecimento de certas verdades que conheceis tão bem quanto eu. Mas como não as recordais, não vedes essa solução. Dessa maneira, sem ensinar-vos, porque já as conheceis, pelo simples fato de vo-las recordar, farei com que resolvais vós mesmos o problema.

---
68 *Diálogo*. p. 183.
69 Ibidem, p. 217.

SIMPLÍCIO – Muitas vezes tenho ficado impressionado por vossa maneira de raciocinar, a qual me leva a pensar que vos inclinais pela opinião de Platão, *nostrum scire sit quoddam reminisci*. Peço-vos que me libertais dessa dúvida e que me digais qual é o vosso próprio pensamento.

SALVIATI – O que penso dessa opinião de Platão posso explicá-lo com palavras, mas também com fatos. Nos argumentos até aqui apresentados, de fato por mais de uma vez já me manifestei. Agora, quero aplicar o mesmo método à pesquisa em curso, pesquisa que pode servir de exemplo para ajudar-vos a compreender mais facilmente minhas ideias sobre a aquisição da ciência...

A pesquisa "em curso" nada mais é do que a dedução das proposições fundamentais da mecânica. Estamos prevenidos de que Galileu julga ter feito mais do que simplesmente dizer-se um adepto e partidário da epistemologia platônica. Além disso, aplicando essa epistemologia, descobrindo as verdadeiras leis da física, fazendo com que sejam deduzidos por Sagredo e Simplício, isto é, *pelo próprio leitor, por nós mesmos*, ele acredita ter demonstrado a verdade do platonismo "na realidade". O *Diálogo* e os *Discursos* nos fornecem a história de uma experiência intelectual, de uma experiência concludente, pois ela termina pela confissão cheia de pesar do aristotélico Simplício, que reconhece a necessidade de estudar as matemáticas e lamenta não as ter estudado desde a sua juventude.

O *Diálogo* e os *Discursos* nos contam a história da descoberta, ou ainda melhor, da redescoberta da linguagem que fala a Natureza. Eles nos explicam a maneira de interrogá-la, isto é, a teoria dessa experimentação científica na qual a formulação dos postulados e a dedução de suas consequências precedem e guiam o recurso à observação. Isso, pelo menos para Galileu, é uma prova "real". A nova ciência é, para ele, uma prova experimental do platonismo.

GALILEU E A REVOLUÇÃO CIENTÍFICA DO SÉCULO XVII[1]

A ciência moderna não saiu, perfeita e completa, como Atene da cabeça de Zeus, dos cérebros de Galileu e de Descartes. Pelo contrário, a revolução galileana e cartesiana – que, apesar de tudo, permanece como uma revolução –, fora preparada por um longo esforço de pensamento. E não há nada mais interessante, mais instrutivo, nem mais empolgante, do que a história desse esforço, a história do pensamento humano, lidando obstinadamente com os mesmos eternos problemas, encontrando as mesmas dificuldades, lutando sem trégua contra os mesmos obstáculos e forjando, lenta e progressivamente, seus instrumentos e ferramentas, isto é, os novos conceitos, os novos métodos de pensamento que, enfim, permitirão vencê-los.

Trata-se de uma longa e apaixonante história, longa demais para ser contada aqui. Entretanto, para compreender a origem, o alcance e a significação da revolução galileana e cartesiana, não nos podemos dispensar de, pelo menos, lançar um olhar para trás, sobre determinados contemporâneos e predecessores de Galileu.

A física moderna estuda, em primeiro lugar, o movimento dos corpos pesados, isto é, o movimento dos corpos que nos rodeiam. Assim, é do esforço no sentido de explicar os fatos e os fenômenos da experiência diária – a queda, o arremesso – que decorre o movimento de ideias que conduz ao estabelecimento de suas leis fun-

---

[1] Texto de uma conferência feita no Palais de la Découverte, em 7 de maio de 1955 (Les Conférences du Palais de la Découverte. Paris, Palais de la Découverte, série D, n. 37, 1955. 19p.). Uma versão em língua inglesa deste texto fora publicada anteriormente (Galileo and the Scientific Revolution of the XVIIth Century. *Philosophical Review*. p. 333-348, 1943).

damentais. Porém, esse movimento de ideias não decorre, nem exclusivamente, nem mesmo principalmente, ou diretamente daquele esforço. A física moderna não deve sua origem somente à Terra. Ela a deve também aos céus. E é nos céus que ela encontra sua perfeição e seu fim.

Esse fato, o fato de que a física moderna tem seu prólogo e seu epílogo nos céus ou, mais precisamente, o fato de que a física moderna possui suas origens no estudo dos problemas astronômicos e mantém esse vínculo através de toda a sua história, tem um sentido profundo e acarreta importantes consequências. Implica, notadamente, o abandono da concepção clássica e medieval do Cosmo – unidade fechada de um Todo, Todo qualitativamente determinado e hierarquicamente ordenado, no qual as diferentes partes que o compõem, a saber, o Céu e a Terra, estão sujeitos a leis diversas – e sua substituição pela do Universo, isto é, de um conjunto aberto e indefinidamente extenso do Ser, unido pela identidade das leis fundamentais que o governam; determina a fusão da *física celeste* com a *física terrestre*, que permite a esta última utilizar e aplicar a seus problemas os métodos matemáticos hipotético-dedutivos desenvolvidos pela primeira; implica a impossibilidade de estabelecer e de elaborar uma física terrestre ou, pelo menos, uma mecânica terrestre, sem desenvolver ao mesmo tempo uma mecânica celeste; explica, finalmente, o fracasso parcial de Galileu e de Descartes.

A física moderna, isto é, aquela que nasceu nas obras de Galileu Galilei e se completou nas de Albert Einstein, considera a lei da inércia sua lei mais fundamental. Tem muita razão, pois, como diz o velho adágio, *ignorato motu ignoratur natura*, e a ciência moderna tende a explicar tudo "pelo número, pela figura e pelo *movimento*". De fato, foi Descartes e não Galileu[2] quem, pela primeira vez, compreendeu inteiramente o alcance e o sentido disso. Entretanto, Newton não está totalmente enganado ao atribuir a Galileu o mérito de sua descoberta. Com efeito, embora Galileu nunca tenha formulado explicitamente o princípio da inércia, sua mecânica está, implicitamente, baseada nele. E é somente sua hesitação em extrair, ou em admitir, as últimas – ou implícitas – consequências de sua própria concepção

---

2   Cf. meu *Études galiléennes*. Paris: Hermann, 1939.

do movimento, sua hesitação em rejeitar completa e radicalmente os dados da experiência em favor do postulado teórico que estabeleceu com tanto esforço, que o impede de dar esse último passo no caminho que leva do Cosmo finito dos gregos ao Universo infinito dos modernos.

O princípio da inércia é muito simples. Afirma que um corpo abandonado a si mesmo permanece em seu *estado* de repouso ou de movimento tanto tempo quanto esse estado não for submetido à ação de uma força exterior qualquer. Em outros termos, um corpo permanecerá eternamente em repouso, a menos que não seja posto em movimento. E um corpo em movimento continuará a mover-se e se manterá em seu movimento retilíneo e uniforme tanto tempo quanto nenhuma força exterior o impedir de fazê-lo.[3]

O princípio da inércia nos parece perfeitamente claro, plausível e até praticamente evidente. Parece-nos inteiramente natural que um corpo em repouso permaneça em repouso, isto é, permaneça onde estiver – onde quer que esteja – e não se mova espontaneamente para se colocar em outro lugar. E que, *converso modo*, uma vez posto em movimento, continue a mover-se, na mesma direção e com a mesma velocidade, porque, com efeito, não vemos razão nem causa para que ele mude de uma ou de outra. Isso nos parece não somente plausível, mas evidente por si mesmo. Ninguém – acreditamos – jamais pensou de outra forma. Porém, não foi assim. Realmente, o caráter de "evidência" de que se cercam as concepções que acabo de evocar data de ontem. Tais concepções possuem esse caráter, para nós, justamente graças a Galileu e a Descartes, enquanto para os gregos, bem como para a Idade Média, teriam parecido – ou pareceram – ser manifestamente falsas e até absurdas. Esse fato só pode ser explicado se admitirmos ou reconhecermos que todas essas noções "claras" e "simples" que formam a base da ciência moderna não são "claras" e "simples" *per se* e *in se*, mas na medida em que fazem parte de certo conjunto de conceitos e de axiomas fora do qual não são absolutamente "simples".

---

3 Cf. NEWTON, Isaac. *Philosophiae naturis principia mathematica*. Axiomata sine leges motus: Leux I: Corpus omne perseverare in statu suo quiescendi vel movendi uniformiter in directum, nisi quatenus a viris impressis cogitur statum illum mutare.

Por seu turno, isso nos permite compreender por que a descoberta de coisas tão simples e fáceis quanto, por exemplo, as leis fundamentais do movimento, que hoje são ensinadas às crianças – e por elas compreendidas –, exigiu um esforço tão considerável, e um esforço que, muitas vezes, careceu de êxito para alguns dos espíritos mais profundos e mais poderosos da humanidade. É que eles não tinham de descobrir ou de estabelecer essas leis simples e evidentes, mas de criar e de construir o próprio contexto que tornaria possíveis essas descobertas. Para começar, tiveram de reformar nosso próprio intelecto; fornecer-lhe uma série de novos conceitos; elaborar uma nova ideia da natureza, uma nova concepção da ciência, vale dizer, uma nova filosofia. Ora, parece-nos quase impossível apreciar em seu justo valor os obstáculos que tiveram de ser vencidos para se estabelecerem aquelas concepções e as dificuldades que elas contêm e implicam, porque conhecemos muito bem os conceitos e os princípios que formam a base da ciência moderna ou, mais exatamente, porque estamos profundamente habituados a eles.

O conceito galileano do movimento (como também o de espaço) nos parece tão natural que chegamos a crer que a lei da inércia deriva da experiência e da observação, embora, evidentemente, ninguém nunca tenha podido observar um movimento de inércia, pela simples razão de que tal movimento é inteiramente impossível.

Também estamos tão habituados à utilização das matemáticas para o estudo da natureza que não nos damos mais conta da audácia da asserção de Galileu de que "o livro da natureza é escrito em caracteres geométricos", tanto mais que não estamos conscientes do caráter paradoxal de sua decisão de tratar a mecânica como um ramo das matemáticas, isto é, de substituir o mundo real da experiência quotidiana por um mundo geométrico hipostasiado, e de explicar o real pelo impossível.

Na ciência moderna, como sabemos, o espaço real se identifica com o da geometria, e o movimento é considerado como uma translação, puramente geométrica, de um ponto a outro. Daí por que o movimento não afeta, de modo algum, o corpo que dele está dotado. O fato de estar em movimento ou em repouso não produz qualquer modificação no corpo. Esteja em movimento ou em repouso, ele é sempre idêntico a si mesmo. O corpo, enquanto corpo, é absolutamente indiferente aos dois estados. Assim, somos incapazes de atribuir o movimento a um determinado corpo considerado em si mesmo.

Um corpo se acha em movimento apenas em relação a outro corpo que supomos estar em repouso. Por isso, podemos atribuir o movimento a um dos dois corpos, *ad libitum*. Todo movimento é relativo.

Da mesma forma como o movimento não afeta o corpo que dele está dotado, um dado movimento não exerce qualquer influência sobre os outros movimentos que o corpo em questão poderia executar ao mesmo tempo. Assim, um corpo pode estar dotado de um número indeterminado de movimentos que se combinam segundo as leis puramente geométricas. E, *vice-versa*, qualquer movimento pode ser decomposto segundo essas mesmas leis em um número indeterminado de movimentos componentes.

Ora, admitido o que precede, o movimento é, todavia, considerado como um *estado*, e o *repouso*, como outro *estado*, completa e absolutamente oposto ao primeiro. Por isso mesmo, devemos aplicar uma força para transformar o *estado* de movimento de um dado corpo no *estado* de repouso, e *vice-versa*.

Daí resulta que um corpo em estado de movimento persistirá eternamente nesse movimento, como um corpo em repouso persiste no seu repouso; e que não será necessária uma força ou uma causa para mantê-lo em seu movimento uniforme e retilíneo, como não será necessário força ou causa para mantê-lo imóvel, em repouso.

Em outros termos, o princípio da inércia pressupõe: a) a possibilidade de isolar um dado corpo de toda a sua *entourage* física e de considerá-lo simplesmente como existente no espaço; b) a concepção do espaço que o identifica com o espaço homogêneo infinito da geometria euclidiana; e c) uma concepção do movimento e do repouso que os considera como *estados* e os situa no mesmo nível ontológico do ser. Somente a partir dessas premissas é que o princípio se afigura evidente ou mesmo admissível. Assim, não é surpreendente que essas concepções tenham parecido difíceis de admitir – e mesmo de compreender – aos predecessores e contemporâneos de Galileu. Nada há de extraordinário no fato de que, para seus adversários aristotélicos, a noção de movimento compreendido como um estado relativo, persistente e substancial, tenha parecido tão obscura e contraditória quanto nos parecem as famosas formas substanciais da escolástica. Nada há de espantoso no fato de que Galileu tenha tido de fazer enormes esforços antes de haver conseguido formar essa concepção e de que grandes espíritos, como Bruno e até Kepler, não tenham chegado a atingir esse ponto. De fato, mesmo em nossos dias, a concepção que descrevemos não é fácil de assimilar. O senso comum é – e sempre foi – medieval e aristotélico.

Agora, temos de lançar um olhar sobre a concepção pré-galileana e, sobretudo, aristotélica, do movimento e do espaço. Bem entendido, não tentarei fazer aqui uma exposição da física aristotélica. Apenas indicarei alguns de seus traços característicos, traços que a opõem à física moderna.

Desejo também sublinhar um fato que muitas vezes é desconhecido, a saber, o fato de que a física de Aristóteles não é um amontoado de incoerências mas, pelo contrário, é uma teoria científica, altamente elaborada e perfeitamente coerente, que não só possui uma base filosófica muito profunda, mas – como mostraram P. Duhem e P. Tannery[4] – está de acordo, muito mais do que a de Galileu, com o senso comum e a experiência quotidiana.

A física de Aristóteles se baseia na percepção sensível, e é por isso que é decididamente antimatemática. Ela se recusa a substituir por uma abstração geométrica os fatos qualitativamente determinados pela experiência e pelo senso comum, e nega a própria possibilidade de uma física matemática, fundamentando-se: a) numa heterogeneidade entre os conceitos matemáticos e os dados da experiência sensível; b) na incapacidade das matemáticas de explicar a qualidade e de deduzir o movimento. Não há nem qualidade nem movimento no reino intemporal das figuras e dos números.

Quanto ao movimento (*kinesis*), e mesmo ao movimento local, a física aristotélica o considera como uma espécie de processo de mudança, em oposição ao *repouso*, o qual, sendo o objetivo e o fim do movimento, deve ser reconhecido como um *estado*. Todo movimento é mudança (atualização ou corrupção) e, por conseguinte, um corpo em movimento não só muda em relação aos outros corpos,

---

4   Cf. DUHEM, P. *Le système du monde*. Paris: Hermann, 1915. v. 5, p. 91 e segs.; TANNERY, P. Galilée et les principes de la dynamique. *Mémoires, scientifiques*. Paris, 1926. v. VI.

mas, ao mesmo tempo, está ele próprio submetido a um processo de mudança. Eis por que o movimento sempre afeta o corpo que se move e, portanto, se o corpo é dotado de dois ou vários movimentos, esses movimentos se perturbam mutuamente, entravam um ao outro e, às vezes, são até incompatíveis um com o outro. Ademais, a física aristotélica não admite o direito, nem mesmo a possibilidade, de identificar o espaço concreto do Cosmo finito e bem ordenado com o espaço da geometria, nem admite a possibilidade de isolar um corpo de seu ambiente físico (e cósmico). Por conseguinte, quando se trata dos problemas concretos da física, sempre se faz necessário levar em conta a ordem do Mundo, considerar a região do ser (o lugar "natural") a que determinado corpo pertence por sua própria natureza. Por outro lado, é impossível tentar submeter esses diferentes campos às mesmas leis, mesmo – e talvez, sobretudo – às leis do movimento.

Assim, por exemplo, os corpos terrestres se movem em linha reta; os corpos celestes, em círculos. Os corpos pesados descem, enquanto os corpos leves sobem. Esses movimentos lhes são "naturais". Em compensação, não é natural que um corpo pesado suba ou que um corpo leve desça. Só pela "violência" é que podemos fazê-los executar esses movimentos etc.

Em que pese a brevidade desse resumo, fica claro que o movimento, considerado como um *processo de mudança* (e não como um *estado*), não se pode prolongar espontânea e automaticamente; que ele exige, para que persista, a ação contínua de um motor ou de uma causa; e que ele cessa de uma vez desde que essa ação cesse de se exercer sobre o corpo em movimento, isto é, desde que o corpo em questão seja separado de seu motor. *Cessante causa cessat effectus*. Daí, evidentemente, o tipo de movimento postulado pelo princípio da inércia é totalmente impossível e até contraditório.

Agora, voltemos aos fatos. Já afirmei que a ciência moderna havia nascido em estreito contato com a astronomia. Mais precisamente: ela tem sua origem na necessidade de se afrontarem as objeções *físicas* opostas por muitos sábios da época à astronomia copernicana. De fato, essas objeções nada tinham de novo. Muito pelo contrário, por vezes apresentadas sob uma forma ligeiramente modernizada, como, por exemplo, substituindo-se pelo disparo de uma bala de canhão o velho argumento do lançamento de uma pedra, elas são idênticas, quanto ao fundo, às que Aristóteles e Ptolomeu levantavam contra a possibilidade do movimento da Terra. Não obstante, é muito interessante e muito instrutivo ver essas mesmas objeções discutidas e rediscutidas pelo próprio Copérnico, por Bruno, Tycho Brahe, Kepler e Galileu.[5]

Os argumentos de Aristóteles e de Ptolomeu, despojados das metáforas com que os enfeitaram, podem ser reduzidos à asserção de que, se a Terra se movesse, seu movimento afetaria os fenômenos que se manifestam em sua superfície de duas maneiras perfeitamente determinadas: a) a formidável velocidade desse movimento (de rotação) desenvolveria uma força centrífuga de tal magnitude que todos os corpos não presos à Terra seriam projetados para longe; b) esse movimento obrigaria todos os corpos não presos à Terra, ou temporariamente dela desligados, como as nuvens, os pássaros, os corpos atirados ao ar etc., a ficar para trás. Eis por que uma pedra que caísse do alto de uma torre jamais cairia a seu pé e, *a fortiori*, uma pedra (ou uma bala) lançada (ou disparada) ao ar, perpendicularmente, jamais cairia no lugar de onde tivesse partido, uma vez que, durante o tempo de sua queda ou de seu voo, esse lugar se teria "rapidamente afastado e se encontraria em outra parte".

Não devemos zombar desse argumento. Do ponto de vista da física aristotélica, ele é totalmente justo. Tão justo que, com base nessa física, é irrefutável. Para destruí-lo, temos de mudar todo o sistema e desenvolver um novo conceito de movimento: justamente o conceito de movimento de Galileu.

Conforme expusemos, para os aristotélicos o movimento é um processo que afeta o móvel e que se realiza "no" corpo em movimento. Um corpo que cai se move de A a B, de certo lugar situado acima da Terra em direção a ela ou, mais precisamente, *em direção a seu centro*. Segue a linha reta que une esses dois pontos. Durante esse movimento, se a Terra gira em torno de seu eixo, ela descreve, em relação a essa linha (a linha que parte de A em direção ao centro da Terra), um movimento em que não tomam parte nem essa linha, nem o corpo que se acha separado da Terra. O fato de que a Terra

---

5 Cf. *Études galiléennes*, III: Galilée et le principe d'inertie.

se move sob ele não pode afetar sua trajetória. O corpo não pode correr atrás da Terra; segue sua rota como se nada se passasse, pois, com efeito, nada lhe acontece. Mesmo o fato de que o ponto A (o cume da torre) não permanece imóvel, mas participa do movimento da Terra, não tem qualquer importância para seu movimento. O que se produz no ponto de partida do corpo (depois que ele o tenha deixado) não tem a menor influência sobre seu comportamento.

Essa concepção nos pode parecer estranha. Mas não é, absolutamente, absurda. É exatamente dessa maneira que figuramos o movimento – ou a propagação – de um raio de luz. Esse raio não participa do movimento de sua fonte. Ora, se o corpo, separando-se da torre, ou da superfície da Terra, cessasse de participar do movimento desta, um corpo atirado do cume de uma torre efetivamente jamais cairia a seu pé. E uma pedra ou uma bala de canhão atirada verticalmente ao ar jamais cairia no lugar de onde tivesse partido. O que implica, *a fortiori*, que uma pedra ou uma bala que cai do mastro de um navio em movimento jamais cai a seu pé.

A resposta de Copérnico aos argumentos dos aristotélicos é, na verdade, bastante frouxa. Ele tenta demonstrar que consequências infelizes deduzidas por estes últimos poderiam ser justas no caso de um movimento "violento". Mas não no caso do movimento da Terra e em relação às coisas que pertencem à Terra, pois, para estas, trata-se de um movimento *natural*. Essa é a razão por que todas as coisas, as nuvens, os pássaros, as pedras etc. participam do movimento e não ficam para trás.

Os argumentos de Copérnico são muito fracos. Porém, contêm em si os germes de uma nova concepção que será desenvolvida por pensadores que o sucederão. Os raciocínios de Copérnico aplicam as leis da "mecânica celeste" aos fenômenos terrestres, um passo que, implicitamente, anuncia o abandono da velha divisão qualitativa do Cosmo em dois mundos diferentes. Além disso, Copérnico explica o trajeto *aparentemente retilíneo* (embora, de fato, curvilíneo) do corpo em queda livre por sua participação no movimento da Terra. Sendo comum à Terra, ao corpo e a nós próprios, esse movimento, para nós, é "como inexistente".

Os argumentos de Copérnico são baseados numa concepção mítica da "natureza comum da Terra e das coisas terrestres". A ciência posterior deverá substituí-la pelo conceito de um sistema físico, de um sistema de corpos que tenham o mesmo movimento. Ela deverá apoiar-se na relatividade *física*, e não *ótica*, do movimento. Tudo isso é impossível com base na filosofia aristotélica do movimento e exige a adoção de outra filosofia. De fato, como veremos ainda mais claramente, é com problemas filosóficos que temos de tratar nesta discussão.

A concepção do sistema físico ou, mais precisamente, mecânico, que estava implicitamente presente nos argumentos de Copérnico foi elaborada por Giordano Bruno. Por uma intuição de gênio, Bruno descobriu que a nova astronomia devia abandonar imediatamente a concepção de um mundo fechado e finito e substituí-la pela concepção de um Universo aberto e infinito. Isso implica o abandono da noção de lugares naturais e, portanto, da noção de movimentos "naturais", opostos aos não naturais ou "violentos". No Universo infinito de Bruno, no qual a concepção platônica do espaço entendido como "receptáculo" substitui a concepção aristotélica do espaço entendido como "invólucro", os "lugares" são perfeitamente equivalentes e, portanto, perfeitamente naturais para todos os corpos, quaisquer que sejam. Assim, onde Copérnico faz uma distinção entre o movimento "natural" da Terra e o movimento "violento" das coisas sobre a Terra, Bruno os assimila. Tudo o que se passa na Terra, sua suposição de que ela se mova – explica-nos ele –, é uma contrapartida exata do que ocorre num navio que desliza sobre a superfície do mar. E o movimento *da* Terra não tem maior influência sobre o movimento *na* Terra do que o movimento *do* navio tem sobre o movimento das coisas que estão *no* navio.

As consequências deduzidas por Aristóteles só poderiam produzir-se se a origem, isto é, o lugar de partida do corpo em movimento, fosse exterior à Terra e não ligado a ela.

Bruno demonstra que o lugar de origem, como tal, não desempenha nenhum papel na definição do movimento (do trajeto) do corpo que se move, e que o importante é a ligação – ou falta de ligação – entre esse lugar e o sistema mecânico. Um "lugar" idêntico pode até – *horribile dictu* – pertencer a dois ou a vários sistemas. Assim, por exemplo, se imaginarmos dois homens, um encarapitado no alto do mastro de um navio que passa sob uma ponte, e o outro de pé, sobre a ponte, poderemos imaginar também que, em certo momento, as mãos desses dois homens estarão num lugar idêntico. Se, nesse momento, cada um deles deixa cair uma pedra, a do homem que se acha sobre a ponte cairá verticalmente na água, enquanto a pedra do homem encarapitado no mastro seguirá o movimento do navio e (descrevendo uma curva muito particular em relação à ponte) cairá ao pé do mastro. Bruno explica a causa desse comportamento diferente pelo fato de que a segunda pedra, partilhando o movimento do navio, retém nela uma parte da *causa motriz* de que se acha impregnada.

Como vemos, Bruno substitui a dinâmica aristotélica pela dinâmica do *impetus* dos nominalistas parisienses. Parece-lhe que essa dinâmica fornece uma base suficiente para elaborar uma física adaptada à astronomia de Copérnico, o que, como a história nos demonstrou, estava errado.

É verdade que a concepção do *impetus*, causa ou potência que anima o corpo em movimento, que produz esse movimento e se consome por ele, permitiu a Bruno refutar os argumentos de Aristóteles, pelo menos alguns deles. Todavia, ela não podia destruí-los a todos e, menos ainda, fornecer os fundamentos capazes de levantar o edifício da ciência moderna.

Os argumentos de Giordano Bruno nos parecem muito razoáveis. Entretanto, em sua época não produziram nenhuma impressão, nem em Tycho Brahe que, em sua polêmica com Rothmann, repete incansavelmente as velhas objeções aristotélicas, embora modernizando-as um pouco, nem mesmo Kepler que, não obstante ser influenciado por Bruno, se acredita obrigado a voltar aos argumentos de Copérnico, substituindo a concepção mítica (a identidade da natureza) do grande astrônomo por uma concepção física, a concepção da força de atração.

Tycho Brahe não admite que a bala que cai do alto do mastro de um navio em movimento atinja o pé desse mastro. Muito pelo contrário, ele afirma que ele cairá a ré do mastro e que, quanto maior a velocidade do navio, mais longe a bala cairá. Da mesma forma, as balas de um canhão disparadas verticalmente não poderão voltar ao ponto em que o canhão se acha.

Tycho Brahe acrescenta que, se a Terra se movesse como pretende Copérnico, não seria possível lançar uma bala de canhão à mesma distância, a leste e a oeste. O movimento extremamente rápido da Terra, do qual a bala participa, viria a impedir seu movimento e até a torná-lo impossível se a bala em questão tivesse de mover-se numa direção oposta à do movimento da Terra.

O ponto de vista de Tycho Brahe nos pode parecer estranho, mas não devemos esquecer que, por sua vez, Tycho Brahe devia achar as teorias de Bruno absolutamente incríveis e até exageradamente antropomórficas. Pretender que dois corpos que caem do mesmo lugar em direção ao mesmo ponto (o centro da Terra) efetuassem dois trajetos diferentes e descrevessem duas trajetórias diferentes pela simples razão de que um deles estivera ligado a um navio, enquanto o outro não o estivera, significava, para um aristotélico – e Tycho Brahe, no que diz respeito à dinâmica, é um deles –, que o corpo em questão *se lembrava* de sua ligação passada com o navio, *sabia* onde deveria ir e era dotado da capacidade necessária para fazê-lo. O que implicava, para ele, que o corpo em apreço possuía uma alma, e até uma alma singularmente poderosa.

Ademais, do ponto de vista da dinâmica aristotélica, bem como do ponto de vista da dinâmica do *impetus*, dois movimentos diferentes entravam um ao outro. E os defensores de uma e de outra concepção invocam como prova o fato bem conhecido de que o movimento rápido da bala (em seu curso horizontal) a impede de descer e lhe permite manter-se no ar por mais tempo do que poderia fazê-lo se a deixasse simplesmente cair.[6] Em suma, Tycho Brahe não admite a mútua independência dos movimentos – ninguém a admitiu antes de Galileu – e, portanto, tem perfeita razão em não admitir os fatos e as teorias que implicam essa independência.

A posição tomada por Kepler é particularmente interessante e importante. Ela nos mostra, melhor do que qualquer outra, as raízes profundamente filosóficas da revolução galileana. Do ponto de vista puramente científico, Kepler – a quem devemos, *inter alia*, o termo *inércia* – é, sem dúvida alguma, um dos maiores, senão o maior gênio de seu tempo. É inútil insistir em seus notáveis dons matemáticos, que só são igualados pela intrepidez de seu pensamento. O

---

6   Esta é uma crença geral, especialmente entre os artilheiros.

próprio título de uma de suas obras, *Physica coelestis*,[7] é um desafio a seus contemporâneos. Entretanto, Kepler está bem mais próximo de Aristóteles e da Idade Média do que de Galileu e de Descartes. Ele ainda raciocina em termos do Cosmo. Para ele, o movimento e o repouso ainda se opõem como a luz e as trevas, como o ser e a privação do ser. Portanto, o termo *inércia*, para ele, significa a resistência que os corpos opõem ao movimento e não, como para Newton, a mudança de seu estado de movimento para o de repouso, e do seu estado de repouso para o de movimento. É por isso que, da mesma forma que, para Aristóteles e os físicos da Idade Média, ele precisa de uma causa ou força para explicar o movimento, o que não é preciso para explicar o repouso. Como eles, Kepler acredita que os corpos em movimento, separados do móvel ou privados da influência da causa ou força motriz, não continuam seu movimento, mas, pelo contrário, param.

Assim, para explicar o fato de que, sobre a Terra que se move, os corpos, mesmo que não estejam a ela ligados materialmente, não ficam para trás, pelo menos de maneira *perceptível*, e que as pedras atiradas ao ar caem no lugar de onde são atiradas, e que as balas de canhão voam (ou quase) tão longe a oeste quanto a leste, ele deve admitir – ou deduzir – uma força real que ligue esses corpos à Terra e os obrigue a segui-la.

Kepler descobre essa força na atração mútua de todos os corpos materiais ou, pelo menos, terrestres, o que significa, do ponto de vista prático, na atração de todas as coisas terrestres pela Terra. Kepler concebe essas coisas como ligadas à Terra por inúmeras correntes elásticas, e é a tração dessas correntes que explica que as nuvens e os valores, as pedras e as balas não ficam imóveis no ar, mas seguem a Terra em seu movimento. O fato de que essas cadeias se acham em toda parte permite, segundo Kepler, atirar uma pedra ou disparar uma bala em direção oposta à do movimento da Terra: as correntes de atração puxam a bala para leste tanto quanto a puxam para oeste e, dessa forma, sua influência se equilibra, ou quase. O movimento real do corpo (a bala disparada verticalmente) é, natu-

---

[7] *Astronomia nova* ΑΙΤΙΟΛΟΓΗΤΟS *seu Physica coelestis tradita Comentaritis de motibus stellae Martis*, s. 1, 1609.

ralmente, uma combinação ou mistura: a) de seu próprio movimento e b) do movimento da Terra. Mas, como este último é comum, só o primeiro importa. Segue-se claramente (embora Tycho Brahe não o tenha compreendido) que, enquanto a dimensão do trajeto de uma bala disparada na direção leste à do trajeto de outra, disparada na direção oeste, são diferentes quando consideradas no espaço do Universo, os trajetos dessas balas sobre a Terra são iguais, ou quase iguais.

O que explica por que a mesma força produzida pela mesma quantidade de pólvora pode projetá-las quase à mesma distância em direções opostas.[8]

Assim, as objeções de Aristóteles e de Tycho Brahe ao movimento da Terra são afastadas, e Kepler sublinha que era um erro assimilar a Terra a um navio em movimento: de fato, a Terra "atrai magneticamente" os corpos que transporta: o barco absolutamente não o faz. Eis por que, no caso do navio, precisamos de uma ligação material, o que é completamente inútil no caso da Terra.

Não nos atrasemos mais neste ponto. Vemos que o grande Kepler, o fundador da astronomia moderna, o mesmo homem que proclamou a unidade da matéria no Universo e afirmou que *ubi materia, ibi geometria*, fracassou no estabelecimento da base da ciência física moderna por uma única e exclusiva razão: ele acreditava que o movimento era, ontologicamente, de um nível existencial mais elevado do que o do repouso.

Se, agora, depois desse breve resumo histórico, voltarmo-nos para Galileu Galilei, não nos surpreenderemos por vê-lo, também, discutir longamente, até muito longamente, as objeções tradicionais dos aristotélicos. Ademais, poderemos apreciar a consumada habilidade com a qual, em seu *Diálogo sobre os dois maiores sistemas do mundo*, ele ordena seus argumentos e prepara o assalto definitivo contra o aristotelismo. Galileu não ignora a enorme dificuldade de sua tarefa. Sabe muito bem que se acha diante de inimigos poderosos: a autoridade, a tradição e – o pior de todos – o senso comum.

---

8   Se o corpo é *inerte* por natureza, isto é, opõe uma resistência ao movimento, Kepler daí conclui que os corpos separados da Terra ficam um pouco para trás. Tão pouco, porém, que não podemos perceber.

É inútil alinhar provas diante de espíritos incapazes de assimilar seu alcance. Inútil, por exemplo, explicar a diferença entre a velocidade linear e a velocidade de rotação (as primeiras objeções aristotélicas e ptolemaicas têm origem na confusão entre elas) aos que não estão habituados a pensar matematicamente. É preciso começar por educá-los. É mister proceder lentamente, passo a passo, discutir e rediscutir os velhos, e os novos argumentos apresentá-los sob variadas formas, multiplicar os exemplos, inventando novos e mais convincentes: o exemplo do cavaleiro que lança seu dardo ao ar e o segura de novo; o exemplo do arqueiro que entesa seu arco com maior ou menor força para dar à flecha uma *velocidade* maior ou menor; o exemplo do arco colocado sobre uma viatura e que pode, assim, compensar a maior ou menor velocidade da viatura pela velocidade maior ou menor dada a suas flechas. Outros exemplos, inúmeros, que, um após outro, nos conduzem – ou melhor, conduziam os contemporâneos de Galileu – a aceitar essa concepção paradoxal e inaudita segundo a qual o movimento é algo que persiste no ser *in se* e *per se* e não exige nenhuma causa ou força para essa persistência. Uma tarefa muito dura, pois não é natural pensar no movimento em termos de velocidade e de direção em lugar de fazê-lo em termos do esforço (*impetus*) e do deslocamento.

Mas, de fato, não podemos *pensar* no movimento no sentido do esforço e do *impetus*; nós podemos apenas imaginar. Portanto, temos de escolher entre pensar e imaginar. Pensar com Galileu ou imaginar com o senso comum. Pois é o pensamento, o pensamento puro e sem mistura, e não a experiência e a percepção dos sentidos, que constitui a base da "nova ciência" de Galileu Galilei.

Galileu o diz muito claramente. Assim, discutindo o famoso exemplo da bala que cai do alto do mastro de um navio em movimento, Galileu explica longamente o princípio da relatividade física do movimento, a diferença entre o movimento do corpo em relação à Terra e seu movimento em relação ao navio. A seguir, *sem fazer qualquer menção à experiência*, conclui que o movimento da bala em relação ao navio não muda com o movimento deste último. Ademais, quando seu adversário aristotélico, imbuído de espírito empírico, lhe faz a pergunta: "Fizestes uma experiência?", Galileu declara com orgulho: "Não, e não preciso fazê-la, e posso afirmar, sem qualquer experiência, que é assim, porque não pode ser de outra forma".[9]

Assim, a *necesse* determina o *esse*. A boa física é feita *a priori*. A teoria precede o fato. A experiência é inútil porque, antes de toda experiência, já possuímos o conhecimento que buscamos. As leis fundamentais do movimento (e do repouso), leis que determinam o comportamento espacial e temporal dos corpos materiais, são leis da natureza matemática. Da mesma natureza que as leis que governam as relações e as leis das figuras e dos números. Encontramo-las e descobrimo-las, não na natureza, mas em nós mesmos, em nosso espírito, em nossa memória, como Platão outrora nos ensinou.

E é *por isso*, como proclama Galileu, para grande consternação de seu interlocutor aristotélico, que somos capazes de dar provas, pura e estritamente matemáticas, das proposições que descrevem os "sintomas" do movimento e de desenvolver a linguagem da ciência natural, de questionar a natureza através de experimentos construídos de maneira matemática e de ler o grande livro da Natureza, que é escrito em "caracteres geométricos".[10]

O livro da Natureza é escrito em caracteres geométricos. A nova física, a de Galileu, é uma geometria do movimento, do mesmo modo como a física de seu verdadeiro mestre, o *divus Archimedes*, era uma física do repouso. A geometria do movimento *a priori*, a ciência matemática da natureza..., como é possível? As velhas objeções aristotélicas à matematização da natureza por Platão foram finalmente refutadas? Não totalmente. É certo que não há qualidade no reino dos números, e é por isso que Galileu – como Descartes – é obrigado a renunciar a ela, renunciar ao mundo qualitativo da percepção sensí-

---

9   De fato, esta experiência, constantemente invocada nas discussões entre partidários e adversários de Copérnico, jamais foi feita. Mais exatamente, ela só foi feita por Gassendi, em 1642, em Marselha e, talvez, também por Thomas Digges, cerca de 66 anos antes.

10 Um experimento é uma pergunta que fazemos à natureza e que deve ser formulada numa linguagem apropriada. A revolução galileana pode ser resumida no fato da descoberta dessa linguagem, da descoberta de que as matemáticas são a gramática da ciência física. Foi essa descoberta da estrutura racional da natureza que formou a base *a priori* da ciência *experimental* moderna e tornou sua constituição possível.

vel e da experiência quotidiana, e a substituí-lo pelo mundo abstrato e incolor de Arquimedes. Quanto ao movimento..., certamente não há movimentos dos números. Entretanto, o movimento – pelo menos o movimento dos corpos arquimedianos no espaço homogêneo e infinito da nova ciência – é regido pelos números. Pelas *leges et rationes numerorum*.

O movimento é subordinado aos números. Até o maior dos antigos platônicos, Arquimedes, o super-homem, o ignorava, e a Galileu, este "maravilhoso investigador da Natureza", como o chamara seu aluno e amigo Cavalieri, é que foi dado descobri-lo.

O platonismo de Galileu Galilei é muito diferente do platonismo da Academia florentina, do mesmo modo como sua filosofia matemática da natureza difere da aritmologia neopitagórica da Academia. Mas há mais de uma escola platônica na história da filosofia, e ainda não se acha resolvida a questão de saber se as tendências e as ideias representadas por Jâmblico e Proclo são mais ou menos platônicas do que as representadas por Arquimedes.

Como quer que seja, não examinarei aqui esse problema. Entretanto, devo indicar que, para os contemporâneos e amigos de Galileu, como para o próprio Galileu, a linha de separação entre o aristotelismo e o platonismo é perfeitamente clara. Com efeito, eles acreditavam que a oposição entre essas duas filosofias era determinada pelos pontos de vista diferentes sobre as matemáticas enquanto ciência e sobre seu papel na criação da ciência da natureza.

Segundo eles, se alguém considera as matemáticas como ciência auxiliar que se ocupa de abstrações e, por isso, de menor valor que as ciências que tratam de coisas reais, como a física; se alguém afirma que a física pode e deve basear-se diretamente na experiência e na percepção sensível, trata-se de um aristotélico. Pelo contrário, se alguém quer atribuir às matemáticas um valor supremo e uma posição-chave no estudo das coisas da natureza, então, trata-se de um platônico.

Consequentemente, aos contemporâneos e alunos de Galileu, como ao próprio Galileu, a ciência galileana, a filosofia galileana da natureza se afigurava como um retorno a Platão, como uma vitória de Platão sobre Aristóteles.

Devo confessar que essa interpretação parece ser perfeitamente razoável.

GALILEU E A EXPERIÊNCIA DE PISA:[1]
A PROPÓSITO DE UMA LENDA

As experiências de Pisa são muito conhecidas. Desde que Viviani nos contou sua história, ela foi retomada e repetida – mais ou menos fielmente – por todos ou quase todos os historiadores e biógrafos de Galileu. Assim, para o homem comum de hoje, o nome de Galileu está indissoluvelmente associado à imagem da torre inclinada.[2]

Os historiadores que se ocuparam de Galileu – e os historiadores da ciência em geral – atribuem às experiências de Pisa uma grande importância. Habitualmente, nelas veem um momento decisivo da vida de Galileu: o momento em que ele se pronuncia *abertamente* contra o aristotelismo e inicia seu ataque *público* contra a escolástica. Nelas veem, também, um momento decisivo da história do pensamento científico: o momento em que, justamente graças às suas experiências sobre a queda dos corpos, Galileu desfere um golpe mortal da física aristotélica e assenta os fundamentos da nova dinâmica.

Seguem-se alguns exemplos que tiraremos dos trabalhos mais recentes. De início, citemos um historiador italiano, Angelo de Gubernatis. Gubernatis[3] nos diz que "é em Pisa que Galileu começaria sua campanha científica contra Aristóteles, para grande indignação de seus colegas da Academia, particularmente porque, como relata Nessi (NESSI, *Vita e commercio letterario di G. Galilei*. Losanna, 1973), resolveu fazer publicamente experiências sobre a queda e a

---
1 Artigo extraído dos *Annales de l'Université de Paris*. Paris, p. 442-453, 1937.
2 Com efeito, a história da "experiência de Pisa" caiu no domínio público. Assim, é encontrada nos guias e manuais. Por exemplo: CUVILLIER, A. *Manuel de philosophie*. Paris, 1932. t. II, p. 128.
3 GUBERNATIS, Angelo de. *Galileu Galilei*. Florença, 1909. p. 9.

descida dos corpos graves, repetidas vezes, na presença dos professores e dos estudantes pisanos, no campanário de Pisa".

É aproximadamente a mesma concepção que encontramos num historiador inglês, J. J. Fahie. Expondo a obra do jovem Galileu na Universidade de Pisa, Fahie escreve:[4]

> "Aqui, temos de dizer algo a respeito de suas famosas experiências sobre a queda dos corpos, uma vez que elas estão estreitamente associadas à torre inclinada de Pisa, um dos monumentos mais curiosos da Itália. Cerca de dois mil anos antes, Aristóteles afirmara que, se dois pesos diferentes da mesma matéria caíssem da mesma altura, o mais pesado atingiria a Terra antes do mais leve, na proporção dos respectivos pesos. Certamente, a experiência não é difícil. Porém, ninguém teve a ideia de argumentar de tal maneira e, consequentemente, aquela asserção foi recebida entre os axiomas da ciência do movimento, em virtude do *ipse dixit* de Aristóteles. Galileu, entretanto, apelava agora da autoridade de Aristóteles em favor de seus próprios sentidos e pretendia que, salvo uma diferença insignificante, devida à desproporção da resistência do ar, os pesos cairiam no mesmo tempo. Os aristotélicos ridicularizaram essa ideia e se recusaram a ouvi-lo. Mas Galileu não se deixou intimidar e decidiu forçar seus adversários a ver o fato como ele próprio o via. Assim, em uma manhã, diante da Universidade reunida – professores e estudantes –, subiu na torre inclinada, levando consigo uma bola de 10 libras e outra de uma libra. Colocou-as na borda da torre e as soltou juntas. Elas caíram juntas e juntas atingiram o solo."

Num artigo publicado 18 anos mais tarde, dedicado à *Obra científica de Galileu*,[5] J. J. Fahie reproduziu seu relato quase textualmente. Porém, acrescentou-lhe uma explicação mais detalhada da importância da experiência galileana, tanto para o próprio Galileu quanto para a ciência em geral. Para Galileu, trata-se do fato de que, após o retumbante sucesso de sua experiência, ele "desprezou a resistência do ar, anunciando audaciosamente que todos os corpos caem no mesmo tempo na mesma altura"... Para a história da ciência em geral, trata-se da circunstância de que, "enquanto Galileu... não foi, absolutamente, o primeiro a pôr em dúvida a autoridade de Aristóteles, foi ele, incontestavelmente, o primeiro cuja dúvida produziu

---

4   FAHIE, J. J. *Galileo, his life and work*. Londres, 1903. p. 24 e segs.
5   FAHIE, J. J. The scientific works of Galileo. In: *Studies in the History and Method of Science*. Edited by Charles Singer. Oxford, 1921. v. II, p. 215.

um efeito profundo e duradouro nos espíritos. Não é difícil encontrar a razão disso. Galileu veio num momento favorável, mas, acima de tudo, apresentou-se com uma nova arma: a experiência".[6] Enfim, um historiador bem recente, E. Namer, nos faz um magnífico, colorido e vivo relato das experiências de Pisa:[7]

> "Com uma incrível audácia, Galileu mandava Aristóteles para as prateleiras empoeiradas das bibliotecas. Propunha abrir o grande livro da Natureza e ler suas leis com novos olhos..."

Depois de descrever os ataques de Galileu contra Aristóteles e de explicar as novas doutrinas galileanas, *baseadas na experiência* (pêndulo, plano inclinado etc.), Namer continua:

> "Quando Galileu soube que todos os outros professores exprimiam dúvidas quanto às conclusões do insolente inovador, aceitou o desafio. Solenemente, convidou aqueles graves doutores e todo o corpo de estudantes, em outras palavras, toda a Universidade, para assistir a uma de suas experiências. Mas não no seu lugar habitual. Não, este não era bastante grande para ele. Lá fora, a céu aberto, na vasta praça da catedral. E a cátedra acadêmica claramente indicada para aquelas experiências era o Campanário, a famosa torre inclinada.
> Os professores de Pisa, como os de outras cidades, tinham sempre sustentado, de acordo com o ensinamento de Aristóteles, que a velocidade da queda de um objeto era proporcional a seu peso.
> Por exemplo, uma bola de ferro, pesando cem libras, e outra, pesando apenas uma libra, soltas no mesmo momento, da mesma altura, evidentemente devem tocar a Terra em instantes diferentes e, obviamente, a que pesa cem libras atingirá a Terra primeiro, pois é justamente mais pesada do que a outra.
> Galileu, pelo contrário, pretendia que o peso não vinha ao caso e que ambas atingiriam a Terra no mesmo momento.
> Ouvir semelhantes asserções, feitas no coração de uma cidade tão velha e sábia, era intolerável. E considerou-se necessário e urgente fazer uma afronta pública àquele jovem professor que se tinha, a si próprio, em tão alta conta, e dar-lhe uma lição de modéstia da qual se lembrasse até o fim de sua vida.
> Doutores em trajes de veludo e magistrados, que pareciam acreditar estar indo a uma espécie de feira de aldeia, deixaram de lado suas diversas ocupações e se misturaram com os representantes da Fa-

---

6 Ibidem. p. 216, § 8, *Public experiments of falling bodies*.
7 NAMER, Emile. *Galileo, searcher of the heavens*. New York, 1931. p. 28-29.

culdade, prontos a zombar do espetáculo, qualquer que fosse seu desfecho.

Talvez o ponto mais estranho de toda essa história seja o fato de que não tenha vindo ao espírito de ninguém fazer a experiência por si próprio antes de chegar à arena. Ousar pôr em dúvida algo que Aristóteles afirmara nada mais era que uma *heresia* aos olhos dos estudantes daquele tempo. Era um insulto a seus mestres e a eles próprios, uma desgraça que os poderia excluir dos círculos da *elite*. É indispensável ter essa atitude constantemente presente no espírito para apreciar plenamente o gênio de Galileu, sua liberdade de pensamento e sua coragem, e também para avaliar, em sua justa medida, o sono profundo do qual a consciência humana iria ser despertada. Que esforços, que lutas eram necessárias para fazer uma ciência exata!

Galileu subiu os degraus da torre inclinada, calmo e tranquilo, a despeito dos risos e gritos da multidão. Compreendia bem a importância da hora. No alto da torre, formulou mais uma vez a questão com toda a exatidão. Se os corpos, a cair, chegassem ao solo ao mesmo tempo, ele seria o vitorioso; mas, se chegassem em momentos diferentes, seriam seus adversários que teriam razão.

Todos aceitaram os termos do debate. Gritavam: 'Faça a prova'. Chegara o momento. Galileu largou as duas bolas de ferro. Todos os olhares se dirigiam para o alto.

Silêncio! E o que se viu: as duas bolas partir juntas, cair juntas e juntas tocar a Terra ao pé da torre."

Poderíamos multiplicar à vontade essas citações e esses exemplos. Não acreditamos ter de fazê-lo. Com efeito, para que tornar nossa exposição inutilmente pesada?[8] Inutilmente, pois em toda parte encontraríamos os mesmos elementos do relato: ataque *público* ao aristotelismo, experiência *pública* efetuada no alto da torre inclinada, sucesso da experiência traduzido pela queda *simultânea* de dois corpos, consternação dos adversários que, não obstante, apesar da evidência, persistem em suas crenças tradicionais; tudo "enquadrado" ou, se se preferir, embelezado, de acordo com a fantasia do autor, com traços mais ou menos felizes. Com efeito, todos esses traços, que dramatizam a narrativa de Fahie tanto quanto a de Namer, são pura e simplesmente por eles inventados, pois a única fonte autêntica de que dispomos, o *Racconto istorico*, de Vincenzo Viviani, não contém uma única palavra a respeito.

---

[8] Mencionemos, porém: OLSCHKI, M. L. *Galilei und seine Zeit*. Halle, 1927.

Quanto aos momentos ou elementos comuns cujo resumo acabamos de fazer, todos eles são, direta ou indiretamente, baseados no relato do Viviani.

Ora, como já foi explicado por Wohlwill (a cujos argumentos – que nos parecem inteiramente suficientes – acrescentaremos outros, que nos parecem decisivos), o próprio relato de Viviani sobre a experiência de Pisa não se baseia em coisa alguma. *As experiências de Pisa são um mito.*

*

Eis o texto de Viviani:[9]

> "Naquele tempo (1589-1590), ele estava convencido de que a investigação dos efeitos da natureza exige necessariamente um conhecimento verdadeiro da natureza do movimento, de acordo com o axioma ao mesmo tempo filosófico e vulgar *ignorato motu ignoratur natura*. Foi então que, para grande indignação de todos os filósofos, ele demonstrou – com o auxílio de experiências, provas e raciocínios exatos – a falsidade de numerosíssimas conclusões de Aristóteles sobre a natureza do movimento, conclusões que, até então, eram tidas como perfeitamente claras e indubitáveis. Assim, entre outras, a de que as velocidades de móveis da mesma matéria, mas desigualmente pesados e movendo-se através do mesmo meio, não obedecem à proporção de seus pesos, como é declarado por Aristóteles, mas se movem, todos, com a mesma velocidade. *O que demonstrou em repetidas experiências, feitas no alto do campanário de Pisa, na presença de todos os outros professores e filósofos e de toda a Universidade.* [Demonstrou também] que as velocidades de um mesmo móvel que cai, atravessando diferentes meios, não obedecem tampouco à proporção inversa da densidade desses meios, deduzindo-o a partir de consequências manifestamente absurdas e contrárias à experiência sensível."

É supérfluo insistir na ampliação, sofrida pelo texto muito sóbrio e muito conciso de Viviani, na pena de seus sucessores. E constitui excessiva severidade insistir em seus erros e suas incompreensões.[10]

---

9 VIVIANI, Vincenzo. Racconto istorico della vita di Galilei. In: *Opere*. Edizione Nazionale. v. XIX, p. 606.
10 Assim, ninguém parece ter compreendido a importância do fato de que se tratava de corpos graves da *mesma matéria*. Ora, este é o ponto capital: real-

Basta a simples confrontação. Os historiadores que se ocuparam de Galileu enfeitaram e "desenvolveram" o relato de Viviani. Ninguém – à exceção de Wohlwill – o pôs em dúvida.[11] Entretanto... um pouco de reflexão e de bom-senso, um pouco de conhecimento teórico, um pouco de conhecimentos físicos bastaria para reconhecer a inverossimilhança do relato de Viviani. E até a impossibilidade. Realmente, como Wohlwill ressaltou, é preciso ser verdadeiramente um pouco ingênuo demais ou ter uma demasiada ignorância dos usos e costumes das Universidades e dos universitários para admitir que a assembleia dos professores, seguida do conjunto dos estudantes, pudesse dirigir-se *in corpore* a uma praça pública com a finalidade única de assistir a uma experiência ridícula para a qual a tivesse convidado o último dos professores auxiliares – o mais novo, o de menor graduação e menor remuneração – da última de suas faculdades. Por outro lado, para indignar e consternar "todos os filósofos", não bastaria pôr em dúvida o ensinamento de Aristóteles. Com efeito, havia 100 anos que não se fazia outra coisa. Além disso, os argumentos e raciocínios[12] a que Viviani faz alusão, e com a ajuda dos quais Galileu refutara as "conclusões" de Aristóteles, não eram totalmente inauditos. Desde muito tempo, haviam sido apresentados e desenvolvidos por Benedetti[13] e, na própria época do magistério

---

mente, em Pisa, o jovem Galileu ainda acreditava – como Benedetti – que os corpos graves de matéria e de peso diferentes caíam com velocidade *diferente*. Ele tinha razão!

---

11 WOHLWILL, V. E. Die Pisaner Fallversuche. *Mitteilungen zur Geschichte der Medizin und Naturwissenschaften*. v. IV, p. 229 e segs.; *Galilei und sein Kampf für die Kopernikanische Lehre*. Hamburgo, 1926. v. II, p. 260 e segs. As obras que citamos acima são, todas elas, posteriores ao artigo de Wohlwill.

12 Vincenzo Viviani faz alusão às teses sustentadas por Galileu em seus ensaios sobre o movimento – *De motu* – escritos em Pisa e publicados no volume I de suas obras. Sobre esses esboços, ver DUHEM, Pierre. De l'accélération produite par une force constante. In: *II*e *Congrès International de Philosophie*. Genebra, 1905. p. 807 e segs.; WOHLWILL, E. *Galilei* etc. v. I, p. 90 a 95, e nosso estudo: A l'aurore de la science moderne. *Annales de l'Université de Paris*. 5, 1935, e 1, 1936.

13 BENEDETTI, Giambattista. *Diversarum speculationum mathematicarum liber*. Taurini, 1585. Cf. as obras supracitadas, e DUHEM, P. *Études sur Léonard de Vinci*. Paris, 1919. v. III, p. 214 e segs.

de Galileu, em Pisa, um "filósofo", Jacopo Mazzoni, os expunha tranquilamente, sem provocar nem espanto, nem tumulto.[14] Outro "filósofo", Buonamici,[15] bom aristotélico de estrita observância, não se constrangia de forma alguma em apresentar a seus ouvintes – certamente os contestava em seguida – todas as objeções que os séculos e, sobretudo, os nominalistas parisienses haviam levantado contra a doutrina do Estagirita.

Enfim, como é possível que essa experiência, tão importante, tão decisiva, montada com tal arte publicitária, nos seja conhecida *unicamente* através do relato que dela fez Viviani, 60 anos mais tarde? Como é possível que, sobre esse acontecimento retumbante, ninguém tenha dito uma palavra? Nem os amigos de Galileu, nem seus adversários jamais falam disso. Tampouco o próprio Galileu. Ora, nada é mais inverossímil do que esse silêncio. Seria preciso que admitíssemos que Galileu, que não se privou de nos contar e de nos apresentar, como *efetivamente feitas*, experiências[16] que ele se limitara a *imaginar*, nos tivesse cuidadosamente escondido uma experiência gloriosa efetivamente realizada. Isso é tão improvável que não o podemos seriamente admitir. A única explicação possível para esse silêncio é a seguinte: se Galileu nunca fala da experiência de Pisa, é porque ele não a fez. Aliás, felizmente para ele. Pois, se a tivesse feito, formulando o desafio que, para ele, formularam os historiadores que dele se ocuparam, a experiência poderia tê-lo deixado confuso.

*

Com efeito, que ocorreria se, como desde Viviani nos repetem os historiadores que se ocuparam de Galileu, ele tivesse realmente deixado cair do alto da torre inclinada as duas bolas de 10 e de 1 (ou de 100 e de 1) libra? É curioso que nenhum dos historiadores – pelo

---

14   Mazzoni, J. *In universam Platonis et Aristotelis philosophiam praeludia*. Venettis, 1597. p. 192 e segs.
15   BUONAMICI, F. *De motu*. Florentiae, 1597, liv. IV, cap. XXXVIII. p. 412 e segs.
16   Sobre o caráter das experiências de Galileu, ver TANNERY, P. Galilée et les principes de la dynamique. In: *Mémoires scientifiques*. v. VI, p. 395 e segs.; CAVERNI. *Storia del metodo sperimentale in Italia*. Firenze, 1895. v. IV, p. 290, 350; MACH, E. *Die Mechanik in ihrer Entwicklung*. 1921. p. 125 e segs.

menos tanto quanto conhecemos –, nem mesmo Wohlwill, jamais tenha levantado esse problema. Aliás, compreende-se: os historiadores *acreditavam* na experiência; aceitavam todo o relato de Viviani, em bloco. Os homens do século XVII eram mais incrédulos. Talvez tivessem ainda outras qualidades. Como quer que seja, se Galileu não fez a experiência de Pisa, outros a fizeram. Com resultados que, se fossem conhecidos dos historiadores, deixá-los-iam espantados.

Não era preciso esperar a publicação do *Racconto istorico*, de Viviani, para aprender que os corpos "caíam todos com a mesma velocidade". O próprio Galileu, em seu *Diálogo sobre os dois maiores sistemas do mundo*, escreve que "bolas de 1, de 10, de 100 e de 1.000 libras atravessarão (em queda livre) o mesmo espaço de 100 alnas no mesmo tempo".[17] E não faltaram pessoas que tomaram essa asserção ao pé da letra.

Assim ocorreu com Baliani que, num opúsculo, *De motu gravium*, publicado em 1639, expõe longamente que sabia desse fato muito antes de Galileu (Baliani nunca perde a oportunidade de reivindicar uma prioridade que não se pode verificar) e que, já em 1611, em Rocca di Savona, fez experiências, deixando cair esferas de pesos e até de materiais diferentes (de cera e de chumbo), esferas que caíram, todas, com a mesma velocidade, atingindo o solo "no mesmo instante indivisível".[18] O mesmo se passou com o Jesuíta Nicolau Cabeo.

Foram justamente as declarações de Cabeo, de que "todos os corpos caem com a mesma velocidade", que provocaram em Vincenzo Renieri, professor de matemática na Universidade de Pisa, o desejo de proceder a uma verificação, e de fazê-lo utilizando a torre inclinada, que bem se prestava à experiência.

---

17   GALILEI, G. Dialogo sopra i due massimi sistemi. In: *Opere*. v. VII, p. 222. Galileu afirma ter feito a experiência. Entretanto, é difícil imaginá-lo transportando para o alto de uma torre uma bola de 1.000 (t) ou mesmo de 100 libras.

18   BALIANI, Giovanni Battista. *De moty gravium*. Genova, 1639, prefácio. Baliani dá uma explicação que não deixa de ser interessante. Provavelmente sob a influência de Kepler, e admitindo uma resistência interna da matéria ao movimento, escreve: "*Gravia moveri iuxta proportionem gravitatis ad materiam, et ubi sine impedimento naturaliter perpendiculari motu ferantur, moveri aequaliter, quia ubi plus est gravitatis, plus pariter sit materiae.*"

"Tivemos a oportunidade", escreve ele a seu mestre Galileu,[19] "de fazer uma experiência com dois corpos graves, de material diferente, caindo da mesma altura; um de madeira e outro de chumbo, mas de igual tamanho; pois um jesuíta escreveu que eles caem no mesmo tempo e chegam à Terra com a mesma velocidade, e certo inglês afirmou que Liceti montou um problema a esse respeito que o confirma. Mas, finalmente, achamos que tudo se passava de outra forma. Realmente, do alto do campanário da catedral [e da terra] havia, entre a bola de chumbo e a bola de madeira, três alnas de diferença. Também foi feita a experiência com duas bolas de chumbo, uma do tamanho das bolas comuns de artilharia e a outra do tamanho de uma bala de mosquete, e viu-se que, quando a maior e a menor caem da altura desse mesmo campanário, a maior precede a pequena de um palmo."

Nicolau Cabeo, porém, não se deixou persuadir. Em 1646, publicou em Roma um comentário sobre as *Meteorologica*, de Aristóteles, onde reafirmou decididamente que os corpos graves de pesos diferentes – às vezes do mesmo material – caíam com a mesma velocidade e chegavam à Terra ao mesmo tempo. O que, segundo diz, foi por ele estabelecido através de numerosas e frequentes experiências.[20] Quanto às objeções de seus adversários, que atribuíam um poder de retardamento ao ar, Cabeo considera que eles não compreendem o que dizem: o ar não vem ao caso, nem pró nem contra a velocidade.[21] Asserções semelhantes não podiam ficar sem resposta. Foi o confrade de Cabeo, o jesuíta Giambattista Riccioli, quem se encarregou disso.

Eu seu *Almagestum novum*,[22] após haver longamente exposto o quanto era difícil proceder a uma experiência conclusiva sobre uma

---

19   RENIERI, Vincenzo. Carta a Galileu. 13 de março de 1641. In: *Opere*. v. XVIII, p. 305.
20   CABEO, Niccolo. *In libros meteorologicos Aristotelis*. Romae, 1646. v. I, p. 97.
21   Ibidem. p. 68: *Aerem nihil efficere in isto motu nec pro nec contra velocitatem*. Visivelmente, Cabeo não podia compreender como as pessoas que rejeitavam como absurda a explicação da aceleração pela reação do ar podiam, por sua vez, vir a invocar uma influência do ar sobre a velocidade da queda.
22   Sobre Riccioli e suas experiências, ver: CAVERNI. *Storia* etc. v. IV, p. 282, 312, 390 e *passim*.

matéria tão delicada quanto a queda rápida de um corpo grave,[23] Riccioli relata as experiências efetuadas em Bolonha, na Torre degli Asinelli. Essa torre, inclinada como a de Pisa, realmente se prestava de modo particular àquelas experiências. Dir-se-ia, acrescenta o sábio jesuíta, que ela teria sido especialmente construída para as experiências. Por quatro vezes, em maio de 1640, em agosto de 1645, em outubro de 1648 e, finalmente, em janeiro de 1650, pôs-se mão à obra, cercando-se de todas as precauções exigidas. E verificou-se que duas bolas de argila, do mesmo tamanho, das quais uma, oca, pesava apenas 10 onças, enquanto a outra, cheia, pesava 20 onças, que partiam no mesmo momento do alto da torre, chegavam ao solo em momentos diferentes e que, particularmente, a mais leve ficava 15 pés para trás.[24]

*

Galileu, aliás, não tinha a menor necessidade de esperar os resultados das experiências de Renieri e de Riccioli para saber que dois corpos "do mesmo material, mas de dimensões diferentes", caindo do alto de uma torre e "partindo juntos", jamais poderiam mover-se "juntos" e jamais tocariam "juntos" o solo. Galileu teria podido prever esses resultados. Ele até os havia efetivamente previsto.

A afirmação de que "todos os corpos caíam com uma velocidade igual", afirmação que não havia sido compreendida nem por Baliani, nem por Cabeo, nem por Renieri, nem por outros, valia, segundo Galileu, para o caso *abstrato e fundamental* do movimento *no vácuo*.[25] Para o movimento no ar, isto é, no espaço cheio, para o movimen-

---

23   Riccioli explica que é um tanto impossível medir diretamente diferenças de tempo tão pequenas e supõe que Cabeo tenha observado quedas curtas demais para poder notar o que quer que fosse. Ver *Almagestum Novum*. Bononiae. 1651. v. II, p. 392.
24   RICCIOLI, Giovanni Battista. *Almagestum Novum*. Bononiae, 1651. v. II, p. 387.
25   Outros o haviam compreendido. Assim, se Johannes Marcius, *De proportione motus*, Pragae, 1639, escreve: "*Motum quatenus a gravitate procedit eiusdem speciei seu gradus, eadem celeritate ferri in omnibus, quantumvis mole, figura, pondera a se differant*", ele bem sabe que isso só é válido para o movimento que se supõe livre de todo *impedimentum*, isto é, para o movimento no vácuo.

to que, portanto, não podia ser considerado absolutamente livre de todos os *impedimenta*, visto que teria de vencer a resistência do ar – pequena, mas de modo algum desprezível –, era de forma totalmente diferente. Galileu explicou-se a esse respeito com toda a clareza desejável. Um longo desenvolvimento dos *Discorsi*, que Renieri não tinha tido – ou não tinha compreendido[26] – é dedicado justamente a isso. Assim, em resposta à carta deste, anunciando-lhe os resultados de suas experiências, Galileu se limita a remetê-lo a sua grande obra, onde havia demonstrado que não poderia ser de outro modo.

Ora, Galileu tampouco tinha necessidade de esperar a elaboração dos *Discorsi* para saber que a resistência do ar, sendo *grosso modo* proporcional à superfície (portanto, no caso de uma bola, ao quadrado do raio) e o peso, à massa (portanto, a seu cubo), ela seria, a uma bala de mosquete, relativamente maior do que a uma bala de canhão. Ele já o sabia na época em que se iniciara em Pisa. Isso não é, absolutamente, surpreendente. Com efeito, Benedetti o havia explicado muito antes dele.

Assim, se ele podia – e devia – esperar que os corpos mais e menos pesados caíssem com velocidades distintas das proporcionais a seus pesos, de acordo com Aristóteles, se devia prever que o corpo menos pesado (a bala de mosquete) cairia muito mais rapidamente do que deveria fazê-lo, havia algo que *não podia admitir*. Esse algo era a sua queda simultânea.

Eis a última razão pela qual Galileu não fez a experiência de Pisa e nem mesmo a imaginou.

Esta é a conclusão de nossa pequena investigação. Quanto à sua moral... que não se nos queira mal por deixar aos leitores o cuidado de extraí-la por si mesmos.

---

26 RENIERI. Carta a Galileu, de 20 de março de 1641. In: *Opere*. v. XVIII, p. 310.

O *DE MOTU GRAVIUM* DE GALILEU: DA EXPERIÊNCIA IMAGINÁRIA E DE SEU ABUSO[1]

A lei da queda dos corpos, que fez soar o dobre para a física aristotélica, comporta duas asserções que, embora estreitamente ligadas uma à outra no espírito de Galileu, não deixam de ser independentes entre si e, por isso, têm de ser cuidadosamente distinguidas.

A primeira diz respeito à estrutura matemática e dinâmica do movimento de queda. É a afirmação de que esse movimento obedece à lei dos números e de que os espaços atravessados em intervalos sucessivos (e iguais) de tempo são *ut numeri impares ab unitate*.[2] Em outros termos, uma força constante, ao contrário do que Aristóteles havia ensinado, determina, não um movimento uniforme, mas um movimento uniformemente acelerado,[3] isto é, a ação da força motriz produz, não uma velocidade, mas uma aceleração.

A segunda acrescenta – igualmente ao contrário de Aristóteles – que, em seu movimento de queda, todos os corpos, grandes e pequenos, pesados e leves, isto é, quaisquer que sejam suas dimensões e sua natureza, caem, em princípio, senão na realidade,[4] com a

---

1 Artigo extraído da *Revue d'histoire des sciences et de leurs applications*. Paris: Presses Universitaires de France. t. XIII, 1960, p. 197-245.
2 No movimento da queda, as velocidades crescem proporcionalmente ao tempo, isto é, como os números; os espaços percorridos, nos intervalos sucessivos, como os números ímpares; e os espaços percorridos desde o começo da queda, como os quadrados.
3 Em última análise, a lei da queda dos corpos implica a da inércia, isto é, da conservação do movimento. Para Aristóteles, como se sabe, tal conservação é impossível: o movimento implica a ação de uma força motriz, de um motor ligado ao móvel. Separado do primeiro, o segundo para.
4 Tendo em vista a resistência do ar, a igualdade da velocidade da queda dos corpos graves e leves só poderia ocorrer no vácuo.

mesma velocidade. Em outras palavras, a aceleração da queda é uma constante universal.[5]

O estudo histórico da primeira dessas duas asserções foi feito muitas e muitas vezes.[6] Em compensação, o estudo da segunda foi um pouco negligenciado pelos historiadores.[7] Entretanto, trata-se de um estudo bem interessante, quanto mais não seja porque, de um lado, nos oferece um brilhante exemplo do uso – e do abuso – do método da experiência imaginária por Galileu; e, de outro lado, nos permite avaliar com certa precisão as relações entre o pensamento galileano e o de seus predecessores imediatos e mais longínquos.

As experiências imaginárias, que Mach chamara "experiências de pensamento" (*Gedankenexperimente*), e sobre as quais Popper acaba de nos chamar a atenção, desempenharam um papel muito importante na história do pensamento científico.[8] Isso se compreende facilmente: as experiências reais são, frequentemente, de difícil realização, pois implicam, não menos frequentemente, a necessidade de uma complexa e custosa aparelhagem. Além disso, comportam, necessariamente, certo grau de imprecisão e, portanto, de incerteza. Com efeito, é impossível produzir uma superfície plana que seja "verdadeiramente" plana, ou uma superfície esférica que seja "realmente" esférica. Não há, e não pode haver, *in rerum natura*, corpos perfeitamente rígidos; tampouco, corpos perfeitamente elásticos. Não se pode efetuar uma medida perfeitamente exata. A perfeição não pertence a este mundo. Certamente, pode-se aproximar dela,

---

5   Para nós – já como para Kepler –, que reduzimos a gravidade à atração terrestre, essa "constante" varia com o afastamento do corpo grave do centro da Terra. Para Galileu, que não admite atração, a constante da aceleração tem um valor universal. Aliás, essa constante está presente na própria dedução de Galileu da lei da queda.

6   Da última vez, por mim mesmo: cf. *Études galiléennes*. II: *La loi de la chute des corps*. Paris: Hermann, 1939.

7   Em geral, limitam-se a invocar "a experiência de Pisa" – que Galileu jamais fez e da qual nunca falou; cf. meu trabalho Galilée et l'expérience de Pise (*Annales de l'Université de Paris*, 1937 e supra, p. 197-205. COOPER, Lane. *Aristotle and the Tower of Pisa*. Ithaca/Nova Iorque, 1935.

8   Cf. POPPER, K. *The Logic of Scientific Discovery*. Nova Iorque, 1959, Ap. XI, p. 442 e segs.

mas não se pode atingi-la. Entre o dado empírico e o objeto teórico existe, e sempre existirá, uma distância que é impossível vencer.

É aí que a imaginação entra em cena, eliminando facilmente o abismo. Ela não se embaraça nas limitações que nos são impostas pelo real. Ela "realiza" o ideal e até o impossível. Opera com objetos teoricamente perfeitos, e são tais objetos que a experiência imaginária põe em jogo.[9] Assim, ela permite que esferas perfeitas rolem sobre planos perfeitamente lisos e perfeitamente duros; suspende pesos com alavancas perfeitamente rígidas, cujo peso, por sua vez, é inexistente; permite que a luz emane de fontes punctiformes; envia corpos ao espaço infinito para que lá se movam eternamente; regula relógios síncronos dos sistemas galileanos de referência em movimento inercial e lança fótons, um a um, sobre uma tela com uma ou duas fendas. Assim, a imaginação obtém resultados de uma precisão total – o que, aliás, não os impede, às vezes, de serem falsos, pelo menos em relação à *rerum natura* – e é certamente por isso que, tantas vezes, são experiências imaginárias que estão subentendidas nas leis fundamentais dos grandes sistemas de filosofia natural, como os de Descartes, de Newton, de Einstein... e também de Galilei.

Portanto, voltemos a Galileu e, particularmente, ao primeiro livro dos *Discursos e demonstrações matemáticas*, os quais, como *Diálogos sobre os dois maiores sistemas do mundo*, são uma conversa amigável entre três personagens simbólicos: Salviati, o representante da nova ciência, porta-voz de Galileu; Sagredo, o *bona mens*, espírito aberto, livre de preconceitos escolares e que, por isso, é capaz de compreender e receber o ensinamento de Salviati; e Simplício, mantenedor da tradição universitária dominada por Aristóteles, cujas posições defende, de resto, sem muito ardor.[10]

---

9   Desempenha assim, o papel de intermediário entre o matemático e o real.
10   Os dois primeiros não são apenas personagens simbólicos; são também personagens reais. Sagredo (1571-1620) é um veneziano e Salviati (1582-1614), um florentino, amigos de Galileu cuja memória este quis perpetuar. Simplício é puramente simbólico. É pouco provável que Galileu tenha escolhido seu nome pensando no grande comentador de Aristóteles, Simplicius. É pouco verossímil que tenha desejado indicar que o espírito de um aristotélico é simplista por definição, ou que, jogando com a influência dos nomes, tenha desejado sugerir que os descendentes espirituais de *Simplicius* fossem *simplistas*.

Depois de se discutir em torno de uma e outra coisa,[11] vem-se a falar da queda dos corpos graves. Para demonstrar a falsidade da asserção aristotélica, segundo a qual as velocidades dos corpos em queda livre são proporcionais a seus pesos e inversamente proporcionais à resistência dos meios nos quais se movem – donde a impossibilidade do movimento no vácuo –, inicialmente Galileu faz com que ela seja exposta pelo porta-voz do aristotelismo, Simplício, e, a seguir, pela boca de Sagredo, contesta com os dados de uma experiência real e, pela boca de Salviati, apresenta os resultados de uma experiência imaginada.[12]

SIMPLÍCIO – Tanto quanto me lembro, Aristóteles se insurge contra certos antigos que introduziram o vácuo como necessário ao movimento, dizendo que sem ele [o vácuo], o movimento não se poderia produzir. Contrariamente a isso, Aristóteles demonstra que é, [como veremos], a produção do movimento que se opõe à posição do vácuo. Assim, ele raciocina como se segue. Supõe dois casos: primeiro, o de móveis diferentes quanto à gravidade, movidos no mesmo meio; segundo, o do mesmo móvel, movido em meios diversos. Quanto ao primeiro [caso], supõe que os móveis de gravidades diferentes se movem no mesmo meio com velocidades diferentes, que terão entre si a mesma proporção que suas gravidades. Assim, por exemplo, um móvel 10 vezes mais pesado do que outro mover-se-á 10 vezes mais rapidamente.[13] No outro caso, admite que as velocidades do mesmo móvel em meios diferentes terão, entre si, a proporção inversa da espessura, ou da densidade, desses meios. Assim, por exemplo, se se supuser que a espessura [densidade] da água é 10 vezes a do ar, ele pretende que a velocidade no ar seja 10 vezes maior do que a velocidade na água.[14] E dessa segunda suposição extrai uma demonstração da seguinte forma: tendo em vista que a tenuidade do vácuo ultrapassa, de uma distância infi-

---

11 Da coesão e da resistência dos materiais à ruptura (título da *giornata prima*), do *vacuum*, de alguns paradoxos do infinito (a roda de Aristóteles), da experiência pela qual se procurava demonstrar que a propagação da luz se faz no tempo e não instantaneamente etc.
12 Cf. Discorsi e dimostrazioni mathematiche intorno a due nuove scienze. In: *Opere di Galileo Galilei*. Firenze: Edizione Nazionale, 1898. v. VIII, p. 105 e segs. tendo em vista que os *Discorsi* nunca foram traduzidos para o francês, citá-los-ei *in extenso* daqui por diante.
13 Assim, supondo constante a resistência do meio: $V_1 = P_1 : R$ e $V_2 = P_2 : R$.
14 $V_1 = P : R_1$; $V_2 = P : R_2$. Combinando essas duas fórmulas, obtém-se: $V = P : R$. Supõe-se sempre $P > R$.

nita, a corpulência de qualquer meio cheio, por sutil que seja, todo móvel que, no meio cheio, se move em algum espaço e em algum tempo, deverá mover-se no vácuo num instante.[15] Mas realizar um movimento num instante é impossível. Por conseguinte, em virtude [da existência] do movimento, é impossível que exista vácuo.

SALVIATI – Como se vê, o argumento é *ad hominem*, isto é, dirigido contra os que desejavam [estabelecer] o vácuo como necessário ao movimento. Assim, se eu aceitasse esse argumento como concludente, admitindo que não houvesse movimento no vácuo, a posição do vácuo, tomada absolutamente e não em relação ao movimento, não seria destruída.[16] Mas, para dizer algo que os antigos talvez tivessem podido responder, e também para ver melhor se a demonstração de Aristóteles é concludente, parece-me que nos poderíamos opor a suas suposições e negá-las a ambas. Ora, quanto à primeira, duvido profundamente que Aristóteles tenha verificado alguma vez, pela experiência, se era verdade que duas pedras, uma 10 vezes mais pesada do que a outra, que se deixam cair no mesmo instante de certa altura, por exemplo, de 100 braças, fossem tão diferentes quanto a suas velocidades que, no momento da chegada da maior à terra, a outra tivesse descido apenas 10 braças.

SIMPLÍCIO – Entretanto, por sua linguagem, vê-se que ele deve ter feito. Com efeito, diz ele: *vemos o mais pesado*. Ora, este *vemos* indica que ele fez a experiência.

SAGREDO – Mas eu, senhor Simplício, que fiz a prova, asseguro-lhe que uma bala de canhão que pesa 100 ou 200 libras, ou ainda mais, não antecipará sequer de um palmo sua chegada à terra em relação a uma bala de mosquete que pesa apenas meia libra, caindo também de uma altura de 200 braças.[17]

SALVIATI – Ora, mesmo sem experiência, podemos, com uma demonstração breve e concludente, provar claramente que não é verdade que um móvel mais pesado se move mais rapidamente do que outro, menos pe-

---

15   V = P : 0 = ∞. A velocidade no vácuo seria infinita.
16   Bem se sabe que Galileu admite não somente a existência de pequenos vazios infinitesimais – que explicam a coesão dos corpos –, mas também de vazios de dimensões finitas, como os que se produzem na bomba de sucção.
17   É muito duvidoso que Sagredo tenha feito essas experiências alguma vez. Os primeiros que as desenvolveram de maneira sistemática parecem ter sido Riccioli e Mersenne; cf. meu trabalho An experiment in measurement. In: *American Philosophical Society, Proceedings*. Filadélfia, 1953; tradução francesa: Une expérience de mesure, a seguir, p. 271-293.

sado, estando entendido que esses móveis são da mesma matéria e, em suma, do gênero daqueles de que fala Aristóteles. Mas, diga-me, senhor Simplício, se o senhor admite que todo corpo [grave] que cai possui certa velocidade, determinada por sua natureza, e que não se pode nem aumentá-la nem diminuí-la, a não ser usando a violência ou opondo-lhe alguma resistência.

SIMPLÍCIO – Não se pode pôr em dúvida que o mesmo móvel, movendo-se no mesmo meio, possui uma velocidade fixada e determinada pela natureza, a qual [velocidade] não pode ser aumentada, a não ser por um novo *impetus* que lhe [ao móvel] seja conferido, ou diminuída, salvo por uma resistência que o retarde.

SALVIATI – Então, se tivermos dois móveis, cujas velocidades naturais são desiguais, é claro que, se juntarmos o mais lento ao mais rápido, o [movimento] do mais rápido será parcialmente retardado [pelo mais lento] e, o do mais lento, parcialmente acelerado pelo mais rápido. O senhor não está de acordo comigo quanto a essa opinião?

SIMPLÍCIO – Parece-me que é o que deve acontecer, indubitavelmente.

SALVIATI – Mas, se assim é, e se ao mesmo tempo é verdade que uma grande pedra se move, por exemplo, com oito graus de velocidade, e uma pedra menor, com quatro, então, se se juntarem as duas, o conjunto se moverá com uma velocidade menor do que oito graus. Mas as duas pedras, juntas, formam uma pedra maior do que a primeira, que se movia com oito graus de velocidade. Assim, portanto, o conjunto (que é maior do que a primeira pedra sozinha) se move mais lentamente do que essa primeira pedra sozinha, que é menor. O que é contrário à sua suposição. Portanto, o senhor vê como, da sua suposição de que o móvel mais pesado se move mais rapidamente do que o menos pesado, e concluo que o (corpo) mais pesado se move menos rapidamente.[18]

Simplício está totalmente aturdido. Não é evidente que, juntando-se uma pedra menor a uma pedra maior, se aumenta seu peso e, portanto, de acordo com Aristóteles, sua velocidade? Mas Salviati lhe desfere um golpe a mais, proclamando que não é verdade que a pequena pedra, acrescentada à grande, aumenta seu peso. Com

---

18 É interessante notar que esse argumento foi apresentado por Galileu já em seu *De motu* juvenil (cf. *Opere*. v. I, p. 265), escrito provavelmente por volta de 1590, sem que Galileu tivesse, ali, chegado à conclusão da igualdade da velocidade na queda dos corpos graves.

efeito,[19] é preciso distinguir entre os corpos graves em movimento e os mesmos corpos graves em repouso.

> "Uma grande pedra colocada sobre uma balança adquire um peso maior não só quando se lhe superpõe uma outra, menor; mas qualquer adição, ainda que seja um pugilo de estopa, aumentará seu peso de cerca de 6 ou 10 onças, de acordo com o peso da estopa. Se, porém, de uma altitude qualquer, o senhor deixar cair livremente a pedra com a estopa presa a ela, o senhor acredita que, nesse movimento, a estopa pesará sobre a pedra e a obrigará a acelerar seu movimento ou, talvez, o senhor crê que ela a retardará, sustentando-a parcialmente? Sentimos o peso sobre nossos ombros quando queremos fazer oposição ao movimento que faria um certo peso colocado sobre eles. Mas, se descêssemos com a mesma velocidade com a qual esse peso grave desceria naturalmente, como o Senhor quer que ele faça pressão ou pese sobre [nós]? O senhor não vê que isso seria querer golpear com uma lança um homem que corre à nossa frente com a mesma velocidade[20] com a qual o senhor o persegue, ou [com uma velocidade] ainda maior? Portanto, conclua que, por ocasião da queda livre e natural, a pedra menor não pesa sobre a grande e, consequentemente, não aumenta seu peso como o faz no repouso".

Simplício, porém, não se rende.

> "Admitamos que a pequena pedra não pese sobre a grande. Mas não seria de modo diferente se se colocasse a maior sobre a menor? Certamente, responde Salviati,[21] ele aumentaria o peso [da pequena] se seu movimento fosse mais rápido. Mas já concluímos que, se a pequena fosse mais lenta, retardaria em certa medida a velocidade da maior, de tal modo que o conjunto delas se moveria menos rapidamente, mesmo sendo ele maior do que a pedra maior, o que é contrário à sua hipótese. Portanto, concluamos que os móveis, grandes e pequenos, movem-se com a mesma velocidade quando são de mesma gravidade específica".

A menção feita por Galileu da gravidade específica, num raciocínio em que ela não vem ao caso, é extremamente curiosa e até, historicamente, muito importante. Ela nos revela a fonte que inspira

---

19 Cf. *Opere*. v. VIII, p. 108 e segs.
20 É curioso notar que este exemplo "surpreendente" será utilizado por Stefano degli Angeli em sua polêmica com Riccioli; cf. meu De motu gravium... *American Philosophical Society, Translations*. 1955.
21 *Opere*. v. VIII, p. 109.

o raciocínio galileano, tanto na passagem que acabo de citar quanto na que citarei adiante. Essa fonte é Giambattista Benedetti.[22] Realmente, desde 1553, no prefácio-dedicatória a Gabriel de Guzman de sua *Resolução de todos os problemas de Euclides...*,[23] no qual, para a análise da queda dos corpos graves, substitui por um esquema arquimediano o de Aristóteles – Galileu, como logo veremos, faz o mesmo –, Benedetti escreve:

> "Digo, portanto, que se houvesse dois corpos com a mesma forma[24] e da mesma espécie [gravidade específica], [esses corpos], fossem iguais ou desiguais, mover-se-iam, no mesmo meio, num espaço igual, num tempo igual. Essa posição é muito evidente, pois, se se movessem num tempo desigual, deveriam ser de espécies diferentes ou mover-se através de meios diferentes".[25]

Tanto quanto Galileu, Benedetti considera que a queda simultânea de corpos graves, grandes e pequenos (de natureza ou de espécie, isto é, de gravidade específica, idêntica), é contrária ao ensinamento de Aristóteles. No que, indubitavelmente, têm razão. Efetivamente, Aristóteles ensinou que as pedras grandes caem mais rapidamente do que as pequenas.[26] Todavia, poder-se-ia perguntar se Simplício não errou ao deixar-se confundir por sua paradoxal "experiência" com um corpo que, sobrecarregado com a junção de outro, se move

---

22 A influência de Giambattista Benedetti sobre Galileu já foi realçada por G. Vaillati (cf. *Le speculazioni di Giovanni Benedetti sul Moto dei Gravi. Scritti.* p. 161 e segs.; e, nos nossos dias. GIACOMELLI, R. *Galileo Galilei giovane e il suo "De motu"*. Pisa, 1949.

23 *Resolutio omnium Euclidis problematum aliorumque una tantum modo circuli apertura*. Venetiis, 1533. Sobre Giambattista Benedetti, cf. meu estudo Giambattista Benedetti, critique d'Aristote. *Mélanges offerts à Étienne Gilson*. Paris, 1959 (e *supra*, p. 128-149) e também meus *Études galiléennes*. I e II, onde se encontra a bibliografia desse autor; cf. também os trabalhos de Vaillati e de Giacomelli, citados na nota precedente.

24 Se assim não fossem, sua forma influenciaria seu movimento.

25 O prefácio de Benedetti foi por ele publicado à parte, também em Veneza, em 1554, sob o título: *Demonstratio proportionum motuum localium contra Aristotelem*. Muito raro, foi publicado por G. Libri, no v. III de sua *Histoire des sciences mathématiques en Italie* (Paris, 1848. p. 248 e segs.); a passagem que cito se acha nas p. 249-250; e foi por mim reproduzida, em tradução, no meu artigo citado na nota 23.

26 No que, aliás, tinha razão.

mais lentamente ou também mais rapidamente do que o faria sozinho. Não poderia, não deveria ele responder que, em sua análise da queda, Salviati desprezou um fator de importância capital, essencial, a saber, a resistência ao movimento? Com efeito, todo movimento implica ação e resistência. Não deveria contestar, além disso, que Salviati admitiu, como evidente por si só, o fato de que o peso de um *conjunto de corpos* desempenha, em relação a esse conjunto, o mesmo papel que o peso de um corpo individual em relação a si próprio? Não poderia ele dizer, por exemplo, que a "experiência" de Benedetti, por este apresentada em seu livro *Diversas especulações matemáticas e físicas*,[27] experiência na qual se deixam cair dois corpos iguais (e de matéria idêntica), de início separadamente, depois ligados por uma linha matemática, concluindo não haver nenhuma razão para que, no segundo caso, se desloquem mais rapidamente do que no primeiro (conjunto mais rápido do que o corpo isolado), é excelente, mas nada vale contra Aristóteles?[28] Realmente, os dois corpos em questão continuarão a ser *dois* corpos ligados e não *um único*. Dois cavalos semelhantes ligados por uma rédea não formam um cavalo duas vezes maior e, os dois juntos, não correm duas vezes mais rapidamente do que cada um deles, mas exatamente com a mesma velocidade, como se não estivessem ligados. Ademais, mesmo se se considerassem os dois corpos de Benedetti como um único corpo, este não teria, efetivamente, nenhuma razão para se deslocar mais rapidamente do que cada um deles tomado isoladamente, nem no vácuo, onde a velocidade seria infinita, nem no espaço cheio, pois aí encontrariam uma redobrada resistência.[29] Ora, sendo a velocidade proporcional à resistência, ela seria a mesma nos dois casos.[30]

E, quanto à "experiência" de Salviati, Simplício também teria podido responder que um feixe de palha atado a uma bala de canhão continua a ser um feixe de palha, como a bala de canhão continua a

---

27 *Diversarum speculationum mathematicarum et physicarum liber*. Taurini, 1585.
28 Ibidem. p. 174; cf. p. 371 do meu artigo citado na nota 23.
29 Se fossem considerados como ligados por uma barra material, esta ofereceria uma resistência suplementar ao ar ambiente.
30 Dois homens de mãos dadas não caem mais rapidamente, nem de fato, nem segundo Aristóteles.

ser bala de canhão. E que, se o feixe de palha cai lentamente, quando isolado, e a bala de canhão cai rapidamente, é razoável, e de modo algum contrário ao ensinamento de Aristóteles, admitir que, se estivessem ligados, a bala de canhão aceleraria o movimento do feixe de palha e este retardaria o movimento da bala de canhão, embora o peso do conjunto seja maior do que o peso dos objetos componentes e, em especial, do que o da bala. O conjunto composto de um feixe de palha e de uma bala de canhão não é uma bala de canhão mais pesada. O conjunto não é um objeto natural. Ademais, do mesmo modo que, em sua pressuposta resposta a Benedetti, Simplício teria podido acrescentar que, ainda que se obstinasse, contrariamente ao senso comum, ao bom-senso – e a Aristóteles –, a transferir para o conjunto o que só é válido para os componentes, dever-se-ia levar em conta o fato de que, tendo o volume do conjunto – em relação à bala – aumentado bem mais do que seu peso, a resistência ao movimento do conjunto também cresceu mais do que seu peso, e que é inteiramente normal – e, ainda uma vez, de acordo com a dinâmica de Aristóteles – que, se a proporção da força motriz em relação à resistência diminui, o movimento, isto é, sua velocidade também diminui.

Simplício teria podido dizer tudo isso, ou algo semelhante. É pena que não o tenha feito, pois, do contrário, a posição aristotélica teria sido esclarecida, embora sem que se tornasse, por isso, mais forte. Pois Salviati, por sua vez, invocando o exemplo do ovo de galinha e do ovo de mármore, exemplo de que se serve num contexto um pouco diferente,[31] teria podido retorquir-lhe que o fato de levar a resistência em consideração não constitui salvação para a asserção relativa à proporcionalidade da velocidade e do peso, uma vez que, mesmo no caso de essa resistência, sendo a mesma para os corpos em questão – o ovo de galinha e o ovo de mármore –, não vir ao caso, a velocidade da queda dos referidos corpos não segue, absolutamente, a proporção de seus pesos. De fato, em vez de mover-se muito mais lentamente do que o ovo de mármore, o ovo de galinha se move quase tão rapidamente quanto ele e chega à terra quase ao mesmo tempo.

---

31   Cf. mais adiante, p. 216.

*

Se, em sua crítica, através da redução ao absurdo, da dinâmica de Aristóteles que acabamos de examinar, Galileu não levou em conta a resistência oposta pelo meio ao movimento do corpo que cai, não concluamos daí que ele desconhecesse o papel que ela desempenha nessa dinâmica. Pelo contrário: é pela crítica da concepção aristotélica relativa às relações entre a potência e a resistência que ele virá a demonstrar, por meio de uma experiência imaginária, não só a possibilidade de movimento no vácuo, mas também que, *no vácuo*, todos os corpos caem com a mesma velocidade e que é justamente a resistência do meio que explica que eles não o façam no espaço cheio.

Por que, então, Galileu não cuidou de dizê-lo até aqui? Talvez porque, tendo apresentado a dinâmica aristotélica como baseada em dois princípios axiomáticos, segundo os quais: a) a velocidade é proporcional à força motriz; e b) a velocidade é inversamente proporcional à força da resistência; considerou que lhes devia fazer a crítica separadamente.[32] Talvez, também, porque, habitualmente, essa resistência – a resistência do ar – é mínima e, por isso, desprezível. Realmente, quando Simplício, em vez de expor a Salviati os raciocínios que tivemos de desenvolver em seu lugar, se limita a dizer-lhe que, a despeito de todos os seus argumentos, não acredita que um grão de chumbo caia tão rapidamente quanto uma bala de canhão, provoca uma violenta investida de Salviati:[33]

> SALVIATI – O senhor deveria dizer: "Um grão de areia tão rápido quanto um mó de moinho." Mas eu não gostaria, senhor Simplício, que o senhor fizesse como muitos outros, que desviam a discussão de seu objeto principal e, apegando-se à minha asserção que falta com a verdade [da espessura] por um fio de cabelo, e que, sob esse cabelo, o senhor queira esconder o defeito de outra, que é tão grande quanto um cabo de navio. Aristóteles diz: "Uma bola de ferro de 100 libras, caindo de altura de 100 braças, chega à terra antes que uma [bola] de uma libra caia de uma única braça". Eu digo que chegam ao mesmo tempo. Fazendo a experiência, o senhor acha que a maior avança de dois dedos à frente da pequena, isto é, quando a grande se choca com a terra, a outra se acha afastada dela

---

32   Sua teoria levará em conta os dois fatores.
33   *Discorsi, giornata prima*. In: *Opere*. v. VIII, p. 110.

de uma distância de dois dedos. Ora, o senhor quer esconder atrás desses dois dedos as 99 braças de Aristóteles e, só falando de meu mínimo erro, deseja manter em silêncio o outro erro, muito grande. Aristóteles declara que os móveis de gravidades diversas se movem no mesmo meio (na medida em que [seu movimento] depende da gravidade) com velocidades proporcionais a seus pesos, e dá como exemplo [os movimentos] de móveis nos quais se pode perceber o efeito puro e absoluto do peso, deixando [de lado] as outras considerações, tais como a da forma, como [sendo] de importância mínima, e como grandemente dependentes do meio que modifica o efeito próprio e simples somente da gravidade. Assim, elas fazem com que o ouro, a matéria mais pesada de todas, quando reduzido a uma folha muito delgada, flutue no ar, o que fazem também as pedras moídas em pó muito fino. Mas, se o senhor quiser manter a proposição geral, deve mostrar que a proporção da velocidade [em relação à gravidade] é observada por todos os corpos graves, e que uma pedra de 20 libras se move 10 vezes mais rapidamente do que uma pedra de duas libras.

Portanto, a resistência do meio desempenha, efetivamente, um certo papel na determinação da velocidade da queda. Afirmando-o, Aristóteles não se enganou inteiramente. Entretanto, cometeu um erro muito grave ao admitir que ela é – para um determinado corpo grave – inversamente proporcional à resistência, isto é, à densidade dos meios em que ocorre o movimento. Erro que implica consequências inadmissíveis.

Com efeito:[34]

> "Se fosse verdade que, nos meios de rarefação ou de sutileza [densidade] diversa, isto é, nos meios de resistência [literalmente: não resistência, *cedenza*] diferentes, tais como, por exemplo, a água e o ar, o mesmo móvel se movesse no ar com uma velocidade tanto maior quanto o ar é mais raro que a água, seguir-se-ia que todo móvel que desce no ar também desceria na água, o que é falso, na medida em que muitos corpos que descem no ar, na água não só não descem, mas ainda se elevam".

Simplício não compreende muito bem o raciocínio de Salviati; além disso, considera-o ilegítimo, uma vez que Aristóteles só se ocu-

---

34   Ibidem. p. 110; cf. o mesmo argumento no *De motu*. In: *Opere*. v. I, p. 263 e segs.

pou de corpos que descem nos dois meios (a água e o ar), e não de corpos que descem em um meio e sobem em outro.

Tomada ao pé da letra, a objeção de Simplício certamente é demasiadamente frouxa. E Salviati tem muita razão em fazer com que ele o sinta, observando que ele defende mal seu mestre. Efetivamente, Simplício deveria ter dito – como o fizera no passado[35] – que a física de Aristóteles não é uma física matemática e, por isso, não se deve tomar ao pé da letra – ao pé da letra matemática – as fórmulas de proporcionalidade que ele enuncia, as quais, de fato, são apenas qualitativas e vagas, são aproximadas.[36] Galileu, bem entendido, sabe-o muito bem. Mas, certamente, considera que, tendo tratado do problema geral da matematização da ciência física em seu *Diálogo*,[37] não precisava mais discutir isso em seus *Discorsi*. Teria podido acrescentar que o fato de tomar ao pé da letra fórmulas pseudomatemáticas de Aristóteles não é algo que lhe seja característico e que os comentadores de Aristóteles o fizeram muito antes dele.[38] Assim,

---

35   Cf. Dialogo sopra i due maximi sistemi del mondo, giornata prima. In: *Opere*. v. VII, p. 38; *Giornata seconda*. p. 242.

36   No fundo, Simplício tem razão; substituindo por um esquema estritamente quantitativo as concepções semiqualitativas de Aristóteles a cujas determinações é sempre preciso acrescentar "mais ou menos", falseia-se sensivelmente o seu sentido; cf. meus *Études galiléennes*. v. III, p. 120 e segs., e, recentemente, DIJKSTERHUIS, E. J. The origins of classical mechanics. In: *Critical problems in the history of science*. Madison: Wisconsin, 1959.

37   Cf. *Dialogo, giornata prima*. p. 38 e segs.; *Seconda*. p. 229 e segs.; 242 e segs.; *Terza*. p. 423 e segs.; cf. também *Il Saggiatore*. In: *Opere*. v. VI, p. 232 etc.

38   Assim, os críticos medievais – e, de fato, já o próprio Aristóteles – lhe havia oposto as considerações-contradições seguintes: da igualdade da força com a resistência resulta, de acordo com a sua fórmula, a velocidade 1 (V = P : R, P = R, portanto, V = 1). Ora é claro que, se a resistência for igual à velocidade, não se produzirá nenhum movimento. A fórmula: velocidade = força/resistência implica até algo ainda mais absurdo, a saber, que toda força, por pequena que seja, sempre produz movimento, por maior que seja a resistência que lhe seja oposta. Portanto, desde Averróis, enunciaram-se certas fórmulas que tinham de levar em conta essas circunstâncias, em particular a que determina a velocidade como proporcional, não à força, mas ao excesso da força sobre a resistência, fórmula análoga à que Benedetti adotará (cf., mais adiante, p. 226 e segs.). E Bradwardine adotará uma fórmula mais complicada que, na notação moderna, equivale a uma função logarítmica; cf. CLAGET, Marshall. *Giovanni Marliani and late medieval physics*. Nova Iorque, 1941. p. 129 e segs.;

Salviati procede à demonstração, como um exemplo "concreto", das consequências absurdas, e até contraditórias, da tese de Aristóteles.

"Admitamos", diz ele a Simplício,[39] "que, entre a corpulência da água – ou o que quer que retarde o movimento – e a corpulência do ar, que o retarda menos, haja uma proporção definida, e fixemo-la a seu gosto. 'Que assim seja, responde Simplício, admitamos que seja 10.' Então, prossegue Salviati, a velocidade de um corpo que desce nesses meios será 10 vezes mais lenta na água do que no ar. Agora, tomemos um corpo que cai no ar, mas não na água – uma bola de madeira – e atribuamo-lhe uma velocidade qualquer para sua descida no ar – 'Digamos que seja de 20 graus de velocidade', propõe Simplício. Então, conclui Salviati, de acordo com a teoria de Aristóteles, esse corpo deveria descer na água com a velocidade de dois graus e não elevar-se, como na realidade o faz. Vice-versa, um corpo, mais pesado do que a madeira, que descesse na água com a velocidade de dois graus, deveria descer no ar com a velocidade de 20, isto é, com a velocidade da bola de madeira, mais leve, o que contradiz o ensinamento de Aristóteles sobre a proporcionalidade entre a velocidade e o peso. Aliás, a experiência diária aí está para nos provar que a asserção de Aristóteles é falsa e que a relação entre as velocidades dos corpos que descem na água é muito diferente da relação entre as velocidades de suas quedas no ar. 'Assim, por exemplo,[40] um ovo de mármore descerá na água 100 vezes mais rapidamente do que um ovo de galinha, enquanto, no ar, [caindo] da altura de 20 braças, ele não terá uma dianteira de quatro dedos. Em suma, tal corpo pesado que, em 100 braças de água, vai ao fundo em três horas, as atravessará, no ar, em uma ou duas batidas de pulso. E outro (como uma bola de chumbo) atravessaria [as 10 braças de água] num tempo inferior ao dobro (do tempo de sua queda no ar)'."

Portanto, segue-se que a objeção aristotélica à possibilidade de movimento no vácuo, baseada no crescimento da velocidade proporcionalmente à diminuição da resistência, é destituída de valor. A velocidade no vácuo não será, de modo algum, infinita.[41]

---

e MAIER, Anneliese. *Die Vorläufer Galileis im XIV Jahrhundert*. Roma, 1949. p. 81 e segs.; CLAGET, Marshall. *The science of mechanics in the Middle Ages*. Madison: Wisc., 1959.

---

39   *Discorsi*. p. 111.
40   Ibidem.
41   Ibidem. p. 112.

A possibilidade do movimento no vácuo, a partir das mesmas bases, a saber, da crítica da "proporcionalidade" aristotélica, já foi, como se sabe, afirmada por Benedetti. Mas Benedetti, demonstrando – como o fará também Galileu – que a força motriz, tomada como igual ou idêntica ao peso, devia ser diminuída do valor da resistência, e não dividida por ela; daí concluíra que, no vácuo, os corpos desceriam com velocidades proporcionais a seus pesos específicos, e não – como o fará Galileu – que cairiam, todos, com a mesma velocidade. Assim, é interessante notar que – sem citá-lo, porém – Sagredo invoca a tese de Benedetti, à qual, aliás, como vimos, Salviati parece ter aderido.[42]

> "O senhor demonstrou claramente", diz ele, "que não é verdade que os móveis desigualmente graves se movem no mesmo meio com velocidades proporcionais a seus pesos, mas [se movem] com a mesma velocidade, estando entendido [que se trata] de corpos graves da mesma matéria, ou da mesma gravidade específica, mas não, entretanto, [de corpos] de gravidades específicas diferentes, pois não penso que o Senhor tenha a intenção de concluir daí que uma bola de cortiça se move com a mesma velocidade que uma bola de chumbo. Ademais, o senhor demonstrou muito claramente não ser verdade que o mesmo móvel, em meios de resistências diversas, observa, no que diz respeito a sua velocidade e a sua lentidão, as próprias proporções de suas resistências. Assim, ficaria muito feliz em saber quais são as proporções efetivamente observadas num e noutro caso".

Ora, bem sabemos que o que Galileu pretende demonstrar é justamente o que parece incrível a Sagredo – e outrora a ele próprio –, a saber, que, no vácuo, uma bola de cortiça e uma bola de chumbo caem, não com velocidades diferentes, mas com a mesma velocidade. Tese inteiramente extravagante, a propósito da qual, com muito mais direito do que a respeito de sua lei da aceleração dos corpos em queda, teria podido dizer que, antes dele, ela não havia sido sus-

---

42 Ibidem. p. 112 e segs. Em Galileu, há um hábito constante – e muito pedagógico –, ou seja, fazer com que o leitor percorra as fases de seu próprio pensamento, com que caia nos erros nos quais ele próprio caiu, e com que se liberte deles. Habitualmente, é Sagredo quem se encarrega de representar a fase intermediária, e Salviati, a fase a que Galileu chega.

tentada por ninguém.[43] Assim, é interessante analisar de perto sua demonstração. Tanto mais que ela nos revela a evolução de seu pensamento.[44]

> "Depois de ter ficado certo de não ser verdade que o mesmo móvel, em meios de resistências diversas, observa, em sua velocidade, a proporção da não resistência [*cedenza*] dos referidos meios, do mesmo modo [que não é verdade] que, no mesmo meio, os móveis de gravidades diversas observam, em suas velocidades, a proporção de suas gravidades [entendendo por isso gravidades específicas[45] diversas], comecei a combinar esses dois acidentes [qualidades] e a perguntar-me o que aconteceria aos móveis diferentes colocados em meios de resistências diversas. E percebi que a desigualdade das velocidades se revelava ser muito maior em meios mais resistentes do que naqueles que cedem mais facilmente, e com uma diferença tal que, dois móveis que, caindo no ar, se diferenciavam apenas quanto à velocidade de [seu] movimento, [movem-se] na água com uma velocidade 10 vezes maior de um para outro; e também que tal [corpo] que, no ar, desce rapidamente, na água não só não descerá, mas ficará inteiramente privado de movimento ou até subirá. Com efeito, é possível encontrar certas espécies de madeira, de nós ou de raízes, que podem permanecer em repouso [imóveis] na água, mas caem rapidamente no ar".

A menção de corpo que permanece em equilíbrio na água dá lugar a uma digressão (interessante em si mesma e que permite a Sagredo, bem como a Salviati, invocar experiências bastante surpreendentes sobre o equilíbrio hidrostático, e ainda outras coisas), o que rompe a marcha do raciocínio e que, por isso, não examinarei aqui.[46] Portanto, prossigamos com a exposição de Salviati:[47]

---

43 A regra da somação do espaço percorrido por um corpo, ou por um ponto, em movimento uniformemente acelerado (uniformemente desigual), foi conhecida na Idade Média, inicialmente em Oxford e, em seguida, em Paris, desde a primeira metade do século XIV. Foi até aplicada ao movimento da queda por Dominique Soto, no século XVI. Cf. as conhecidas obras de DUHEM, P. *Études sur Léonard de Vinci*. Paris, 1908-1913. 3 v.; seu *Système du monde*. Paris, 1956 e 1958, vs. VII e VIII; e as obras citadas na nota 38.
44 *Discorsi*. p. 113.
45 A referência a Benedetti está patente.
46 Cf. o Apêndice, p. 239-244.
47 *Discorsi*. p. 116.

"Tendo visto que a diferença de velocidade, em móveis de gravidades diversas, se revela ser muito maior nos meios cada vez mais resistentes – assim, no mercúrio, o ouro não só vai ao fundo mais rapidamente do que o chumbo, mas é o único que desce nesse meio, enquanto todos os outros metais e todas as pedras se movem para cima e flutuam –, enquanto entre bolas de ouro, de chumbo, de cobre, de pórfiro e de outras matérias pesadas, a desigualdade no movimento no ar será tão pouco sensível que, no fim de uma queda [da altura] de 100 braças, uma bola deverá se adiantar de quatro dedos a uma bola de cobre... Tendo visto isso, como disse, formei a opinião de que, se a resistência do meio fosse totalmente suprimida, todos os móveis desceriam com uma velocidade igual".

Portanto, o raciocínio de Galileu se apresenta como uma espécie de transição para o limite: as duas séries de grandezas – a da resistência dos meios nos quais os corpos graves se movem e a das diferenças entre suas velocidades – evoluem em concordância uma com a outra: quanto mais forte a resistência, maiores as diferenças; e inversamente: à medida que a resistência decresce, as diferenças diminuem.[48] Suprimamos a resistência e teremos toda a possibilidade de ver desaparecerem as diferenças entre as velocidades.

Bem entendido, isso não é uma prova satisfatória. E o aristotélico não está totalmente destituído de razão em não aceitá-la como tal.[49] Para demonstrar a proposição galileana seria necessária uma experiência. Mas esta é impossível, pois não se pode operar no vácuo. Assim, Galileu se vê obrigado a subverter o procedimento e mostrar que, partindo de sua hipótese da igual velocidade da queda dos corpos graves no vácuo, ele pode encontrar os dados da experiência real e, além disso, explicar o verdadeiro papel da resistência no efetivo retardamento do movimento. Portanto, prossegue:[50]

"Estamos pesquisando o que ocorreria com móveis muito diferentes quanto ao peso num meio em que a resistência fosse nula e, portanto, onde toda diferença de velocidade que houvesse entre esses móveis devesse referir-se unicamente à desigualdade de pesos. E, como somente um espaço inteiramente vazio de ar e de qualquer outro

---

48   No esquema aristotélico, essa diferença – proporcional aos pesos dos corpos que caem e às densidades dos meios – teria de permanecer inalterada.
49   Tanto menos na medida em que ela contraria a teoria, à primeira vista tão sedutora, de Benedetti.
50   *Discorsi*. p. 117.

corpo, por tênue e pouco resistente que seja, seria apto a mostrar a nossos sentidos o que buscamos, e, como nos falta esse espaço, procederemos observando o que se passa nos meios mais raros e menos resistentes em comparação com o que acontece em outros, menos raros e mais resistentes. Ora, se descobrimos, realmente, que os móveis de gravidades diferentes se diferenciam tanto menos em velocidade quanto menos resistentes os meios em que encontram, e que, finalmente, ainda que sejam extremamente diferentes em peso, as diferenças entre [suas] velocidades, num meio mais tênue do que todos os outros, embora não [totalmente] vazio, revelam-se extremamente pequenas e que inobserváveis, parece-me que bem podemos acreditar, fazendo uma conjectura muito provável, que, no vácuo, suas velocidades serão inteiramente iguais. Portanto, consideremos o que se passa no ar. E, para dispor de um corpo de superfície [de forma] bem determinada e de matéria extremamente leve, imaginemos uma bexiga inflada. O ar que nela (no interior) houver, colocado no meio feito do mesmo ar, não pesará nada, ou muito pouco, porque só poderá ser muito pouco comprimido.[51] Assim, sua gravidade será apenas aquela, muito pequena, da própria película, que não atingirá a milésima parte do peso de uma massa de chumbo da mesma grandeza da referida bexiga inflada. Ora se se as [a massa de chumbo e a bexiga] deixa cair, [de uma altura] de 4 ou 6 braças, de que espaço estima, senhor Simplício, que o chumbo se adiantará em relação à bexiga? Esteja certo de que não será do triplo, nem mesmo do dobro.

Pode ser, responde Simplício,[52] que, no início do movimento, isto é, nas primeiras 4 ou 6 braças, isso se passe como o senhor diz. Entretanto, creio que, a seguir, continuando [o movimento] durante muito tempo, o chumbo deixará [a bexiga] atrás de si, não só de seis partes em 12, mas até de 8 ou 10".

Salviati concorda; e vai até mais longe.[53]

"Se a queda durasse um tempo suficientemente longo, o chumbo poderia percorrer 100.000 milhas, enquanto a bexiga só percorreria uma única milha".

---

51   O peso do ar não está em discussão. Tampouco o fato de que ele pesa tanto mais quanto mais é comprimido. Isso são coisas que todos admitem. Em compensação, faz-se mister admirar a engenhosidade de Galileu na montagem de sua experiência – imaginária, bem entendido –, embora ele não possa, evidentemente, ter pretensões de precisão.
52   *Discorsi*. p. 117.
53   Ibidem. p. 118.

Mas isso não contradiz em absoluto sua tese. Muito pelo contrário, o fato de que as velocidades dos corpos em queda livre diferem cada vez mais ao longo dessa queda a confirma. É justamente o que deve ocorrer se as diferenças entre as velocidades não são causadas pelas diferenças entre os pesos, mas dependem apenas de circunstâncias exteriores, a saber, da resistência do meio. Elas não se produziriam se a velocidade dependesse da gravidade dos corpos que caem.

> "Pois, tendo em vista que elas [as gravidades] são sempre as mesmas, a proporção entre os espaços percorridos deveria, também, permanecer a mesma, enquanto vemos que, na continuação do movimento, essa proporção cresce sempre".

O argumento de Galileu é especioso. Pode até parecer um pouco leviano e ser apenas puramente polêmico, isto é, destinado a abater – ou a fazer calar – o opositor, ao colocar-se em seu próprio terreno. Realmente, não é nada menos que isso. Certamente, ele se mete no terreno de seu adversário – todo argumento crítico deve fazê-lo –, mas, no pensamento de Galileu, isso deve ser levado muito a sério. Pois o que ele condena no aristotelismo (e também, implicitamente, em Benedetti-Sagredo) é o chocar-se contra o princípio fundamental de qualquer explicação científica: causas constantes produzem efeitos constantes. O de que ele se orgulha, pelo contrário, é de haver estabelecido uma doutrina de acordo com esse princípio.

Na dinâmica aristotélica, como bem sabemos, uma força constante produz um movimento uniforme. Portanto, o peso constante de um corpo não deveria produzir um movimento *acelerado* da queda.[54] Mas passemos adiante. Admitamos que ele "cause" um movimento acelerado. Então, pelo menos, as relações entre as velocidades "causadas" por pesos diferentes deveriam ser constantes e, por isso, as relações entre os espaços percorridos também deveriam ser constantes. Ora, na realidade não o são.

Aliás, parece que a doutrina galileana da queda está sujeita à mesma objeção, pois, se nela, o primeiro e imediato efeito da gravidade não é o movimento, mas a aceleração, e o crescimento da

---

54   A explicação dessa aceleração é uma *crux* da dinâmica aristotélica.

velocidade da queda, apenas um efeito secundário,[55] essa aceleração, a supor que seja diferente para corpos diferentes – a bexiga inflada e a bola de chumbo colocadas no mesmo meio –, não é menos constante para cada um deles. Daí resulta – ou parece resultar – que as relações entre as velocidades e os espaços percorridos também devem ser constantes.

O fato de o papel da resistência em relação à força motriz ser mal compreendido por Aristóteles e ser bem compreendido por Galileu (ou Benedetti) não muda nada na situação fundamental: fatores constantes não podem produzir efeitos variáveis.

Ora, é justamente o que diz Simplício que, como bom lógico, não precisou da explicação que tivemos de dar do raciocínio galileano.[56]

> "Muito bem. Mas, para imitar a sua maneira de raciocinar, se a diferença de peso nos móveis de gravidades diversas não pode ser a razão da mudança da proporção entre suas velocidades, como, então, o meio, que se supõe permanecer sempre o mesmo, poderia ocasionar uma mudança qualquer na relação entre as velocidades?"

Como acabamos de ver, Simplício tem toda a razão. Se a resistência do meio tivesse um valor constante – como admite Aristóteles (e o próprio Galileu, seguindo Benedetti, também o fará num contexto diferente) –, a relação entre as velocidades, produto de duas "causas" constantes, permaneceria constante. Mas é justamente aí que está o erro: a resistência do meio não é constante, mas varia em função da própria velocidade do movimento. Salviati explica, então:[57]

> "Inicialmente, digo que um corpo grave, por sua natureza, tem um princípio inerente [uma tendência interna] a mover-se em direção ao centro comum dos corpos graves,[58] isto é, [em direção ao centro] do nosso globo terrestre, com um movimento constantemente acelerado, e acelerado sempre igualmente, isto é, [de tal modo] que,

---

55 O aumento da velocidade e a própria velocidade são apenas efeitos, ou acumulações, de acelerações.
56 *Discorsi*, p. 118.
57 Ibidem. Cf. também *De motu*. p. 255 e segs.
58 A ignorância – proclama no *Diálogo* – da natureza da gravidade não impede Galileu de reconhecer nela um princípio inerente aos corpos. Nisso está, aliás, a condição indispensável da constância de aceleração.

em tempos iguais, recebe adições iguais de movimentos e de novos graus de velocidade. E isso deve ser entendido como verificando-se cada vez que todos os impedimentos acidentais e exteriores são retirados, entre os quais há um que não podemos suprimir, a saber, o impedimento do meio cheio que deve ser penetrado e movido para o lado pelo móvel. Ora, embora o supuséssemos tranquilo, fluido e pouco resistente, esse meio [o ar] se opõe ao dito movimento transversal com uma resistência menor ou cada vez maior, segundo ele tenha de abrir-se [afastar-se] lentamente ou rapidamente para dar passagem ao móvel. Assim, este, porque, como disse, por natureza é continuamente acelerado, vem a encontrar uma resistência aumentada do meio, e por esse fato [sofre] um retardamento e uma diminuição na aquisição de novos graus de velocidade. Assim, finalmente, a velocidade atinge um tal ponto, e a resistência do meio, uma tal grandeza, que, equilibrando-se entre elas, fazem cessar toda aceleração ulterior".[59]

A partir desse momento, o móvel em questão se desloca com um movimento "equável" e uniforme, com a velocidade adquirida na descida.[60] Ora, esse crescimento da resistência não provém de uma mudança na natureza do meio, mas unicamente do crescimento da velocidade com a qual ele tem de afastar-se lateralmente da trajetória do corpo que cai. Assim, podemos acrescentar, acha-se salvaguardado o princípio essencial da proporcionalidade da causa ao efeito e, ao mesmo tempo, explicado como de uma causa constante pode provir um efeito variável.

A passagem de Galileu que acabo de citar é muito interessante e significativa. Com efeito, não somente nos apresenta uma explicação mecânica da resistência do meio – concepção de capital impor-

---

59   É interessante notar – mas voltaremos a isso – que, se a resistência à aceleração é proporcional à velocidade e, portanto, cresce proporcionalmente a esta, seu valor próprio (ou sua "velocidade") diminui em proporção inversa. A relação entre a resistência e a aceleração é, portanto, exatamente a mesma que Aristóteles postula entre a resistência e a velocidade.

60   Cf. mais adiante, Apêndice II; *Discorsi*. p. 118. I. B. Cohen, num livro recente (*The birth of a new physics*. Nova Iorque, 1960. p. 117 e segs.), faz a observação, muito profunda, de que esse movimento descendente, "equável e uniforme", é um movimento inercial, o único movimento inercial que se pode realizar na física galileana.

tância[61] e não diminuída pelo fato de que, em sua aplicação ao real, Galileu comete um erro muito curioso[62] –, mas ainda nos revela o que eu gostaria de chamar de axiomas subjacentes em seu pensamento, axiomas cuja formulação clara e explícita é por ele desprezada – ou simplesmente ignorada –, mas que, de alguma forma, se mostram atuantes em seus próprios raciocínios.

O corpo grave... mas sabemos que, para Galileu, como para Benedetti e Arquimedes, todos os corpos são "graves" e não há corpos leves.[63] Portanto, podemos estender a todos os corpos, ou ao corpo como tal, o que ele nos diz do corpo grave, e dizer que todo corpo "possui" um princípio interno em virtude do qual se dirige ao centro da Terra com movimento uniformemente acelerado.[64] Em outros termos, a gravidade, cuja "natureza",[65] aliás, ignoramos, pode, en-

---

61   Foi daí que partiram todos os estudos ulteriores sobre a resistência dos meios ao movimento dos corpos. Assim, não importa que, como observa Newton (*Princípios matemáticos da filosofia natural*. II, Seção 1: *Movimentos dos corpos que sofrem resistência em razão de sua velocidade*. Paris, 1759, escólio. v. I, p. 254), "a hipótese segundo a qual a resistência dos corpos é proporcional a sua velocidade seja mais matemática do que concorde com a natureza" e que, de fato, "nos meios que não têm qualquer tenacidade, as resistências dos corpos estejam na razão dupla das velocidades", e não na razão das velocidades, como acreditava Galileu.
62   Cf. mais adiante, Apêndice II.
63   Cf. já no *De motu*. p. 360: "*Concludamus itaque, gravitatis nullum corpum expers esse, sed gravia esse omnia, haec quidem magis, haecautem minus, prout corum materia magis est constipata et compressa, vel diffusa et extensa, fuerit*".
64   Poderia dizer-se, até, que a gravidade *constitui* o corpo *físico*.
65   Cf. *Diálogo*. In: *Opere*. v. VII, p. 260 e segs.:
     SIMPLÍCIO – *La causa di quest'effeto* [o movimento das partes da Terra para baixo] *è notissima e ciaschedun sa che à la gravità*.
     SALVIATI – *Voi errate, Sig. Simplício; voi dovevi dire che ciaschedun sa ch'ella si chiama gravità. Ma io non vi domando tel nome, ma dell'essenza della cosa: della quale essenza voi non sapete punto più di quello che voi sapiate dell'essenza del movente le stelle in giro, eccettuatone il nome, che a questa è stato posto e fatto familiare e domestico per la frequente esperienza che mille volte il giorno ne veggiamo; ma non è che realmente noi intendiamo più, che principio o che virtuù sai quella che mouve la pietra in giù, di quel che noi sappiamo chi la muova in su, separata dal proiciente, o chi muova la Luna in giro, eccettochè (come ho detto) in nome, chepiù singulare a proprio gli abbiamo*

tretanto, ser definida como "causa" ou "princípio" *inerente* ao corpo e consubstancial com ele, como uma força não só *constante*, mas ainda como a *mesma* em todos os corpos, quaisquer que sejam. É por isso, justamente, que a aceleração tem um valor constante e é a mesma para todos os corpos, quaisquer que sejam e onde quer que estejam situados – o que não seria o caso se a gravidade fosse um efeito de uma força exterior, como, por exemplo, a atração.[66] O que, igualmente, em última análise, implica o fato de que a matéria de que são constituídos os corpos – pelo menos os corpos terrestres – é identicamente a mesma em todos eles e não comporta distinções qualitativas. Portanto, a gravidade de um corpo (no vácuo) é estritamente proporcional à quantidade de matéria que contém. Antecipando um pouco e emprestando a Galileu uma terminologia que ele ignora, poderia dizer-se que, para ele, a massa de um corpo e sua gravidade formam uma unidade.[67]

Poder-se-ia ir mais longe e, antecipando uma vez mais, dizer que, para Galileu, a massa inercial e a massa gravitacional são es-

---

assegnato di gravità, dovechè a quello com termine più generico assegnamo virtù impressa, a quello diamo intelligenza, o assistente, o informante, *ed a infiniti altri moti diamo loro per cagione la* natura.

66   É nessa recusa em buscar uma explicação para a gravidade e em construir uma teoria a respeito que se acha a fonte da esterilidade do galileísmo em matéria de teoria astronômica, bem como do fracasso de Borelli. Uma teoria ruim é sempre melhor do que a ausência de qualquer teoria, cf. meu trabalho *Révolution astronomique, Borelli et la mécanique celeste*. Paris: Hermann, 1961.
67   A história da noção de massa = quantidade de matéria ainda é bastante obscura. De um lado, poderia sustentar-se que, pelo menos implicitamente, ela já se acha presente em Arquimedes e, de outro lado, que sua determinação pelo volume *x* densidade, da mesma forma que pelo peso, também se encontra em Arquimedes. Trata-se da própria base da arte do pesquisador. Poder-se-ia também – e esta é minha opinião – atribuir a Kepler a glória de haver descoberto essa noção. Com efeito, foi ele quem (distinguindo a massa = quantidade de matéria = volume *x* densidade, que intervém nas relações dinâmicas e permanece constante, de seu peso, que varia), pela primeira vez, deu uma definição correta de massa. Façanha tanto mais meritória quanto, em dinâmica, Kepler ainda é aristotélico, embora herético. Para a pré-história da noção de massa, cf. MAIER, Anneliese. *Die Vorläufer Galileis im XIV Jahrhundert*. Roma, 1949. JAMMER, Max. *Concept of mass*. Harvard University Press, 1961.

sencialmente idênticas, embora essa identidade só apareça no movimento no vácuo, e não no movimento que ocorre no espaço cheio, como logo veremos. Massa inercial? Certamente, Galileu não emprega esse termo,[68] mas não há dúvida de que, em seus raciocínios, constantemente faz uso dessa noção.[69] Com efeito, afora o "princípio inerente" da gravidade, o corpo galileano possui um segundo princípio interno – que, para ele, é o mesmo –, a saber, o da resistência à aceleração, ou à desaceleração, que se lhe impõe ou o faz sofrer,[70] na própria proporção da grandeza dessa aceleração (positiva ou negativa)[71] e de seu peso, ou, diremos nós, de sua massa, isto é, da quantidade de matéria que contém.[72] É por isso que o meio tranquilo resiste ao movimento do corpo que cai: as partes do meio – que Galileu se afigura como um fluido perfeito – que não têm nenhuma ligação umas com as outras (nenhuma viscosidade) se opõem à sua colocação em movimento (lateral), tanto mais quanto mais rápido é

---

68   O termo "inércia (*inertia*) vem de Kepler e, para ele, significa mais ou menos o contrário do que significa para nós, a saber, uma resistência do corpo a ser movido, uma *inclinatio ad quietem*, para falar como Nicolau de Oresme. Bem entendido, emprego o termo em seu sentido moderno.

69   Aliás, poderia sustentar-se que a noção de inércia = resistência ao movimento = tendência ao repouso não faz senão explicitar uma concepção fundamental e essencial do aristotelismo. Com efeito, por que seriam necessárias forças para mover os corpos se estes não opusessem resistência ao movimento? E por que os corpos, privados de motor, haveriam de parar se não tivessem, neles próprios, uma tendência ao repouso? Enfim, indo mais longe: se o movimento é a atualização de uma potência, como conceber esta última como não resistente à atualização?
Poderia acrescentar-se, além disso, que a noção moderna de inércia não está tão longe da de Kepler (ou de Aristóteles) quando parece à primeira vista e quanto o que acabo de dizer. Como esta, ela é *resistência à mudança*. Cf. NEWTON. *Princípios matemáticos de filosofia natural*. Paris. 1759. v. I, p. 2.

70   Trata-se da resistência à aceleração, e não ao movimento ao qual o corpo é "indiferente" e que se conserva. É justamente por isso que, quando, por ocasião da queda, a aceleração é neutralizada pela resistência externa (do meio), o corpo grave continua a mover-se com uma velocidade uniforme.

71   Assim, é preciso uma força maior para conferir a um determinado corpo uma aceleração maior (um movimento mais rápido). A aceleração é proporcional à força.

72   Assim, a aceleração, para uma determinada força, é inversamente proporcional à massa (peso) dos corpos sobre os quais ela age.

esse movimento lateral, em função da velocidade da queda do referido corpo; ou, mais exatamente, na medida em que sua aceleração (passagem do repouso ao movimento) é maior. Poderia dizer-se também: na medida em que é maior a ação do corpo que cai sobre o meio, também maior é a reação do meio, ou de suas partes.[73] É claro que essa reação é tanto mais forte — a resistência do meio é tanto maior — quanto mais denso é o meio; ou, o que é a mesma coisa, quanto mais pesado é o meio. Enfim, é claro que um corpo que cai vencerá a resistência do meio tanto mais facilmente quanto maior for a força que o anima. Em outros termos: quanto maior for seu peso; ou, mais exatamente: quanto mais pesado do que o meio em questão ele for. Assim, vimos quão forte era a resistência que o ar opunha ao *momentum* muito fraco da bexiga inflada e quão pequena era a que opunha ao grande peso da bola de chumbo. Foi daí, até, que concluímos que, se o meio fosse inteiramente suprimido, a vantagem que disso resultaria para a bexiga seria tão grande, e a que obteria a bola de chumbo, tão pequena, que suas velocidades se tornariam iguais. Ora, se admitíssemos o princípio de que "num meio que, em virtude do vácuo ou de qualquer outra coisa",[74] não oferece nenhuma resistência ao movimento, todos os corpos caem com a mesma velocidade,[75] estaríamos aptos a determinar as relações de velocidade de corpos semelhantes e dessemelhantes que se movem, quer no mesmo meio, quer em meios diferentes. Em outros termos, poderíamos resolver corretamente o problema ao qual Aristóteles deu uma solução que demonstramos ser falsa.

*

De fato, nas considerações destinadas a substituir o erro de Aristóteles pela verdade de Galileu, o papel do meio se nos apresentará sob um aspecto sensivelmente diferente. Sua ação não mais

---

73 Implicitamente, aqui temos a afirmação da igualdade da ação e da reação. Aliás, essa igualdade já foi afirmada, justamente, para o choque, por Leonardo da Vinci.
74 *Discorsi*. p. 119. Qualquer outra coisa!?
75 A resistência à aceleração dos corpos que caem é proporcional a sua massa, mas a força motriz, *i. e.*, a gravidade, também o é; donde: igual aceleração.

será dinâmica, mas – como em Benedetti – estática. Ou, se se preferir, hidrostática. O meio não se oporá ao movimento descendente do corpo; ele lhe retirará peso.

Galileu se deu conta dessa mudança em sua maneira de apresentar o tipo de ação do meio? Ele não diz uma palavra a respeito e passa de um a outro sem se deter na passagem. Entretanto, parece-me impossível admitir que os tenha confundido.[76] É mais provável que tenha achado que os dois se superpõem e que tenha confiado na capacidade de seu leitor para distingui-los. Como quer que seja, ele nos diz que podemos obter a solução do problema em questão observando quanto o peso do meio subtrai ao peso do móvel, que [o peso] é o meio empregado por este [o móvel] para abrir passagem no meio e para afastar suas partes de seu caminho...[77]

> "Ora, como é sabido que o efeito do meio é diminuir o peso do corpo [que nele se acha mergulhado] do peso do meio que ele desloca, podemos atingir nosso objetivo diminuindo, na mesma proporção, as velocidades dos corpos que caem, [velocidades] que, no vácuo, admitimos serem iguais".

Curioso raciocínio,[78] que confirma a interpretação da concepção galileana que dei acima: o "peso" é a "causa" ou a "razão" da aceleração. Diminua-se o "peso" que age sobre o corpo e a aceleração e, portanto, a velocidade, também diminuirá, contanto que a resistência que ele opõe à ação desse peso permaneça a mesma.

> "Assim, por exemplo, imaginemos que o chumbo seja 10 mil vezes mais pesado do que o ar, enquanto o ébano só o seja mil vezes.[79] Temos aí duas substâncias cujas velocidades de queda, num meio privado de resistência, são iguais. Mas se é o ar que é esse meio,

---

76 A resistência do ar nos casos do movimento do pêndulo e no dos projéteis desempenha um papel puramente mecânico; cf. mais adiante, p. 234-236.
77 *Discorsi*. p. 119.
78 Segundo esse raciocínio, tomado ao pé da letra, as velocidades são proporcionais aos pesos, como em Aristóteles ou Benedetti. Mas, justamente, é mister não tomar o raciocínio de Galileu ao pé da letra, pois não é de "velocidade", mas de aceleração que se trata. Em termos modernos, poderia dizer-se que o mergulho de um corpo grave num meio que "o torna mais leve" separa sua massa gravífica de sua massa inercial.
79 *Discorsi*. p. 119 e segs. Notemos, mais uma vez, o caráter não empírico – imaginário – das determinações numéricas de Galileu.

ele subtrairá da velocidade do chumbo uma parte em 10 mil e da do ébano, uma parte em mil, isto é, 10 em 10 mil. Em consequência, enquanto, se o efeito retardador do ar fosse suprimido, o chumbo e o ébano cairiam no mesmo tempo de qualquer altura dada, no ar o chumbo perderá uma parte em 10 mil de sua velocidade, e o ébano, 10 partes em 10 mil.[80] Dito de outra maneira, se a altura da qual partem os [dois] corpos fosse dividida em 10 mil partes, o chumbo atingiria a terra deixando o ébano atrás de si 10 ou, pelo menos, nove dessas partes. Então, não é claro que uma bola de chumbo que se deixasse cair de uma torre com a altura de 200 braças não se adiantaria em relação a uma bola de ébano nem de 4 polegadas? Ora, o ébano pesa mil vezes tanto quanto o ar, mas a bexiga inflada [não pesa] senão quatro vezes tanto. Em consequência, o ar diminui a velocidade natural e inerente do ébano de uma parte em mil, enquanto a da bexiga que, livre de impedimento, seria a mesma, sofre, no ar, uma diminuição de uma parte em quatro. Assim, quando a bola de ébano, caindo [do alto] da torre, tiver atingido a terra, a bexiga só terá atravessado três quartos dessa distância. O chumbo é 12 vezes mais pesado do que a água. Mas o marfim o é somente duas vezes. As velocidades dessas substâncias que, se [seus movimentos] não são entravados de modo algum, são iguais, serão, na água, diminuídas de uma parte em 12 para o chumbo e de uma parte em duas para o marfim. Segue-se daí que, quando o chumbo tiver descido através de 11 braças de água, o marfim só terá descido através de seis. Segundo esse princípio, encontraremos, acredito eu, um acordo bem melhor da experiência com nossos cálculos do que com os de Aristóteles".

Sem dúvida alguma: o cálculo galileano estaria bem mais de acordo com a experiência do que o cálculo de Aristóteles. Com a condição, porém, de que fosse feito e de que os números redondos – 1.000, 10 mil – de Salviati fossem substituídos por números reais, que exprimissem as relações reais, efetivamente medidas, entre os pesos específicos[81] das diversas substâncias que caem no mesmo

---

80 Pelo fato de estar mergulhado no ar, o chumbo perderá uma décima-milésima parte de seu peso e o ébano, uma milésima parte. O peso efetivo do primeiro será, portanto, de 10.000 – 1 = 9.999; o do segundo será 1.000 – 10 = 990 ou, em ambos os casos, igual ao excesso do peso sobre o peso do meio (P – R).

81 Galileu *não diz* "pesos específicos", como o põem dizendo Crew e Salvio, em sua tradução dos *Discorsi (Dialogues concerning two new sciences by Galileo Galilei*, translated from the Italian and Latin into English by H. Crew and A. De Salvio, Evanston and Chicago, 1939). Mas o sentido é claro.

meio. Experiências e medidas que Galileu, ao que tudo indica, não fez e nem pretendia ter feito. Ainda estamos, e sempre estaremos, no domínio das experiências imaginadas.

São também experiências imaginadas que nos permitem determinar as relações de velocidades entre os corpos que caem em meios diferentes,

> "comparando as diversas resistências dos meios, mas considerando os excessos das gravidades dos móveis sobre a gravidade dos meios.[82] Assim, por exemplo, o estanho é mil vezes mais pesado do que o ar e 10 vezes [mais pesado] do que a água. Assim, se se divide a velocidade absoluta [*i. e.*, no vácuo] do estanho em 1.000 partes, ele se moverá no ar, que lhe subtrai uma milésima parte, com 900 e 999º [graus de velocidade], mas, na água, com apenas 900, visto que a água diminui sua gravidade de uma décima parte e o ar de apenas um milésimo. E se tomássemos um sólido um pouco mais pesado do que a água, como, por exemplo, o carvalho, uma bola deste, pesando, digamos, 1.000 dracmas, enquanto um volume igual de água pesa 950, e de ar, duas, é claro que se sua [da bola de carvalho] velocidade absoluta fosse de 1.000º, ela seria, no ar, de 998º, mas, na água, de apenas 50, visto que a água, dos mil graus de gravidade, lhe suprime 950 e só lhe deixa 50. Tal sólido, portanto, se moveria quase 20 vezes mais rapidamente no ar do que na água, tendo em vista que o excesso de sua gravidade sobre a da água é uma vigésima parte da sua própria. Ora, cumpre notar, aqui, que só podem descer na água as matérias cuja gravidade [específica] é maior [do que a da água] e que, por conseguinte, são várias centenas de vezes mais pesadas do que o ar. Assim, para verificar a proporção de suas velocidades na água e no ar, podemos, sem erro notável, admitir que o ar nada subtrai do momento da gravidade absoluta e, em consequência, da velocidade absoluta de tais corpos. Assim, tendo achado o excesso de suas gravidades sobre a gravidade da água, diremos que suas velocidades no ar terão, em relação a suas velocidades na água, a mesma proporção que suas gravidades totais têm em relação ao excesso dessas sobre a água. Por exemplo, uma bola de marfim pesa 20 onças e um volume igual de água pesa 17; portanto, a velocidade do marfim no ar será, em relação a sua velocidade na água, como 20 em relação a 3".

*

---

82   *Discorsi*. p. 120.

O raciocínio "hidrostático" de Galileu segue, até muito fielmente, o de Benedetti. De fato, ele só se distingue deste pela forma dialogada, pela elegância de estilo, o número e a variedade dos exemplos. Pois se Benedetti, em sua discussão do problema da velocidade da queda no vácuo e num meio resistente, fala quase sempre de gravidade específica, e Galileu, quase sempre, fala de gravidade *tout court*, seus exemplos implicam, na maior parte das vezes, uma referência à gravidade específica, e de tal maneira que o leitor não se pode enganar. Ora, seguindo a mesma rota, servindo-se do mesmo esquema – arquimediano – em seus raciocínios, Benedetti e Galileu chegam a conclusões sensivelmente diferentes: enquanto o primeiro, como já disse, afirma que os corpos grandes e pequenos, pesados e leves, mas de mesma matéria ou *gravidade específica*, caem com a mesma velocidade, e que os corpos de gravidades específicas diferentes caem com velocidades diferentes, não só no espaço cheio, mas também no vácuo, Galileu sustenta que a velocidade deles, no vácuo, é a mesma. Como explicar essa divergência? Ou trata-se de outra coisa?

Comecemos citando Benedetti:[83]

> "A proporção dos movimentos [velocidades] dos corpos semelhantes [em seu peso], mas de homogeneidades [matérias] diferentes, movendo-se no mesmo meio e através do mesmo espaço, é [a] que se encontra entre os excessos [notadamente de seus pesos ou de suas levezas] em relação ao meio... E *vice-versa*... a proporção que se encontra entre os acima referidos excessos em relação aos meios é a mesma que aquela [que se encontra entre] seus movimentos.
> Suponhamos um meio uniforme *bfg* (por exemplo, a água), no qual sejam colocados dois corpos [esféricos] de homogeneidades diferentes, isto é, de espécies diferentes. Admitamos que o corpo *dec* seja de chumbo e o corpo *aui*, de madeira, e que cada um deles seja mais pesado do que um corpo igual [em grandeza], mas feito de água. Admitamos que esses corpos esféricos e aquosos sejam *m* e *n*... A seguir, admitamos que o corpo aquoso igual ao corpo *aui* seja *m*, e que [o corpo] *n* seja igual ao corpo *dec*. [Admitamos, enfim], que o corpo *dec* [de chumbo] seja oito vezes mais pesado do que o corpo *n*, e o corpo *aui* [de madeira], duas vezes mais pesado do que

---

83   BENEDETTI, Giambattista. *Resolutio omnium Euclidis problematum* (LIBRI. Op. cit. p. 259 e segs.) cf. p. 353 e segs. do meu artigo citado na nota 23. Benedetti anexa a sua exposição um desenho que julguei inútil reproduzir aqui.

o corpo *m* [de água].[84] Digo, então, que a proporção do movimento do corpo *dec* em relação ao movimento do corpo *aui* [na hipótese admitida] é a mesma que aquela que se encontra entre os excessos dos pesos dos corpos *dec* e *aui* em relação aos corpos *n* e *m*, isto é, o tempo no qual será movido o corpo *aui* será o séptuplo do tempo no qual [será movido] o corpo *dec*. Pois, pela proposição III do livro de Arquimedes, *De insidentibus*, é claro que, se os corpos *aui* e *dec* fossem igualmente graves como os corpos *m* e *n*, eles se moveriam de outro modo, nem para cima, nem para baixo, e, pela proposição VII do mesmo [livro], os corpos mais pesados do que o meio [no qual são colocados] se dirigem para baixo e a resistência do úmido (isto é, da água) ao [movimento] do corpo *aui* está na proporção de um para dois, e ao do corpo *dec*, de um para oito. Segue-se que o tempo no qual o... corpo *dec* atravessará o espaço dado estará em proporção séptupla [sete vezes mais longo] em relação ao tempo no qual o atravessará... o corpo *aui*... porque, como se pode deduzir do livro supracitado de Arquimedes, a proporção do movimento em relação ao movimento não é conforme à proporção das gravidades *aui* e *dec*, mas à proporção dos excessos das gravidades de *aui* sobre *m* e da de *dec* sobre *n*. O inverso desta proposição é suficientemente claro em razão desta própria proposição...

Donde resulta que o movimento mais rápido não é causado pelo excesso da gravidade ou da leveza do corpo mais rápido em relação à dos corpos mais lentos... mas, na verdade, pela diferença [da gravidade] específica dos corpos em relação à gravidade e à leveza [do meio]".

Em suma, se Benedetti admite, com Aristóteles, que a "virtude" motriz do corpo que cai é proporcional a seu peso, para ele se trata, não do peso individual do corpo em questão, mas de seu peso específico. Ademais, sendo esse peso, segundo Arquimedes, diminuído pela ação do meio no qual se acha mergulhado, é apenas o peso restante, "o excesso" do peso específico do corpo sobre o peso específico do meio que vem ao caso, e são as relações entre esses diferentes excessos de corpos especificamente diferentes que determinam as relações entre suas velocidades. Assim, o peso do corpo em queda num dado meio deve ser diminuído da resistência do meio e não dividido por ela, isto é, diminuído do peso de um volume igual desse meio.[85] Portanto, a velocidade será P – R e não, P : R, e as velocidades

---

84   Madeira duas vezes mais pesada do que a água! Benedetti exagera.
85   Relação aritmética e não geométrica.

de corpos diferentes, no mesmo meio, estarão nas relações entre os excessos de seus pesos sobre o do meio $V_1 : V_2 = (P_1 - R) : (P_2 - R)$.[86] Exatamente como Galileu nos explicou.

Portanto, Benedetti tem boas razões para observar que sua concepção "não está de acordo com a doutrina de Aristóteles". Tem tantas razões, também, para acrescentar que sua concepção tampouco está de acordo com a "de nenhum de seus comentadores que teve oportunidade de ver ou de ler, ou com os quais tenha podido entreter-se"? – Certamente, não temos nenhuma razão para suspeitar que lhe falte veracidade. E, quanto ao mais, sua teoria, em sua integridade, não se encontra em nenhum dos comentadores do Estagirita. Não é menos verdade que se encontram coisas bastante análogas, justamente relativas à doutrina da queda, em Filão e, notadamente, em seu comentário da *Física*, de Aristóteles, que era então facilmente acessível.[87] Aliás, alguns de seus comentadores medievais, submetendo sua dinâmica a uma crítica penetrante, concluíram pela necessidade de fazer a velocidade de um corpo depender, não da relação F : R entre a potência e a resistência, mas do excesso da primeira sobre a segunda.[88] Todavia, é verdade que Filão não faz referência a Arquimedes e que os medievais não aplicam sua concepção ao movimento da queda.

Trinta anos mais tarde, em sua coletânea das *Diversas especulações matemáticas e físicas*,[89] Benedetti volta à questão e nos diz que:

---

86 Mais exatamente, designando por P_c o peso do corpo e por P_m o peso do meio, $V_c = P_c - P_m$ e $V^1_c : V^2_c = (P^1_c - P_m) : (P^2_c - P_m)$.
87 O comentário de Filão foi impresso pela primeira vez em Veneza, em 1535 (em grego). Em 1539, 1546, 1550, 1554, 1558 e 1569, em latim. Aliás, é citado por Galileu em seu *De motu*. p. 284 (sobre o movimento no vácuo, cf. mais adiante, p. 000: "*Tanta est veritatis vis ut doctissimi etiam viri et Peripateci huius sententiae Aristotelis falsitatem cognoverunt, quamvis erorum nullus commode Aristotelis argumenta diluere potuerit... Scotus, D. Thomas, Philoponus...*"
88 Cf. *supra*, nota 38.
89 *Diversarum Speculationum Mathematicarum et Physicarum Liber*. Taurini, 1585. p. 168 e segs. Analisando as velocidades dos corpos em queda, Benedetti só leva em conta forças motrizes, uma vez que se trata de um movimento natural a que o corpo não opõe nenhuma resistência própria. Não é assim

"Cada vez que dois corpos estiverem diante de uma mesma resistência, seus movimentos serão proporcionais a suas causas motrizes; e, inversamente, cada vez que dois corpos tiverem uma única e mesma gravidade ou leveza, e resistências diversas, seus movimentos terão, entre eles, a proporção inversa dessas resistências".

Cuidado, porém: não tomemos isso no sentido de Aristóteles. Com efeito:

"O movimento natural de um corpo grave em diversos meios é proporcional ao peso [relativo] desse corpo nos mesmos meios. Por exemplo, se o peso total de certo corpo fosse representado por $a.i$ e se esse corpo fosse colocado num meio menos denso do que ele próprio (pois, se fosse colocado num meio mais denso, não seria pesado, porém leve, como mostrou Arquimedes), esse meio lhe subtrairia a parte $e.i$, de tal modo que a parte $a.e$ agiria sozinha. E se o corpo fosse colocado em algum outro meio, mais denso, porém menos denso do que o próprio corpo, esse meio subtrairia a parte $u.i$ do dito corpo e deixaria livre a parte $a.u$.

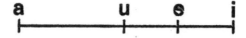

Digo que a proporção entre a velocidade de um corpo num meio menos denso e a velocidade do mesmo corpo no meio mais denso será como $a.e$ está para $a.u$, o que está muito mais de acordo com a razão do que se disséssemos que essas velocidades estarão entre si como $u.i$ está para $e.i$, pois as velocidades são proporcionais apenas às forças motrizes... E o que dizemos agora está, evidentemente, de acordo com o que escrevemos acima, pois dizer que a proporção entre as velocidades de dois corpos heterogêneos [de pesos específicos diferentes]... no mesmo meio é igual à proporção entre esses próprios pesos [específicos] é a mesma coisa que dizer que as velocidades de um único e mesmo corpo em diversos meios são proporcionais aos pesos [relativos] do dito corpo nesses mesmos meios".

Nada disso está de acordo com a doutrina de Aristóteles. Mas é Aristóteles quem está errado, notadamente ao admitir que a gra-

---

quando se trata de movimentos violentos. Neste caso, à resistência externa do meio se ajunta a resistência interna do corpo ao movimento (p.e., a resistência do corpo à elevação, ou mesmo ao transporte lateral).

vidade e a leveza são qualidades opostas e próprias do corpo. De fato, não é nada disso: todos os corpos são graves, uns mais, outros menos. Suas qualidades primárias consistem em sua densidade ou sua rareza. Os corpos leves são apenas corpos menos graves colocados num meio mais grave, ou mais exatamente, corpos mais "raros" colocados em meios mais densos.[90] Ora, pelo menos em pensamento, podemos fazer variar a densidade ou a raridade do meio e, assim, transformar um corpo pesado (relativamente ao meio) em leve, e inversamente. Também podemos, modificando a densidade do meio. Podemos, particularmente, aumentá-la, tornando o meio menos denso. Entretanto, jamais, mesmo no vácuo, ela se tornará infinita, o que torna caduca a objeção aristotélica ao movimento no vácuo. Pelo contrário, é no vácuo que os corpos de pesos específicos diferentes cairão com velocidades diferentes, velocidades que lhes são próprias. Com efeito:

> "No espaço cheio, a proporção das resistências se subtrai da proporção dos pesos, e o que resta determina a proporção das velocidades, que seriam nulas se a proporção das resistências fosse igual à proporção dos pesos.[91] Por isso, eles [os pesos] terão, no vácuo, velocidades diferentes das que têm no espaço cheio, a saber, as velocidades dos corpos diferentes [isto é, dos corpos compostos de matérias diferentes] serão proporcionais a seus pesos específicos absolutos".

Em compensação, no vácuo, os corpos compostos da mesma matéria terão a mesma velocidade, sejam grandes ou pequenos: uma bala de canhão não cairá mais rapidamente do que uma bala de mosquete.

*

O raciocínio de Benedetti parece perfeito e, portanto, as conclusões a que ele chega são encontradas, aliás, no jovem Galileu. Com efeito, se o meio "retira" peso e, portanto, velocidade, dos corpos que se movem através dele; se, além disso, de corpos de mesmas dimensões, mas de naturezas – isto é, de pesos específicos – diferen-

---

90   Ibidem. p. 174 e segs., e *supra*, nota 63.
91   Isto é, se as forças motrizes fossem iguais às resistências.

tes, o meio retira um percentual de peso e de velocidade – embora a quantidade absoluta de peso "retirado" seja a mesma, e as diferentes velocidades com as quais os corpos caem no mesmo meio sejam, assim, proporcionais aos diferentes *excessos* dos diferentes pesos sobre o peso do meio ($V_1 = P_1 - R$ e $V_2 = P_2 - R$); daí não se segue que, suprimindo a ação do meio, isto é, colocando os corpos no vácuo, estamos acrescentando a seus pesos e velocidades uma quantidade idêntica e, em consequência, obtendo resultados diferentes? É justamente o que nos diz o jovem Galileu em seu *De motu*, especialmente:[92]

> "que o mesmo móvel, descendo em meios diversos, segue, no que se refere à velocidade de seus movimentos, a mesma proporção que têm entre si os *excessos* de que sua gravidade ultrapassa as dos meios. Assim, se a gravidade do móvel fosse 8 e a gravidade de um volume igual do meio fosse 6, sua velocidade seria como 2; e se a gravidade de um volume igual de outro meio fosse 4, sua velocidade neste meio seria como 4. Daí resulta que essas velocidades estarão entre si como 2 e 4; e não como as espessuras, ou as gravidades, dos meios, como queria Aristóteles. Igualmente evidente será também a resposta a uma outra pergunta: qual é a proporção que guardarão, no que diz respeito a suas velocidades, móveis iguais em volume, mas desiguais em peso [movendo-se], no mesmo meio? – As velocidades desses móveis estarão entre si como os excessos das gravidades desses móveis sobre a do meio. Assim, por exemplo: sejam dois móveis iguais em volume, mas desiguais em gravidade; a gravidade de um seria 8 e [a] do outro, 6, enquanto a gravidade de um volume igual do meio seria 4; a velocidade de um será 4, e a do outro, 2. Essas velocidades, portanto, seguirão a proporção de 2 para 4, e não a existente entre as gravidades, a saber, de 8 para 6".

Galileu acrescenta que a concepção que ele desenvolveu permite calcular as relações de velocidades dos diferentes corpos, descendo – ou subindo – em diversos meios, e conclui:[93]

> "Portanto, tais são as regras universais das proporções dos movimentos dos móveis, sejam eles da mesma espécie ou não sejam eles da mesma espécie, no mesmo meio ou em meios diferentes [movendo-se], para baixo ou para cima".

---
92 Cf. *De motu*. p. 272 e segs.
93 Ibidem. p. 273.

Galileu nos adverte, porém, de que a experiência não confirma, absolutamente, essas regras: os corpos leves caem muito mais rapidamente do que deveriam – no início do movimento, caem até mais rapidamente do que os corpos pesados –, o que, aliás, nos impondo o dever de explicar a não concordância dos fatos com a teoria, não implica, de forma alguma, a sua falsidade; os desvios implicam a presença de um fator suplementar...[94]

As "regras" de Galileu – trata-se, como bem se vê, das regras de Benedetti – implicam, para ele, como para Benedetti, a possibilidade do movimento no vácuo: os corpos, no vácuo, cairão com velocidades finitas; e velocidades diferentes. O erro de Aristóteles foi não ter compreendido que gravidade e leveza não são qualidades absolutas, mas apenas propriedades relativas dos corpos, que exprimem as relações entre suas densidades e as dos meios em que se encontram; esse erro foi, sobretudo, o de ter apresentado a relação entre a potência e a resistência como uma proporção geométrica e não como uma proporção aritmética. É por isso que ele foi levado a concluir que, no vácuo, a velocidade seria infinita.[95]

> "Pois, nas proporções geométricas, é necessário que a quantidade menor possa ser multiplicada tantas vezes quantas exceda qualquer grandeza dada. Portanto, é preciso que a dita quantidade seja alguma coisa e não zero. Com efeito, zero multiplicado por zero não excede nenhuma quantidade. Mas isso não é necessário nas proporções aritméticas: nestas, um número pode ter, com outro número, a mesma proporção que o número tem com zero... Assim, 20 está para 12 assim como 8 está para 0. Eis por que se, como queria Aristóteles, os movimentos se relacionassem entre si na mesma proporção em que a sutileza [de um meio] se relaciona com a sutileza [de outro], ele teria razão em concluir que, no vácuo, não pode haver movimen-

---

94 *De motu.* p. 273: "*Sed animadvertendum est quod magna hic oritur difficultas: quod proportiones istae, ab eo qui periculum fecerit, non observari comperientur. Si enim duo diversa mobilia accipiet quae tales habeant ut alterum altero duplo citius feratur, et ex turri deinde dimittat, non certe velocius, duplo citius, terram pertinget: quin etiam sin observetur, id quod levius est, in principio motus praeibit gravius et velocius erit. Quae quidem diversitates et, quodammodo prodigia, unde accidant (per accidens enim haec sunt) non est hic locus inquirendi. Visendum enim prius est, cur motus naturalis tardius sit in principio.*"
95 Ibidem. p. 278 e segs.

to no tempo. Com efeito, o tempo [do movimento] no espaço cheio em relação ao tempo no vácuo não pode ter [a mesma] proporção que a sutileza do espaço cheio em relação à sutileza do vácuo, pois a sutileza do vácuo é nenhuma. Mas se a proporção das celeridades não fosse geométrica, mas, aritmética, daí não resultaria absurdo".

É efetivamente o caso.[96]

"Eis por que, no vácuo, o móvel mover-se-á da mesma maneira que no espaço cheio. Ora, no espaço cheio, o móvel se move segundo a proporção do excesso de sua gravidade sobre a gravidade do meio no qual se move e, paralelamente, no vácuo, segundo o excesso de sua gravidade sobre a gravidade do vácuo. E, como essa é nula, o excesso da gravidade do móvel sobre a gravidade do vácuo será [igual a] sua gravidade total. Assim, ele mover-se-á mais rapidamente [do que no espaço cheio], na proporção de sua gravidade total. Com efeito, em nenhum espaço cheio ele poderá mover-se tão rapidamente, visto que o excesso da gravidade do móvel sobre a gravidade do meio será menor do que a gravidade total do móvel. Assim, sua velocidade também será menor..."

As velocidades dos móveis no vácuo não serão, portanto, nem infinitas – o que seria absurdo –, nem iguais. Serão, pelo contrário, função de suas gravidades específicas. Um corpo cuja gravidade específica é 8 cairá com 8 graus de velocidade, e aquele cuja gravidade específica é 4, com 4. Em compensação, os corpos de igual gravidade específica cairão no mesmo tempo.[97]

*

Penso ser inútil insistir: o jovem Galileu, como bem se vê, tinha esposado, em todos esses detalhes, a doutrina de Giambattista Benedetti.[98] Aliás, ela não é, de modo algum, absurda. Com efeito, suponhamos que a gravidade seja causada por uma atração terrestre, do gênero da atração magnética (ou, simplesmente, a atração dos corpos "semelhantes" entre si). Então nada haveria de surpreendente em que alguns corpos fossem atraídos pela Terra mais fortemente

---

96 Ibidem. p. 281.
97 Ibidem. p. 283.
98 Certamente, Galileu não o cita, mas a filiação é patente.

do que outros – o que os faria mais "pesados" – e que, por isso, caíssem com velocidades diferentes, sempre opondo a mesma resistência interna ao movimento. Diríamos, então, que a massa inerte de um corpo e sua massa gravífica não são iguais.[99] Certamente, levantar-se-á a objeção de que, tampouco como Galileu, Benedetti não explica a gravidade pela atração, mas a considera como uma propriedade natural dos corpos, ligada ou mesmo idêntica a sua densidade. O que é perfeitamente exato. Assim, não atribuí a Benedetti uma teoria da gravitação baseada na atração. Apenas a propus como exemplo, para demonstrar que não era, absolutamente, necessário que os corpos caíssem, no vácuo, com a mesma velocidade e que bem o poderiam fazer com velocidades diferentes.[100] Além disso, poderia ser acrescentado que Benedetti ignorava a noção de massa inerte, bem como a de resistência interna dos corpos à aceleração e até, no movimento "natural", de *resistência ao movimento*, e que, por isso, ele não podia nem distinguir a primeira da massa gravífica, nem tampouco identificá-la com ela. O que, mais uma vez, é exato. E é justamente isso que explica por que, fazendo um raciocínio aparentemente idêntico ao de Benedetti, e ao que ele próprio fizera no *De motu*, o Galileu dos *Discursos* (e já do *Diálogo*) pôde chegar a uma conclusão inteiramente diferente. Realmente, se não se atribui ao corpo que cai uma resistência *interna* oposta à força que age sobre ele,[101] se – como Aristóteles – só se levam em conta as resistências externas e se admite a proporcionalidade simples das *velocidades às forças motrizes*, é apenas da variação de força motriz que se deve ocupar. O raciocínio aritmético, nesse caso, adquire todo o seu valor. A concepção de Benedetti e do jovem Galileu, então, necessariamente se impõe.

---

99   Cf. *supra*, nota 78.
100 Benedetti, que "explicava" a aceleração do movimento de queda pelo sucessivo engendrar, pelo corpo grave, de novos *impetus*, bem podia admitir que os corpos de maior gravidade específica (mais densos) engendrassem *impetus* mais fortes.
101 No movimento natural, essa "força" é inerente ao corpo. O mesmo não ocorre no caso dos movimentos violentos. Assim, os corpos opõem uma resistência interna à força – ao motor – que, de fora, age sobre eles.

Se, pelo contrário – como faz Galileu na passagem que citei acima – se atribui, ainda que implicitamente, uma resistência interna ao corpo que cai, isto é, que se desloca em movimento natural, à sua mudança de estado, *i.e.*, à aceleração; se, além disso, se supõe essa resistência proporcional à sua massa, isto é, ao seu peso absoluto, chega-se imediatamente, transferindo à resistência *interna* a relação de proporcionalidade *geométrica* que Aristóteles atribuía à resistência *exterior*, à tese da queda simultânea dos corpos graves no vácuo.[102] Ademais, a reintrodução, no esquema dinâmico, da proporcionalidade *geométrica* não se detém aí. Com efeito, quando se estudar a queda dos corpos, não no vácuo, mas em meios resistentes, isto é, quando se estudar a ação e o papel da resistência exterior, não se limitará a verificar que ela se traduz por uma diminuição *aritmética* da força motriz. Mais exatamente, não se concluirá por uma diminuição *aritmética* em termos iguais e, portanto, igual para todos os corpos, da velocidade de seu movimento descendente. Avaliar-se-á essa diminuição da força motriz em sua relação com a resistência interna não alterada, e é através dessa relação – geométrica – que se determinará a velocidade resultante. Ou, o que é a mesma coisa, ela será determinada em função da relação entre o peso do corpo em questão, diminuído do peso do meio, e seu peso absoluto. Ou, o que ainda é a mesma coisa, pela relação entre sua força motriz no meio e sua força motriz absoluta (no vácuo). Ou, modernizando, pela relação entre o peso efetivo (no meio) e a massa inercial.[103] Assim, encontrar-se-á, ao cabo da série infinita das resistências continuamente decrescentes, opostas aos movimentos dos corpos em queda pelos meios cada vez mais raros – no vácuo –, uma velocidade idêntica, e não velocidades diferentes. Mas ela só será encontrada porque se terá partido das resistências.

---

102 Sendo a força motriz e a resistência interna proporcionais ao peso (absoluto) do corpo, a relação entre elas, isto é, a aceleração, é constante. Daí resulta que *g* é uma constante universal.

103 A velocidade de um corpo de determinado peso específico num meio será, portanto, determinada pela relação (peso do corpo – peso do meio)/peso do corpo; ou pela relação entre o excesso da potência sobre a resistência exterior e a resistência interior: $(P - 1/n\ P) : P = (n - 1) : n$ ou $(F - R_{ext}) : R_{int}$, cf. *supra*, nota 78.

*

A asserção galileana da queda simultânea dos corpos graves, tal como nos foi apresentada, até aqui, nos *Discorsi*, não repousa, como bem nos damos conta, senão em raciocínios *a priori* e em experiências imaginárias.[104] Até aqui, jamais fomos colocados diante de uma experiência real. E nenhum dos dados numéricos invocados por Galileu exprimia medidas efetivamente executadas. Bem entendido, não o condenei por isso. Muito pelo contrário, gostaria de reivindicar para ele a glória e o mérito de ter sabido prescindir de experiências (de modo algum indispensáveis, como o demonstra o próprio fato de terem podido ser dispensadas), praticamente irrealizáveis com os meios experimentais à sua disposição. Com efeito, como realizar uma queda no vácuo antes da invenção das bombas pneumáticas?[105] E, quanto às experiências no espaço cheio, como medir *exatamente* o avanço ou o atraso insignificantes dos corpos lançados do alto de alguma torre, antes da invenção de relógios de precisão?[106] Além disso, sem embargo dos métodos engenhosos que Galileu nos expõe,[107] como fazer uma medida exata do peso ou da densidade do ar? Pois, se tais medidas fossem *exatas* – Galileu o sabe tão bem ou melhor que ninguém –, não teriam senão muito pouco ou mesmo nenhum valor.

---

104 Teria Galileu abandonado a concepção – inspirada em Benedetti – do *De motu* porque percebera que ela não se ajustava muito melhor à experiência do que a concepção de Aristóteles? É possível, e o texto que citei (nota 94) parece indicá-lo. Por outro lado, é claro que a descoberta da conservação do movimento e a substituição do movimento pela aceleração (princípio da inércia), com efeito próprio e primeiro da força motriz, não podia deixar de forçá-lo a fazê-lo.

105 E mesmo depois. Assim, para fazer uma experiência real, foi preciso esperar um século, e é a Atwood que ela se deve.

106 Foi um relógio humano que Riccioli utilizou em suas experiências; cf. meu trabalho An experiment in measurement (tradução francesa: Une expérience de mesure, *infra*, p. 271-293).

107 Assim (cf. *Discorsi*. p. 121 e segs.), pesar o ar forçando um determinado volume de ar num espaço já cheio de ar; o excesso do peso corresponderia ao excesso de ar.

Bem entendido, não se trata de desprezar ou de minimizar o papel da experiência. Está claro que só a experiência nos pode fornecer os dados numéricos sem os quais nosso conhecimento da natureza continua a ser incompleto ou imperfeito. Também é certo, como Galileu explicou acima com suficiente clareza, que só a experiência nos pode revelar quais dos múltiplos meios, todos aptos a produzir certo efeito, são efetivamente escolhidos por ela num determinado caso.[108] E mesmo quando se trata de leis fundamentais da natureza – como a da queda –, caso em que o raciocínio puro em princípio é suficiente, somente a experiência é que nos pode assegurar que outros fatores, não previstos por nós, não virão a entravar sua aplicação e que as coisas se passam na realidade sensível, *in hoc vero aere*, mais ou menos como se passariam no mundo arquimediano da geometria, no qual são fundamentadas as nossas deduções. Além disso, de um ponto de vista que poderíamos chamar pedagógico, nada substitui a experiência. Foi ela que nos mostrou a inadequação da doutrina aristotélica à realidade e, tanto quanto suas contradições internas, convenceu Simplício de sua falsidade. E a doutrina galileana da queda simultânea dos corpos graves é tão nova e, à primeira vista, tão contrária aos fatos e ao bom-senso, que só uma confirmação experimental a poderia tornar aceitável. Certamente, para os espíritos esclarecidos e livres de preconceitos – representados por Sagredo –, os argumentos e as "experiências" já invocadas por Galileu são suficientes. E para os outros? Para os outros é necessária outra coisa, a saber, uma experiência real.

Assim, não nos surpreendemos ao ver Galileu procurar uma prova experimental de sua doutrina, e só se pode admirar a suprema engenhosidade com a qual, na impossibilidade de proceder a uma experiência direta, ele encontra na natureza um fenômeno que, bem interpretado e – confessemo-lo em seu lugar – um pouco "corrigido", lhe poderia servir de confirmação indireta. Esse fenômeno é o mo-

---

108 O exemplo da cigarra do *Saggiatore* tornou-se clássico. O recurso à experiência se funda na própria riqueza do matematismo da ciência clássica. A esse respeito, Descartes não diz senão o que diz Galileu; cf. meu trabalho Galilée et Descartes. *Congrès international de philosophie*. Paris, 1937.

vimento pendular, cujo isocronismo ele descobriu ou acreditou ter descoberto.[109]

SALVIATI – A experiência, feita com dois corpos de pesos tão diferentes quanto possível, que se deixaria cair da mesma altura, para observar se suas velocidades serão iguais, apresenta alguma dificuldade. Pois, se a altura é considerável, o meio que deve ser penetrado e afastado lateralmente pelo *impetus* do corpo que cai será um empecilho muito maior para o pequeno *impetus* do corpo mais leve do que para a violência do mais pesado. Assim, numa grande distância, o [corpo] leve ficará para trás. E [se a queda se dá] de uma altitude pequena, pode-se duvidar de que realmente haja uma diferença. Pois, se houver, será inobservável. Assim, pus-me a pensar [num meio] de repetir várias vezes a queda de uma pequena altura e de juntar [ler: acumular] as pequenas diferenças de tempo que se poderiam achar entre a chegada ao destino do [corpo] grave e do leve, diferenças que, adicionadas, forneceriam um tempo não só observável, mas até facilmente observável. Além disso, para poder servir-me de movimentos tão lentos quanto possível, nos quais a resistência do meio não modifica senão muito pouco o efeito dependente da simples gravidade, tive a ideia de fazer descer os móveis sobre um plano inclinado muito pouco elevado sobre o plano horizontal. Pois se pode estabelecer o que ocorre com os corpos de pesos diferentes em seu movimento sobre o plano inclinado tão bem quanto através da [queda] vertical.[110] Seguindo mais adiante, quis libertar-me da resistência que poderia nascer do contato dos móveis em questão com o referido plano inclinado. Então, finalmente tomei duas bolas, uma de chumbo e outra de cortiça, esta mais de cem vezes mais leve do que aquela, e liguei cada uma delas a dois fios finos e iguais, com o comprimento de 4 ou 5 braças, fixados no alto.[111] A seguir, tendo afastado uma e outra bola da

---

109 *Discorsi*. p. 128 e segs. O isocronismo do pêndulo parece ser geralmente admitido no início do século XVII. Baliani chega a erigi-lo em princípio. O que distingue Galileu é o fato de ter tentado dar uma demonstração desse princípio. Sobre Baliani, cf. MOSCOVICI, S. Sur l'incertitude des rapports entre expérience et théorie au XVII siècle. *Physis*, 1960.

110 A substituição da queda livre pelo movimento sobre o plano inclinado é um dos títulos de glória de Galileu, e é através dessas experiências sobre o plano inclinado que ele verificou a validade de sua lei da queda; cf. meus *Études galiléennes*, II, e meu An experiment in measurement (tradução francesa: Une expérience de mesure, *infra*, p. 271-319).

111 *Discorsi*. p. 128: "... ciascheduna di loro ho attaccata a due sottili spaghetti eguali": trata-se, assim, de um pêndulo de dois fios, cuja invenção, habitualmente atribuída à *Accademia del Cimento*, deve ser restituída a Galileu.

perpendicular, deixei-as partir no mesmo instante. Essas bolas, descendo pelas circunferências dos círculos descritos pelos fios iguais, seus semidiâmetros, tendo passado para o lado de lá da vertical, retornaram pelo mesmo caminho. E, repetindo muito mais de 100 vezes suas idas e vindas, elas tornaram perceptível aos sentidos [o fato] de que a bola pesada segue tão bem o tempo da bola leve que, nem em 100 vibrações, nem mesmo em 1.000,[112] ela não se avança em relação à outra nem de um mínimo instante, embora marchem com um passo perfeitamente igual. Ao mesmo tempo, percebe-se a ação do meio que, opondo alguma resistência ao movimento, diminui muito mais as vibrações da cortiça do que as do chumbo, mas nem por isso as torna mais ou menos frequentes. Pelo contrário, quando os arcos descritos pela cortiça não eram de mais de cinco graus ou seis graus, e os [descritos] pelo chumbo, de 50 ou 60, eram eles descritos no mesmo tempo.

Simplício, não sem razão aparente, acha-se um pouco desconcertado por essa demonstração de características paradoxais. Realmente, como se pode dizer que as duas bolas se movem com a mesma velocidade quando, no mesmo tempo, uma descreve um arco de cinco graus, e a outra, um arco de 60 graus? Não é claro que a bola de chumbo se desloca muito mais velozmente? Certamente. Mas essa velocidade maior nada tem de ver com o peso da bola, pelo menos diretamente. Ela é função da altura de onde a bola desce. A prova disso é que os papéis podem ser invertidos, isto é, pode-se fazer com que a bola de cortiça descreva um arco de 50 graus, enquanto a bola de chumbo descreve um arco de cinco graus. Ambas as bolas o farão no mesmo tempo, como descreverão no mesmo tempo arcos iguais, sejam de cinco graus ou de 50 graus. Assim, Salviati responde:[113]

> "Mas, senhor Simplício, que diria o senhor se elas percorressem seu caminho no mesmo tempo, quando a cortiça, afastada da perpendicular de 30 graus, deve descrever um arco de 60 graus,[114] e o chumbo, afastado do mesmo ponto central de apenas dois graus, deve descrever um arco de quatro graus? A cortiça, então, não é mais rápida? E, entretanto, a experiência mostra que é isso que acontece. Mas, note bem: se se afasta o pêndulo do chumbo [de um ângulo

---

112 Pode-se perguntar se Galileu teria, verdadeiramente, observado *mil* oscilações de seu pêndulo.
113 *Discorsi*. p. 129.
114 Arco total da oscilação.

qualquer], digamos, de 50 graus, da perpendicular e se se o deixa em liberdade, ele desce e, passando além da perpendicular de cerca de 50 outros graus, descreve um arco de aproximadamente 100 graus; retornando, descreve outro arco, um pouco menor e, continuando suas vibrações, volta ao repouso, após [ter executado] um grande número delas. Cada uma dessas vibrações se faz num tempo igual, tanto a de 90 graus quanto a de 50, de 20, de 10 e de quatro. Assim, a velocidade do móvel se enfraquece sempre, pois, em tempos iguais, ele descreve arcos sempre menores. A cortiça, suspensa por um fio do mesmo comprimento, faz algo semelhante, e mesmo idêntico, exceto que volta ao repouso após um número menor de vibrações, sendo menos apta, por causa de sua leveza, a vencer a resistência (o obstáculo) do ar.[115] Entretanto, todas as vibrações, grandes e pequenas, se fazem em tempos iguais entre si, e iguais também aos tempos das vibrações do chumbo. Portanto, é verdade que, quando o chumbo atravessa um arco de 50 graus e a cortiça não descreve senão um de 10 graus, a cortiça é mais lenta do que o chumbo. Mas, inversamente, ocorrerá que a cortiça descreverá um arco de 50 graus, enquanto o chumbo descreverá um arco de 10 graus, ou de seis graus. Assim, em tempos diferentes, é o chumbo ou a cortiça que será o mais rápido. Mas se os mesmos móveis, em tempos iguais, também descrevem arcos iguais, poderá dizer-se, com segurança, que suas velocidades são iguais.

A demonstração está acabada.[116] A lei da queda simultânea dos corpos graves está estabelecida. Os desvios observados na realida-

---

115 Na *Giornata quarta* dos *Discorsi* (cf. p. 277), Galileu afirmará, curiosamente, que o número das vibrações da bola de chumbo é igual ao número de vibrações da bola de cortiça!

116 A tese do isocronismo do pêndulo, já tratada no *Diálogo* em contextos diferentes, como movimento de um pêndulo material (*Giornata seconda*. p. 257), e como queda segundo a circunferência de um círculo (*Giornata quarta*. p. 474 e segs.), é-nos apresentada aqui como baseada unicamente na experiência. O mesmo ocorre na *Giornata quarta* dos *Discorsi* (p. 277 e segs.), onde, às considerações que acabo de transmitir, Galileu acrescenta apenas a seguinte reflexão: sendo a resistência do ar proporcional à velocidade do móvel, sua ação retardadora sobre os movimentos lentos e rápidos (grandes e pequenas oscilações) será a mesma e, por isso, não terá efeito sobre a duração destas. Mas as *Giornata prima* e *quarta* se situam num nível relativamente popular. Assim, são escritas em italiano. A verdadeira demonstração, isto é, matemática, do isocronismo se acha na *Gionata terza*, em latim. Baseia-se nas seguintes proposições (t. VI, prop. VI, p. 221 e segs.): 1ª) o tempo da queda de um corpo grave ao longo do diâmetro vertical de um círculo e ao longo de

de sensível se explicam facilmente pela resistência do ar, maior que os movimentos mais rápidos, e vencida pelos corpos pesados mais facilmente do que pelos corpos leves. Bem entendido, ela depende também – o que sempre se soube – da forma dos móveis, mais ou menos apta a penetrar no ar ambiente e dividi-lo.[117] Depende, enfim, da textura de sua superfície, lisa ou rugosa, e, para aqueles que, sob todos esses aspectos, são iguais, de seu volume. Com efeito, a resistência mecânica é função da relação entre a superfície e o peso

qualquer corda que passe por seu ponto inferior é o mesmo; 2ª) o tempo de queda sobre duas cordas sucessivas é menor do que o tempo de queda sobre uma única corda. Donde se segue que a queda ao longo da circunferência se dá com a velocidade *máxima* e seu tempo é sempre o mesmo. Não se pode deixar de admirar a elegância e a engenhosidade da demonstração galileana, pois, se – como foi demonstrado mais tarde – a queda pela circunferência não é a mais rápida e não se dá em tempos iguais – é a cicloide que possui esses privilégios –, não é menos verdadeiro o fato de que, para usar a linguagem do século XVIII, a curva "tautócrona" e a curva "braquistócrona" são uma e a mesma curva.

117   Em virtude da resistência do ar, os corpos que caem sobre a Terra não se podem sujeitar inteiramente, mas só parcial e aproximadamente, à lei matemática da queda. Com efeito, a) em consequência da ação hidrostática do ar, que "torna mais leves" os corpos nele mergulhados, a massa gravífica não é idêntica à massa inercial: os corpos pesados caem mais rapidamente do que os leves; b) a resistência do meio, crescendo com a velocidade de aceleração, não é crescente, mas vai aumentando; portanto, o movimento de queda não é "uniformemente" mas "desuniformemente" acelerado e se transforma, ao cabo de certo tempo, num movimento uniforme. Por isso, para cada meio, especialmente para o ar, existe uma velocidade *máxima* que o corpo em queda livre não pode ultrapassar, qualquer que seja a altura de que cai e qualquer que seja o tempo de duração de sua queda. Porém, a velocidade de queda pode ser ultrapassada por meios artificiais, como pelas balas de nossos canhões. Assim, Galileu chama as velocidades dessas balas de *velocidades sobrenaturais* (cf. *Discorsi*. p. 275-278).
É bastante curioso constatar que a física galileana, substituindo o movimento pela aceleração e transferindo a resistência à mudança de fora para dentro do móvel, se acha em condições de aceitar as consequências que, na física aristotélica, levavam a absurdos (cf. nota 14), especialmente: a) que toda força, por pequena que seja, aplicada a uma resistência (inercial), por maior que seja, produz um movimento, e b) que, da igualdade entre a potência e a resistência, resulta um movimento cuja velocidade é igual, isto é, constante.

do corpo. Ora, essa relação é menor, nos corpos grandes, do que nos pequenos, e é isso que explica – pergunta que Sagredo tinha feito algum tempo antes e à qual agora volta – por que uma bala de canhão cai mais rapidamente do que uma bala de mosquete? Uma vez mais, o peso do corpo não vem ao caso.

*

Poderia sustentar-se que o isocronismo do pêndulo, no qual Galileu tanto insiste, não é necessário à sua demonstração; e que basta constatar que as bolas de cortiça e de chumbo, que partem da mesma altura, chegam ao ponto mais baixo de seu curso, *i.e.*, à perpendicular, em tempos iguais. O que, certamente, é justo.[118] Mas, para Galileu, o isocronismo em questão não representa apenas uma grande descoberta, da qual, a justo título, ele se orgulha; representa também um dos casos muito raros em que a coincidência entre a teoria e a experiência é quase perfeita. Além disso, representa um meio: a) de eliminar, na medida do possível, os efeitos perniciosos das causas secundárias (aqui, a resistência do ar) que alteram os efeitos dos fatores primários que se quer estudar; e b) de tornar observáveis, através de sua acumulação, os pequenos efeitos que, tomados isoladamente, não poderiam ser constatados. Ora, aí está, incontestavelmente, algo de extrema importância, um aperfeiçoamento capital – que não seria exagerado chamar de revolucionário – da técnica experimental, aperfeiçoamento que ultrapassa, de longe, o que Galileu realizara, ao substituir a queda livre pela queda sobre o plano inclinado. Assim se compreende o valor que ele lhe atribui. E o desejo que tem de começar a executá-lo.

Mas essa coincidência entre a teoria e a experiência é real? Em outros termos: a experiência poderia demonstrar o isocronismo do pêndulo? Ou, pelo menos, confirmar sua demonstração teórica? Infelizmente, não. Pois o pêndulo não é isócrono, como Mersenne pôde verificar *pela experiência* (e Huygens pôde demonstrá-lo teoricamente). Ora, se os métodos empregados por Mersenne são dife-

---

118 Mais exatamente: seria justo... se assim acontecesse.

rentes dos métodos de Galileu, e mais precisos do que estes,[119] não é menos verdadeiro o fato de que a diferença entre a duração das grandes e a das pequenas oscilações é bastante sensível e que, por conseguinte, ela não poderia deixar de revelar-se nas experiências realizadas por Galileu.[120] Então, que faz ele? "Corrige" a experiência, prolongando-as em sua imaginação e suprimindo a diferença experimental. Terá errado em proceder desse modo? Absolutamente, não. Pois não é seguindo a experiência, mas passando adiante dela, que progride o pensamento científico.

*

Agora, lancemos um olhar para trás. No curso deste trabalho, procuramos caracterizar a dinâmica aristotélica pelo seu axioma fundamental: a velocidade de um corpo em movimento é proporcional à força motriz e inversamente proporcional à resistência (V = F : R) e, por isso, uma força constante, num meio constante, produz um movimento uniforme. Opusemos-lhe o axioma fundamental da dinâmica clássica, segundo a qual, conservando-se o movimento no móvel, uma força constante produz um movimento não uniforme, mas acelerado. Prosseguimos, através de Benedetti e do jovem Galileu, a crítica da dinâmica aristotélica, a qual, passando pela substituição do esquema de Aristóteles por um esquema arquimediano (V = F − R), finalmente chega ao esquema: aceleração proporcional à força motriz... e inversamente proporcional à resistência (interna e externa): A = F : R, ou A = F : R_i + R_e. Fórmula cuja analogia com a de Aristóteles não poderia escapar a ninguém.

Mas vejamos mais de perto; ou de mais alto; e não é uma analogia, é uma identidade formal que encontramos entre essas duas fórmulas. Com efeito, a segunda deriva da primeira por uma associação e uma substituição: a associação da resistência interna à resistência exterior; a substituição do movimento pela aceleração. A associação da resistência interna à do meio exterior não muda a estrutura da dinâmica de Aristóteles. Não pode sequer ser considerada

---

119 Cf. meu An experiment in measurement (tradução francesa, *infra*, p. 271-293).
120 Ou: as *diferenças*, pois o não isocronismo das grandes e das pequenas oscilações aumenta do atraso da cortiça em relação ao chumbo.

como envolvida nessa estrutura. Assim, a dinâmica de Kepler, em sua mais profunda inspiração, é uma dinâmica aristotélica:[121] a velocidade é sempre proporcional à força, e uma força constante produz um movimento uniforme. A substituição do movimento pela aceleração, pelo contrário, constitui uma subversão total. Não se trata mais de uma modificação da dinâmica antiga; trata-se de sua substituição por outra.

Entretanto... por que Aristóteles considerava o movimento (ou a velocidade) como proporcional à força motriz? Porque ele o concebia como uma mudança, κίνησις, um processo no qual o móvel nunca se acha no mesmo estado *(semper aliter et aliter se habet)*, e achava que todo movimento exige a postulação de uma causa, e até de uma causa proporcional a seu efeito. Donde, necessariamente, a proporcionalidade do movimento à causa motriz e sua cessação na ausência desta. Não há, e não pode haver, movimento sem motor: *sine causa non est effectus* e *cessante causa, cessat effectus*.

A física galileana, a física clássica, não mais concebe o movimento como mudança, mas – pelo menos quando ele é uniforme – como um verdadeiro "estado".[122] Assim, pode perdurar e conservar-se sem "causa". Privado do motor ou dele separado, o móvel prosseguirá em seu movimento. Em compensação, a aceleração é uma mudança. Com efeito, nesse caso o móvel não permanece no mesmo estado: ele *se habet liter et aliter*. Assim, a aceleração exige uma "causa" ou mesmo "força" estritamente proporcional a si mesma. E cessa de produzir-se quando cessa a ação da "causa" ou "força". *Sine causa non est effectus; cessante causa quidem cessat effectus*.

Assim, substituindo em nossas fórmulas os termos relativamente concretos, V e A, velocidade e aceleração, por um termo mais abstrato e mais essencial, κ (κίνησις), obteremos, tanto para Galileu como para Aristóteles, k = F : R. O que, do ponto de vista filosófico, me parece ser um resultado profundamente satisfatório.

---

121 Com efeito, para Kepler, o movimento se opõe ao repouso com a luz, às trevas; cf. meus *Études galiléennes*, III.
122 Sem utilizar o termo que, como se sabe, se deve a Descartes.

APÊNDICE

Nas páginas precedentes, procurei descrever o uso feito por Galileu do método da experiência imaginária, empregado conjuntamente, e até preferentemente, em relação à experiência real. E procurei justificá-lo. Com efeito, trata-se de um método extremamente fecundo que, encarnando, de alguma forma, em objetos imaginários, as exigências da teoria, permite concretizar esta última e compreender o real sensível como um desvio do modelo puro que ela nos oferece.[123] Entretanto, é preciso confessar que ele não está isento de perigos e que a tentação da concretização a todo transe, à qual se sucumbe muito facilmente, às vezes prega peças bastante desagradáveis e conduz a afirmações que a realidade se obstina em desmentir. Infelizmente, é mister admitir que Galileu nem sempre evitou esse perigo!

Não enumerarei todos os casos em que o grande florentino sucumbiu à tentação. Limitar-me-ei a citar dois exemplos, ambos bastante surpreendentes.

I. Na "digressão hidrostática"[124] – que interrompe o desenvolvimento da teoria da queda e que, por isso mesmo, não analisei no corpo deste trabalho –, Sagredo conta como, colocando sal num recipiente de vidro antes de enchê-lo de água (por isso, o recipiente continha água salgada, mais pesada, na sua parte inferior, e água doce, mais leve, na sua parte superior), conseguiu manter em equilíbrio, mergulhada a meia altura, uma bola de cera com o peso aumentado por grãos de chumbo e, assim, provocou o espanto de seus amigos. Enriquecendo a exposição, Salviati conta como, adicionando água doce ao líquido contido no recipiente, pode-se fazer a bola subir e descer e, assim, provocar um espanto ainda maior. Depois disso, baseando-se no fato (?) de que se podem produzir os mesmos efeitos adicionando-se quatro gotas de água quente a seis litros de água fria – ou inversamente –, conclui que a água não possui nenhuma viscosidade e não oferece nenhuma resistência (além da resistência

---

123 Desempenha, assim, o papel de intermediário entre o pensamento puro e a experiência sensível.
124 *Discorsi, giornata prima*. p. 113 e segs.

mecânica) à penetração ou à separação de suas partes, e que os filósofos que ensinam o contrário se enganam redondamente. Sagredo está de acordo. Porém – pergunta –, se é assim, como é possível que gotas de água, mesmo de dimensões bastante consideráveis, se formam sobre folhas de couve, permanecendo a água unida ao lugar em vez de escoar-se e dispersar-se? Salviati confessa não poder explicá-lo. Mas está certo de que se trata do efeito de uma causa externa e não de uma propriedade interna, e disso oferece uma prova experimental "muito eficaz".

Com efeito,[125]

> "se as partes da água que formam uma gota se mantivessem juntas em virtude de uma causa interior, elas o fariam muito mais facilmente se estivessem cercadas de um meio no qual tivessem menor propensão a cair do que no ar, a saber, qualquer líquido mais pesado do que o ar. Por exemplo, o vinho. Assim, se se derramasse vinho sobre tal gota de água, o vinho poderia ficar sobre ela, sem que as partes da água, aglutinadas por sua viscosidade interna, se separassem. Mas isso não se passa assim. Pois, uma vez que o líquido derramado sobre a gota a toca, a água, sem esperar que esse líquido [o vinho] se eleve sensivelmente sobre ela, se dispersa e se alarga abaixo desta; trata-se, notadamente, de vinho tinto. Portanto, a razão desse efeito é externa. Talvez se encontre no meio ambiente. Pois se observa efetivamente [lit.: verdadeiramente] uma grande oposição entre a água e o ar, como constatei em outra experiência: enchi de água um balão de cristal que tinha uma abertura tão estreita quanto é a grossura de um fio de palha,... e o virei de boca para baixo. Ora, entretanto, nem a água – embora muito pesada e muito capaz de descer no ar –, nem o ar – embora muito leve e muito disposto a elevar-se na água – concordaram, aquela em descer, saindo pelo orifício [do balão], e aquele em elevar-se, entretanto [por este], mas permaneceram, ambos, obstinados e desafiadores [em seus lugares]. Pelo contrário, desde que apresentemos a esse orifício um vaso que contenha vinho tinto, que é apenas insensivelmente mais grave do que a água, nós o veremos imediatamente subir lentamente em traços vermelhos através da água, e a água, com a mesma lentidão, descer através do vinho, sem absolutamente se misturarem, até que, finalmente, o balão se encha inteiramente de vinho e toda a água desça ao fundo do vaso. Ora, que se deverá dizer e que argumentos será preciso invocar, senão que, entre a água e o ar, há uma incompatibilidade que não compreendo, mas que, talvez...".

---

125 Ibidem. p. 115 e segs.

Confesso que compartilho da perplexidade de Salviati. Realmente, é difícil propor uma explicação para a surpreendente experiência que ele acaba de descrever. Tanto mais que, se se a refizesse, *tal como ele a descreve*, se veria o vinho subir no balão de cristal (cheio de água) e a água descer no vaso (cheio de vinho). Mas não se veria a água e o vinho se substituírem pura e simplesmente um ao outro; ver-se-ia produzir-se uma mistura.[126]

Que se deve concluir daí? Deve-se admitir que os vinhos (tintos) do século XVII possuíam qualidades que os vinhos de hoje não possuem, qualidades que os tornavam imiscíveis com a água, como acontece com o óleo? Ou podemos supor que Galileu, que certamente jamais pusera água em seu vinho – para ele, o vinho era "a encarnação da luz do sol" –, nunca tenha feito essa experiência, mas, tendo ouvido falar dela, a tenha reconstituído em sua imaginação, admitindo, como algo indubitável, a incompatibilidade essencial e total entre a água e o vinho? – Creio, pessoalmente, ser esta uma boa suposição.

II. O fato de que a resistência do meio ao movimento do móvel não tem um valor constante, mas aumenta em função da velocidade desse movimento, proporcionalmente a esta última, comporta uma série de consequências de aspecto paradoxal, que Salviati se dá o grande prazer de expor a seus interlocutores.[127]

SALVIATI – ... Ora, então afirmo, sem qualquer hesitação, que não há esfera tão grande, nem de matéria tão pesada, que a resistência do meio, por tênue que este seja, não reduza sua aceleração e, na continuação do movimento, não o reduza à uniformidade, do que podemos encontrar uma prova muito clara na própria experiência. Com efeito, ... nenhuma velocidade que se confira ao móvel pode ser tão grande que ele não a recuse e dela

---

[126] Obter-se-iam resultados mais próximos da asserção de Salviati se, em vez de se fazer no balão de cristal uma única abertura, se fizessem *duas*, acrescentando-lhe um canudo ou um pequeno tubo, um (A) apontado para o interior do balão e o outro (B), para o exterior. Então, ver-se-ia um traço de vinho jorrar do tubo A para o alto do balão, e um traço de água para debaixo do vaso, acumulando-se o vinho no alto, e a água, embaixo. Infelizmente, mesmo nesse caso, haveria mistura. Além disso, foi de *um* e não de *dois* orifícios que o balão de Salviati foi provido, sem que lhe tenha sido acrescentado um canudo.

[127] *Discorsi, giornata prima*. p. 136 e segs.

se prive em virtude do empecilho do meio. Admitamos que uma bala de artilharia desça [caia] no ar [da altura], digamos, de 4 braças, que adquira, por exemplo, 10 graus de velocidade e que entre na água com essa velocidade. Se a resistência da água não fosse capaz de privar a bala do referido *impetus*, esta aumentaria ou, pelo menos, continuaria a ser a mesma até o fundo, o que não se vê acontecer. Pelo contrário, a água, embora sua profundidade seja de poucas braças, o contraria e o enfraquece de tal maneira que não se produzirá senão um choque muito fraco sobre o leito do rio ou do lago. Portanto, é claro que, se a água pôde privá-lo de sua velocidade num percurso muito breve, ela não lhe permitirá readquiri-la, mesmo numa profundidade de 1.000 braças. Com efeito, como ela lhe permitiria adquiri-la em 100 [braças], para lhe retirá-la em 4? Mas o que é preciso além disso? Não se vê o imenso *impetus* da bala lançada por um canhão ser de tal modo reduzido pela interposição de algumas braças de água que, sem causar nenhum dano ao navio, apenas chega a tocá-lo? O próprio ar, embora cedendo muito facilmente [ao movimento], não deixa de diminuir a velocidade da queda de um móvel, ainda que muito grave, como podemos facilmente verificar através de experiências concludentes. Pois, se, do cume de uma torre muito alta, disparássemos um tiro de arcabuz para baixo, a bala feriria a terra mais levemente do que se ele [o arcabuz] fosse disparado de uma altura de apenas 4 ou 6 braças, sinal evidente do fato de que o *impetus* com o qual a bala sai do cano [do arcabuz], disparado do alto da torre, vai diminuindo ao longo de sua descida através do ar. Em consequência, a queda, de uma altura tão grande quanto se queira, não bastará para fazê-la [a bala] adquirir esse *impetus* de que a resistência do ar a privou depois de ele lhe ter sido conferido, pouco importa de que maneira. Da mesma forma, o dano que causará a uma muralha uma bala, lançada por uma colubrina da distância de 20 braças, não creio que ela o faça caindo perpendicularmente, por imensa que seja a altura [da queda]. Portanto, considero que a aceleração de um móvel natural que parte do repouso possua um limite e que a resistência do meio reduzirá [seu movimento] à igualdade em que se manterá em seguida.

    A longa passagem que acabo de citar nos oferece um belo exemplo do pensamento de Galileu em ação: poder... e imprudência; uso... e abuso da imaginação. Que há de mais belo e de mais profundo do que as considerações que o levaram a afirmar que o movimento acelerado da queda não segue – e não pode seguir –, senão *no vácuo*, a lei matemática que ele estabeleceu para o movimento, e que em qualquer outro meio ele se afasta dela, e se transforma finalmente num movimento uniforme, tendo uma velocidade determinada pela natureza do corpo que cai e do meio ambiente (relação de pesos)? Velocidade que, por isso, poderia ser chamada de "velocidade natural" desse corpo no meio em questão? O que há de mais imaginoso do que o raciocínio que nos mostra a impossibilidade, para um dado corpo, que penetra num determinado meio, de ultrapassar nesse meio sua velocidade "natural" e de readquirir a velocidade, superior, de que se achava animado antes de penetrar no referido meio, e da qual, ao amortecer seu movimento, o meio a priva? O que há de mais arrebatador do que as experiências que – segundo Galileu – ilustram e trazem uma prova experimental à sua tese?

E, entretanto, se é incontestável que os corpos caem no ar mais rapidamente do que na água e que, passando de um para a outra, retardam seu movimento, se pode erigir essa observação em lei geral e dizer que, passando de um meio mais raro a um meio mais denso, um corpo em queda livre retarda seu movimento? Não se poderia, então, concluir, da impossibilidade de tal passagem, pela necessidade da parada? Com efeito, no exemplo – ou "experiência" – de Galileu, poder-se-ia deixar cair a bala, não de 4 braças, mas de uma, de meia, de um quarto... e, então, adquirir, ao longo de seu percurso no ar, não 10 graus de velocidade, mas cinco, um, metade e, assim, sucessivamente, até o infinito. Se a velocidade na água sempre devia ser inferior à velocidade no ar, ela acabaria por ser infinitamente pequena e cair a zero. Como, então, um corpo grave, de chumbo ou de ouro, poderia adquirir na água sua "velocidade natural"? Não é claro que – coisa surpreendente – Galileu confunde "velocidade" com "aceleração"; e que – coisa ainda mais surpreendente –, em seu exemplo da bala de canhão retida por algumas braças de água, ele despreza a diferença entre o efeito do choque e o da resistência hidrostática, efeitos que tão bem distinguiu alhures? E, por outro lado, se ele está absolutamente certo de que a velocidade e, portanto, o *impetus*, de uma bala de canhão não é, em parte alguma, tão grande quanto no momento em que sai da boca do canhão, e que basta a travessia de 20 braças de ar para amortecer seu movimento; se está igualmente certo de que uma bala, disparada verticalmente no ar, a qualquer altura que suba e, portanto, de qualquer altura de que retorne, jamais poderá voltar à terra com sua velocidade de partida, pode-se tirar daí a conclusão que tira Galileu? A saber, que a velocidade (e, portanto, o *impetus*) dessa bala, de qualquer altura que caia, mesmo se essa altura for várias vezes maior do que aquela que pode atingir mediante um disparo vertical, jamais será igual à velocidade com que sai da boca do canhão? É claro que não se pode fazê-lo. Entretanto, Galileu o faz. Por quê? Porque acredita que a velocidade da bala da colubrina é uma velocidade "sobrenatural" que ultrapassa, de longe, a velocidade que poderia atingir um corpo grave em queda livre, mesmo se caísse da Lua.[128] E como ele demonstra o caráter "sobrenatural" da velocidade da bala? Justamente pela experiência do disparo dirigido para baixo: a bala de canhão ou a bala de arcabuz se retardam ao percorrer, de alto a baixo, a altura da torre. O que não seria o caso se sua velocidade de partida fosse menor do que a velocidade-limite da queda.

É que – Galileu não nos diz, mas é fácil suprir seu silêncio – aí está a condição de validade do raciocínio, segundo o qual a resistência da água retarda irremediavelmente a bala que nela cai; e a do ar, a bala de arcabuz que se dispara para baixo.[129] Com efeito, no vácuo

---

128 Ibidem. *Giornata quarta*. p. 275 e segs.: "*Quanto poi al perturbamento procedente d'all'impedimento del mezo, questo è più considerabile, e, per la sua tanto moltiplice varietà, incapace di poter sotto regole ferme esser compreso e datone scienza; atteso che, se noi metteremo in considerazione il solo impedimento che arreca l'aria a i moti considerati da noi, questo si troverà perturbargli tutti, e perturbargli in modi infiniti, secondo che in infiniti modi si variano le figure, le gravità e le velocità di i mobili. Imperò che, quanto alla velocità, secondo che questa sarà maggiore, maggiore sarà il contrasto fattogli dall'aria; la quale anco impedirà più i mobili, secondo che saranno men gravi: talchè, se bene il grave descendente dovrebbe andare accelerandosi in duplicata proporzione della durazion del suo moto, tuttavia, pergravissimo che fusse il mobile, nel venir da grandissime altezze sarà tale l'impedimento dell'aria, che gli torrà il poter crescere più la sua velocità, e la riddurà a um moto uniforme ed equabile; e questa adequazione tanto più presto ed in minori altezze si otterá, quanto il mobile sarà men grave... De i quali accidenti di gravità, di velocità, ed anco di figura, come variabili in modi infiniti, non si può dar ferma scienza: e però, per poter scientificamente trattar cotal materia, bisogna astrar da essi, e ritrovate e dimostrate le conclusioni astratte da gl'impedimenti, servir cene, nel praticarle, con quelle limitazioni che l'esperienza ci verrà insegnando*".

129 Ibidem. p. 278 e segs.: "Os projéteis das armas de fogo, explica Salviati, devem ser enquadrados numa categoria diferente da categoria dos projéteis das balistas, das flechas dos arcos etc., em consequência da *"excessiva e, per via di dire, furia sopranaturale con la quale tali proietti vengono cacciati; chè bene anco fuora d'iperbole mi par che la velocità con la quale vien cacciata la palla*

– onde a velocidade de queda não conhece limite –, uma bala atirada para baixo não seria retardada. Pelo contrário, à sua velocidade de partida se acrescentaria continuamente e da aceleração normal da queda. E o mesmo ocorreria, ou aproximadamente, se, em vez de lançá-la para baixo com a velocidade "sobrenatural" que lhe confere a deflagração da pólvora, nós nos limitássemos a jogá-la com a velocidade que lhe pode imprimir o braço. Digamos, por exemplo, 10 braças por segundo. É claro que a resistência do ar – proporcional a essa velocidade muito baixa e, portanto, quase nula – não poderia impedi-la de chegar à terra com uma velocidade maior do que a de partida; e também maior do que a que teria atingido em queda livre. Ora, a experiência prova que, de fato, ela é retardada. Assim, ela demonstra a velocidade "sobrenatural" da bala de arcabuz e a da bala da colubrina.

Afirmei: a experiência prova... mas, não é *prova*; é *provaria* que eu deveria ter dito. Provaria..., se fosse feita. Pois, como Galileu honestamente nos confessa, na *Giornata quarta* daqueles mesmos *Discursos*, dos quais citei longamente a *prima*, ele não a fez.[130] Mas está seguro do resultado. Pode-se compreender isso sem esforço: o que deve acontecer não acontece. Ora, a velocidade da queda de um corpo grave – ainda que caísse da Lua – não pode, como vimos, ultrapassar certo limite. O retardamento da bala é a consequência. A experiência não pode senão confirmar a dedução.

---

fuori d'um moschetto o d'una artiglieria, si possa chiamar sopranaturale. Imperò che, scendendo naturalmente per l'aria da qualche altezza immensa una tal palla, la velocità sua, merce del contrasto dell'aria, non si andrà acrescendo perpetuamente: ma quello che ne i cadenti poco si vede in non molto spazio accadere, dico ti ridursi finalmente a um moto equabile, accaderà ancora, dopo la scesa di qualche migliara di braccia, in una palla di ferro o di piombo; e questa terminata ed ultima si può dire esser la massima che naturalmente può ottener tal grave per aria: la qual velocità io reputo assai di quella che alla medesima palla viene impressa dalla polvere accesa".

---

130 Ibidem. p. 279: "*Io non ho fatto tale esperienza, ma inclino a credere che uma palla d'archibuso o d'artiglieria, cadendo da un'altezza quanto si voglia grande, non farà quella percossa che ela fa in una muraglia in lontananza di poche braccia, cioè di cosi poche, che'l breve sdrucito, o vogliam dire scissura, da farsi nell'aria non basti a levar l'eccesso della furia sopranaturale impressagli del fuoco.*"

Galileu, como bem sabemos, tem razão. A boa física se faz *a priori*. Porém, como declarei há pouco, ela se deve preservar da extravagância – ou da tentação – da concretização a qualquer custo e não deixar a imaginação tomar o lugar da teoria.

TRADUTTORE-TRADITORE[1]
A PROPÓSITO DE COPÉRNICO E DE GALILEU

A tradução de obras clássicas da filosofia e da ciência do passado não é apenas necessária. É indispensável. Porém, com a condição de que as traduções sejam corretas e exatas. Pois, se não o forem, e se, ademais, forem utilizadas sem espírito crítico por historiadores de renome que, assim, as acobertam com sua autoridade, sua existência poderá ter consequências deploráveis. Com efeito, o erro é pior do que a ignorância. Mas, se a tradução de um texto qualquer já é uma tarefa bastante difícil, a tradução das obras científicas pertencentes a uma época que não a nossa comporta um risco suplementar bastante grave: o de substituir, involuntariamente, por *nossas* concepções e *nossos hábitos*, concepções e hábitos, totalmente diferentes, do autor.

Esse perigo não é, de forma alguma, imaginário. Muito pelo contrário, nele incorreram grandes eruditos. Assim, há uma dezena de anos, quando eu mesmo lutava contra o texto do *De revolutionibus*, de Copérnico,[2] verifiquei, com assombro, que o autor da excelente tradução alemã da imortal obra do grande astrônomo havia intitulado seu trabalho:[3] *Über die Kreisbewegugen der Himmelskörper*, o que significa: *Dos movimentos circulares dos corpos celestes*. Ora, o título do livro de Copérnico é: *De revolutionibus orbium coelestium*, o que quer dizer: *Das revoluções das órbitas celestes*.

É claro que o sábio alemão não *modificou*, com deliberado propósito, o título de Copérnico. É claro que pensava estar traduzindo

---

1 Extraído de *Ísis*. 1943. v. XXXIV, n. 95, p. 209-210.
2 COPÉRNICO, N. *Des révolutions des orbes célestes*. Paris, 1934, liv. I.
3 Nicolau Copernicus aus Thorn. *Über die Kreisbewegungen der Weltkörper*, übersetzt... von (traduzido por) Dr. C. L. Menzzer..., Thorn (Torunha), 1879.

exatamente. É que, não acreditando na existência de *órbitas* celestes (Copérnico acreditava), substituiu, involutariamente e sem se dar conta disso, *órbita* por *corpo* e, por isso, falseou toda a interpretação copernicana.

Um feliz acaso – o acaso produz muitas coisas – acaba de me permitir descobrir um erro análogo, e até ainda mais grave, pois se trata, desta feita, de Galileu.

Com efeito, a tradução inglesa dos *Discorsi e dimonstrazioni matematiche intorno a due nuove scienze* que, aliás, se intitula *Dialogues concerning two new sciences*,[4] contém, no início da *terceira jornada*, o seguinte:

> My purpose is to set forth a very new science dealing with a very ancient subject. There is in nature perheaps nothing older than motion, concerning which the books written by philosophers are neither few not small; nevertheless, I have discovered by experiment[5] some properties of it which are worth knowing and which have not hitherto been observed or demonstrated. Some superficial observations have been made, as, for instance, that the free motion of a heavy falling body is continuously accelerated; but to just what extent this acceleration occurs has not yet been announced; for so far as I know, no one has yet pointed out that the distances traversed during equal intervals of time, by a body falling from rest, stand to one another in the same ratio as the old numbers beginning with unity.
>
> It has been observed that missiles and projectiles describe a curved path of some sort; however, no one has pointed out the fact that this path is a parabola. But this and other fact, not few in number or less worth knowing. I have succeeded in proving; and what I consider more important, there have been opened up to this vast and most excellent science, of which my work is merely the beginning, ways and means by which other minds more acute than mine will explore its remotest corners.

Ora, o texto de Galileu (Discorsi e Dimonstrazioni, Giornata terza. In: *Opere*. Edizione Nazionale. v. VIII, p. 190) diz:

> De subiecto vetustissimo novissimam promovemus scientiam. Motu nil forte antiquius in natura et circa eum volumina nec pauca nec

---

4   *Dialogues concerning two new sciences* by Galileo Galilei, translated from the Italian and Latin into English by (traduzido do italiano e do latim para o inglês por) Henry Crew and Alfonso de Salvio. New York, 1914.
5   O destaque é meu.

parva a philosophis conscripta reperiuntur; symptomatum tamen quae complura et scitu digna insunt in eo, adhuc inobservata, necdum indemonstrata, comperio. Leviora quaedam adnotantur, ut, gratia exempli, naturalem motum gravium descendentium continue accelerari; verum, iuxta quam proportionem eius fiat acceleratio, proditum hucusque non est; nullus enim, quod sciam, demonstravit, spatia a mobile descendente ex quiete peracta in temporibus aequalibus, eam inter se retinere rationem, quam habent numeri impares ab unitate consequentes. Observatum est, missila, seu proiecta lineam qualitercunque curvam designare: veruntamen, eam esse parabolam, nemo prodidit. Haec ita esse, et alia non pauca nec minus scitu digna, a me demonstrabuntur, et, quod pluris faciendum censeo, aditus et accessus ad amplissimam praestantissimamque scientiam, cuius hi nostri labores erunt elementa, recludentur, in qua ingenia mea perspicaciora abditores recessus penetrabunt.

Não vou fazer, aqui, a crítica da tradução de Crew e de Salvio. Basta-me observar que, não só Galileu não diz que descobriu as propriedades da queda e do arremesso através *da experiência*, mas que o termo experiência (*experimentum*) não é por ele empregado. Foi pura e simplesmente acrescentado pelo tradutor que, visivelmente atraído pela epistemologia empirista, não podia imaginar que se pudesse demonstrar ou descobrir alguma coisa de outra forma que não fosse *pela experiência*. Assim, onde Galileu diz: *Comperio*, o tradutor escreve: *"discovered* 'by experiment'", incluindo Galileu na tradição empirista e, por isso, falseando irremediavelmente seu pensamento.

Não é de espantar o fato de que a lenda de Galileu empirista e experimentador tenha sido tão firmemente estabelecida na América. Pois, infelizmente, os historiadores americanos, mesmo os melhores, citam Galileu ou, pelo menos os *Discorsi*, segundo a tradução inglesa.

ATITUDE ESTÉTICA E PENSAMENTO CIENTÍFICO[1]

Espero que o Sr. Panofsky não me queira mal – praticamente, é a única restrição que farei ao ilustre historiador – por lhe dizer que não teve razão em dar a seu estudo o título: *Galileu como crítico das artes*.[2] Título acanhado demais, que não permite sequer suspeitar o verdadeiro conteúdo e, portanto, a importância e o capital interesse de seu notável trabalho. O autor deveria, pelo menos, acrescentar ao título: *Atitude estética e pensamento científico na obra de Galileu Galilei*.

Com efeito, Panofsky não se limita a nos informar sobre os gostos, as preferências, os julgamentos de Galileu em matéria de literatura e de artes plásticas; não se restringe a nos proporcionar uma análise – extremamente penetrante e profunda – da atitude estética de Galileu para demonstrar-lhe a unidade e a coerência perfeitas. Faz muito mais. Mostra-nos a rigorosa concordância entre a atitude estética e a atitude científica do grande florentino e, por isso mesmo, consegue não só projetar uma luz singularmente penetrante sobre a personalidade e a obra de Galileu, mas também adiantar a solução da *quaestio vexata* de suas relações pessoais e científicas com Kepler.

As ideias artísticas de Galileu, seus gostos e preferências literárias não são desconhecidos. Sabe-se, por exemplo, que ele nutriu uma grande admiração por Ariosto e uma profunda aversão por Torquato Tasso. Mas isso não é levado a sério, talvez porque a carta a Cigoli (de 26 de junho de 1612), na qual expõe suas concepções estéticas, carta de que foi conservada uma única cópia do século XVII, por muito tempo passou, e ainda passa, por apócrifa. Em compen-

---
1 Artigo publicado em *Critique*. p. 835-847, set.-out. 1955.
2 PANOFSKY, Erwin. *Galileo as a Critic of the Arts (Galilée comme critique des Arts)*. Haia: Martinus Nijhoff, 1954. In-4º, 41 p. + 16 ilustrações.

sação, se ela é tida, como considera Panofsky, por autêntica – depois de suas luminosas demonstrações, não creio que se possa pensar de outro modo –, se, ademais, se recorda que Galileu jamais oscilou em suas opiniões e suas atitudes estéticas, não se poderá descartá-las, como algo de pouca importância. Pelo contrário, há que as levar em conta e as examinar com atenção a respeito.

> "Não poderemos explicar suas *Considerationi al Tasso* como um efeito das condições históricas, pois muitas pessoas dignas tinham, na mesma época, pontos de vista diametralmente opostos. E não poderemos desprezá-las, como se tivessem sido um 'erro juvenil, inspirado pelo racionalismo servil de uma atitude unilateralmente científica'. De fato, poderia tentar-se, se isso não significa inverter completamente os termos desse extraordinário julgamento,[3] pelo menos transformá-lo numa asserção de complementaridade. Se a atitude científica de Galileu for considerada como suscetível de ter influenciado seu julgamento estético, sua atitude estética pode, igualmente, ser considerada como capaz de ter influenciado suas convicções científicas. Ou, mais exatamente, poderia afirmar-se que, tanto como homem de ciência quanto como crítico de artes, ele obedeceu às mesmas tendências determinantes" (p. 20).

Ora, essas "tendências determinantes", tendências características da própria personalidade de Galileu, não eram tendências puramente individuais. Refletem um movimento de ideias singularmente desconhecido dos historiadores. Assim, para citar apenas um dos maiores e mais influentes, H. Wölflin, em suas *Grundbergriffe der Kunstgeschichte*,[4] nos apresenta o estilo do século XVII como uma resoluta oposição ao da Alta Renascença. De fato, observa Panofsky, entre 1590 e 1615, aproximadamente, afirma-se uma reação, não contra a Alta Renascença, mas, pelo contrário, contra o maneirismo da segunda metade do século, reação que se situava muito mais próxima da Alta Renascença, cujos valores procura reencontrar, do que de seus predecessores imediatos, "do que pretendia no espírito de um jovem em revolta contra seu pai e, por conseguinte, esperando ser apoiado por seu avô" (p. 15).

---

3   Trata-se do julgamento de N. Leo, TASSO, Torquato. *Studien zur Vorgeschichte des Seiscentismo*. Berna, 1951. p. 26.
4   Munique, 1915.

"Galileu, nascido em 1564", prossegue Panofsky, "era uma testemunha dessa revolta contra o maneirismo, e não é difícil ver de que lado se colocava. Seu amigo Cigoli, em Florença, desempenhava exatamente o mesmo papel que os Caracci e os Domenichino em Roma. Ademais, ele estabelecera laços de amizade com o Monsenhor Giovanni Battista Agucchi, amigo íntimo desses últimos, justamente o pai de uma teoria estética e histórica... segundo a qual Annibal Caracci, voltando ao ensino dos grandes mestres da Alta Renascença, salvara a arte da pintura, tanto do naturalismo grosseiro quanto do maneirismo enganador, e conseguira fazer uma síntese da ideia e da realidade no belo ideal" (p. 16).

Ora, como nos recorda Panofsky, de modo muito pertinente (p. 4),

"o grande físico e astrônomo tinha crescido numa atmosfera muito mais humanista e artística do que científica. Filho de um conhecido músico e teórico da música, recebera uma excelente educação artística e literária. Conhecia de cor a maioria dos clássicos latinos. Não só compusera, ele próprio, obras poéticas – tanto no gênero sério quanto no estilo burlesco de seu amigo, o satírico Francesco Berni –, como também dedicara vários meses e até vários anos a uma anotação de Ariosto, a quem se considerava devedor por saber escrever em italiano, bem como a uma detalhada comparação entre o *Orlando furioso* de Ariosto e o *Gerusalemme liberata*, de Tasso".

De fato, em entusiasmado elogio do primeiro e uma feroz e violenta crítica do segundo. Excelente desenhista, "amava e compreendia com perfeito gosto todas as artes subordinadas ao desenho" e, a se crer em seus biógrafos N. Gherardini e V. Viviani, foi, em sua juventude, muito mais levado ao estudo da pintura do que das matemáticas.

Como quer que seja é certo que, em matéria de estética e de arte, Galileu não é, absolutamente, um diletante, e não é considerado como tal por seus contemporâneos. Muito pelo contrário. Assim, quando o amigo de Galileu, o pintor Cigoli, se encontra, em Roma, envolvido num debate sobre a superioridade relativa da escultura e da pintura – assunto sempre e desde sempre em moda –, é a Galileu que pede fornecer-lhe argumentos em favor de sua arte. Ora, coisa curiosa, as razões invocadas por Galileu são inteiramente análogas às que, anteriormente, apresentara Leonardo da Vinci, que Galileu certamente não conhecia e que, de alguma forma, reencontra automaticamente, porque, do mesmo modo como seu ilustre precursor, fundamenta seus raciocínios na superioridade da visão sobre o tato e da *simbolização* pictórica sobre a *imitação* escultural.

Mas não é só por preferir a pintura à escultura que Galileu se mostra um clássico; é também pelos seus gostos no domínio da arte pictórica. O que defende é a clareza, a aeração, o belo ordenamento da Alta Renascença. O que detesta e combate é a sobrecarga, o exagero, as contorções, o alegorismo e a mistura de gêneros do maneirismo. São essas preferências e aversões de Galileu que projetam uma luz viva sobre sua crítica de Torquato Tasso, crítica na qual emprega, constantemente, "imagens tomadas por empréstimo às artes visuais" (p. 17).

> "Quando lemos suas *Considerationi al Tasso*", escreve Panofsky (*ibid*.), "bem compreendemos que, para ele, a escolha entre os dois poetas era algo não só de importância pessoal e vital, mas que ultrapassava as limitações de uma controvérsia puramente literária. Para ele, a divergência entre os dois representava menos duas concepções opostas da poesia do que duas atitudes antitéticas diante da arte e da vida em geral".

Na sua opinião,

> "a poesia alegórica (a da *Gerusalemme liberata*, de Tasso), que força o leitor a interpretar qualquer coisa como uma alusão longínqua a alguma outra coisa, parece com os 'truques' de perspectiva de certos quadros, conhecidos sob o nome de 'anamorfoses', que, para citar o próprio Galileu, nos mostram uma figura humana quando a olhamos de lado e de um determinado ponto de vista, mas que, quando a olhamos de frente, como o fazemos normal e naturalmente com outros quadros, nada nos oferecem, senão um labirinto de linhas e de cores com as quais podemos, perfeitamente, se a isso nos aplicarmos, ver semelhanças com rios, praias, nuvens ou formas estranhas e quiméricas."

Do mesmo modo, pensava ele, a poesia alegórica, a menos que consiga "evitar o menor sinal de esforço", obriga a narração natural, originalmente bem visível e suscetível de ser contemplada de frente, "a adaptar-se a um sentido alegórico, encarado obliquamente e apenas sugerido" e "a obstrui de um modo extravagante através de invenções fantásticas, quiméricas e perfeitamente inúteis" (p. 13).

"Assim, não é somente comparando o método 'alegórico' de Tasso com a anamorfose de perspectiva que Galileu assimila as intenções do *Orlando furioso* (terminado por volta de 1515) às da arte clássica da Renascença, e as aspirações da *Gerusalemme liberata* (terminada por volta de 1545) às do maneirismo. Logo no início das *Considerationi*, descreve o contraste entre os estilos de Tasso e de Ariosto em termos que, quase sem alterações, poderiam aplicar-se à descrição de dois quadros, de Rafael (a *Madona de Foligno*) e de Vasari[5] (a *Imaculada Conceição*)... e mesmo à de qualquer obra de Bronzino ou de Francesco Salviati. Com efeito, escreve Galileu, a narração de Tasso parece muito mais com uma *intarsia* (marchetaria) do que com uma pintura a óleo. Pois, como uma *intarsia* é formada de pequenos pedaços de madeira diversamente coloridos, essa composição, necessariamente, torna as figuras secas, duras e sem harmonia nem relevo. Mas, numa pintura a óleo, os contornos se dissolvem docemente e a passagem de uma cor a outra se faz sem choque. Assim, a imagem (o quadro) se torna doce, redonda, cheia de força e rica em relevo. Ariosto produz nuances e modela harmoniosamente... Tasso trabalha com pedaços, secamente" (p. 17).

É uma atitude inteiramente análoga, uma atitude "clássica", com sua insistência na clareza, na sobriedade e na "separação de gêneros" – a saber, da ciência, de um lado, e da religião ou da arte, de outro –, que encontramos na obra científica de Galileu. E sua aversão à numerologia, tanto pitagórica quanto bíblica; ao emprego do simbolismo e de analogias teocósmicas e antropocósmicas, tanto por seus adversários, que opunham à descoberta dos "planetas medicianos" o eminente valor do número *sete*, quanto por seus partidários, que justificavam o número *quatro*, apresentando-o como capaz de refletir a essência quadripartite de Deus, do Universo e do homem (Espírito, Alma, Natureza e Matéria ou corpo); à adoção de concepções animistas em astronomia ou em física. Essa aversão é estritamente paralela e sua ferrenha oposição ao maneirismo literário e pictórico, cuja importância e profundidade Panofsky tão bem nos mostrou. É esse "classicismo" de Galileu que parece poder lançar alguma luz sobre o enigma de suas relações com Kepler.

"Sabemos (mas não o compreendemos muito bem)", escreve Panofsky (p. 20), "que Galileu, não só em seus primeiros escritos, mas até

---

5   Panofsky publica reproduções desses quadros.

em seu *Diálogo sobre os dois maiores sistemas do mundo*, de 1632, esse livro que dele faz uma vítima durante sua vida e um símbolo da liberdade intelectual pelos tempos afora, ignorou completamente as descobertas astronômicas fundamentais de Kepler, seu intrépido companheiro de armas na luta pelo reconhecimento do sistema de Copérnico e seu colega na *Academia dei Lincei*, colega com o qual mantinha relações de estima e confiança mútua."

Para explicar esse fato, profundamente perturbador – confessemo-lo –, não se pode, como se propôs algumas vezes, invocar a ignorância da obra de Kepler por Galileu. É muito difícil acreditar que Galileu nunca tenha tomado conhecimento dos trabalhos do ilustre "matemático imperial", a quem devia a vitória na controvérsia consecutiva à descoberta dos "astros medicianos".[6] Com efeito, foi o apoio dado por Kepler ao *Nuntius Sidereus* e, mais ainda, à elaboração da teoria do instrumento – do telescópio –, empregado por Galileu em seu trabalho que, finalmente, fez pender a balança a seu favor. Ademais, é certo que as descobertas de Kepler eram concebidas e aceitas pelos adeptos de Galileu. Assim, Bonaventura Cavalieri, em seu *Specchio ustorio* (em 1632), diz que Kepler "enobreceu imensamente as seções cônicas, demonstrando claramente que as órbitas dos planetas eram, não círculos, mas elipses". E já, 20 anos antes, "as elipses são mencionadas como algo universalmente conhecido e como uma resposta adequada às questões deixadas sem solução pela teoria original de Copérnico" por ninguém mais senão o próprio fundador da *Accademia dei Lincei*, Frederico Cesi, o qual, em 12 de julho de 1612, escreve a Galileu:

> "Creio, como Kepler, que obrigar os errantes à precisão dos círculos seria amarrá-los, contra sua vontade, a um mó... também sei, como sabeis, que muitos movimentos não são concêntricos, nem em relação à Terra, nem em relação ao Sol... e talvez não haja nenhum que seja, se suas órbitas são elípticas, como pretende Kepler" (p. 22).

---

6   N. do T. – Galileu chamou "planetas ou astros medicianos" os quatro satélites de Júpiter por ele descobertos. Segundo informações do Dr. Sylvio Ferraz de Mello, da Universidade de São Paulo, obtidas através dos bons ofícios do Observatório Nacional, esse nome teria sido dado por Galileu aos referidos satélites em homenagem aos Médici.

A conclusão de Panofsky, que, com muita razão, insiste na importância da carta de Cesi – ela parece ter escapado à atenção dos historiadores e biógrafos de Galileu –, me parece, portanto, incontestável (p. 23):

"Desde pelo menos 1612, isto é, apenas três anos depois da publicação da *Astronomia nova*, e 20 anos antes da publicação de seu próprio *Diálogo*, Galileu se achava a par da primeira e da segunda lei de Kepler. Não foi por falta de informações, foi deliberadamente que as ignorou. E nos devemos perguntar: por quê?"

A essa indagação, Wohlwill, em seu *Galileo Galilei und sein Kampf für die copernicanische Lehre* (v. II, p. 88), respondeu que, para Galileu, que bem sabia que o sistema copernicano comportava dificuldades cuja solução era indispensável se se quisesse elevá-lo ao nível de uma verdadeira astronomia do sistema solar, mas que, com toda a probabilidade, não acreditava no valor definitivo das soluções keplerianas, não se tratava de atingir esse objetivo puramente científico. Tratava-se de "tornar clara a todo ser pensante a superioridade da concepção do duplo movimento da Terra (copernicana) sobre a concepção do mundo tradicional". Eu mesmo, nos meus *Estudos galileanos*, tentei explicar o silêncio de Galileu no *Diálogo*, pelo fato de que essa obra, escrita em italiano, e não em latim, dirigida ao homem comum que era mister conquistar para a causa copernicana, e não ao técnico, era um livro de combate, de polêmica *filosófica*, muito mais do que um livro de astronomia. Em favor de minha opinião, invoquei o fato de que o próprio sistema de Copérnico – e isso é válido também para o de Ptolomeu – não é exposto nesse livro, em sua realidade concreta (a excentricidade da órbita terrestre em relação ao Sol, o número e a composição das órbitas planetárias etc.), mas nos é apresentado sob sua forma mais simples – o Sol no centro, os planetas movendo-se em círculos em torno do Sol –, forma que Galileu sabia perfeitamente ser falsa. E poderia ter acentuado que, se Galileu tivesse desejado escrever uma obra de *astronomia* – e não de filosofia geral –, teria tido de estudar, como o fez Kepler em sua *Astronomia nova*, não *dois*, mas *três* grandes sistemas do mundo. Ele não teria podido, como o fez, desprezar completamente Tycho Brahe...

Panofsky pondera que Galileu incluíra em seu *Diálogo* bastantes coisas difíceis e que ele teria podido acrescentar-lhes mais outras, sem medo de embaraçar seu leitor. No que me diz respeito, creio que Panofsky desconhece a diferença dos graus de dificuldade entre as coisas que Galileu discute no *Diálogo* – mesmo o novo conceito do movimento – e as que deixa de lado, e que subestima um pouco o caráter insólito das leis keplerianas. Porém, reconheço que a explicação que acabo de dar é insuficiente, pois, se ela pudesse, a rigor, explicar o silêncio do *Diálogo*, não pode explicar o silêncio de Galileu.

Portanto, Panofsky tem razão em admitir que se trata de alguma outra coisa, mais profunda, e em citar, a respeito, a frase de Einstein: "Que o decisivo progresso alcançado por Kepler não tenha deixado nenhum vestígio na obra de Galileu é uma grotesca ilustração do fato de que, muitas vezes, os espíritos criadores não são, absolutamente, receptivos." Também tem razão em não se contentar com uma simples falta de receptividade e em ver na ignorância de Galileu das descobertas keplerianas a expressão de sua tácita rejeição por ele, "que as parece ter excluído de seu espírito, por um meio que se poderia chamar o processo de eliminação automática, como algo que era incompatível com os princípios que dominavam tanto seu pensamento quanto sua imaginação" (p. 24).

O que quer dizer, em última análise, que ele rejeitou as elipses keplerianas pela simples razão de que eram elipses... e não, como deviam ser, círculos.

Todos os historiadores conhecem a famosa passagem – encontra-se logo no início do *Diálogo* – na qual Galileu nos explica a perfeição inerente ao movimento circular, "que sempre parte de um termo natural, no qual e sempre se move em direção a um termo natural, no qual a repugnância e a inclinação sempre têm força igual"; que, por isso, não é nem retardado, nem acelerado, mas uniforme e, por conseguinte, capaz de uma perpétua continuação, que não se pode realizar num movimento retilíneo e continuamente retardado ou acelerado.

Todos conhecem também as passagens, não menos famosas, nas quais Galileu nos diz que o movimento retilíneo podia ter sido empregado para conduzir a matéria (do mundo) a seu lugar, mas que, uma vez a obra concluída, "a matéria deve ou permanecer imóvel, ou mover-se em círculo", e que "só o movimento circular pode, naturalmente, convir aos corpos naturais componentes do mundo e dispostos na melhor ordem, enquanto o movimento retilíneo, tanto quanto se pode dizer, está destinado pela natureza a esses corpos, e às suas partes, cada vez que se achem fora dos lugares que lhes são atribuídos".

Todos conhecem essas passagens e ninguém as pode ler sem uma espécie de mal-estar, de tal forma elas nos parecem antigalileanas. Não podemos admitir que Galileu tenha, seriamente, professado esses absurdos aristotélicos, tão contrários ao espírito da nova ciência, de *sua* ciência, com sua negação dos "lugares naturais", a geometrização do espaço, a destruição do Cosmo. Como não podemos admitir que Galileu tenha podido, a não ser de brincadeira ou por desejo de mistificação, ensinar em seu *Diálogo* a circularidade do movimento de queda. Não tinha, ele próprio, demonstrado que a trajetória do objeto arremessado era uma parábola? Bem sabemos que a atração exercida pela circularidade era poderosa no espírito de Galileu... Mas, de qualquer forma, nós nos revoltamos e procuramos atenuar o alcance de suas surpreendentes asserções, esforçamo-nos por "interpretá-las" e "explicá-las".

O grande mérito de Panofsky é de ter rompido com esse tipo de atitude. Tendo abordado Galileu por uma via insólita, conseguiu, se assim me posso exprimir, superar inteiramente o fantasma da imagem tradicional que dele se faz. Assim, Panofsky é capaz de tomar os textos em questão *at their face value*, isto é, ao pé da letra, e pode escrever que simplesmente foi "impossível a Galileu visualizar o sistema solar como uma combinação de elipses. Enquanto consideramos o círculo apenas um caso especial de elipse, Galileu não podia deixar de sentir que a elipse é um círculo deformado. Uma forma na qual a 'ordem perfeita' foi perturbada pela intrusão de um elemento retilíneo. Uma forma que, por isso mesmo, não podia ser produzida pelo que ele concebia como um movimento uniforme. E que, podemos acrescentar, havia sido tão taxativamente rejeitada pela arte da Alta Renascença que foi adotada pelo maneirismo" (p. 25).

Portanto, quase se poderia dizer, embora Panofsky não o diga – e talvez até não seja preciso empregar o termo "quase" –, que Galileu tinha pela elipse a mesma insuperável aversão que nutria pela anamorfose. E que a astronomia kepleriana, para ele, era uma astronomia maneirista.

No que me diz respeito, creio que Panofsky tem muita razão em insistir no relevante papel que a circularidade desempenhava no pensamento de Galileu; em nos lembrar, por exemplo, que – mais uma vez surpreendentemente de acordo com Leonardo da Vinci – Galileu vê a índole dos movimentos do corpo animal ou do corpo humano na *rotação* de seus membros em torno de seus pontos de articulação "côncavos e convexos" e, assim, os reduz ao "sistema de círculos e de epiciclos", enquanto Kepler nos afirma, pelo contrário, que "todos os músculos operam segundo o princípio do movimento retilíneo",[7] e nega "que Deus tenha instituído um movimento perpétuo não retilíneo qualquer que não seja guiado por um princípio espiritual" (p. 26). Em compensação, pergunto-me se ele tem tanta razão em nos dizer que, "contrariamente a Galileu, e antecipando a física pós-galileana, ele [Kepler] considerava o movimento retilíneo, e não o movimento circular como o movimento privilegiado no que se refere ao mundo corpóreo [físico]". De um lado, com efeito, o caráter privilegiado do movimento retilíneo *para o mundo material* é uma das teses mais fundamentais da física tradicional (de Aristóteles). Se, para esta, o movimento circular é *natural* nos céus, é porque, justamente, as esferas e os astros não são materiais ou, pelo menos, porque sua matéria é outra, totalmente diversa da do nosso mundo sublunar. Ora, se a física moderna, para cujo estabelecimento Galileu e Kepler contribuíram, ambos, tão poderosa e diversificadamente, reconhece no movimento *retilíneo* um privilégio absoluto, é num sentido completamente diferente daquele no qual o faz o matemático imperial. Para este, o privilégio do movimento retilíneo exprime a finitude e a relativa – mas necessária – imperfeição do mundo criado: um movimento retilíneo perpétuo e uniforme é rigorosamente impossível. Para a física moderna, seu privilégio consiste justamente no fato de que, em seu universo infinito, ele é, por excelência, o movimento que prossegue eternamente.

Também não nos esqueçamos de que, se Kepler pôde, efetivamente, superar a "obsessão da circularidade", não o fez inteiramente: o movimento dos planetas, embora não mais sendo "natural",

---

7   É interessante notar que, enquanto Galileu fala dos *movimentos* dos membros do corpo animal (cinemática), Kepler leva em consideração os *músculos* que os produzem (dinâmica). O mesmo ocorre no que se refere à astronomia.

nem mesmo "animal", mas produzido por um motor exterior, não engendra, em seu modo de pensar – tampouco no de Galileu – forças centrífugas... – Enfim, não nos esqueçamos de que, se Kepler chega a substituir os círculos por elipses, não é espontaneamente que o faz, nem porque tem uma predileção qualquer por essa curva tão curiosa; é porque não pode fazê-lo de outra forma. Realmente, astrônomo de profissão, escrevendo para técnicos – e não, como Galileu, para o homem comum –, Kepler não pode desprezar, como Galileu, os dados empíricos, a saber, as observações *muito precisas* que lhe foram fornecidas por Tycho Brahe. Deve dedicar-se a estabelecer uma teoria, não geral, mas concreta, dos movimentos. E se, com uma incomparável ousadia intelectual, decide introduzir nos céus um movimento não circular,[8] não é senão depois de ter, em vão, procurado adaptar-se à tradição. Certamente, *post factum*, perceberá que a adoção da elipse introduz uma simplificação maravilhosa no sistema dos movimentos planetários; que uma trajetória elíptica está muito mais de acordo com uma concepção dinâmica – a sua concepção – desses movimentos do que uma trajetória composta de movimentos circulares; e que tal trajetória – justamente em sua imperfeição – é muito mais adequada ao mundo móvel, temporal e cambiante, do que a suprema perfeição da esfera. Mas só muito tarde é que o perceberá. Pois, tanto quanto Galileu – ou, a bem dizer, ainda menos do que ele –, jamais duvidou da perfeição da esfera e, também como Galileu, nunca conseguiu ver na elipse algo mais que um círculo deformado. Assim, para obrigar os planetas a descrevê-la no céu, foi forçado a lhes atribuir uma "libração" em seus raios vetores e motores próprios que os fazem seguir uma órbita elíptica. Com efeito, sob a influência exclusiva da ação motriz do Sol, os planetas descreveriam círculos. É a ação de seus próprios motores que os desvia de seu caminho normal.

Aliás, Panofsky não nega isso: "Kepler e seus amigos, escreve ele (p. 28), não eram menos fortemente presos à crença na supremacia ideal do círculo e da esfera do que Galileu. Da mesma forma que o de Galileu, o universo de Kepler sempre conservou a forma de uma

---

[8] A bem dizer, Tycho Brahe já o havia feito. Porém, somente no caso de um cometa.

esfera finita e bem centrada – para ele, era a imagem da Divindade – e ele nutria um 'misterioso horror' pela simples ideia do infinito, 'sem limite nem centro', de Bruno." Panofsky não faz de Kepler um "moderno". Muito pelo contrário. Com efeito, escreve (p. 28), "se admitirmos como 'moderna' a eliminação da alma da matéria, nela incluídos os corpos celestes, Kepler estava muito mais próximo do animismo clássico, tão vigorosamente revificado pela Renascença, do que Galileu. Se ele esteve, sob muitos aspectos, e em casos de grande importância, mais perto da verdade [do que Galileu], não é tanto porque tivesse menos preconceitos, mas porque seus preconceitos eram de natureza diferente".

Certamente, isso é verdade. Porém, não creio que o seja inteiramente. Kepler, segundo me parece, não tinha apenas "preconceitos" diferentes dos de Galileu; de fato, tinha-os mais do que Galileu. Ou, se se preferir, tinha conservado, e até reforçado, certos "preconceitos" que Galileu perdera, ou que se tinham desvanecido em seu espírito. Assim, por exemplo, o horror diante da natureza infinita do Universo. Comparado com Kepler, Galileu não tem nenhum. Assim, seu mundo, ainda que finito, não é, como o de Kepler, limitado por uma abóbada celeste em que se fixam as estrelas. Esse mundo não é mais, ou apenas, um Cosmo. E, sobretudo, não é mais – o que é para Kepler, que vê no Sol uma imagem e quase uma encarnação do Pai, na abóbada celeste, a do Filho e, no intervalo, a do Espírito Santo –, de modo algum, a expressão da Trindade criadora.

Ora – e aqui voltamos ao problema da atitude de Galileu em relação a Kepler e às magistrais análises de Panofsky –, é bem provável que a simbologia de Kepler e seu uso de raciocínios cosmoteológicos suscitassem o alegorismo de Torquato Tasso. E o animismo de Kepler, sua atribuição ao Sol de uma alma motora em virtude da qual ele gira em torno de si mesmo e emite, como um turbilhão muito rápido, uma força magnética ou quase magnética que sustenta os planetas e os arrasta ao seu redor, devia agir no mesmo sentido. Para Galileu, tratava-se de um retorno a concepções mágicas, da mesma forma que o repetido recurso de Kepler à noção de atração que nenhum adepto de Galileu poderá aceitar.

É pena que Galileu não tenha sabido distinguir entre o conteúdo matemático e a subestrutura "física" da doutrina de Kepler. Porém, não lhe façamos exagerado agravo: o conteúdo e a forma parecem solidários e, para o próprio Kepler, a aceitação das trajetórias elípticas estava ligada a uma concepção dinâmica que, por sua vez, se apoiava num animismo astral ou, pelo menos, solar.

Dito isso, não resta dúvida de que "este é um dos mais surpreendentes paradoxos da história: onde o empirismo progressista de Galileu o impediu de distinguir entre a forma ideal [do círculo] e a ação mecânica e, por isso, contribuiu para manter sua teoria do movimento sob a égide da circularidade, o idealismo 'conservador' de Kepler lhe permitiu fazer essa distinção e, assim, contribuir para libertar sua teoria do movimento da obsessão da circularidade" (p. 29).

Creio poder dizer-se que o paradoxo é ainda mais profundo. Pois a substituição, por Kepler, da pura cinemática de seus predecessores por uma dinâmica celeste, a grandiosa ideia da unificação científica do Universo ou, para empregar os termos do próprio Kepler, a identificação entre a física celeste e a física terrestre repousa, sem dúvida, na destruição, por Copérnico, da divisão do mundo em "sublunar" e "astral". Mas repousa, igualmente, na fidelidade de Kepler à concepção tradicional, aristotélica, do movimento-processo.

Com efeito, é porque permaneceu fiel a essa concepção, segundo a qual todo movimento contínuo implica necessariamente a ação, igualmente contínua, de um motor, que a unificação material do mundo, isto é, a assimilação da Terra aos planetas e, portanto, dos planetas à Terra, lhe impôs a questão – quem colocou todo o resto em movimento: *a quo moventur projecta?* O que faz girarem os planetas? Em compensação, pelo fato de, repudiando a concepção aristotélica do movimento, Galileu ter chegado à concepção do movimento-estado e à descoberta do princípio da inércia que havia estendido ao movimento circular ou, mais exatamente, do qual não havia excluído esse movimento, não precisou fazer aquela indagação e, tendo meditado longamente sobre o problema *a quo moventur projecta?*, contentou-se com a resposta *a nihilo* que obtivera.

Os caminhos do pensamento humano são curiosos, imprevisíveis, ilógicos. À via direita, parecem preferir os desvios, a sinuosidade. Assim, não podemos fazer nada melhor do que adotar a conclusão do admirável trabalho de Panofsky:

> "Talvez seja precisamente pelo fato de Kepler haver partido de uma cosmologia essencialmente mística, mas de ter tido a capacidade de

reduzi-la a asserções quantitativas, que ele se pôde tornar um astrônomo tão 'moderno' quanto Galileu o foi como físico. Livre de qualquer misticismo, mas sujeito às prevenções do purista e do adepto do classicismo, Galileu, o pai da mecânica moderna, foi, no campo da astronomia, mais um explorador do que um demiurgo" (p. 31).

O purismo é algo perigoso. E o exemplo de Galileu – de resto, não o único – bem mostra que é preciso não exagerar em coisa alguma. Nem mesmo na exigência da clareza.

UMA EXPERIÊNCIA DE MEDIDA[1]

Quando os historiadores da ciência moderna[2] procuram definir sua essência e sua estrutura, na maioria dos casos insistem em seu caráter empírico e concreto, em oposição ao caráter abstrato e livresco da ciência clássica e medieval. A observação e a experiência conduzindo uma vitoriosa ofensiva contra a tradição e a autoridade: tal é a imagem, também tradicional, que habitualmente nos é transmitida, da revolução intelectual do século XVII, da qual a ciência moderna é, ao mesmo tempo, a raiz e o fruto.

Esse quadro não é, absolutamente, falso. Muito pelo contrário. É perfeitamente evidente que a ciência moderna alargou, para além de qualquer possibilidade de medida, nosso conhecimento do mundo, e aumentou o número de "fatos" – todas as espécies de fatos – por ela descobertos, observados e acumulados. Além disso, foi justamente assim que alguns dos fundadores da ciência moderna viram e compreenderam a sua obra e se compreenderam a si próprios. Gilbert e Kepler, Harvey e Galileu – todos alardeiam a admirável fecundidade da experiência e da observação direta, em oposição à esterilidade do pensamento abstrato e especulativo.[3]

---

1   Tradução feita por Serge Hutin, de um texto, An experiment in measurement, publicado em *Proceedings of the American Philosophical Society*. v. 97, n. 2, abril de 1953.
2   Utilizarei a expressão "ciência moderna" para a ciência que se constituiu nos séculos XVII e XVIII, isto é, para o período que vai, *grosso modo*, de Galileu a Einstein. Às vezes, essa ciência é chamada "clássica", em oposição à ciência contemporânea. Não seguirei essa terminologia, reservando a designação de "ciência clássica" para a ciência do mundo clássico, principalmente a dos gregos.
3   Cf., por exemplo: WHEWELL, W. *History of the Inductive Sciences*. London: T. W. Parker, 1837. 3 v.; MACH, E. *Die Mechanik in ihrer Entwicklung, historischkritisch dargestelt*. 9. ed. Leipzig: F. A. Brockhaus, 1883; LEIPZIG, F. A. Bro-

Porém, qualquer que seja a importância dos novos "fatos" descobertos e reunidos pelos *venatores*, a acumulação de certo número de fatos, isto é, uma pura coleção de dados da observação e da experiência não constitui uma ciência. Os "fatos" têm de ser ordenados, interpretados, explicados. Em outras palavras, só quando é submetido a um tratamento teórico é que o conhecimento dos fatos se torna uma ciência.

Por outro lado, a observação e a experiência – isto é, a observação e a experiência rudimentares, efetuadas através do senso comum – não desempenharam senão um papel de reduzida importância na edificação da ciência moderna.[4] Poderia dizer-se, até, que elas constituíram os principais obstáculos que a ciência encontrou em seu caminho. Não foi a *experiência*, mas a *experimentação*, que impulsionou seu crescimento e favoreceu sua vitória. O empirismo da ciência moderna não repousa na experiência, mas na experimentação.

Não preciso insistir, aqui, na diferença entre "experiência" e "experimentação". Todavia, desejo acentuar a estreita ligação existente entre a experimentação e a elaboração de uma teoria. Longe de se oporem uma à outra, a experiência e a teoria são ligadas e mutuamente indeterminadas, e é com o desenvolvimento da precisão e o aperfeiçoamento da teoria que aumentam a precisão e o aperfeiçoamento das experiências científicas. Com efeito, se uma experiência científica – como Galileu tão bem exprimiu – constitui uma pergunta formulada à natureza, é claro que a atividade cujo resultado é a formulação dessa pergunta é função da elaboração da linguagem na qual essa atividade se exprime. A experimentação é um processo teleológico cujo fim é determinado pela teoria. O "ativismo" da ciência moderna, tão bem observado – *scientia activa, operativa* – e tão mal

---

ckhaus, 1993; em francês sob o título: *La mécanique*, obra traduzida da 4. ed. alemã Paris: A. Hermann, 1904.

---

4   Como Tannery e Duhem já reconheceram, a ciência aristotélica está muito mais de acordo com a experiência comum do que a ciência de Galileu e a de Descartes. Cf. TANNERY, P. Galilée et les principes de la dynamique. In: *Mémoires scientifiques*. Toulouse: E. Privat, 1926. t. VI, p. 400 e segs.; DUHEM, P. *Le Système du monde*. Paris: Hermann, 1913. t. I, p. 194-195.

interpretado por Bacon, não é senão a contrapartida de seu desenvolvimento teórico.

Aliás, devemos acrescentar – e isto determina os traços característicos da ciência moderna – que a pesquisa teórica adota e desenvolve o modo de pensar do matemático. Essa é a razão pela qual seu "empirismo" difere *toto caelo* do da tradição aristotélica:[5] "O livro da natureza é escrito em caracteres geométricos", declarava Galileu. Isso implica a circunstância de que, para atingir seu objetivo, a ciência moderna tem de substituir o sistema dos conceitos flexíveis e semiqualitativos da ciência aristotélica por um sistema de conceitos rígidos e estritamente quantitativos. O que significa que a ciência moderna se constitui substituindo o mundo qualitativo ou, mais exatamente, *misto*, do senso comum (e da ciência aristotélica), por um mundo arquimediano de geometria tornado real ou – o que é exatamente a mesma coisa – substituindo o mundo do mais ou menos, que é o da nossa vida quotidiana, por um Universo de medida e de precisão. Com efeito, essa substituição exclui automaticamente do Universo tudo o que não pode ser submetido à medida exata.[6]

É esta busca da precisão quantitativa, da descoberta de dados numéricos exatos, desses "números, pesos, medidas", com os quais Deus construiu o mundo, que forma o objetivo e determina, assim, a própria estrutura das experiências da ciência moderna. Esse processo não coincide com as pesquisas no campo da experiência no sentido geral do termo. Nem os alquimistas, nem Cardano, nem Giambattista Porta – nem mesmo Gilbert – não procuram resultados matemáticos, pois consideram o mundo mais um conjunto de qualidades do que

---

5 Trata-se de um empirismo que a tradição aristotélica opõe ao matematismo abstrato da dinâmica galileana. Cf., sobre o empirismo dos aristotélicos: RANDALL JR., J. H. Scientific method in the School of Padua. *Journal of History of Ideas*. t. 1, p. 177-206, 1940.

6 De fato, isso só se explica às ciências ditas "exatas" (físico-químicas), em oposição à "ciência" ou história qualificada como "natural"(às ciências que tratam do mundo "natural" de nossa percepção e de nossa vida), que não rejeita – e talvez não o pudesse fazer – a qualidade, para substituir o mundo do "mais ou menos" por um mundo de medidas exatas. Em todo caso, nem na botânica, nem na zoologia, nem mesmo na filosofia e na biologia, as medidas exatas tiveram um papel a desempenhar; seus conceitos são sempre os conceitos não matemáticos da lógica aristotélica.

um conjunto de grandezas. Com efeito, o qualitativo é incompatível com a precisão da medida.[7] Nada é mais significativo, a esse respeito, do que o fato de que Boyle e Hooke (ambos experimentadores de primeira ordem, conhecedores do valor das medidas precisas) façam um estudo puramente qualitativo das cores espectrais. Nada revela melhor a incomparável grandeza de Newton do que sua aptidão para transcender o domínio da qualidade, para penetrar no campo da realidade física, isto é, no que é quantitativamente determinado. Mas, afora as dificuldades teóricas (conceituais) e psicológicas que se antepõem à aplicação da ideia de rigor matemático ao mundo da percepção e da ação, a efetiva realização de medidas corretas esbarra, no século XVII, em dificuldades técnicas de que nós, que vivemos num mundo atravancado e dominado pelos instrumentos de precisão, só podemos ter uma compreensão muito pálida. Mesmo historiadores que – como observou I. Bernard Cohen – nos apresentam, muitas vezes, as experiências decisivas do passado, não como *foram então* realizadas, mas como *são agora* efetuadas em nossos laboratórios e escolas, não têm plena consciência das condições reais e, portanto, do verdadeiro sentido da experimentação na época heroica da ciência moderna.[8] E é com vistas a dar uma contribuição à história do estabelecimento dos métodos experimentais da ciência que procurarei, aqui, reconstituir a história da primeira tentativa consciente e continuada de uma medida experimental: a constante de aceleração dos corpos em queda livre.

Todos conhecemos a importância histórica da lei da queda, a primeira das leis matemáticas da nova dinâmica desenvolvida por Galileu, a lei que estabelecia, de uma vez por todas, que "o movimento é submetido à lei do número".[9] Essa lei pressupõe que a qualidade de ser pesado, embora não seja, absolutamente, uma propriedade essencial dos corpos (e cuja natureza, além disso, ignoramos),

---

7   A qualidade pode ser ordenada, mas não medida. O "mais ou menos" que utilizamos com referência à qualidade nos permite construir uma escala, mas não aplicar uma medida exata.
8   Cf. BERNARD COHEN, I. A sense of History in Science. *American Journal of Physics*. t. 18, 6. Seção, p. 343 e segs., 1950.
9   Cf. GALILEI, Galileu. Discorsi e dimostrazioni matematiche intorno a due nuove scienze. *Opere*. Florença: Edizione Nazionale, 1898. t. 8, p. 190.

constitui sua propriedade universal (todos os corpos são "pesados" e não há corpos "leves"). Além disso, essa propriedade é, para cada um dos corpos, invariável e constante. Somente nessas condições é que a lei galileana é válida (no vácuo).

Porém, a despeito da elegância matemática e da verossimilhança física da lei de Galileu, é evidente que esta não é a única lei possível.[10] Além disso, não nos encontramos no vácuo, mas no ar, não no espaço abstrato, mas na Terra, e, talvez, até sobre uma Terra que se move. É totalmente claro que uma verificação experimental da lei, bem como a possibilidade de aplicá-la aos corpos que caem no nosso espaço, *in hoc vero aere*, é indispensável. Como é indispensável a determinação do valor concreto da aceleração (g).

Sabe-se com que extrema engenhosidade Galileu, incapaz de realizar medidas diretas, de um lado substitui a queda livre pelo movimento sobre um plano inclinado e, de outro lado, pelo movimento do pêndulo. Nada mais justo do que reconhecer seu imenso mérito e sua genial intuição. E o fato de que se baseiam em duas suposições erradas não os diminui em nada.[11] Mas também é justo trazer à luz

---

10   Assim, Baliani propõe uma lei segundo a qual os espaços atravessados são *ut numeri* e não *ut numeri impares*. Descartes e Torricelli discutem a possibilidade de que os espaços estejam em proporção cúbica e não quadrada em relação ao tempo. Na física newtoniana, a aceleração é uma função da atração e, portanto, não é constante. Ademais, como o próprio Newton não se furta a observar, a lei da atração do inverso do quadrado não é, absolutamente, a única possível.

11   As experiências de Galileu se baseiam nas seguintes suposições: a) que o movimento de uma bola *que rola* sobre um plano inclinado é equivalente ao movimento de um corpo *que escorrega* (sem fricção) sobre o mesmo plano; b) que o movimento pendular é perfeitamente isócrono. Sendo esse isocronismo uma consequência de sua lei da queda, uma confirmação experimental do isocronismo confirmava essa lei. Infelizmente, nenhuma medida direta dos períodos consecutivos de oscilação é possível, simplesmente porque não há relógios com os quais os poderíamos medir. Então Galileu – e só se pode admirar seu gênio experimental – substitui a medida direta pela comparação entre os movimentos de dois pêndulos diferentes (de igual comprimento), cujos balancins, embora efetuando oscilações com amplitudes diferentes, não chegam ao mesmo momento a suas posições de equilíbrio (o ponto mais baixo da curva). A mesma experiência, feita com pêndulos cujos balanins são constituídos de corpos de pesos diferentes, demonstra que os corpos pesados

a espantosa e deplorável pobreza dos meios experimentais que se achavam à sua disposição.

Deixemos que ele próprio nos fale de seu *modus procedenti*:[12] "Numa peça de moldura – ou melhor, num caibro de madeira – de 12 braças de comprimento, meia braça de largura de um lado e, de outro, três dedos, foi cavado sobre a parte mais estreita um canalete de pouco mais de um dedo de largura, muito reto e, para torná-lo bem liso e polido, foi forrado com um pergaminho tão curtido e lustrado quanto possível, a fim de servir de lugar de rolamento para uma bola de bronze muito dura, bem redonda e polida. Colocada essa peça em posição inclinada, elevando uma de suas extremidades de uma ou duas braças, à vontade, acima do plano horizontal, deixamos (como acabo de dizer) rolar a bola ao longo do dito canal, anotando, à maneira de que falarei mais adiante, o tempo consumido pela descida completa, e recomeçando a mesma coisa um grande número de vezes, a fim de nos assegurarmos da quantidade do tempo em que não aparecia variação superior a um décimo de batida de pulso. Tendo feito e estabelecido precisamente tal operação, deixamos rolar a mesma bola sobre a quarta parte do comprimento total do canal e medimos o tempo de sua descida, que verificamos sempre ser muito exatamente a metade do primeiro. E fazendo em seguida a experiência de outras partes e comparando, então, o tempo sobre todo o comprimento com o tempo sobre a metade, ou dois terços, ou três quartos, ou, enfim, sobre qualquer outra fração, repetindo uma boa centena de vezes, sempre verificamos que os espaços percorridos estavam entre si como os quadrados dos tempos, em todas as inclinações do plano, isto é, do canal ao longo do qual descia a bola. Daí observamos ainda que os tempos de descida para diversas inclinações conservam entre si, de maneira excelente, essa proporção que mais adiante acharemos ter sido determinada para eles e demonstrada pelo autor.[13]

---

e leves (tanto individualmente quanto especificamente) caem com a mesma velocidade. Cf. *Discorsi*. p. 128 e segs.

---

12 Cf. *Discorsi, giornata terza*. p. 212 e segs. Tradução francesa do texto original.
13 A velocidade da queda é proporcional ao seno do ângulo de inclinação. Cf. ibidem. p. 215, 219.

"Quanto à medida do tempo, fizemo-la com o auxílio de um grande balde cheio de água, suspenso a uma certa altura, de onde saía, por fino duto soldado no fundo, um filete de água recebido num pequeno copo durante todo o tempo da descida – total ou parcial – da bola. As quantidades de água recolhidas eram pesadas de cada vez numa balança muito exata que, pela diferença e proporção de seus pesos, dava a diferença e proporção dos tempos. Tudo isso, com tal justeza que, como se disse, as operações repetidas muitas e muitas vezes nunca deram diferenças notáveis para cada um dos tempos."

Uma bola de bronze rolando numa ranhura "lisa e polida", talhada na madeira! Um recipiente de água com um pequeno orifício pelo qual passa a água é recolhida num copo, para que seja pesada e, assim, medir o tempo da descida da bola (a clepsidra romana de Ctesibius era um instrumento bem melhor): que acumulação de fontes de erro e inexatidão!

É evidente que as experiências de Galileu são destituídas de valor. A própria perfeição de seus resultados é uma rigorosa prova de sua inexatidão.[14]

Não é surpreendente que Galileu, que certamente tem plena consciência de tudo isso, evita, tanto quanto possível (por exemplo, nos *discursos*), dar um valor concreto à aceleração. Cada vez que fornece um valor para a aceleração (como no *Diálogo*), trata-se de um valor inteiramente falso. Tão falso, que Mersenne foi incapaz de dissimular sua surpresa:

"Ora, escreve a Peiresc,[15] ele supõe que a bola cai cem braças em cinco segundos, donde se segue que ela cairá apenas quatro braças em um segundo, embora eu me assegure de que ela cai de uma altura maior."

---

14 Os historiadores modernos, acostumados a ver as experiências de Galileu feitas para estudantes em nossos laboratórios escolares, aceitam essa surpreendente exposição como verdade evangélica e louvam Galileu por ter estabelecido, assim, não só a validade empírica da lei da queda, mas também a própria lei. (Cf., entre muitos outros: BOURBAKI, N. *Éléments de mathématique*. 9, primeira parte, liv. IV, cap. I-III, Nota histórica. p. 150 (Actualités scientifiques et industrielles. Paris: Hermann, 1949. n. 1.074.) Cf. Apêndice 1.

15 MERSENNE, Marin. *Lettre à Peiresc*, de 15 de janeiro de 1635; cf. LARROQUE, Tamizey de. *La Correspondace de Peiresc*. Paris: A. Picard, 1892. t. 19, p. 112; cf. *Harmonie universelle*. Paris, 1636. t. 1, 2. seção, p. 85, 95, 108, 112, 144, 156, 221.

Com efeito, quatro côvados – nem mesmo sete pés[16] – são menos da metade do verdadeiro valor e cerca da metade do valor que o próprio Mersenne estabelecerá. Entretanto, o fato de que as cifras apresentadas por Galileu sejam grosseiramente inexatas nada tem de espantoso. Pelo contrário, espantoso e até miraculoso seria se não o fossem. O que é espantoso é o fato de que Mersenne, cujos meios de experimentação não eram muito mais sofisticados do que os de Galileu, tenha podido obter tão melhores resultados.

Assim, a ciência moderna se encontra, em seus primórdios, numa situação estranha e até paradoxal. Escolhe a precisão como princípio, afirma que o real é geométrico por essência e, portanto, submetido à determinação e à medida rigorosas (*vice-versa*, matemáticos como Barrow e Newton veem na própria geometria uma ciência da medida),[17] descobrem e formulam (matematicamente) leis que lhes permitem deduzir e calcular a posição e a velocidade de um corpo em cada ponto de sua trajetória e em cada instante de seu movimento, e não é capaz de utilizá-las, porque não dispõe de nenhum meio de determinar uma duração, nem de medir uma velocidade. Todavia, sem essas medidas as leis da nova dinâmica continuam a ser abstratas e vazias. Para dar-lhes um conteúdo real, é indispensável possuir os meios de medir o tempo (o espaço é fácil de medir), isto é, os *organa chronou*, os *orologii*, como os chamou Galileu. Em outras palavras: relógios de precisão.[18]

---

16 O côvado florentino, certamente utilizado por Galileu, contém 20 polegadas, isto é, 1 pé e 8 polegadas, e o pé florentino é igual ao pé romano, que é igual a 29,57cm.

17 Cf. BARROW, Isaac. *Lectiones Mathematicae*, de 1664-1666 (*The Mathematical Works of Issac Barrow*, D. B., Cambridge e W. Whewell, Cambridge: CUP, 1860), p. 216 e segs.; NEWTON, Isaac. *Philosophiae naturalis principia mathematica*. prefácio, Londres, 1687.

18 A inexatidão dos relógios dos séculos XVI e XVII é bem conhecida. Os relógios de precisão são subprodutos do desenvolvimento científico (cf. MILHAM, Willis I. *Time and Timekeepers*. Nova York: Macmillan, 1923; DEFOSSEZ, L. *Les Savants du XVIIe siècle et la mesure du temps*. Lausanne: Ed. Journal Suisse d'Horlogerie, 1946) e, entretanto, sua construção é comumente explicada pela necessidade de resolver o problema das longitudes, isto é, pela pressão das necessidades práticas da navegação cuja importância econômica crescera consideravelmente desde a circunavegação da África e o descobrimento da América (cf., por exemplo: HOGBEN, Lancelot. *Science for the Citizen*. 2. ed. Londres: G. Allen

Com efeito, o tempo não pode ser medido diretamente, mas somente por meio de outra coisa que o exprima. Isto é:

a) ou um processo constante e uniforme, como, por exemplo, o movimento constante e uniforme da esfera celeste ou o escoamento constante e uniforme da água na clepsidra de Ctesibius;[19]

b) ou um processo que, embora não uniforme em si mesmo, possa ser repetido ou se repita automaticamente;

c) ou, enfim, um processo que, embora não se repetindo de maneira idêntica, empregue o mesmo tempo na sua realização, apresentando-nos, assim, de alguma forma, um átimo ou uma unidade de duração.

Foi no movimento pendular que Galileu encontrou esse processo. Efetivamente, com a condição, bem entendido, de que todos os obstáculos exteriores e interiores (como a fricção ou a resistência do ar) fossem eliminados, um pêndulo reproduziria e repetiria suas oscilações de maneira perfeitamente idêntica até o fim dos tempos. Ademais, mesmo *in hoc vero aere*, onde seu movimento é continuamente retardado e onde duas oscilações não podem ser estritamente idênticas, o período das oscilações permanece constante.

Ou, para exprimi-lo nas próprias palavras de Galileu:[20]

"Antes de mais nada, convém avisar que cada pêndulo tem o tempo de sua vibração tão definido e prefixado que não é possível fazê-lo mover-se num outro período senão o que lhe é natural", e que não depende, nem do peso do balancim, nem da amplitude da oscilação, mas unicamente do tamanho do fio de suspensão.

---

and Unwin, 1946. p. 235 e segs.). Sem negar a importância das necessidades práticas ou dos fatores econômicos no desenvolvimento da ciência, creio que essa explicação, que combina os preconceitos baconianos e marxistas em favor da *praxis* e contra a *theoria*, é falsa em pelo menos 50%. As razões pelas quais se constroem instrumentos corretos para medir o tempo eram e ainda são imanentes ao próprio desenvolvimento científico. Cf. meu artigo: Du Monde de l'à peu-près à l'univers de la précision. *Critique*, n. 28, 1946.

19 Cf. descrição em: DIELS, H. *Antike Technik*. 3. ed. Leipzig: Teubner, 1924.
20 Cf. GALILEI, Galileu. *Discorsi*. p. 141.

Essa grande descoberta foi realizada por Galileu, mas não – como, a partir de Viviani, ainda se explica nos manuais[21] – olhando as oscilações do grande ilustre da catedral de Pisa e estabelecendo seu isocronismo através da comparação com as batidas de um pulso, mas por meio de experiências engenhosas, nas quais comparava as oscilações de dois pêndulos do mesmo comprimento, porém com balancins de matéria diferente e, portanto, de pesos diferentes (cortiça e chumbo)[22] e, sobretudo, por uma intensa reflexão matemática. É assim que diz Salviati:[23]

> "E quanto à primeira questão, a de saber se o mesmo pêndulo realiza verdadeiramente e pontualmente todas as vibrações, grandes, médias e pequenas, exatamente no mesmo tempo, recorro ao que já ouvi do nosso acadêmico, o qual demonstra muito bem que o móvel que desce pelas cordas que sustêm qualquer arco as percorre *necessariamente* em tempos iguais, tanto a corda de um arco de 180º (isto é, todo o diâmetro) quanto a corda de um arco de 100º, 60º, 10º, 2º, ½º ou 4 minutos, ficando entendido que todas terminam no ponto mais baixo, em contato com o plano horizontal. Aliás, no que se refere às quedas ao longo dos arcos, elevados sobre o horizonte das mesmas cordas, mas de arcos menores do que um quarto de círculo – isto é, 90º –, a experiência mostra também que elas se dão em tempo igual, somente mais curto do que para as cordas. Efeito tanto mais notável quanto, à primeira vista, deveria ser o inverso. Pois, desde que os pontos extremos (origem e fim) dos movimentos são os mesmos e que a linha reta é a mais curta entre esses pontos, pareceria razoável que o movimento efetuado através dela fosse o mais breve. E não é o caso. O tempo mais curto – e, portanto, o movimento mais rápido – se obtém ao longo do arco cuja reta é a corda.
> Quanto à proporção dos tempos de vibração de pêndulos suspensos a fios de diversos comprimentos, é a proporção inferior ao dobro dos

---

21 Os famosos lustres foram colocados na catedral de Pisa três anos depois da partida de Galileu dessa cidade. Na época em que Viviani situa a descoberta, a cúpula da catedral de Pisa ainda se achava nua e vazia. Cf. WOHWILL. E. Uber einen Grundfehler neueren Galilei-Biographien. *Münchener medizinische Wochenschrift*, 1903 e *Galilei und seine Kampf für die Copernicanische Lehre*. Hamburgo e Leipzig: L. Voss, 1909. t. 1; GIACOMELLI, R. Galileo Galilei Giovane e il suo De motu. *Quaderni di storia e crítica della scienza*. Pisa, 1949. t. 1.

22 Cf. *supra*, nota 11.

23 Cf. GALILEI, Galileu. *Discorsi*. p. 139.

comprimentos dos fios. Quero dizer que os comprimentos estão em proporção dupla dos tempos ou como os quadrados desses tempos. Para que o tempo de vibração de um pêndulo seja, por exemplo, o dobro do outro, é preciso que o comprimento de sua corda seja o quádruplo. E ainda um pêndulo só fará três vibrações para uma de outro pêndulo se for nove vezes mais longo. Donde se segue que os comprimentos das cordas estão entre si como os quadrados dos números de vibrações que se efetuam no mesmo tempo."

Não se pode deixar de admirar a profundidade do pensamento de Galileu, que se manifesta em seu próprio erro: as oscilações do pêndulo não são isócronas, e o círculo não é a linha da queda mais rápida, mas, para empregar o termo do século XVIII, a curva "braquistócrona" e a curva sobre a qual se realizam as oscilações no mesmo tempo (ou curva "tautócrona") são, para Galileu, a mesma linha.[24]

É muito estranho que, tendo descoberto o isocronismo do pêndulo – a própria base da cronometria moderna –, Galileu, embora tenha tentado produzir um cronômetro e até construir um relógio de pêndulo mecânico com base nessa descoberta,[25] jamais o utilizou

---

[24] Os tempos de queda sobre todas as cordas eram iguais e, sendo o movimento ao longo do arco (circular) mais rápido do que o movimento ao longo da corda, era razoável que Galileu supusesse que a queda ao longo do arco fosse a mais rápida possível, e que o movimento do pêndulo, por conseguinte, fosse isócrono. O fato de que esse não era o caso foi descoberto experimentalmente por Mersenne em 1644 (cf. *Cogitata Physico-Mathematica, Phenomena Ballistica*. Parisiis, 1644, propositeo XV, septimo, p. 42) e, teoricamente, por Huygens que, em 1659, demonstrou que a linha "tautócrona" de queda é a cicloide e não o círculo (a mesma descoberta foi feita, independentemente, por Lord Brouncker, em 1662). Quanto ao fato de que a cicloide é, ao mesmo tempo, a curva da queda mais rápida (braquistócrona), foi ele demonstrado por J. Bernoulli em 1696 e, independentemente – em resposta ao desafio de Bernoulli –, por Leibniz, L'Hôpital e Newton.

[25] Esse relógio ou, mais exatamente, seu mecanismo central regulador, foi construído por Viviani; cf. *Lettera di Vincenzio Viviani al Principe Leopoldo de Medici intorno al applicazione del pendolo all'orologio*. In: GALILEI, Galileu. *Opere*. Florença: Edizione Nazionale, 1907. t. 19, p. 647 e segs.; cf. também GERLANDO, E.; TRAUMÜLLER, F. *Geschichte der physikalischen experimentierkunst*. p. 120 e segs. LEIPZIG. W. Engelmann, 1889; DEFOSSEZ, L. Op. cit. p. 113 e segs.

em suas próprias experiências. Parece que Mersenne foi o primeiro a ter essa ideia.

De fato, Mersenne não nos diz, *expressis verbis*, que empregou o pêndulo como meio para medir o tempo de queda dos corpos pesados, nas experiências que descreve em sua *Harmonia universal*.[26] Mas como, na mesma obra, faz uma descrição minuciosa do movimento do pêndulo semicircular e insiste em suas diversas utilizações, na medicina (para a determinação das variações na velocidade das batidas do coração), na astronomia (para a observação dos eclipses da Lua e do Sol) etc.,[27] é praticamente certo, e mesmo confirmado por uma outra passagem da *Harmonia universal*, que não só ele utilizou um pêndulo, mas que esse pêndulo tinha o comprimento de três pés e meio.[28] Com

---

26 Cf. *Harmonie universelle*. Paris, 1636. t. 1, p. 132 e segs.
27 Ibidem. p. 136:
Quoi qu'il en soit, cette manière d'Horloge peut servir aux observations des Eclypses de Soleil, et de la Lune, car l'on peut conter les secondes minutes par les tours de la chorde, tandis que l'autre fera les observations, et marquer combien il y aura de secondes, de la première à la seconde et à la troisième observation etc.
"Les Médecins pourront semblablement user de cette méthode pour reconnaître de combien de poux de leurs malades sera plus vite ou plus tardif à diverses heures, et divers jours, et combien les passions de cholere, et les autres le hastent ou le retardent; par exemple, s'il faut une chorde de trois pieds de long pour marquer la durée du poux d'aujourd'hui par l'un de ses trous, et qu'il en faille deux, c'est-à-dire un tour et un retour pour le marquer demain, ou qu'il ne faille plus qu'une chorde longue de ¾ de pied pour faire un tour en même temps que le poux bat une fois, il est certain que le poux bat deux fois plus viste."
28 Ibidem. p. 220; Corolário 9:
"Lorsque j'ay dit que la chorde de 3 pieds et demy marque les secondes par les tours ou retours, je n'empesche nullement que l'on n'accourcisse la chorde, si l'on trouve qu'elle soit trop longue, et que chacun de ses tours dure un peu trop pour une seconde, comme j'ay quelquefois remarqué, suivant les différentes horloges communes ou faites exprez: par exemple le lesme horloge commun, dont j'ay souvent mesuré l'heure entière avec 3.600 tours de la chorde de 3 pieds et demy, n'a pas fait d'autres fois son heure si longue: car il a fallu seulement faire la chorde de 3 pieds pour avoir 900 retours dans l'un des quarts d'heure dudit horloge: et j'ay experimenté sur une monstre à rouë faite exprez pour marquer les seules secondes minutes, que la chorde de 2 pieds et demi ou environ faisoit les tours esgaux ausdites secondes. Ce qui n'empesche nullement la vérité ny la iustesse de nos observations, à raison qu'il suffit de sçavoir que les secondes dont je parle, sont esgales à la durée des tours de

efeito, é o período de tal pêndulo que, segundo Mersenne, é exatamente igual a um "segundo do primeiro móvel".[29]

Os resultados das experiências de Mersenne, "realizadas mais de 50 vezes", estão inteiramente acordes: o corpo que cai atravessa 3 pés em meio segundo, 12 em um segundo, 48 em dois, 108 em três, e 147 em três e meio. O que equivale a duas vezes (80% a mais) as cifras apresentadas por Galileu. Então, Mersenne escreve:[30]

> "Mas, quanto à experiência de Galileu, não posso imaginar de onde vem a grande diferença que se acha aqui em Paris e nos arredores, relativa ao tempo das quedas, que sempre nos pareceu muito menor do que o dele. Não que eu queira censurar tão grande homem por ter pouco cuidado em suas experiências, mas eu as fiz várias vezes, de diferentes alturas, em presença de várias pessoas judiciosas, e elas sempre ocorreram da mesma maneira. Eis por que, se a braça usada por Galileu só tem um pé e dois terços, isto é, 20 polegadas de pé de Roy que se usa em Paris, é certo que a bola desce mais de cem braças em 5 segundos."

Com efeito, explica Mersenne, "os 100 côvados de Galileu são iguais a 166 2/3 de "nossos" pés.[31] Mas as experiências pessoais de Mersenne, "repetidas mais de 50 vezes", deram resultados completamente diferentes. Segundo elas, em cinco segundos um corpo pesado não atravessará 100, mas 180 côvados ou 300 pés.

Mersenne não nos diz que realmente deixou caírem corpos pesados de uma altura de 300 pés. É aplicando a "dupla proporção" aos dados experimentais à sua disposição que ele chega a essa conclusão. Entretanto, como esses dados "demonstram" que um corpo pesado

---

ma chorde de 3 pieds et demy: de sorte que si quelqu'un peut diviser le jour em 24 parties esgales, il verra aisément si ma seconde dure trop, et de combien est trop longue." Em suas experiências ulteriores, relatadas na *Cogitata physico-matematica, phenomena ballistica.* p. 38 e segs., Mersenne utilizava um pêndulo de apenas três pés. Ele observara que o pêndulo de três pés e meio era um pouco longo demais, embora a diferença fosse praticamente imperceptível; cf. *Cogitata*. p. 44.

---

29 "Um segundo do primeiro móvel" é o tempo no qual o "primeiro móvel" (isto é, os céus ou a Terra) efetua uma rotação de um segundo.
30 Cf. *Harmonia universelle*. t. 1, p. 86.
31 De fato, o pé utilizado por Galileu é mais curto – 29,57cm – do que o pé real (32,87cm) utilizado por Mersenne. Portanto, a diferença entre seus respectivos dados é ainda maior do que Mersenne supõe.

cai 3 pés em meio segundo, 12 em um segundo, 48 em dois, 108 em três e 147 em três e meio[32] – cifras que estão perfeitamente de acordo com a dupla proporção –, Mersenne se sente autorizado, e até obrigado, a afirmar que um corpo pesado cairá de 166 pés e 2/3 em apenas três segundos e 18/25, e não em cinco. Ademais, acrescenta, resultaria das cifras de Galileu que um corpo pesado não cairia senão da altura de um côvado em meio segundo, e de quatro côvados (isto é, cerca de 6 pés e 2/3) em um segundo, em vez dos 12 pés que cai de fato.

Os resultados das experiências de Mersenne – as cifras por ele obtidas, das quais muito se orgulha, e de que se serve para calcular o tempo durante o qual os corpos cairiam de todas as alturas possíveis (até da Lua e das estrelas)[33] e o comprimento de todos os tipos de pêndulos com períodos de até 30 segundos – constituem, sem dúvida, um progresso em relação aos resultados obtidos por Galileu. Entretanto, implicam uma consequência bastante constrangedora, oposta não só ao senso comum e aos ensinamentos fundamentais da mecânica, mas também aos cálculos do próprio Mersenne: a queda sobre a periferia do círculo é mais rápida do que a queda sobre a "perpendicular".[34]

Mersenne parece não ter notado essa consequência (aliás, ninguém mais), pelo menos durante alguns anos. Em todo caso, ele não a menciona antes das *Cogitada phisico-mathematica*, de 1644, onde, retomando a discussão da lei da queda e das propriedades do pêndulo, refere-se, embora de modo um pouco vago, à mencionada

---

32   Mersenne, de um lado, obteve, de fato, 110 e não 108 pés, e, de outro lado, 146 ½. Mas Mersenne não crê na possibilidade de atingir a exatidão através da experiência – considerando os meios de que dispõe, tem toda a razão – e presume, portanto, que tem o direito de corrigir os dados experimentais, com vistas a adaptá-los à teoria. Novamente, tem inteira razão, enquanto, evidentemente, permanece (e ele o faz) aquém da margem de erros experimentais. É desnecessário dizer que o modo de proceder de Mersenne, desde então, sempre foi seguido pela ciência. Cf. Apêndice 2.

33   Cf. ibidem. p. 140. Em seus cálculos, Mersenne supõe – como Galileu – que o valor da aceleração é uma constante universal.

34   A bola desce sobre o quadrante do círculo tão rapidamente quanto sobre o raio se esse raio é igual a 3 pés, ou mais rapidamente se o raio é igual a 3 pés ½.

consequência, bem como ao não isocronismo das grandes e pequenas oscilações.[35]

Assim, tendo explicado quanto é estranho que um pêndulo de 3 pés (que agora ele utiliza em lugar de 3 pés e meio anteriormente utilizado) execute sua meia oscilação exatamente em meio segundo (isto é, cai 3 pés), quando os corpos que caem em queda livre atravessam 12 pés em um segundo (o que significa exatamente 3 pés em meio segundo), enquanto, segundo os cálculos feitos na *Harmonia universal*, ele deveria atravessar no tempo de meia oscilação e 4/7 de semidiâmetro[36] (isto é, 33/7 ou 5 pés), Mersenne continua:

> "... isso explica uma enorme dificuldade, pois os dois [os fatos] foram confirmados por numerosas observações de que corpos que caem atravessam sobre a perpendicular apenas 12 pés e que o pêndulo de 3 pés desce de C a B em meio segundo, o que só pode ocorrer se o globo [do pêndulo] desde C a B sobre a circunferência, ao mesmo tempo em que um globo similar [cai] sobre a perpendicular AB. Agora, como este deveria cair 5 pés no tempo em que o globo vai de C a D, não vejo nenhuma solução".

Certamente, poder-se-ia supor que os corpos caem mais rapidamente do que se admitiu, mas isso seria contrário a todas as observações. Portanto, precisa Mersenne, temos de aceitar que os corpos caem sobre a perpendicular com a mesma velocidade com que descem sobre o círculo, ou que o ar opõe mais resistência ao movimento vertical do que ao movimento oblíquo, ou, enfim, que os corpos atravessam em queda livre mais de 12 pés em um segundo e mais de 42 em dois. Mas, dada a dificuldade em definir com precisão, anotando o som da percussão do corpo no solo, o momento exato desse encontro, todas as observações relativas a essa questão são totalmente falsas.[37]

---

35 Cf. *Cogiatata physico-mathematica, phenomena ballistica*. p. 38 e 39; ver Apêndice 3.
36 Cf. ibidem. p. 41.
37 É interessante notar que Mersenne determina, em suas experiências, o momento da chegada do corpo que cai à terra, não a olho, mas de ouvido. O mesmo método será seguido por Huygens, certamente sob a influência de Mersenne.

Deve ter sido penoso, para Mersenne, admitir que suas experiências, feitas com tanto cuidado, eram falsas, e que seus longos cálculos e suas tabelas, baseados nessas experiências, eram destituídos de valor. Mas era inevitável. Mais uma vez, tinha de reconhecer que a precisão não podia ser atingida na ciência e que seus resultados só tinham um valor aproximado. Portanto, não é surpreendente que, em suas *Reflexiones physico-mathematicae*, de 1647, ele tenha procurado, de um lado, aperfeiçoar seus métodos experimentais – segurando o balancim do pêndulo e o corpo que deveria cair (esferas de chumbo similares) com a mesma mão, de modo a assegurar a simultaneidade do início de seus movimentos,[38] e fixando seu pêndulo numa parede, com vistas a assegurar a simultaneidade do fim desses movimentos pela coincidência dos dois sons produzidos pelo choque do pêndulo contra a parede e pelo choque do corpo contra o solo – e, de outro lado, que tenha tentado explicar, bastante extensivamente, a falta de certeza dos resultados,[39] o que, aliás, confirma os resultados de suas investigações anteriores: o corpo parece cair 48 pés em cerca de dois segundos e 12 em um segundo. Entretanto, insiste Mersenne, é impossível determinar exatamente o comprimento do pêndulo cujo período seria precisamente de um segundo e tampouco é possível perceber, pelo ouvido, a coincidência exata dos dois sons. Uma ou duas polegadas, ou mesmo 1 ou 2 pés, a mais ou a menos, não fazem nenhuma diferença. Assim, conclui, devemos contentar-nos com aproximações e não pedir mais.

Aproximadamente na mesma época em que Mersenne realizava suas experiências, uma outra pesquisa experimental das leis da queda, ligada a uma determinação experimental do valor g, era feita na Itália por um grupo de sábios jesuítas, dirigido pelo célebre autor do *Almagestum novum*, o Padre Giambattista Riccioli[40] que, muito curiosamente, ignorava completamente a obra de Mersenne.

---

38   Cf. *Reflexiones physico-mathematicae*. Parisiis, 18, 1647. p. 152 e segs.
39   Cf. ibidem. 19, p. 155: *De variis difficultatibus ad funependulum et casum gravium pertinentibus*.
40   O relato dessas experiências está incluído no *Almagestum novum, astronomiam veterem novamque complectens observationibus aliorum et propriis, Novisque Theorematibus, Problematibus ac Tabulis promotam... auctore P. Johanne Baptista Riccioli Societatis Jesu...* Bononiae, 1651. A obra devia ter

Os historiadores das ciências não têm Riccioli em muito alta estima,[41] no que não têm inteira razão. Porém, deve reconhecer-se que se trata não só de um experimentador bem melhor do que Mersenne, mas também mais inteligente, possuidor de uma compreensão infinitamente mais profunda do valor e do sentido da precisão do que o amigo de Descartes e de Pascal.

Foi em 1640, quando era professor de filosofia no *Studium*, de Bolonha, que Riccioli empreendeu uma série de pesquisas das quais farei aqui um resumo,[42] enfatizando sua maneira cuidadosamente elaborada e metódica de trabalhar. Riccioli não admite que coisa alguma seja simples e, embora esteja firmemente convencido do valor das deduções de Galileu, primeiramente procura estabelecer ou, melhor dizendo, verificar se a tese do isocronismo das oscilações pendulares é exata; a seguir, se a relação estabelecida por Galileu entre o comprimento do pêndulo e seu período (período proporcional à raiz quadrada do comprimento) é confirmada pela experiência e, enfim, determinar, tão precisamente quanto possível, o período de um pêndulo, com vistas a obter, desse modo, um instrumento de medida de tempo utilizável na pesquisa experimental da velocidade de queda.

Riccioli começa por preparar um pêndulo que convenha a essa experiência: um balancim esférico de metal, suspenso por uma corrente[43] ligada a um cilindro metálico que gira livremente em duas cavidades igualmente metálicas. No decurso de uma primeira série

---

três volumes, mas só o primeiro, em duas partes, foi publicado. Esse primeiro tomo é, de fato, um volume de 1.504 páginas (*in-folio*).

41   Por certo, Riccioli é um anticopernicano e, em suas grandes obras – *Almagestum novum* (1651) e *Astronomia reformata* (1655) –, acumula argumentos sobre argumentos para refutar Copérnico, o que certamente é lamentável mas, de qualquer forma, natural, tratando-se de um jesuíta. Entretanto, ele não esconde sua admiração por Copérnico e por Kepler, e faz uma exposição espantosamente correta e honesta das teorias astronômicas que critica. Riccioli é imensamente instruído e suas obras, particularmente o *Almagestum novum*, constituem uma incompatível fonte de informações. Tudo isso torna ainda mais surpreendente sua ignorância das sobras de Mersenne.
42   Cf. *Almagestum novum*, 1 (1), liv. II, cap. XX e XXI, p. 84 e segs., e 1 (2), liv IX, sec. IV, 2. p. 384 e segs. Apresentei um relato sobre as experiências de Riccioli no *Congresso Internacional de Filosofia das Ciências*. Paris, 1949.
43   Cf. *Almagestum novum*. 1 (1), liv. II, cap. XX. p. 84.

de experiências, procura verificar o que afirma Galileu a respeito da constância do período do pêndulo, contando o número das oscilações do pêndulo num determinado tempo. O tempo é medido por meio de uma clepsidra, e Riccioli, revelando uma profunda compreensão das condições empíricas da experimentação e da medida, explica que é o processo duplo, consistente em esvaziar e encher de novo a clepsidra, que deve ser tomado como unidade de tempo. Os resultados dessa primeira série de experiências confirmam as afirmações de Galileu.

Uma segunda série de experiências — nas quais Riccioli utiliza dois pêndulos, de mesmo peso mas de comprimentos ("alturas") diferentes, a saber, de 1 e de 2 pés — confirma a relação de raiz quadrada estabelecida por Galileu. O número de oscilações na unidade de tempo é, respectivamente, 85 e 60.[44]

Mersenne certamente se deteria aí. Mas não Riccioli, que compreende muito bem que, mesmo utilizando seu método consistente em inverter a clepsidra, ainda se está bem longe da verdadeira precisão. É por isso que ainda temos de olhar em outra direção, isto é, em direção ao céu, o único *horologium* realmente exato que existe neste mundo, os *organa chronou* fornecidos pela natureza, os movimentos dos corpos e das esferas celestes.

Riccioli se dá conta da importância capital da descoberta galileana: o isocronismo do pêndulo nos permite produzir um cronômetro *preciso*. Com efeito, o fato de que as oscilações grandes e pequenas se realizam no mesmo tempo acarreta a possibilidade de manter seu movimento por tanto tempo quanto desejemos, contrariando seu retardamento normal e espontâneo. Por exemplo, imprimindo-lhe um novo impulso após certo número de pulsações.[45] Assim, um número qualquer de átimos de tempo pode ser acumulado e adicionado.

Porém, é claro que, para poder utilizar o pêndulo como instrumento *preciso* para medir o tempo, devemos determinar *exatamente* o valor de seu período. Essa é a tarefa a que Riccioli se dedicará com uma infatigável paciência. Seu objetivo é construir um pêndulo

---

44 Cf. Ibidem. prop. VIII. p. 86.
45 Essa manutenção do pêndulo em movimento não é absolutamente fácil e supõe um treinamento prolongado.

com um período de exatamente um segundo.[46] Infelizmente, a despeito de todos os seus esforços, jamais será capaz de atingir esse objetivo.

Para começar, Riccioli toma um pêndulo com o peso de cerca de uma libra e a altura de 3 pés e 4 polegadas (romanos).[47] A comparação com a clepsidra foi satisfatória: 900 oscilações em um quarto de hora. Então, ele procede a uma verificação por meio de um quadrante solar. Durante seis horas consecutivas, de 9 horas da manhã as 3 horas da tarde (ajudado pelo Padre Francesco Maria Grimaldi), contra as oscilações. O resultado é desastroso: 21.706 oscilações em vez de 21.660. Ademais, Riccioli reconhece que, para seus objetivos, o próprio quadrante solar carece de precisão necessária. Outro pêndulo é preparado e, "com a ajuda de nove padres jesuítas",[48] recomeça a contagem. Dessa vez – em 2 de abril de 1642 –, durante 24 horas consecutivas, de meio-dia a meio-dia. O resultado é de 87.998 oscilações, enquanto o dia solar tem somente 86.640 segundos.

Em seguida, Riccioli construiu um terceiro pêndulo, alongando a corrente de suspensão para 3 pés e 4,2 polegadas. E, com vistas a aumentar ainda mais a precisão, decide tomar como unidade de tempo não o dia solar, mas o dia sideral. Começa a contagem no momento da passagem pelo meridiano da cauda de Leão (em 12 de maio de 1642) até a passagem seguinte, no dia 13. Novo insucesso: 86.999 oscilações, em vez das 86.400 previstas.

Decepcionado, mas não vencido, Riccioli decide fazer uma quarta tentativa com um quarto pêndulo, desta vez um pouco mais curto, ou seja, com apenas 3 pés e 2,67 polegadas.[49] Mas não pode impor a seus nove companheiros o trabalho maçante e cansativo de contar as oscilações. Os Padres Zenon e Grimaldi permanecem fiéis até o fim. Por três vezes, durante três noites, nos dias 19 e 28 de maio e

---

46   Como veremos, Riccioli não se satisfaz tão facilmente quanto Mersenne.
47   Um pé romano é igual a 29,57cm.
48   Cf. *Almagestum novum*. loc. cit. p. 86. Os nomes desses padres merecem ser preservados do esquecimento, como exemplos de devoção à ciência. Ei-los (cf. ibidem. 1 (2). p. 386); Stephanus Ghisonus, Camillus Rodengus, Jacobus Maria Pallavacinus, Franciscus Maria Grimaldus, Vicentius Franciscus Adurnus, Octavius Rubens.
49   Cf. ibidem. p. 87.

2 de junho de 1645, eles contam as vibrações a partir da passagem pelo meridiano de Spica (da constelação da Virgem) até a passagem de Arcturus. Duas vezes, os números são 3,212 e, na terceira vez, 3,214 para 3,192[50] segundos.

Nessa altura, Riccioli parece ter o que lhe basta. Seu pêndulo, cujo período é igual a 59,36", é um instrumento perfeitamente utilizável. A transformação do número de oscilações em segundos é fácil. Além disso, ela pode ser facilitada por tábuas previamente calculadas.[51]

Entretanto, Riccioli se sente incomodado por não ter tido sucesso. Então, tenta calcular a "altura" de um pêndulo que oscilaria exatamente em um segundo e conclui que tal pêndulo deveria ter 3 pés e 3,27 polegadas.[52] Porém confessa não o ter construído. Por outro lado, certamente ele construiu pêndulos muito mais curtos, a fim de conferir maior precisão à medida dos intervalos temporais: um de 9,76 polegadas, com o período de 30"; outro, ainda mais curto, de 1,15 polegada, cujo período é de apenas 10".

"Foi tal pêndulo, escreve Riccioli, que utilizei para medir a velocidade da queda natural dos corpos pesados", nas experiências realizadas naquele mesmo ano de 1645, na Torre degli Asinelli, em Bolonha.[53]

De fato, é praticamente impossível utilizar um pêndulo tão rápido contando suas oscilações. É o caso de encontrar um meio qualquer de totalizá-las. Em outros termos, trata-se de construir um relógio. Efetivamente, foi um relógio, o primeiro relógio de pêndulo, que Riccioli construiu para suas experiências. Entretanto, seria difícil considerá-lo como um grande relojoeiro, como um predecessor de Huygens e Hooke. Na verdade, seu relógio não tinha nem mola, nem

---

50 Cf. ibidem. p. 85. Como o movimento do pêndulo não é isócrono, a notável coincidência dos resultados das experiências de Riccioli só pode ser explicada se supusermos que ele tenha feito com que seus pêndulos fossem capazes de efetuar oscilações *pequenas* e praticamente iguais.
51 Riccioli apresenta essas tábuas no *Almagestum novum*. 1 (1), liv. 2, cap. XX, prop. XI. p. 387.
52 Cf. ibidem. e 1 (2). p. 384.
53 Cf. ibidem. 1 (1). p. 87.

mesmo ponteiro, nem mostrador. Não era um relógio mecânico, mas um relógio humano.

Para poder totalizar as batidas de um pêndulo, Riccioli imaginou um meio muito simples e elegante. Treinou dois de seus colaboradores e amigos, "dotados não só para a física, mas também para a música, para contar *um, de, tre...* (no dialeto bolonhês, em que essas palavras são mais curtas do que em italiano), de maneira perfeitamente regular e uniforme, como têm de fazer aqueles que dirigem a execução de peças musicais, de tal modo que a pronunciação de cada número corresponda a uma oscilação do pêndulo".[54] Foi com esse "relógio" que ele realizou suas observações e suas experiências.

A primeira questão estudada por Riccioli dizia respeito ao comportamento dos corpos "leves" e dos corpos "pesados".[55] Eles caem com a mesma velocidade ou com velocidades diferentes? Pergunta muito importante e muito controvertida, à qual a física antiga e a física moderna, como sabemos, davam respostas diferentes. Enquanto os aristotélicos sustentavam que os corpos caem tanto mais rapidamente quanto mais pesados são, Benedetti ensinara que todos os corpos, pelo menos todos os que possuem uma natureza idêntica (isto é, mesmo peso específico), caem com a mesma velocidade. Quanto aos modernos, como Galileu e Baliani, seguidos pelos jesuítas Vendelinus e Cabeo, ensinam que todos os corpos, qualquer que seja sua natureza ou seu peso, sempre caem com a mesma velocidade (no vácuo).[56]

Riccioli quer resolver este problema de uma vez por todas.

Assim, em 4 de agosto de 1645, põe mãos à obra. Esferas de igual dimensão, mas de pesos diferentes, feitas respectivamente de argila e de papel, cobertas de giz (para que seu movimento junto ao muro e seu choque contra o solo pudessem ser mais bem observados), foram jogadas do alto da Torre degli Asinelli, particularmente cômoda para esse tipo de experiência[57] e suficientemente alta – 312 pés romanos – para tornar perceptíveis tais diferenças de velocida-

---

54 Cf. ibidem. 1 (2). p. 384.
55 Riccioli, com 100 anos de atraso em relação a sua época, ainda acredita na "leveza" como qualidade independente, ligada e oposta ao peso.
56 Cf. ibidem. p. 387.
57 A Torre degli Asinelli possui paredes verticais e se eleva sobre uma vasta praça.

des. Os resultados das experiências, que Riccioli repete 15 vezes, não deixam dúvidas: os corpos pesados caem mais rapidamente do que os corpos leves. O atraso na queda que, dependendo do peso e da dimensão das bolas, varia de 12 a 40 pés, não contradiz a teoria desenvolvida por Galileu, devendo explicar-se pela resistência do ar, conforme Galileu o havia previsto. Por outro lado, os fatos observados são inteiramente incompatíveis com a Teoria de Aristóteles.[58]

Riccioli tem plena consciência da originalidade e do valor de sua obra. Portanto, zomba dos "semiempiristas", que não sabem realizar uma experiência verdadeiramente concludente. Por exemplo: pelo fato de serem incapazes de determinar o momento preciso em que o corpo se choca com o solo, eles afirmam – ou negam – que os corpos caem com a mesma velocidade.[59]

O segundo problema estudado por Riccioli é ainda mais importante. Ele quer verificar em que proporção o corpo, ao cair, acelera seu movimento. Trata-se, como ensina Galileu, de um movimento "uniformemente não uniforme" (uniformemente acelerado), isto é, um movimento no qual os espaços atravessados são *ut numeri impares ab unitate* ou, como pretende Baliani, um movimento no qual os espaços constituem uma série de números naturais. Quanto à velocidade, é proporcional à duração da queda ou ao espaço atravessado.[60] Auxiliado pelo Padre Grimaldi, Riccioli constrói certo número de bolas de giz, de dimensão e peso idênticos. Demonstra – medindo seus tempos de queda a partir de diferentes patamares da Torre degli Asinelli – que as bolas seguem a lei galileana.[61] Em seguida, passa à verificação desse resultado (nada é mais característico do que essa inversão do procedimento), jogando as bolas de alturas previamen-

---

58 Cf. ibidem. p. 388.
59 Ibidem. e 1 (1). p. 87.
60 Cf. ibidem. É interessante observar que Riccioli utiliza a velha terminologia escolástica e identifica, com toda a correção, o movimento "uniformemente não uniforme" (*uniformiter difformis*) com o movimento uniformemente acelerado (ou retardado).
61 Ele nos mostra que, de fato, refletia sobre o problema desde 1629, e que adotou a relação 1, 3, 9, 27 antes de 1634, quando leu Galileu, com a autorização de seus superiores. É curioso notar que, antes de ter lido Galileu, o sábio Riccioli não identificava o movimento *uniformiter difformis* com o movimento de queda.

te calculadas e determinadas com a utilização de todas as torres e igrejas de Bolonha cujas alturas lhe convenham, especialmente as de São Pedro, São Petrônio, São Jacó e São Francisco.[62]

Os resultados concordam em todos os detalhes. Com efeito, sua concordância é tão perfeita, os espaços atravessados pelas bolas (15, 60, 135, 240 pés) confirmam a lei de Galileu de modo tão rigoroso, que é evidente que os experimentadores estavam convencidos de sua veracidade antes mesmo de haver começado seus testes. O que não é de surpreender, pois as experiências com o pêndulo o haviam confirmado.

Entretanto, mesmo que admitamos — como devemos fazê-lo — que os padres tenham introduzido alguma pequena correção nos resultados concretos de suas medidas, temos de reconhecer que esses resultados são de uma precisão surpreendente. Comparados com as aproximações grosseiras de Galileu e mesmo com as de Mersenne, representam um decisivo progresso. Era impossível obter melhores resultados pela observação e pela medida diretas, e não se pode deixar de admirar a paciência, a consciência, a energia e a paixão pela verdade dos Padres Zenon, Grimaldi e Riccioli (bem como as de seus colaboradores) que, sem dispor de qualquer outro instrumento para medir o tempo, senão o relógio humano em que se transformaram, foram capazes de determinar o valor da aceleração ou, mais exatamente, a extensão do espaço atravessado por um corpo pesado no primeiro segundo de sua queda livre no ar como igual a 15 pés romanos. Valor que somente Huygens, utilizando o relógio mecânico por ele inventado ou, mais exatamente, aplicando os métodos diretos que seu gênio matemático lhe permitiu descobrir e utilizar na construção de seu relógio, será capaz de melhorar.

É muito interessante e instrutivo estudar os *modi procedendi* do grande sábio holandês a quem devemos nossos relógios. A análise desses procedimentos nos permite constatar a transformação das experiências ainda empíricas ou semiempíricas de Mersenne e Riccioli numa experimentação verdadeiramente científica. Essa análise nos ensina algo de muito importante: na pesquisa científica, a apro-

---

62 Cf. ibidem. p. 387. As experiências tiveram prosseguimento de 1640 a 1650.

ximação direta não é nem a melhor, nem a mais fácil; não se pode atingir os fatos empíricos sem o recurso à teoria.

Huygens empreende seu trabalho repetindo (em 21 de outubro de 1659) a última experiência de Mersenne, tal como descrita por este em suas *Reflexiones*, de 1647. E, mais uma vez, somos obrigados a sublinhar a assustadora pobreza dos meios experimentais de que dispunha: um pêndulo de corda ligado à parede; seu balancim, uma bola de chumbo, e outra bola semelhante, também de chumbo, são tomados na mesma mão. A simultaneidade da chegada das duas bolas, uma projetada contra a parede, e a outra, contra o solo, é determinada pela coincidência dos dois sons produzidos pelos choques. É curioso notar que, utilizando exatamente o mesmo procedimento de Mersenne, Huygens obtém resultados melhores. Segundo ele, o corpo cai 14 pés.[63]

Em 23 de outubro de 1659, Huygens repete a experiência, desta vez utilizando um pêndulo cuja semivibração é igual, não a meio segundo, mas a três quartos de segundo. Durante esse intervalo, a esfera de chumbo cai 7 pés e 8 polegadas. Segue-se que, em um segundo, cairia cerca de 13 pés e 7 ½ polegadas.[64]

Em 15 de novembro de 1659, Huygens faz uma terceira tentativa. Desta vez, aperfeiçoa seu procedimento, ligando o balancim e a esfera de chumbo a um fio (em vez de segurá-los com uma das mãos) cuja ruptura os libera. Além disso, coloca pergaminho sobre a

---

63 Cf. HUYGENS. *Obras*. Haia: M. Nijhof, 1932. 17, p. 278: "*II D. 1 Expertus 21 Oct. 1659. Semisecundo minuto plumbum ex altitudine 3 pedum et dimidij vel 7 pollicum circiter. Ergo unius secundi spatio ex 14 pedem altitudine.*"

64 Cf. HUYGENS. *Obras*. 17, p. 278: "*II D. 2 Expertus denuo 23 Oct. 1659. Pendulum adhibui cujus singulae vibrationes 3/2 secundi unius, unde semivibratio qua usus sum erat ¾.*" *Erat penduli longitudo circiter 6 p. 11 unc. Sed vibrationes non ex hac longitudine sed conferendo eas cum pendulo horologij colligebam. Illius itaque semivibratione cabebat aliud plumbum simul e digitis demissum ex altitudine 7 pedum 8 unc. Ergo colligitur hinc uno secundo casurum ex altitudine 13 ped. 7 ½ und. fere. Ergo in priori experimento debuissent fuisse non toti 3 ped. 5 poll.*
"*Sumam autem uno secundo descendere plumbum pedibus 13. unc. 8. Mersenne 12 ped. Paris. uno secundo confici scribit. 12 ped. 8 unc. Rhijnland. Ergo mersenni spatium justo brevius est uno pede Rhijnl.*" Um pé renano é igual a 31,39cm.

parede e sobre o solo, de modo a tornar a percepção dos sons mais distinta. O resultado é de cerca de 8 pés e 9 ½ polegadas. Entretanto, Huygens é forçado a admitir, exatamente como Mersenne o fizera anteriormente, que seu resultado só aproximadamente é válido, porque aquelas 3 ou 4 polegadas a mais ou a menos na altura da queda não podem ser distinguidas pelos meios por ele empregados: os sons parecem coincidir. Portanto, segue-se que uma medida exata não pode ser obtida dessa maneira. Mas a conclusão que ele tira daí é totalmente diferente. Onde Mersenne renuncia à própria ideia de precisão científica, Huygens reduz o papel da experiência à verificação dos resultados obtidos pela teoria. Já é bastante quando a experiência não os contradiz, como, por exemplo, no caso em que as cifras observadas são perfeitamente compatíveis com as deduzidas da análise do movimento do pêndulo circular, isto é, cerca de 15 pés e 7 ½ polegadas por segundo.[65]

---

65   Ibidem. p. 281: "II D. 4. 15 Nov. 1659. Pendulum AB semivibrationi impendebat ¾ unius secundi; filum idem BDC plumbum B et glandem C retinebat, deinde forficubus filum incidebatur unde necessario eodem temporis articulo globulus C et pendulum moveri incipiebant plumbum B in F palimpsesto impingebatur, ut clarum sonum excitaret. lobulus in fundum capsae GH decidebat. Simul autem sonabant, cum CE altitudo erat 8 pedum et 9 ½ uniciarum circiter. Sed etsi 3 quatuorve uncijs augeretur vel diminueretur altitudo CE nihilo minus simul sonare videbantur. adeo ut exacta mensura hoc pacto obtineri ne queat. At ex motu conico penduli debebant esse ipsi 8 pedes et 9 ½ unciae. unde uno secundo debebunt peragi a plumbo cadente pedes 15. unc 7 ½ proxime. Sufficit quod experientia huic mensurae non repugnet, sed quatenus potest eam comprobet. Si plumbum B et globulum C inter digitos simul contineas ijsque apertis simul dimittere coneris, nequaquam hoc assequeris, ideoque tali experimento ne credas. Mihi semper hac ratione minus inveniebatur spatium CE, adeo ut totius interdum pedis differentia esset. At cum filum secatur nullus potest error esse, dummodo forfices ante sectionem immotae teneantur. Penduli AB oscillationes ante exploraveram quanti temporis essent ope horologij nostri. Experimentum crebro repetebam. Ricciolus Almag. 1. 9 secundo scrupulo 15 pedes transire gravia statuit ex suis experimentis. Romanos nimirum antiquos quos a Rhenolandicis non differre Snellius probat." Ibidem. p. 281: "II D. 4. 15 Nov. 1659. Pendulum AB semivibrationi impendebat ¾ unius secundi; filum idem BDC plumbum B et glandem C retinebat, deinde forficubus filum incidebatur unde necessario eodem temporis articulo globulus C et pendulum moveri incipiebant plumbum B in F palimpsesto impingebatur, ut clarum sonum excitaret. lobulus in fundum capsae GH decidebat. Simul autem sona-

Com efeito, a análise do movimento pendular, como veremos, fornece resultados ainda melhores.

Já mencionei a situação paradoxal da ciência moderna no momento de seu nascimento: conhecimento de leis matemáticas exatas e impossibilidade de aplicá-las, já que uma medida precisa de grandeza fundamental da dinâmica, isto é, do tempo, não era realizável.

Ninguém parece ter sentido isso mais intensamente do que Huygens. E certamente é por essa razão, e não por imperativos práticos, como a necessidade de contar com bons relógios para a navegação – embora ele não desprezasse, em absoluto, o aspecto prático da questão[66] – que, logo no início de sua carreira científica, ele se entregou à procura de uma solução deste problema fundamental e preliminar: a realização, ou melhor, a construção de um cronômetro perfeito.

Foi em 1659, no mesmo ano em que efetuou as medidas que acabo de mencionar, que ele atingiu seu objetivo, construindo um

---

bant, cum CE altitudo erat 8 pedum et 9 ½ uniciarum circiter. Sed etsi 3 quatuorve uncijs augeretur vel diminueretur altitudo CE nihilo minus simul sonare videbantur. adeo ut exacta mensura hoc pacto obtineri ne queat. At ex motu conico penduli debebant esse ipsi 8 pedes et 9 ½ unciae. unde uno secundo debebunt peragi a plumbo cadente pedes 15. unc 7 ½ proxime. Sufficit quod experientia huic mensurae non repugnet, sed quatenus potest eam comprobet. Si plumbum B et globulum C inter digitos simul contineas ijsque apertis simul dimittere coneris, nequaquam hoc assequeris, ideoque tali experimento ne credas. Mihi semper hac ratione minus inveniebatur spatium CE, adeo ut totius interdum pedis differentia esset. At cum filum secatur nullus potest error esse, dummodo forfices ante sectionem immotae teneantur. Penduli AB oscillationes ante exploraveram quanti temporis essent ope horologij nostri. Experimentum crebro repetebam. Ricciolus Almag. 1. 9 secundo scrupulo 15 pedes transire gravia statuit ex suis experimentis. Romanos nimirum antiquos quos a Rhenolandicis non differre Snellius probat."

---

66   Pertencendo a uma nação marítima, Huygens tinha perfeita consciência do valor e da importância de um bom cronômetro para a navegação, bem como das possibilidades financeiras da invenção de um relógio marítimo. Sabe-se que ele tentou patentear seu relógio na Inglaterra. Cf. DEFOSSEZ, L. Op. cit. p. 115 e segs.

relógio de pêndulo aperfeiçoado,[67] um relógio que utilizou para determinar o valor exato da oscilação do pêndulo de que se servira em suas experiências.

Na história dos instrumentos científicos, o relógio de Huygens ocupa um lugar muito importante. Trata-se do primeiro aparelho cuja construção envolve as leis da nova dinâmica. Esse relógio não é o resultado de tentativas e de erros empíricos, mas do estudo minucioso e sutil da estrutura matemática dos movimentos circulares e oscilatórios.

A própria história do relógio de pêndulo nos dá, assim, um bom exemplo do valor de uma via teórica, preferencialmente a um caminho direto.

Com efeito, Huygens se dá perfeita conta do que Mersenne já havia descoberto: as grandes e pequenas oscilações não se efetuam no mesmo tempo. Portanto, para construir um cronômetro perfeito, deve-se: a) determinar a verdadeira curva isócrona; e b) encontrar o meio de fazer com que o balancim do pêndulo se mova ao longo dessa linha, e não sobre a periferia do círculo. Como se sabe, Huygens conseguiu resolver esses dois problemas, se bem que, para chegar a isso, teve de elaborar uma teoria geométrica inteiramente nova.[68] Huygens conseguiu a realização de um movimento perfeitamente isócrono, isto é, o movimento que segue a curva da cicloide. Enfim, ele adaptou seu pêndulo cicloidal a um relógio.[69]

De posse de instrumentos bem melhores (um relógio mecânico em lugar de um relógio humano), Huygens se achava, então, em condições de operar com maior probabilidade de atingir, em suas experiências, uma precisão comparável à de Riccioli. Mas ele nunca tentou

---

67 O primeiro relógio de pêndulo, construído por Huygens em 1657, já contém tenazes curvas que asseguram o isocronismo do pêndulo (flexível). Porém, essas tenazes ainda não eram determinadas pelas matemáticas, mas construídas na base do método empírico das tentativas. Somente em 1659 Huygens descobriu o isocronismo da cicloide e os meios de fazer com que o balancim do pêndulo se movesse segundo uma cicloide.
68 A teoria das desenvolvidas das curvas geométricas.
69 Cf. DEFOSSEZ, L. Op. cit. p. 65. Sobre as tentativas contemporâneas de R. Hooke, cf. PATTERSON, Louise D. Pendulums of Wren and Hooke. *Osiris*. 10, 1952. p. 277-322.

fazê-las porque, tendo construído um relógio de pêndulo, passou a ter à sua disposição um método de trabalho bem melhor.

De fato, Huygens não descobriu apenas o isocronismo do movimento cicloidal, mas também (o que Mersenne tentara, em vão, descobrir para o círculo) a relação entre o tempo de queda de um corpo ao longo da cicloide e o tempo de sua queda ao longo do diâmetro de seu círculo gerador. Esses tempos se relacionam, um com o outro, como a semicircunferência se relaciona com o diâmetro.[70]

Assim, se pudéssemos dispor de um pêndulo (cicloidal), oscilando exatamente em um segundo, seríamos capazes de determinar o tempo exato da queda do corpo pesado ao longo de seu diâmetro e, portanto – sendo os espaços atravessados proporcionais aos quadrados dos tempos –, de calcular a distância de sua queda em um segundo.

O comprimento de tal pêndulo, que não precisa ser um pêndulo cicloidal, pois – como Huygens mostrará a Moray[71] – as pequenas oscilações de um pêndulo comum (perpendicular) se efetuam praticamente no mesmo tempo que as do pêndulo cicloidal, pode ser facilmente calculado, desde que consigamos determinar o período de um determinado pêndulo cicloidal.

Mas, de fato, não nos precisamos preocupar com a efetiva construção de tal pêndulo, porque a fórmula estabelecida por Huygens

$$g = \frac{4\pi^2 r^2 l}{3600^2} \quad \text{ou} \quad T = \pi \sqrt{\frac{l}{g}}$$

---

70 Cf. HUYGENS. *Devi centrifuga* (1659). *Obras*. 16. Haia: M. Nijhof, 1929. p. 276.
71 Cf. HUYGENS. Cartas a R. Moray, 30 de dezembro de 1661, *Obras Completas*, publicadas pela Sociedade Holandesa de Ciências. 3, Haia, M. Nijhof, 1890. p. 438: "Não acho que seja necessário igualar o movimento do pêndulo pelas porções da cicloide para determinar essa medida, mas que basta fazê-lo mover-se em vibrações muito pequenas, as quais se mantêm muito próximas da igualdade dos tempos e, assim, procurar o comprimento necessário para marcar, por exemplo, meio segundo, por meio de um relógio que já esteja em funcionamento e ajustado com a cicloide.

tem um valor geral e determina o valor de *g* em função do comprimento e tem um valor de qualquer pêndulo que possamos utilizar. Com efeito, foi um pêndulo bastante curto e rápido que Huygens utilizou, um pêndulo de apenas 6,18 polegadas de comprimento, efetuando 4.964 oscilações duplas por hora. Daí Huygens concluiu que o valor de *g* é 31,25 pés (isto é, 98cm), valor que, desde então, sempre foi aceito.[72]

A moral desta história, que nos conta como foi determinada a aceleração constante, é bastante curiosa. Vimos Galileu, Mersenne e Riccioli se esforçarem por construir um cronômetro, a fim de poder realizar uma medida experimental da velocidade de queda. Vimos Huygens ser bem-sucedido naquilo em que seus predecessores fracassaram. Porém, justamente em virtude de seu sucesso, ele se exime da tarefa de efetuar a medida real, porque seu cronômetro constitui, por assim dizer, um instrumento de medida em si mesmo, e porque a determinação de seu período já é uma experiência muito mais refinada e mais precisa do que todas as experiências imaginadas por Mersenne e Riccioli. Agora compreendemos o sentido e o valor do caminho percorrido por Huygens, caminho que, finalmente, se revela constituir um atalho: não só as experiências válidas se baseiam numa teoria, mas até os meios que as permitem realizar nada mais são do que a própria encarnação da teoria.

---

72   Cf. HUYGENS. *Obras.* 17, p. 100: "*Het getal van de dobbele, slaegen di het pendulum in een yuyr doen moet, gegeven sijnde, quadreert het selve, en met et quadraat divideert daer mede 12312000000. ende de quotiens sal aenwijsen de lenghde van het pendulum. te weten als men de twee laetste cijffers daer af snijt, soo is het resterende het getal der duijmen die het pendulum moet hebben; de 2 afgesnedene cijffers beteijckenen, het een, de tienden deelen van een duijm die daer noch bij moeten gedaen werden, het ander, de 100ste deelen van een dujm, van gelijcken daer bijte doen. Rhynlandse maet.*
 Bij exempel Een horologe te maecken sijnde diens pendulum 4464 dobbele slagen in een uijr doen sal, het quadraet van 4464 is 19927296, waer mede gedeelt sijnde 12312000000, komt 6/18 ontrent. dat is 6 duijm 1/10 en 8/100 van een dujim. Indien het getal van de heele duijmen meer is als 12 soo moet het door 12 gedeelt werden om de weter boe veel voeten daer in sijn."

APÊNDICES

1. MERSENNE, M. *Harmonie universelle*. Paris, 1636. p. 111 e segs.:

> *Or il faut icy mettre les expériences que nous avons faites très exactement sur ce suiet, afin que l'on puisse suivre ce qu'elles donnent. Ayant donc choisi une hauter de cinq pieds de Roy, et ayant fait creuser, et polir un plan, nous luy avons donné plusieurs sortes d'inclinations, afin de laisser rouler une boule de plomb, et de bois fort ronde tout au long du plan: ce que nous avons fait de plusieurs endroits différents suivant les différentes inclinations, tandis qu'une autre boule de mesme figure, et pesanteur tombait de cinq pieds de haut dans l'air; et nous avons trouvé que tandis qu'elle tombe perpendiculairement de cinq pieds de haut, elle tombe seulement d'un pied sur le plan incliné de 15 degrez, au lieu qu'elle devroit tomber seize poulces.*
>
> *Sur le plan incliné de 25 degrez le boulet tombe un pied 5 demi, il devroit tomber deux pieds, un pouce un tiers: sur celuy de trente degrez il tombe deux pieds: il devroit tomber deux pieds et 1/23 car il feroit six pieds dans l'air, tandis qu'il tombe deux pieds ½ sur le plan, au lieu qu'il ne devroit tomber que cinq pieds. Sur le plan incliné de 40 degrez, il devroit tomber trois pieds deux pouces ½: et l'experience très exacte ne donne que deux pieds, neuf pouces, car lorsqu'on met le boulet à deux pieds dix pouces loin de l'extrémité du plan le boulet qui se meut perpendiculairement chet le premier; et quand on l'éloigne de deux pieds huit pouces sur le plan, il tombe le dernier: et lorsqu'on l'éloigne de deux pieds neuf pouces, ils tombent instement en mesme temps, sans que l'on puisse distinguier leur bruits.*
>
> *Sur le plan de quarante cinq degrez il devroit tomber trois pieds et ½ un peu davantage, mais il ne tombe que trois pieds, et ne tombera point trois pieds ½, si l'autre ne tombe cinq pieds ¾ par l'air.*
>
> *Sur le plan de cinquante degrez il devroit faire trois pieds dix pouces, il n'en fait que deux et neuf pouces: ce que nous avons repeté plusieurs fois très exactement, de peur d'avoir failly, à raison qu'il tombe en mesme temps de 3 pieds, c'est à dire de 3 pouces davantage sur le plan incliné de 45 degrez: ce qui semble fort estrange, puisqu'il doit tomber dautant plus viste que le plan est plus incliné: Et néanmoins il ne va pas plus viste sur le plan de 50 degrez que sur celuy de 40: où il faut remarquer que ces deux inclinations sont également éloignées de celle de 45 degrez, laquelle tient le milieu entre les deux extremes, à sçavoir entre l'inclination infinite faite dans la ligne perpendiculaire et celle, de l'horizontale; toutefois si l'on considère cet effet progibieux, l'on peut dire qu'il arrive à cause le mouvement du boulet*

> *estant trop violent dans l'inclination de 50 degrez, ne peut rouler et couler sur le plan, qui le fait sauter plusieurs fois: dont il s'ensuit autant de repos que de sauts, pendant lesquels le boulet qui cet perpendiculairement, avance toujours son chemin: mais ces sauts n'arrivent pas dans l'inclination de 40, et ne commecent qu'après celle de 45, iusques à laquelle la vitesse du boulet s'augmente toujours de telle sorte qu'il peut toujours rouler sans sauter: or tandis qu'il fait trois pieds dix pouces sur le plan incliné de cinquante degrez, il em fait six ½ dans l'air au lieu qu'il n'em devroit faire que cinq.*
>
> *Nous avons aussi experimenté que tandis que la boule fait 3 pieds 10 pouces sur le plan incliné de 50 degrez, elle fait 6 pieds ½ par l'air combien qu'elle ne deust faire que cinq pieds. A l'inclination de 40, elle fait quase 7 pieds dans l'air, pendant qu'elle fait 3 pieds 2 pouces ½ sur le plan; mais l'expériences reiteree à l'inclination de 50, elle fait 3 pieds sur le plan, quoy que la mesme chose arrive à 2 pieds 9 pouces: ce qui mostre la grande difficulté des experiences; car il est très difficile d'appercevoir lequel tombe le premier des deux boulets dont l'un tombe perpendiculairement, et l'autre sur le plan incliné, J'ajoûte néanmoins le reste de nos experiences sur les plan inclinez de 60 et de 65 degrez: le boulet éloigné de l'extremité du plan de 2 pieds, 9 pouces, ou de 3 pieds, tombe en mesme temps que celuy qui chet de cinq pieds de haut perpendiculairemente, et néanmoins il devroit cheoir 4 pieds 1/3 sur le plan de 60, et 4 pieds ½ sur celuy de 65. Sur le plan de 75 il devroit faire 10 pouces, et l'experience ne donne que 3 pieds ½.*
>
> *Peut estre que si les plans ne donnoient point plus d'empeschement aux mobiles que l'air, qu'ils ne tomberoient suivant les proportions que nous avons expliqué: mais le experiences ne nous donnent rien d'asseuré particulièrement aux inclinations qui passent 45 degrez, parce que le chemin que fait le boulet, à cette inclination, est quase égal à celuy qu'il fait sur les plans de 60, 60, et 65; et sur celuy de 75 il ne fait que demi pied davantage.*

Mersenne se permite até duvidar de que Galileu tenha efetivamente realizado algumas das experiências mencionadas pelo grande sábio. Assim, referindo-se às experiências sobre o plano inclinado, descritas por Galileu em seu *Diálogo* (não as escritas nos *Discorsi*, que citei) escreve (*Harmonie universelle*. p. 112, corr. 1):

> *Je doute que le sieur Galilée ayt fait les experiences des cheutes sur le plan puisqu'il n'en parle nullement, et que la proportion qu'il donne contredit souvent l'experience: et desire que plusieurs esprouvent la mesme chose sur des plans differens avec toutes les précautions dont ils puurront s'aviser, afin qu'ils voyent si leurs experiences res-*

> pondront aux notres, et si l'on en pourra tirer assez de lumiere pour faire un Theoreme en faveur de la vitesse de ces cheutes obliques, dont les vitesses pourroient estre mesurees par les differens effets du poids, qui frappera dautant plus fort que le plan sera moins incliné sur l'horizon, et qu'il approchera davantage de la ligne perpendiculaire.

2. Ibidem. p. 86-87.

> Mais quant à l'expérience de Galilée, on ne peut ni imaginer d'où vient la grande différence qui se trouve icy à Paris et aux environs, touchant le tems des cheutes, qui nous a toujours paru beaucoup moindre que le sien: ce n'est pas que je veuille reprendre un si grand homme de peu de soin en ses expériences, mais on les a faites plusieurs fois de différentes hauteurs, en présence de plusieurs personnes, et elles ont toujours succédé de la mesme sorte. C'est pourquoy si la brasse dont Galilée s'est servy n'a qu'un pied et deux tiers, c'est à dire vingt poulces de pied du Roy dont on use à Paris, il est certain que le boulet descend plus de cent brasses em 5"...
> Cecy étant posé, les cent brasses de Galilée font 166 2/3 de nos pieds, mais nos expériences répétées plus de cinquante fois, jointes à la raison doublée, nous contraignent de dire que le boulet fait 300 pieds em 5", c'est à dire 180 brasses, ou quasi deux fois davantage qu'il ne met: de sorte qu'il doit faire les cent brasses, ou 166 pieds 2/3 en 3" et 18/25, qui font 3", 43''', 20'''', et non pas 5"; car nous avons prouvé qu'un globe de plomb pesant environ une demie livre, et que celuy de bois pesant environ une demie livre, et que celuy de bois pesant environ une once tombent de 48 pieds en 2", de 108 en 3", et de 147 pieds en 3" et ½. Or les 147 pieds reviennent à 88 et 1/5 brasses; et s'il se trouve du mesconte, il vient plutôt de ce que nous donnons trop peu d'espace aux dits temps, qu'au contraire, car ayant laissé cheoir le poids de 110 pieds, il est justement tombé em 3" mais nous prenons 108 pour régler la proportion; et les hommes ne peuvent observer la différence du temps auquel il tombe de 110, ou de 108 pieds. Quant à la hauteur de 147 pieds, il s'en fallait un demi-pied, ce qui rend la raison double très-iuste, d'autant que le poids doit faire 3 pieds en une demie seconde, suivant cette vistesse, 12 pieds dans une seconde minute; et conséquemment, 27 pieds en 1" et ½, 48 pieds en 2", 75 en 2" et ½, 108 pieds en 3" et 147 pieds em 3" et ½, ce qui revient fort bien à nos experiences, suivant lesquelles il tombera 192 pieds en 4" et 300 en 5", pendant lequel Galilée ne met que 166 pieds ou 100 brasses, selon lesquelles il doit faire une brasse en une demie seconde, 4 en 1", ce qui font près de 6 pieds 2/3, au lieu de 12 que le poids descend en effet.

3. MERSENNUS, M. *Coggitata physico-mathematica*. Parisii: Phenomena ballistica, 1644. Propositio XV. Grauium cadentium velocitatem in ratione duplicata temporum augeri probatur ex pendulius circulariter motis, ipsorùmque pendulorum multifarius usus explicatur, 38-44.

> *Certum est secundò filum à puncto C ad B cadens temporis insumere tantundem in illo casu, quantum insumit in ascensu à B ad D per circumferentiam BHFD; sit enim filum AB 12 pedum, docet experientia globum B tractum ad C, inde ad B spatio secundi minuti recidere, & alterius secundi spatio à B versus D ascendere. Si verò AB trium pedum fuerit, hoc est praecedentis subquadruplum, spatio dimidij secundi à C descendet ad B, & aequali tempore à B ad D vel S perueniet; ad D si filum & aër nullum afferant impedimentum, cum impetus ex casu C in B impressus sufficiat ad promouendum globum pendulum ad D punctum.*

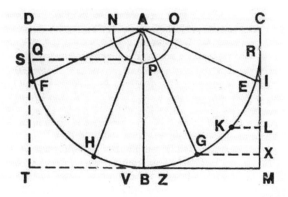

> *Globus igitur spatio secundi percurret dimidiam circumferentiam CBD, & aequali tampore à D per B versus C recurret; donec hinc inde vibratus tandem in puncto B quiescat, siue ab aëris & fili resistentiam vnicuique cursui & recursui aliquid detrahentem, siue ob ipsius impetus naturam, quae sensim minuatur, qua de re postea. Nota vero globum plumbeum vnius vnciae filo tripedali appensum, non priùs quiescere postquam ex puncto C moueri coepit, quàm trecenties sexagies per ilam semicircumferentiam ierit; cuius postremae vibrationes à B ad V sunt adeo insensibiles, vt. illis nullus ad obseruationes vti debeat, sed alijs maioribus, quales sunt ab F, vel ab H ab B.*

Certum est tertiò filum AP fili AB subquadruplum vibrationes suas habere celeriores vibrationibus fili BA; esséque filum AB ad PA in ratione duplicata temporum quibus illorum vibrationes perficiuntur, atque adeo tempora habere se ad filorum longitudines vt radices ad quadrata; quapropter ipsae vibrationes sunt in eadem ac tempora ratione.

Sextò, filum tripedale potest alicui iustò videri longius ad secundum minutum qualibet vibratione notandum, cum enim in linea perpendulari AB graue cadens citiùs ad punctum B perueniat, quam vbi ex C vel D per circumferentiae quadrantem movetur, quandoquidem AB linea breuissimè ducit ad centrum grauium, & tamen ex observationibus grauia cadentia tripedale duntaxat interuallum ab A ad B senisecundo, & 12 pedes secundo conficiant, illud fillum tripedale minus esse debere videtur: Iamque lib. 2. de causis sonorum, corrollario 3. prop. 27. Monueram eo tempore quo pendulum descendit ab A, vel C ad B per CGB, posita perpendiculairi AB 7 partium, graue per planum horizonti perpendiculare partes vndecim descendere.

Quod quidem difficultatem insignem continet, cùm vtrumque multis observationibus comprobatum fuerit, nempe grauia perpendiculari motu duodecim solummodo pedes spatio secundi, globum etiam circumferentiae quadrantem, cuius radius tripedalis, à D ad B semisecundo percurrere; fieri tamen nequeunt nisi globus à C ad B per circumferentiae quadrantem descendat eodem tempore quo globus aequalis per AB: qui cùm pedes 5 perpendiculariter descendat eo tempore quo globus à C ad D peruenit, nulla mihi solutio videtur; nisi maius spatium à graui perpendiculariter cadente percurri dicatur quam illud quod hactenus notaueram, quod cùm an vno quóque possit obseruari, nec vlla velim mentis anticipatione praeiudicare, nolui dissimulare nodum, quem alius, si potis est, soluat. Vt vt sit observatio pluries iterata docet tripedale filum nongentesies spatio quadrantis horae vibrari, ac consequenter horae spatio 3600: quapropter si per lineam perpendicularem graue 48 pedes spatio 2 secundorum exactè percurrat, vel fatendum est graue aequali tempore ab eandem altitudine per circuli quadrantem, ac per ipsam perpendicularem cadere, vel aërem magis obsistere grauibus perpendiculariter, quàm obliquè per circumferentiae quadrantem descendentibus, vel graue plures quàm 12 pedes secundi spatio, aut plusquam 48 duobus secundi descendere, in eo fefelisse observationes, quòd allisio, grauium ad pauimentum aut solum ex audito sono indicata fuerit, qui cùm tempus aliquod in percurrentis 48 pedibus insumat, quo tamen graue non ampliùs descendit, augendum videtur spatium à grauibus perpendiculariter confectum.

Spetimò, globus B ex C in B cadens pauló plus temporis quàm ab E, & ab E quàm G insumit, adeout fila duo equalia, quorum vnum à C, aliud à G suas vibrationes incipiat, quod à G incipit, 36 propemodum uibretur, dum quod à C incipit 35 duntaxat vibratur, hoc est vnam vibrationem lucretur quod à G cadit, à quo si quamlibet vibrationem inciperet, & aliud suam quamlibet a puncto C, longè citius illam vibrationem lucraretur. Quantò verò breuiori tempore globus leuior, verbi gratia suberis, suas vibrationes, faciat, quantòque citiùs vibrationum suarum periodum absoluat, lib. 2. de causis sonorum prop. 27 & alijs harmonicorum nostrorum locis reperies.

Duodecimò, pendulorum istorum vibrationes pluribus vsibus adhiberi possunt, vt tractatu de horologio vniversali, & harmonicorum tum Gallicorum 1. 2. de motibus, & alijs pluribus locis, tum Latinorum etiam 2. de causis sonorum à prop. 26. ad 30. dictum est.

... Tantùm addo me postea deprehendisse fili tripedalem longitudinem sufficere, quae sua qualibet vibratione minutum secundum notet, cùm praedictis locis predibus 3 ½ vsus fuerim: sed cùm vnusquisque debeat experiri, cum horologio minutorum secundorum exactissimo, filum quo deinceps in suis vtatur obseruationibus, non est quod hac de re pluribus moneavi: adde quòd in mechanicis filum ilud siue tripedale, siue pedum 3 ½ satis exactè secunda repraesentet, vt experientia conuicts fateberis: hinc in soni velocitate reperienda, quae secundo 230 hexapedas tribuit, hoc filo vsus sum, quo medici possint explorare varios singulis diebus aegrotorum, sanorumque pulsus.

GASSENDI E A CIÊNCIA DE SEU TEMPO[1]

Falar das relações de Gassendi com a ciência de seu tempo pode parecer, à primeira vista, uma temeridade. E uma injustiça. Com efeito, Gassendi não foi um grande sábio e, na história da ciência, no sentido estrito do termo, o lugar que lhe cabe não é muito importante. É claro que não pode ser comparado com os grandes gênios que ilustram sua época – com um Descartes, um Fermat, um Pascal; nem mesmo com um Roberval ou um Mersenne. Ele nada inventou, nada descobriu e – como um dia observou Rochot, que não é suspeito de antigassendismo – não existe lei de Gassendi. Nem mesmo falsa lei.

A questão é ainda mais grave, uma vez que, por estranho que pareça – ou que seja –, este obstinado adversário de Aristóteles e decidido partidário de Galileu permanece alheio ao espírito da ciência moderna, especialmente ao espírito da matematização que a anima. Gassendi não foi um matemático e, por isso, nem sempre compreendeu o sentido exato dos raciocínios galileanos (como a dedução da lei da queda dos corpos). Mas ainda: seu empirismo sensualista parece impedi-lo de compreender o papel preeminente da teoria, e singularmente da teoria matemática, na ciência. É que sua física, sendo e pretendo-se antiaristotélica, permanece tão qualitativa quanto a de Aristóteles, e quase nunca ultrapassa o nível da experiência bruta para elevar-se ao nível da experimentação.

---

1   Este artigo foi extraído da obra *Tricentenaire de Pierre Gassendi, 1655-1955, Actes du Congrès*. Paris: Presses Universitaire de France, 1957. p. 175-190. Trata-se de uma versão complementada de uma comunicação às "Journées gassendistes", do Centre Internacional de Syntèse, feita em 23 de abril de 1953 e publicada na Coletânea *Pierre Gassendi, sa vie et son oeuvre*. Paris: Albin Michel, 1955. p. 60-69.

Mas não sejamos tão severos e tratemos de evitar o anacronismo. Pois, se *para nós* Gassendi não é um grande sábio, para seus contemporâneos era até um dos maiores, do mesmo nível e rival de Descartes.[2]

Ora, um historiador sempre deve levar em conta a opinião dos contemporâneos, mesmo que a posteridade não tenha confirmado o julgamento deles. Certamente, às vezes se enganam. Mas, em compensação, veem muitas coisas que nos escapam. Aliás, no que se refere a Gassendi, seus contemporâneos só se enganaram pela metade: efetivamente, ele foi um rival e, sob certos aspectos, até um rival vitorioso de Descartes, e exerceu sobre a segunda metade do século uma influência das mais consideráveis,[3] inclusive sobre espíritos de muito maior envergadura – do ponto de vista científico – do que ele próprio, como, por exemplo, Boyle e Newton.

Ocorre que, se Gassendi só contribuiu muito pouco – com uma ou duas exceções de que falarei adiante – para o efetivo desenvolvimento da ciência moderna, fez algo de muito mais importante: trouxe-lhe a ontologia ou, mais exatamente, o complemento da ontologia de que ele precisava. Com efeito, se, como outrora afirmei, a ciência moderna é uma desforra de Platão, essa desforra vitoriosa não foi empreendida por Platão sozinho. Foi uma aliança – aliança contra a ordem natural das coisas, certamente, mas a história conheceu muitas outras desse gênero – de Platão com Demócrito que desmoronou o império de Aristóteles, e é justamente a ontologia democritiana – ou epicurista – que, aliás, ele modifica, dela extirpando o *clinamen* e o peso essencial, mas da qual conserva o principal, a saber, os átomos e o vácuo – que Gassendi traz ao século XVII e coloca na linha de fogo contra o Estagirita. O caso Gassendi justamente nos mostra que, na história do pensamento científico, sobretudo em suas épocas fecundas e críticas, como o século XVII e como a nossa época, é impossível separar o pensamento filosófico do pensamento

---

2   De fato, a influência de Descartes sobre seus contemporâneos não foi muito grande. A "Academie Parisiense", isto é, o círculo de sábios agrupados em torno de Mersenne, era composta, sobretudo, de adversários de Descartes. Cf. LENOBLE, R. *Mersenne ou la naissance du mécanisme*. Paris, 1949.

3   Parece-me bem certo que – graças a Bernier e a seu *Abregé de la Philosophie de Gassendi*. Lyon, 1678, 1684 – o homem comum do fim do século XVII era muito mais gassendista do que cartesiano.

científico, que se influenciam e se condicionam mutuamente. Isolá-los é condenar-se a nada compreender da realidade histórica.

Com efeito, a revolução científica do século XVII, inaugurada por Galileu, e cujo sentido profundo consistia na matematização do real, ultrapassara, com Descartes – fato frequente na história –, seu legítimo objetivo. Ele se engajara naquilo que um dia chamei de "geometrização até as últimas consequências" e tentara reduzir a física à geometria pura, negando qualquer especificidade própria à realidade material. Assim, em virtude de sua identificação da matéria com o espaço, ela chegou a uma física impossível. Não podia explicar – Descartes o fazia, mas a que preço? – nem a elasticidade dos corpos, nem suas densidades específicas, nem a estrutura dinâmica do choque. Ainda mais grave: como demonstrará Newton, essa física, que só admitia no mundo extensão e movimento, não podia sequer, sem derrogar seus princípios, conferir esses atributos aos corpos de seu Universo demasiadamente uno.

Ora, é justamente contra essa identificação da matéria com o espaço na "extensão" cartesiana que Gassendi se insurge, desde que dela toma conhecimento. Certamente, não levanta contra a física de Descartes a violenta polêmica que havia empreendido contra sua metafísica e sua epistemologia. Em 1645, isto é, pouco depois da publicação dos *Princípios de filosofia*, de Descartes, Gassendi escreve a André Rivet que decepcionará as pessoas que lhe atribuem essa intenção ou que o incitam a isso, porque não está entre seus hábitos atacar os que não o atacam.[4] Mas, tanto nessa carta como em muitas outras, assinala muito nitidamente sua oposição à tese essencial do cartesianismo, a saber, a identificação da matéria física com a extensão geométrica. Assim, por exemplo, nessa mesma carta a Rivet, que acabo de citar:[5] "Não é necessário mencionar os pontos particulares, pois desde os primeiros princípios – que o mundo material é infinito ou, como diz ele sutilmente, indefinido; que o mundo material é, em si mesmo, absolutamente cheio e não se distingue da extensão; que o mundo material pode ser triturado em pequenos fragmentos

---

4   Cf. DESCARTES, R. *Oeuvres*. Ed. Adam e Tannery. v. IV, p. 153.
5   Ibidem. A passagem que se segue foi traduzida por B. Rochot em seu livro *Les travaux de Gassendi sur épicure et sur l'atomisme*. Paris, 1944. p. 124, n. 172. Cito-a em sua tradução.

suscetíveis de mudar localmente de posição de diversas maneiras sem interposição de vácuo; e outros do mesmo gênero –, quem não vê quanto tudo isso acarreta de dificuldades e de contradições? Não que o autor não consiga ou, pelo menos, não tente conseguir iludir e refugiar-se em suas sutilezas. Mas, se os ignorantes e os espíritos vazios se deixam prender às palavras, seguramente as pessoas apegadas à verdade não têm hesitações e, deixando de lado as vãs palavras, só atentam, em suas pesquisas, para as coisas como elas são".

Ao "plenismo" cartesiano, Gassendi opõe resolutamente a existência dos "átomos" e do "vácuo". Mas não se limita a isso. Desde 1646, investe contra as próprias bases da ontologia tradicional que Descartes, talvez sem se dar conta, herdara de Aristóteles, e que o levou, como levou Aristóteles, à negação do vácuo, identificado ao nada. A ontologia tradicional "divide" o ser em substância e em atributos. Porém, já duvida Gassendi, em suas *Animadversiones in decimum librum Diogenis Laertii*[6] – um texto que, muito certamente, inspirou Pascal em sua famosa apóstrofe ao Padre Noel –, essa divisão é legítima? De fato, tanto o Lugar como o Tempo não são nem Substância nem Acidente e, contudo, são alguma coisa, e não coisa alguma. São justamente o lugar e o tempo de todas as substâncias e de todos os acidentes".[7]

Com efeito, o raciocínio cartesiano que conduz à negação do vácuo só é válido em função da ontologia aristotélica: se o espaço vazio não é nem substância nem acidente, não pode ser outra coisa senão o nada, e se o nada não pode, evidentemente, possuir atributos, não pode ser objeto de medidas. O volume e a distância não podem medir o nada. As dimensões têm de ser dimensões de alguma coisa, isto é, de substância, e não do nada.

Mas é claro, diz-nos Gassendi em seu *Syntagma* – no qual elabora e desenvolve os temas brevemente indicados nas *Animadversiones* –, que nos enredamos nessas dificuldades em consequência de um preconceito do qual a Escola peripatética nos encheu o espírito, a saber, que qualquer coisa ou é substância ou é acidente, e que

---

6   As *Animadversiones* só foram impressas em 1649, mas foram escritas antes de 1646 e, quando, em 1646, o manuscrito foi levado para Lyon, uma duplicata ficou em Paris.

7   Cf. *Animadversiones*. p. 614 (edição de 1649).

"tudo o que não é Substância ou Acidente é não entidade (*non-ens*), não coisa (*non-res*) ou absolutamente nada (*nihil*). Ora, como... fora da *Substância* e do *Acidente*, o lugar ou o espaço, e o tempo ou a duração, constituem entidades e coisas (*res*) verdadeiras, é claro... que um e outro nada (*nihil*) são apenas no sentido peripatético [do termo], mas não em seu verdadeiro sentido. Essas duas entidades [tempo e espaço] formam gêneros de coisas distintas de todas as outras, e o Lugar e o Tempo podem tão pouco ser Substância ou Acidente quanto a Substância e o Acidente podem ser Lugar ou Tempo.[8]

Segue-se que a geometrização do espaço não acarreta, de modo algum, a geometrização da matéria. Pelo contrário, ele nos obriga a, cuidadosamente, distinguir a matéria do espaço *no qual* se encontra, e a dotá-la de caracteres próprios, a saber: a mobilidade, que não se pode atribuir ao espaço que, necessariamente, é imóvel; a impenetrabilidade, que não pode – apesar de Descartes – deduzir-se da extensão pura e simples: o espaço, como tal, não opõe nenhuma resistência e sua penetração pelos corpos; enfim, a descontinuidade que impõe limites à divisão dos corpos, enquanto não há limites na divisão do espaço, necessariamente contínuo.

A ontologia de Gassendi não é, certamente, nem nova, nem original. É a ontologia do antigo atomismo, como já afirmei. Entretanto, foi ela que lhe permitiu não só adotar, por vezes, ideias que terão muito sucesso mais tarde – como, por exemplo, a concepção corpuscular da luz, da qual, para dizer a verdade, ele não tira partido (será Newton que o fará) –, mas até mesmo ultrapassar Galileu, na formulação dos princípios da inércia, e Pascal, na interpretação dos fenômenos barométricos.

Poderia ser-me feita a objeção de que sou severo demais com a obra propriamente científica de Pierre Gassendi; poderiam ser invocados seus trabalhos de astronomia, as experiências por ele feitas ou refeitas e as consequências que delas soube extrair, as ideias – por exemplo, a da distinção entre átomos, corpúsculos, moléculas – que lançou, ideias que, certamente, ele próprio não soube explorar, mas que outros exploraram em seu lugar.

---

8   Cf. *Syntagma Philosophicum. Opera Omnia*. Lyon, 1658. v. I, p. 184*a*. Gassendi diz expressamente – e impolidamente – que o raciocínio de Descartes só vale para um aristotélico (ibidem, 219 *b*).

Não discordo: meu julgamento é severo. Infelizmente, é o julgamento da história. Dito isso, é incontestável que Gassendi não se limitou a ensinar astronomia no Colégio Real – sendo, aliás, imparcial com os dois ou três grandes sistemas, o de Ptolomeu, o de Copérnico e o de Tycho Brahe, entre os quais ainda hesitava a consciência científica – e a escrever interessantes e úteis biografias dos grandes astrônomos, mas foi um verdadeiro astrônomo, um *profissional*, poderia dizer-se, e só se pode fazer justiça à paciência com que, durante toda a sua vida, estudou o Céu e acumulou as observações dos fenômenos celestes. Assim, por exemplo – e isso, bem entendido, não constitui senão uma parte mínima de sua obra –, observou os eclipses do Sol em Aix, em 1621, em Paris, em 1630, de novo em Aix, em 1639, em Paris, em 1645, em Digne, em 1652, em Paris, em 1654, e os eclipses da Lua em Digne, em 1623, em Aix, em 1628, novamente em Digne, em 1633, 1634, 1636 e 1638, em Paris, em 1642, 1645, 1647, e uma última vez em Digne, em 1649; observou os planetas, especialmente Saturno – astro pelo qual se interessava particularmente em virtude do que ele acreditava serem seus satélites –, a ocultação de Marte pela Lua etc. Chegou até a conseguir – e talvez tenha sido o único, além de Harriot, a fazê-lo de um modo científico – observar, em 7 de novembro de 1631, a passagem de Mercúrio sobre o disco solar,[9] anunciada em 1629 por Kepler.[10]

---

9   Cf. *Mercurius in Sole visus et Venus invisa Parisiis ano 1631*. Paris, 1632. *Opera Omnia*. t. IV, p. 499 e segs. Sobre a obra astronômica de Gassendi, cf. DELAMBRE, J.-B. *Histoire de l'astronomie moderna*. Paris, 1821. v. II, p. 335 e segs., e HUMBERT, Pierre. *L'Oeuvre astronomique de Gassendi*. Paris, 1936, de onde extraio a seguinte citação (p. 4): "Ninguém observou com tanto ardor e perseverança. Nada do que se passa no céu, nada do que nele se possa descobrir lhe escapa. Manchas solares, montanhas da Lua, satélites de Júpiter, eclipses, ocultações, passagens: ele está sempre com o olho na luneta para estudá-los; posições de planetas, longitudes e latitudes, hora exata: ele não deixa seu quadrante para determiná-las. Na verdade, nada descobriu: observador assíduo de Júpiter, não notou suas faixas; seus escrupulosos desenhos de Saturno não lhe revelaram a verdadeira natureza do anel; sobre a rotação solar ou a libração lunar, não fez mais do que confirmar as descobertas (anteriores). Mas, em todas as suas observações, deu provas de um espírito metódico, de uma preocupação, com a precisão de uma procura de elegância que o situam bem acima de seus contemporâneos."

10 O mérito de Gassendi é tanto maior quanto a obra de Kepler parece ter sido quase completamente ignorada na França. Só em 1645 é que Ismael Bouillaud

Também fez experiências, e até experiências que envolviam medidas. Assim – aliás, em seguida a Mersenne –, mediu a velocidade da propagação do som, determinando-a em 1.493 pés por segundo. Ora, se esse número é grande demais – o número exato é 1.038 pés –, o erro não é excessivo: não esquecemos a dificuldade das observações e das medidas precisas numa época em que não havia bons relógios e não se sabia medir o tempo.[11] As experiências de Gassendi levaram-no a afirmar que o som, grave ou agudo, se propaga com a mesma velocidade. Em compensação, desconheceu completamente sua natureza física, tendo-lhe – como a todas as qualidades – atribuído um conteúdo atômico próprio e não vibrações do ar. Aliás, Gassendi ensinou que o som não era acarretado pelo ar e que sua propagação – como a da luz – não era afetada pelo vento.[12]

Para dar uma confirmação experimental às leis do movimento estabelecidas por Galileu – e, ao mesmo tempo, invalidar as leis que

Continuação da nota 10

> se refere a ela, em sua *Astronomia Philolaica* (Paris, 1645), onde, rejeitando a dinâmica celeste de Kepler, adota – modificando-a de modo bastante infeliz – a doutrina kepleriana relativa à trajetória elíptica dos planetas. Quanto a Gassendi, fez uma exposição sobre a obra de Kepler em seu *Syntagma philosophicum* (Lyon, 1658, cf. *Opera omnia*, v. I, p. 639 e segs.); mais exatamente, expõe o mecanismo – atração e repulsão magnéticas – adotado por Kepler para explicar a forma elíptica das trajetórias planetárias, desprezando a estrutura matemática da astrofísica daquele de quem parece não ter assimilado o caráter inovador. Assim, aceita as predições keplerianas sem se preocupar com as leis em que foram fundamentadas e talvez sem se dar conta de que, através de sua observação da passagem de Mercúrio, ele traz uma decisiva confirmação à concepção de Kepler.

11   Cf. meu artigo An Experiment in Measurement. *Proceedings of the American Philosophical Society*, 1953 (e *supra*, p. 271-293). Aliás, Gassendi não parece ter atribuído um valor grande demais à exatidão das medidas. Assim, no *Syntagma* (v. I, p. 351 *a*), relata os resultados obtidos para o valor da aceleração da queda por Galileu – 180 pés em 5 segundos – e por Mersenne – 300 pés – sem tomar o partido de um ou de outro.

12   Ainda aqui é preciso levar em conta as condições da experimentação e notar, como atenuante para Gassendi, que Borelli e Viviani, autênticos sábios e experimentadores de escol, que, para a velocidade de propagação do som, obtiveram o valor quase exato de 1.077 pés por segundo, chegaram ao mesmo resultado.

Michel Varron pretendia ter demonstrado –, Gassendi imaginou e até realizou uma experiência muito elegante. Sabe-se que, de acordo com Galileu, a velocidade da queda é proporcional ao tempo decorrido. De acordo com Varron, ao espaço percorrido. Ora, entre as consequências que Galileu havia deduzido de sua dinâmica, uma era particularmente notável – e de impossível dedução de acordo com a dinâmica de Varron – a saber, que os corpos que caem ao longo do diâmetro e das cordas de um círculo vertical levavam o mesmo tempo para chegar ao ponto terminal da queda. Por certo, era impossível medir diretamente os tempos dos percursos. Mas, como bem compreendeu Gassendi, podia-se prescindir de medidas. Com efeito, segundo o teorema de Galileu, os corpos, partindo *ao mesmo tempo* dos pontos A, B, e C, chegavam, *no mesmo momento*, ao ponto D (sendo AD um diâmetro e BD e CD, cordas inclinadas em relação à vertical). Então, Gassendi fabricou um círculo de madeira de cerca de duas toesas (12 pés) de diâmetro, guarneceu-o com tubos de vidro e neles deixou caírem pequenas bolas. Os resultados confirmaram perfeitamente a doutrina de Galileu e invalidaram a de Varron, mostrando que esta se afastava muito da experiência.[13]

Em 1640, Gassendi empreendeu uma série de experiências sobre a conservação do movimento, chegando à da bola solta do alto do mastro de um navio em movimento, experiência discutida havia séculos e geralmente invocada como argumento contra o movimento da Terra.[14] Realmente, se a Terra se movesse – repetia-se desde Aristóte-

---

13 Cf. *Syntagma*. t. I, p. 350 *b*.
14 No meu *Études galiléenes*. Paris, 1939. p. 215, afirmei que Gassendi foi o primeiro a fazer essa experiência. De fato, não é nada disso. A experiência em questão foi realizada diversas vezes antes. É possível que já tivesse sido feita por Thomas Digges que, em seu *Perfit description of the celestial orbes*, que publicou em 1576 como apêndice ao *Prognostication everlastinge of righte good effecte*, de seu pai. Leonard Digges nos diz que os corpos que caem ou são jogados ao ar sobre a Terra em movimento se nos afiguram como se se movessem em linha reta, do mesmo modo que uma chumbada que um marinheiro deixa cair do alto do mastro de um navio em movimento e que, em sua queda, acompanha o mastro e cai a seu pé, nos parece mover-se em linha reta, embora, de fato, descreva uma curva. – O *Prognostication everlastinge*, bem como o *Perfit description* foram reeditados por JOHNSON, F.; LARKEY, S. Thomas Digges, the Copernican System and the Idea of the Infinity

les e Ptolomeu –, um corpo lançado (verticalmente) ao ar não poderia cair no lugar de onde tivesse sido lançado, uma bola solta do alto de uma torre jamais poderia cair ao pé dessa torre, mas "ficaria para trás", comportando-se como a bola solta do mastro de um navio, a qual cai a seu pé se o navio se acha imóvel e "fica para trás", caindo na popa, se o navio se move, ou mesmo na água, se o navio se move muito rapidamente. A essa argumentação, renovada por Tycho Brahe, os copernicanos, na pessoa de Kepler, respondiam estabelecendo uma diferença de natureza entre o caso do navio e o caso da Terra. A Terra,

---

of Universe in 1576. *Huntington Library Bulletin*. 1935; cf. também JOHNSON, F. R. *Astronomical though in Renaissance England*. Baltimore, 1937. p. 164. Porém, convém notar que Thomas Digges não nos diz ter feito, ele próprio, essa experiência, mas a relata como algo evidente por si mesmo. – Em segundo lugar, Galileu, como acabo de dizer, afirma a Ingoli havê-la executado. Mas não diz onde nem quando, e, como se contradiz no *Diálogo*, permite-se a dúvida. Em compensação, as experiências feitas pelo engenheiro francês Gallé, em época incerta, mas antes de 1628, devem ser admitidas como reais, bem como as de Morin, em 1634. As experiências de Gallé são descritas e discutidas por Froidemont (Fromondus) em seus *Ant-Aristarchus, sive Orbis Terrae immobillis liber unicus*. Antverpiae, 1631, e *Vesta sive Ant-Aristarchi Vindex*. Antverpiae, 1634. Segundo C. de Waard, de quem recolho essas informações (cf. *Correspondance du P. Marin Mersenne*. Paris, 1945. v. II, p. 74), Gallé fez suas experiências no Adriático e "deixou cair do alto do grande mastro de uma galera veneziana uma massa de chumbo. A massa não caiu ao pé do mastro, mas se desviou em direção à popa, assim trazendo aos sectários partidários de Ptolomeu a aparência de uma verificação de sua doutrina". – Quanto a Morin (cf. *Correspondance du P. Marin Mersenne*. Paris, 1946. v. III, p. 359 e segs.), relata, em seu *Responsio pro Telluris quiete*... Parisiis, 1634, que fez essa experiência no Sena e viu confirmarem-se as afirmações de Galileu "da primeira vez, com grande espanto, da segunda, com admiração, e da terceira, com gargalhadas". Pois, Morin nos diz, a experiência nada prova em favor dos copernicanos: de fato, o homem que, no alto do mastro, segura a pedra em suas mãos, imprime-lhe seu próprio movimento, tanto mais quanto mais rapidamente o navio se move. Portanto, na realidade a pedra é projetada para frente e, por isso, não fica para trás. Mas se o navio passasse sob uma ponte e dessa ponte fosse solta outra pedra, ao mesmo tempo em que a primeira, ela se comportaria de modo completamente diferente, a saber, cairia na popa. Assim, através de um raciocínio literalmente copiado de Bruno (cf. *La Cena de le Ceneri*. III, 5, *Opere italiane*. Lipsiae, 1830. v. I, p. 171, por mim citada em meu *Études galilléennes*. III, p. 14 e segs.) – mas que visivelmente não compreende –, Morin acaba por confirmar sua fé geocêntrica.

dizia Kepler, arrasta consigo os corpos graves (terrestre), enquanto o navio não o faz de modo algum. Assim, uma bola solta do alto de uma torre cairá a seu pé porque é atraída pela Terra, por uma atração *quase* magnética, enquanto a mesma bola, lançada do alto do mastro de um navio em movimento, se afasta dele, pois não é atraída por ele. Somente Bruno e, bem entendido, Galileu, tiveram a audácia de negar o próprio fato do "atraso" e de afirmar que a bola que cai do alto do mastro de um navio – esteja ele imóvel ou em movimento – sempre cai ao pé do mastro. Ora Galileu, que, em sua *Carta a Ingoli* (de 1624), se vangloriava de uma dupla superioridade sobre este e, em geral, sobre os físicos aristotélicos – a) por ter efetuado a experiência que eles não haviam feito; e b) por não a ter efetuado senão *depois* de haver previsto seu resultado em seu *Diálogo sobre os dois maiores sistemas do mundo*, onde justamente discute o argumento em questão –, nos diz abertamente que nunca tentou fazer a experiência. E, ainda mais, acrescenta que não tem nenhuma necessidade de fazê-la, sendo um físico tão bom que, sem qualquer experiência, pode determinar como a bola se comportaria no caso em apreço.

Evidentemente, Galileu tem razão. Para quem quer que tenha compreendido o conceito do movimento da física moderna, essa experiência é perfeitamente inútil. E para os outros? Para os que, justamente, ainda não compreenderam e que é preciso levar a compreender? Para estes, a experiência pode desempenhar um papel decisivo. É difícil dizer se foi para si próprio ou apenas para os outros que Gassendi empreendeu, em 1640, as experiências a que acabo de aludir. Provavelmente, para os "outros", para aqueles a quem era preciso dar uma demonstração experimental do princípio da inércia. Mas talvez para si próprio, para assegurar-se de que esse princípio é válido não só *in abstracto*, no vácuo dos espaços imaginários, mas também *in concreto*, da nossa Terra, *in hic vero aere*, como dissera Galileu.

Como quer que seja, as experiências foram muito bem-sucedidas. Com a ajuda do Conde de Alais, organizou-se em Marselha uma demonstração pública que, em sua época, teve uma grande repercussão. Eis aqui sua descrição:[15]

---

15 Cf. *Recueil de Lettres des sieurs Morin, de la Roche, de Nevre et Gassendi et suite de l'apologie du sieur Gassendi touchant la question* De motu impresso a

"O Senhor Gassendi, tendo sempre tido tanta curiosidade em procurar justificar, através das experiências, a verdade das especulações que a filosofia lhe propõe, encontrando-se em Marselha no ano de 1641, numa galera que saiu ao mar expressamente para esse fim, por ordem desse príncipe, mais ilustre pelo amor e pelo conhecimento que tem das boas coisas do que pela grandeza de seu berço, fez ver que uma pedra solta do ponto mais alto do mastro, enquanto a galera voga com toda a velocidade possível, não cai em lugar diferente daquele em que cairia se a mesma galera estivesse parada e imóvel. A despeito de ela vogar ou não vogar, a pedra sempre cai ao longo do mastro, a seu pé e do mesmo lado. Essa experiência, feita na presença do senhor Conde de Alais e de um grande número de pessoas que a ela assistiram, parece paradoxal a muitos que não a tenham visto, o que deu causa a que o senhor Gassendi compusesse um tratado *De moto impresso a motore translato* no mesmo ano, sob a forma de uma carta escrita ao Senhor Du Puy".

Ora, nessa "carta", isto é, no *De moto impresso a motore translato*,[16] Gassendi não se restringe a expor os raciocínios de Galileu acrescentando-lhes a descrição da experiência de Marselha e aplicando-lhe os princípios (galileanos) da relatividade do movimento e da conservação da velocidade. Ela chega a ultrapassar Galileu e, libertando-se ao mesmo tempo da mania da circularidade e da obsessão do peso, consegue dar uma correta formulação da lei da inércia. Com efeito, a restrição (galileana) dessa lei aos movimentos horizontais é inútil. Em princípio, todas as direções se equivalem e, nos espaços imaginários, espaços vazios fora do mundo onde certamente não há nada, mas poderia haver alguma coisa, "o movimento, em qualquer direção que se faça, será semelhante à horizontal e não se acelerará sem se retardar e, portanto, jamais cessará".[17] Daí, Gassendi deduz, com muito bom-senso, que o mesmo ocorre na Terra, que o movimento *como tal* se conserva, com sua direção e sua velocidade, e que se, de fato, as coisas se passam de outra maneira, é porque os corpos encontram resistências (a do ar, por exemplo) e são desviados pela atração da Terra.

---

motore translato. Paris, prefácio; cf. meu *Études galiléennes*. p. 215 e segs. A data de 1641 deve ser adiantada de um ano.

16   Paris, 1642; ou *Opera Omnia* (Lyon, 1658). t. III, p. 478 e segs.
17   Cf. meu *Études galiléenes*. p. 294-3909; e *Opera Omnia*. t. III (1658), p. 495*b*.

Os espaços imaginários fora do mundo não são, evidentemente, objeto de experiência. Tampouco os corpos que Deus neles poderia colocar. Aliás, Gassendi se dá conta disso, o que muito o honra. Mas seria cruel insistir nisso e sublinhar a incompatibilidade flagrante do raciocínio de Gassendi com a epistemologia sensualista e empirista que professa e que, aliás, herdou de Epicuro, junto com os átomos e o vácuo. Assim, não foi sua epistemologia – que só fez viciar e esterilizar seu pensamento –, mas a inteligente utilização do atomismo, que permitiu a Gassendi adiantar-se a Robert Boyle na interpretação das experiências barométricas de Torricelli e Pascal.

Essas experiências, inclusive a do Puy de Dôme, da qual foi informado por Auzout, são longamente descritas por Gassendi num apêndice de suas *Animadversiones*. Depois, tendo-as refeito – com Bernier – numa colina próxima de Toulon (em 1650), expõe-nas e as discute novamente no *Syntagma*.[18]

O fato experimental revelado pela experiência barométrica é, em si mesmo, bastante simples: reduz-se à constatação da variação da coluna de mercúrio (num tubo de Torricelli) em função da altitude. Mas sua correta interpretação não é nada simples. Com efeito, implica a distinção, no efeito produzido, da ação de dois fatores – e, portanto, da elaboração de duas noções distintas –, a saber, a do *peso* e a da *pressão elástica* da coluna de ar que equilibra o mercúrio. Ora, se desde o início essas duas noções estão presentes no espírito dos experimentadores – Torricelli fala da compressão do ar, comparando-a à de uma bola de lã –, a ação dos dois fatores, contudo, está longe de ser claramente analisada. Aliás, fazê-lo não era muito fácil, como bem nos mostra o exemplo de Roberval, confundindo pelo fato de que uma pequeníssima quantidade de ar – uma gota –, que não pesa quase nada, introduzida no vácuo do tubo de Torricelli, faz baixar sensivelmente seu nível. Quanto a Pascal, seduzido e induzido a erro pela assimilação do ar a um líquido (assimilação corrente em sua época), é através de concepções extraídas da hidrostática, isto é, através de um equilíbrio de pesos, que ele explica o aparecimento do vácuo no tubo de mercúrio. E se, na interpretação das experiências

---

18 Cf. *Animadversiones in Decimum librum Diogenis Laertii*. Lyon, 1649; e *Syntagma Philosophicum*, em *Opera Omnia*. v. I, p. 180 e segs.

barométricas (expansão de uma bexiga levada ao alto de uma montanha etc.) que encontramos em seus *Tratados* sobre o *equilíbrio dos líquidos* e o *peso da massa de ar*, a *compressão* do ar ao nível do solo e sua *rarefação* no alto de uma montanha se acham nitidamente indicadas, não é menos certo que os *Tratados* – como seu próprio título indica – são nitidamente concebidos num espírito hidrostático e que a análise conceitual dos fenômenos estudados não se eleva acima do nível já atingido por Torricelli.

Ora, foi aí que a ontologia atomista permitiu a Gassendi dar um passo à frente, tornando-lhe facilmente compreensíveis os fenômenos de dilatação (expansão) e de condensação (compressão), do ar e o fato de que uma mesma quantidade de ar (mesmo número de corpúsculos e, portanto, mesmo peso) podia exercer, em função de seu estado de compressão ou de dilatação, *pressões* extremamente variáveis. Assim, é nessa compressão e na pressão resultante que ele vê o fator essencial do fenômeno revelado pela experiência barométrica, e são analogias aerodinâmicas (pressão do ar comprimido numa bombarda ou na bomba de Ctesibius) que alega para explicá-lo. O peso da coluna de ar, ele nos diz, comprime as camadas inferiores, e é essa pressão que faz o mercúrio subir no tubo. Assim, a ação do *peso* é colocada em seu lugar. De causa direta, passa a ser indireta. Por conseguinte, a causa direta é a *pressão*.[19]

Tudo isso não é pouco; é até muito. Entretanto, comparado com o esforço despendido por Gassendi, com o papel por ele desempenhado, com a influência que exerceu, é muito pouco. Mas, como afirmei desde o início, não foi como sábio que ele agiu e conquistou um lugar na história do pensamento científico. Foi como filósofo, isto é, ressuscitando o atomismo grego e, por isso mesmo, completando a ontologia de que a ciência precisava no século XVII.[20] Certamente, não foi o primeiro a fazê-lo – Bérigard, Basson e outros o fizeram antes dele –, e poderia dizer-se que o atomismo é tão bem adaptado à física e à mecânica do século XVII (mesmo os que, como Descartes, rejeitam os átomos e o vácuo e procuram estabelecer uma física do contínuo são, de fato, obrigados a usar concepções corpusculares) quanto as influ-

---

19 Cf. *Syntagma Philosophicum*. p. 207-212.
20 Cf. ROCHOT, B. *Les Travaux de Gassendi sur Épicure et sur l'atomisme*. Paris, 1944.

ências diretas de Lucrécio e de Epicuro teriam bastado para torná-lo aceito. Não é menos certo que ninguém apresentou a concepção atômica com tanta veemência e que ninguém defendeu a existência do vácuo sob todas as formas – no interior do mundo, como no exterior – com tanta perseverança e persistência quanto Gassendi. Portanto, ninguém contribuiu tanto para a ruína da ontologia clássica, fundamentada nas noções de substância e de atributo, de potencialidade e de atualidade. Com efeito, proclamando a existência do vácuo, isto é, a realidade de algo que não era "nem substância, nem atributo", Gassendi abre uma brecha no sistema tradicional de categorias, uma brecha na qual esse sistema acabará por consumir-se.

Por isso contribui, mais do que ninguém, para a redução do ser físico ao mecanismo puro, com tudo o que isso implica, a saber, a "infinitização" do mundo, subsequente à "automatização" e à "infinitização" do espaço e do tempo, e a subjetivação das qualidades sensíveis. O que é bastante paradoxal – pois, a bem dizer, o próprio Gassendi não acreditava nem numa nem noutra coisa – é que a infinidade do *espaço* não implicava, para ele, a infinidade do mundo real, pois o número total dos átomos que entram em sua composição não podia deixar de ser finito e a redução das propriedades dos átomos a "peso, número, medida" não o impediu de tentar desenvolver uma física qualitativa da base atômica, postulando átomos especificamente adaptados à produção das qualidades sensíveis, átomos luminosos e átomos sonoros, átomos do quente e átomos do frio etc. O que, por vezes – como no caso dos átomos de luz –, o levou a antecipar, embora muito remotamente e não por boas razões, a concepção newtoniana da luz (teoria corpuscular) e, às vezes – como no caso do som –, a negar a existência das ondas sonoras.

Creio poder resumir em algumas palavras o que eu disse: Gassendi procurou basear no atomismo grego uma física que ainda era uma física qualitativa. Isso lhe permitiu, pela renovação – ou ressurreição – do atomismo antigo, oferecer uma base filosófica, uma base antológica, à ciência moderna, que uniu o que ele não soube unir, ou seja, o atomismo de Demócrito ao matematismo de Platão, representado pela revolução galileana e cartesiana. Foi a união dessas duas correntes que, como sabemos, produziu a síntese newtoniana da física matemática.

BONAVENTURA CAVALIERI E A GEOMETRIA DOS CONTÍNUOS[1]

A obra de Bonaventura Cavalieri goza de firme reputação de obscuridade a toda prova junto aos historiadores do pensamento matemático.[2]

Longe de mim o desejo de insurgir-me contra essa tradicional apreciação. A obra de Cavalieri é efetiva e incontestavelmente obscura, difícil de ler e ainda mais difícil de compreender.[3] Entretanto, pergunto-me se a penosa impressão de estar mergulhado na bruma e nas trevas que não deixa de experimentar quem quer que aborde o estudo da *Geometria Indivisibilibus continuorum nova quadam ratione promota*[4] ou das *Exercitationes geometricae sex*[5] provém efetivamente da obscuridade – aliás, inevitável e normal – de seu pensa-

---

1 Artigo extraído de *Hommage à Lucien Febvre*. Paris: Colin, 1954. p. 319-340.
2 MARIE, Maximilien. *Histoire des sciences mathématiques et physiques*. Paris, 1884. t. IV, p. 90: "A análise de suas obras mostrará, penso eu, que Cavalieri merecia ser conhecido. Mas, se o é tão pouco, creio poder dizer que foi por culpa dele próprio. Com efeito, se se atribuíssem prêmios de obscuridade, na minha opinião a ele caberia, sem dúvida, o primeiro. Não o podemos, absolutamente, ler; constantemente somos forçados a adivinhá-lo". Cf. CANTOR, M. *Vorlesungen über die Geschichte der Mathematik*. Leipzig, 1900. t. 2, p. 833; cf. também, BRUNSCHVICG, Leon. *Les Étapes de la philosophie mathématique*. Paris, 1923. p. 162, que, entretanto, toma a defesa de Cavalieri; e LORIA, Gino. *Storia delle matematiche*. Milão, 1950. p. 425: "*La Geometria degli indivisibili passa, e non a torto, per una delle opere più profonde ed oscure che annoveri la letteratura matemática*."
3 Deve-se admitir que todas as obras matemáticas desta primeira metade do século XVII são difíceis de ler e compreender, em virtude de sua linguagem arcaica e da ausência desse simbolismo que devemos a Descartes (e a seus sucessores), e ao qual estamos habituados.
4 BONONIAE, 1635; 2. ed. 1657. Esta última é a que cito.
5 BONONIAE, 1647.

mento[6] ou, antes do fato de Cavalieri revelar-se incapaz de exprimi-lo e de ele fazer uma exposição de maneira suficientemente clara. Cavalieri escreve muito mal[7] e suas frases intermináveis são, às vezes, e até com frequência, verdadeiros enigmas.[8] Por isso, ele obriga – ou, pelo menos, incita – o historiador a traduzi-lo numa linguagem que não é a sua (a do cálculo infinitesimal), linguagem que se desenvolveu a partir de concepções muito diferentes das suas e, consequentemente, nem sempre reflete exatamente seu pensamento mas, com frequência, o obscurece, na medida em que pretende simplificá-lo.[9]

Em compensação, parece-me que se se fizer o esforço necessário para familiarizar-se com o *estilo* de Cavalieri – e por *estilo* entendo mais a sua maneira de pensar do que a sua maneira de escrever –, se se estudar a sua técnica de prova – que confere um sentido concreto às noções muitas vezes mal definidas *in abstracto* – e, sobretudo, se se o colocar em seu tempo – isto é, entre Kepler e Torricelli, aos quais

---

6   Um pensamento original é sempre obscuro em seus primórdios. O pensamento não progride do claro para o claro. Nasce na obscuridade e até na confusão, e daí avança em direção à clareza.

7   Para dizer a verdade, contrariamente à crença geral, todas as pessoas do século XVII – com umas duas ou três exceções, tais como Galileu e Torricelli, escreviam muito mal. Guldin ou G. de Saint-Vincent, e mesmo Borelli ou Riccioli, estão longe de construir modelos de estilo. Quanto a Cavalieri, dar-lhe-ei alguns exemplos mais adiante.

8   Abraham Gotthelf Kästner, em sua história da matemática (*Geschichte der Mathematik*. Bd III, Göttingen, 1799), p. 207, citando um "postulado" de Cavalieri, escreve: "*Ich bekenne dass ich dieses Postulat nicht verstehe, das zweyte, welches von ähnlichen Figuren spricht, auch nicht*"; MARIE, M. *Histoire des sciences mathématiques et physiques*. t. IV, p. 80, citando o enunciado feito por Cavalieri do teorema sobre as relações entre o conjunto dos quadrados de uma paralelograma e o conjunto dos quadrados de um dos dois triângulos que o compõem (cf. *infra*, p. 000), vai mais longe: "Não será de surpreender, creio eu, se disser que tive de reler várias vezes esse *enigma* antes de adivinhar-lhe o sentido".

9   MARIE, M. *Histoire des sciences mathématiques*. Paris, 1884. t. IV, p. 75 e segs.: "... para resumir, na exposição de seu método supusemos os procedimentos mais ou menos como se apresentaram mais tarde, em seguida aos sucessivos esforços de Roberval, de Fermat e de Pascal". O problema da linguagem a ser adotada para a exposição das obras do passado é extremamente grave e não comporta solução perfeita. Com efeito, se mantemos a língua (a terminologia) do autor estudado, arriscamo-nos a deixá-lo incompreensível, e, se a substituímos pela nossa, arriscamo-nos a traí-lo.

se refere expressamente –, ver-se-á desenhar-se um pensamento inteligível bastante para assegurar a Cavalieri um lugar deveras honroso entre os grandes representantes do pensamento matemático. Com a condição, porém, de não interpretá-lo contraditoriamente.[10]

Evidentemente, é impossível descrever aqui o estado do pensamento matemático no início do século XVII, aliás, ainda muito mal conhecido. Grosso modo, esse período pode ser caracterizado pela conclusão do processo de entendimento da geometria grega e pelas primeiras tentativas no sentido de ultrapassá-la.

Assim, no decurso dos anos 20, aparecem em quase toda parte tentativas de aplicação de métodos infinitesimais para a solução de problemas concretos de geometria e de dinâmica, tentativas que, com toda a probabilidade, se inspiram na *Stereometria doliorum*, de Johannes Kepler.[11] Ora, é bem sabido que, em sua obra matemática

---

10   No que se refere a Cavalieri, a contradição começa com o próprio título de sua obra principal, *Geometria indivisibilibus continuorum nova quadam ratione promota*, que se cita habitualmente, seja abreviando-se o título latino em *Geometria indivisibilibus*, seja traduzindo-se essa abreviação por *Geometria dos indivisíveis* (assim, MONTUCLA, Jean-Étienne. *Histoire des mathématiques*. Paris, ano VII. t. II, p. 39; CHASLES, Michel. *Aperçu historique sur l'origine et le développement des méthodes en géométrie*. Bruxelas, 1837. p. 57. MARIE, M. *Histoire des mathématiques*. t. IV, p. 84, e mesmo BOUTROUX, Pierre. *Les Principes de l'analyse mathématique*. Paris, 1919. t. II, p. 268, e LORIA, Gino. *Storia delle matematiche*. p. 425), tornando-se ele, assim, culpado de uma incompreensão ou de uma flagrante contradição. Com efeito, o título da obra de Cavalieri poderia ser abreviado razoavelmente em *Geometria... continuorum, Geometria dos contínuos...* com o termo *indivisibilibus* no ablativo e não no genitivo... É curioso verificar que Kästner que, como toda a gente, pratica esse contrassenso que acabo de indicar, chega a falsear o título do livro de Cavalieri, substituindo *indivisibilibus* por *indivisibilium*. Cf. KÄSTNER, A. G. *Geschichte der mathematic*. Göttingen, 1799. p. 205: X. Geometria Indivibilium. *Geometria indivisibilium continuorum nova quadam ratione promota*, Authore F. Bonaventura Cavalieri, Mediolan. Ord. Jesuatorum S. Hieronymi, D. M. Mascarellae Pr. Ac. in almo Bonom. Gymn. Prim. Mathematicorum Professore. Ad illustriss. et reverendiss. D. D. Joannem Ciampolum. Bonnon. 1655. Quart. – A data indicada por Kästner é falsa: a *Geometria continuorum* foi publicada em 1635 e reeditada em 1657.

11   KEPLER, Johannes. *Nova stereometria doliorum vinariorum imprimis Austriaci... Accessit Stereometriae Archimedeae Supplementum*. Lincii, 1615; cf. *Opera omnia*, ed. Frisch, Frankfurt e Erlangem, 1863. v. IV. À influência de Kepler se deve, certamente, ajuntar a da própria obra de Arquimedes, compreendida

– eis, ao mesmo tempo, a razão e o preço de seu êxito –, Kepler (nisso seguido pela maioria de seus contemporâneos) se mostra inteiramente insensível aos escrúpulos lógicos que detiveram Arquimedes e lhe impuseram o emprego das incômodas e difíceis demonstrações por absurdo. Apoiado no princípio de continuidade de Nicolau de Cusa (*divinus mihi Cusanus*, diz ele), Kepler efetua, sem hesitar um instante, a operação da passagem ao limite, identificando uma curva pura e simplesmente à soma de retas infinitamente curtas (como um círculo a um polígono com um número infinitamente grande de lados infinitamente pequenos) e sua área à da soma de retângulos infinitamente numerosos e infinitamente delgados (como a área do círculo à soma de uma infinidade de triângulos infinitamente pequenos); o volume de uma pirâmide ou de um corpo de revolução ao de uma soma de prismas infinitamente numerosos e infinitamente achatados; e o volume de uma esfera à soma de um número infinito de cones cujas bases são círculos infinitamente pequenos.[12]

É justamente *contra* essa barbárie lógica – que será codificada e elevada ao nível de princípio por Grégoire de Saint-Vincent, em sua desastrada interpretação do "método de exaustão" da geometria grega,[13] e que resultará no atual infinitamente pequeno (diferencial fixo) de Leibniz[14] – que me parece dirigir-se a tentativa de Cavalieri. À

---

ou mal interpretada, bem como a da tradição dos que estudavam a cinemática na Idade Média. Como quer que seja, é mais ou menos ao mesmo tempo que se produzem as obras de Bartholomaeus Soverus, *Tractatus de recti et curvi proportione* (Padova, 1630), de Grégoire de Saint-Vincent (em grande parte inéditas), das quais somente o *Opus geometricum de quadratura circulii et sectionum coni* vieram à luz ao tempo em que seu autor vivia (Antverpiae, 1647) e, enfim, a obra do próprio Cavalieri.

12 KEPLER, J. Stereometria doliorum. *Opera*. Ed. Frisch. v. IV, p. 557 e segs. Como se sabe, Kepler sofreu violento contra-ataque em um opúsculo muito importante de ANDERSON, Alexander. *Vindiciae Archimedis*. Parisiis, 1616.
13 SAINT-VINCENT, Grégoire de. *Opus geometricum*. p. 51. Cf. SCHOLZ, H. Wesshalb habben die Griechen die Irrationalzahlen nicht ausgebaut. *Kantstudien*. XXXIII, 1928. p. 50 e 52. É a Grégoire de Saint-Vincent que se deve o apelativo – às avessas – do termo "método de exaustão" para designar os métodos de Eudoxo de Cnido e de Arquimedes.
14 Leibniz – o que certamente contribuiu para tornar Cavalieri incompreensível para ele – emprega o termo *indivisível* mal interpretando-o, isto é, no senti-

noção kepleriana do infinitamente pequeno – elemento constitutivo do objeto geométrico que tem, a despeito de sua infinita pequenez, *tantas dimensões* quantas o objeto em questão – Cavalieri opõe a noção de *indivisível* que *não é um infinitamente pequeno* e que tem, franca e decididamente, uma dimensão a menos do que o objeto estudado.[15] Assim, a crítica fundamental de Guldin[16] – no fundo, idêntica à de Roberval,[17] reprovando Cavalieri por querer compor linhas

---

do de um infinitamente pequeno real e efetivo, atribuindo essa acepção do termo ao próprio Cavalieri. Cf. *Theoria motus abstracti* (*Leibinizens Mathematische Schriften*. Ed. C. I. Gerhardt, Abt. II, Bd 2, Halle, 1860. p. 68): "*Fundamenta praedemonstrabililia*, § 4: Dantur *indivisibilia seu inextensa, alioquin nec initium nec finis motus corporisve intelligi potest*." Esses *inextensa* não são pontos matemáticos, mas entidades cujas partes são "*indistantes, cujus magnitudo est inconsiderabilis, inassignabilis, minor quam quae ratione, nisi infinita ad aliam sensibilem exponi possit, minor quam quae dari potest: atque hoc est fundamentum Methodi Cavalierianae, quo ejus veritas evidenter demonstratur, ut cogitentur quaedam ut sic dicam rudimenta seu initia linearum figurarumque quaelibet dabili minora*". A má interpretação de Leibniz certamente se explica pelo fato de que, ao contrário de Cavalieri, ele se ocupa de problemas de dinâmica e não de geometria pura. Consequentemente, trata do problema da composição do *continuum* – trajetória – a partir de elementos infinitesimais: velocidades ou deslocamentos instantâneos. Por isso – é mais ou menos a mesma coisa –, ele é obrigado a estender os métodos de Cavalieri à comparação, não mais de figuras, mas de retas, isto é, a um domínio ao qual são inaplicáveis e, portanto, a reintroduzir em sua análise do *continuum* os infinitamente pequenos que Cavalieri queria expurgar. Leibniz nos revela, por isso mesmo, os limites da concepção de Cavalieri e as razões profundas de seu abandono.

---

15 Tem-se observado muitas vezes que Cavalieri, em parte alguma, define o que entende por *indivisível*. Assim, BOYER, Carl B. *The Concepts of the Calculus*. New York, 1939. p. 117: "*Cavalieri at no point of his book explained precisely what he understood by the word* indivisible, *which he employed to characte-*

16 PAULUS Guldinus, S. J. *Centrobaryca*. liv. I, Vindoboniae, 1635; ibidem. liv. II, 1640; ibidem. liv. III, 1641; ibidem. liv. IV, 1642. A crítica de Cavalieri se acha no prefácio do liv. II.

17 ROBERVAL, G.-P. de. *Carta a Torricelli*. 1647. In: *Opere di Evangelista Torricelli*. Faenza, 1919. v. III, p. 487; cf. ZEUTHEN, H. G. *Geschichte der Mathematik im XVI und XVII Jahrhundert*. Leipzig, 1903. p. 257: "*Sogar nach der genaueren Erklärung in den Exercitationes erregten Cavalieris Begriffsbestimmungen Widerspruch. So verstanden ihn Roberval und andere dahin, als ob die Flächenräume selbst die Summen der unendlich vielen Parallelen darstellen*

com pontos, superfícies com linhas e corpos com planos (superfícies), em vez de utilizar, a exemplo de Kepler, elementos infinitesimais homogêneos em relação ao produto – erra o alvo. Ainda mais, ela é, na acepção mais estrita do termo, um contrassenso, pois vai de encontro às mais profundas intenções de Cavalieri, reprovando-o

Continuação da nota 15

> *rise the infinitesimal elements used in his method. He spoke of these in much the same manner as had Galileo in referring to the parallel lines representing velocities or moments as making up de triangle and the quadrilateral."* Isso é perfeitamente exato. Entretanto, é preciso não esquecer que o conceito de *indivisível* tem uma longa história e figura em lugar de relevo nas discussões medievais de *compositione continui*, discussões que hoje não mais ocorrem, mas das quais Cavalieri e seus contemporâneos participavam profundamente. Além disso, do uso que faz Cavalieri do conceito resulta, muito claramente, que o indivisível de um corpo é uma superfície; o de uma superfície, uma linha; e o de uma linha, um ponto. – Este é, justamente, o ponto fraco do método de Cavalieri. Como observou Torricelli, o método não se aplica à comparação de linhas entre si ou precisa de que se admita uma possível diferença entre os pontos, *i.e.*, a reintrodução do infinitamente pequeno.

Continuação da nota 17

> *sollten, als demnach eine Grösse von 2 Dimensionen aus unendlich vielen von einer bestehe. Das sagt Cavalieri allerdings nicht, er verursacht aber insofern selbst das Missverständnis, weil seine Bezeichnung der parallelen Sehnen als 'unteilbar' anzudeuten scheint, dass die selbst unendlich kleine Teile der Flächen sein sollen. Die* Exercitationes *enthalted freilich einen Beweis dafür dass sich die Summen der unendlich vielen Sehnen wie die Flächen verhalten; dies ist aber ziemlich allgemein gehalten. So trifft die wichtige Voraussetzung, dass die Sehnen, deren Anzahl ins unendliche wächst, überall die gleichen Entfernungen haben sollen, nur indirect hervor."* Zeuthen está duplamente sem razão: a) a condição de equidistância entre os "indivisíveis" não é absoluta – só é válida para o caso de igualdade das figuras, e b) naqueles casos, é expressamente mencionada por Cavalieri; cf. *infra*, nota 57. Ademais, o termo *indivisível* não implica, de modo algum, a concepção de partes infinitamente pequenas, mas, pelo contrário, a exclui.

por não fazer justamente aquilo a que se opõe com todas as suas forças e do que se orgulha de poder evitar.[18]

18 É curioso verificar que a interpretação, dada por Guldin, da concepção de Cavalieri, é aceita por quase todos os historiadores modernos do pensamento matemático, tanto pelos que compartilham a crítica de Guldin como pelos que procuram defender Cavalieri, atribuindo-lhe circunstâncias atenuantes. Assim, A. G. Kästner, em sua *Geschichte der Mathematik* (Bd. III, Göttingen, 1799. p. 215), nos diz: "*dass des Cavalerius Methode nicht geometrisch ist, weil sich Flächen nicht aus Linien zusammensetzen lassen u. s. w. weiss man jetzo zugänglich*". – MONTUCLA, J.-E. *Histoire des mathématiques*. t. II, p. 38: "Cavalieri imagina o contínuo como o composto de um número infinito de partes que são seus últimos elementos, ou os últimos termos da decomposição que deles se pode fazer, subdividindo-os continuamente em "fatias" paralelas entre si. São esses últimos elementos que ele chama de *indivisíveis*, e é na proporção segundo a qual eles crescem ou decrescem que ele procura a medida das figuras ou a relação entre elas. Não se pode deixar de convir em que Cavalieri se exprime de maneira um pouco dura para os ouvidos acostumados à expressão geométrica. A julgar por essa maneira de se exprimir, dir-se-ia que ele concebe o corpo como composto de uma multidão infinita de superfícies amontoadas umas sobre as outras, as superfícies como formadas de uma infinidade de linhas semelhantemente acumuladas etc. Mas é fácil reconciliar essa linguagem com a sã geometria, através de uma interpretação de que certamente Cavalieri teve consciência, embora não a tenha dado na obra de que falamos. Só o fez posteriormente, quando foi atacado por Guldin em 1640. Então, numa de suas *exercitationes mathematicae* (sic!), mostrou que seu método não é outra coisa senão o método de *exaustão* dos antigos, simplificado. Com efeito, essas superfícies e linhas, das quais Cavalieri considera as relações e as somas, nada mais são que pequenos sólidos ou os paralelogramas inscritos e circunscritos de Arquimedes, levados a um número tão grande que sua diferença em relação à figura de que se avizinham seja menor do que qualquer grandeza"; ibidem. p. 39: "Da mesma forma, as superfícies e linhas com que Cavalieri forma os elementos das figuras devem ser concebidas como as últimas das divisões de que falamos acima, o que basta para corrigir o que sua expressão tem de duro e de contrário à rigorosa geometria". – MARIE, M. *Histoire des sciences mathématiques et physiques*. t. IV, p. 70 e segs.: "O método de Cavalieri só pode levar a resultados exatos, mas a ideia primitiva desse método foi por ele apresentada de maneira muito defeituosa. Cavalieri considera os volumes como formados de superfícies empilhadas; as superfícies, como compostas de linhas justapostas; as linhas, enfim, como compostas de pontos situados uns ao lado dos outros. E é levando em conta, ao mesmo tempo, o número dos elementos que compõem o objeto a medir e sua extensão, que ele chega à medida desse objeto. Embora essa concepção seja absurda, pode-se restabelecer a verdade e conferir o

Com efeito, Cavalieri absolutamente não compõe a linha com pontos e o plano com linhas.[19] Tanto quanto Guldin (e bem melhor

> rigor aos raciocínios restituindo aos indivisíveis a dimensão de que Cavalieri faz abstração. Suas superfícies empilhadas nada mais são do que fatias com um comprimento comum de que se pode fazer abstração. Suas linhas justapostas são superfícies trapezoidais igualmente como uma superfície comum. Enfim, seus pontos consecutivos são pequenas retas, todas com o mesmo comprimento. O vício desse método, se nele há algum, só consistia, portanto, na inexatidão das expressões empregadas para exprimi-lo. Os verdadeiros geômetras não se enganaram com ele". – WOLF, A. *A history of Science, Technology and philosophy in the sixteenth and seventeenth centuries*. Londres, 1935. p. 206: "*This procedure gave the impression that he regarded a line as composed of an infinite number of successive points, a surface as made up of an infinite number of lines, and a solid of an infinite number of surfaces, such points, lines and surfaces being the indivisibles in question. This led to much misunderstanding and criticism of Cavalieri. For the elements into which volumes, areas, or lines are resolved by continual subdivision must themselves be volumes, areas or lines respectively. Cavalieri was probably well aware of it and used his indivisibles simply as a calculating device.*" – BOYER, Carl B. *The concepts of the calculus*. p. 122: "*Cavalieri did not explain how an aggregate of elements without thickness could make up an area or volume, although in a number of places he linked his idea of indivisibles with ideas of motion... in holding that surfaces and volumes could be regarded as generated by the flowing of indivisibles. He did not, however, develop this suggestive idea into geometrical method*"; ibidem: "*Cavalieri conceived of a surface as made up of an indefinite number of equidistant parallel lines and a solid as composed of parallel equidistant planes, these elements being designated the indivisibles of the surface and of the volume respectively.*" Boyer reconhece, porém, que Cavalieri queria evitar a passagem ao limite (que ele chama de "método de exaustão"); cf. ibidem. p. 123: "*He... appears to have regarded his method only as a pragmatic geometrical device for avoiding the method of exaustion; the logical basis of this procedure did not interest him. Rigor, he said, was affair of philosophy rather than geometry.*" Boyer remete à p. 241 das *Exercitationes geometricae* onde, de fato, Cavalieri nada diz de semelhante.

---

19 Como magistralmente observou Léon Brunschvicg (cf. *Les étapes de la philosophie mathématique*. Paris, 1922. p. 165), embora Cavalieri não haja resistido [em sua proposta a Guldin] à tentação de colocar-se, ele "também, no terreno da imaginação vulgar, sem tomar cuidados para que o caráter grosseiro e a inexatidão evidente das comparações não tivessem necessariamente como efeito tornar suspeito o cálculo dos indivisíveis", e tenha chegado a nos apresentar as superfícies como tecidos formados de fios e os sólidos como livros formados de folhas paralelas, ele toma, porém, precauções. Com efei-

do que Kepler), versado nas discussões medievais de *compositione continui*, sabe perfeitamente que isso é impossível: não é essa impossibilidade, aliás, que se situa na origem do conceito bastardo do infinitamente pequeno?[20]

---

to, mesmo quando escreve essa frase infeliz (*Exercitationes geometricae*. p. 3, § 4), fonte – ou pretexto – de tanta incompreensão (cf. p. 338, n. 3): "*Huic manifestum est figuras planas nobis ad instar telae parallelis filis contextae concipiendas esse: solida vero ad instar librorum qui parallelis folijs coacervantur*", toma o cuidado de dizer: *ad instar*, e de acrescentar (ibidem. p. 4, § 5): "*Cum vero in tela sunt semper fila et in libris semper folia numero finita, habent enim aliquam crassitiem, nobis in figuris planis linae, in solidis vero, plana numero indefinita seu onmis crassitiei experta, in utraque methodo supponenda sunt. His tamen utimur cum discrimine, nam in priori methodo illa consideramus ut collective, in posteriori vero ut distributive comparata*". Sobre a diferença entre esses dois métodos, ver (mais adiante), p. 324-325.

---

20   Assim, a Guldin, que o havia censurado por haver plagiado Kepler, Cavalieri responde com indignação, exaltando a superioridade de seus indivisíveis sobre os "pequenos corpos" keplerianos. Cf. KEPLER. *Opera Omnia*. Ed. Frisch, v. IV: *In Stereometriam doliorum notae editoris*. p. 657: "*Ad haec* [acusação de plágio] *Cavalerius in libro quem inscripsit* Exercitationes Geometricae sex *(Bonon, 1647), respondens Guldinus, inquit, hic declarare videtur se libros dictae geometriae accurate legere non potuisse. Si enim eos, qua congruebat diligentia, examinasset, tunc quoque potuisset animadvertere quam diversa sint utriusqué methodi fundamenta, Keplerus enim ex minutissimis corporibus quodammodo majora componit, iusque utitur tamquam concurrentibus, ubi ipse hoc tantum dico, plana esse ut aggregata omnium linearum acquidistantium, et corpora ut aggregata omnium planorum pariter aequidistantium. Haec autem nemo non videt quam sint inter se diversa.*" A passagem em questão se acha nas *Exercitationes*. III, cap. I. p. 80. Cavalieri continua (ibidem. p. 181) opondo sua concepção à de Galileu: "*Attamen ne debita erga tantum Praeceptorem per me videatur intermissa reverentia aequo lectori considerandum propono Galileum... haec duo sustinere: Nempe continuum ex indivisibilibus componi et subinde lineam ex punctis iusque numero infinitis.*" No que se refere às relações entre Cavalieri e Kepler, não há nenhuma razão para não se acreditar no primeiro, quando nos diz só ter conhecido a *Stereometria doliorum* depois de já haver concebido e desenvolvido sua própria teoria (cf. o prefácio à *Geometria continuorum*) e só a ter utilizado para nela encontrar problemas (os inumeráveis corpos novos, desconhecidos dos antigos, que Kepler inventara), regozijando-se, aliás, por ver que seus próprios métodos permitem não só achar todos os resultados obtidos por este (e por Arquimedes), mas também achar novos resultados. Com efeito, os métodos e as

O processo do pensamento de Cavalieri é um processo analítico e não um processo sintético. Não parte do ponto, da linha ou do plano para chegar, através de uma soma impossível, à linha, ao plano ou ao corpo. Bem pelo contrário, ele parte do corpo, do plano e da linha para neles descobrir, como elementos determinantes e até constitutivos – mas não componentes –, o plano, a linha e o ponto. Além disso, esses elementos constitutivos e determinantes são por ele atingidos, mas não através de um procedimento de passagem ao limite, diminuindo progressivamente, até o desaparecimento, a dimensão a ser eliminada e a ser reconstituída, isto é, achatando o corpo até torná-lo "infinitamente" achatado, estreitando o plano até torná-lo "infinitamente" estreito e encurtando a linha até torná-la "infinitamente" curta. Muito pelo contrário, esses elementos "indivisíveis" são por ele encontrados, sem dificuldade, cortando os objetos geométricos em questão por um plano ou uma reta que os atravesse.

O que ocorre, precisamente, é que o emprego dos indivisíveis, em lugar dos infinitamente pequenos, se destina, no espírito de Cavalieri, a libertar-nos da passagem ao limite, com suas dificuldades ou, mais exatamente, suas impossibilidades lógicas, substituindo-a pela intuição geométrica (que Cavalieri domina com a mão de mestre), cuja legitimidade não parece poder ser posta em questão. Destina-se, também, a nos permitir, ao mesmo tempo, conservar todas as vantagens dos métodos infinitesimais, cuja fecundidade havia sido demonstrada por Kepler – generalidade, marcha direta da demonstração –, tão mais econômicos do que o longo circuito e o particularismo das provas arquimedianas.[21]

---

concepções de Cavalieri derivam em linha direta dos de Galileu. A leitura da *Stereometria doliorum* muito provavelmente permitiu a Cavalieri esclarecer suas próprias ideias e tomar consciência de sua originalidade e de sua oposição em relação às de Kepler. Essa leitura propriamente não as inspirou.

21 A concordância de suas demonstrações com as de Arquimedes – e, em geral, da geometria grega – são, para Cavalieri, uma prova de validade de seu método. Poder-se-ia, diz ele, tudo demonstrar, utilizando as técnicas arquimedianas. Mas que imenso trabalho isso daria!

A terminologia de Cavalieri não nos deve induzir a erro. Quando Cavalieri nos fala de "todas as linhas" (*omnes lineae*) e de "todos os planos" (*omnia plana*) de uma figura geométrica,[22] e os declara equivalentes a essa figura, não pretende, absolutamente, formar as "somas" dessas linhas ou desses planos.[23] Totalmente pelo contrário, declara que o conjunto de um número indefinido (infinito) de elementos é, em geral, indefinido por si próprio (infinito) e que, portanto, tais conjuntos não se podem relacionar entre si. Entretanto, pensa ele que essa proposição não é universalmente válida e, particularmente, que – qualquer que seja a opinião que se tenha da natureza do *continuum*, a saber, que se admita que no *continuum* (uma superfície) só haja linhas, quer se admita que haja algo além de linhas – não se pode deixar de reconhecer o fato patente e indiscutível de que elas se acham *em toda parte* e que, atravessando uma superfície, encontramo-las *todas*. Assim, considera que é impossível

---

22   Cf. *Geometria continuorum*. liv. II, dif. I e II. p. 99 e segs. citadas mais adiante na nota 24.
23   ZEUTHEN, H. G. *Geschichte der Mathematik im XVI. und XVII. Jahrhundert*, Leipzig, 1903. p. 256 e segs.: "*Der grosse Fortschritt bei Cavalieri besteht darin, dass er allerdings in durchauss geometrischer Form – und übrigens in engem Anschluss an Keplers Darstellung der von ihm gebrauchten Integrale – einen abstracten und allgemeinen Begriff aufstellt, der mit dem späteren analytischen Begriff des bestimmten Integrals genau zusammenfält, und dass er sodann diesen Begriff einer allgemeinen Behandlung unterzieht. Sein Fundamentalbegriff ist "die Summe aller parallelen Sehnen in einer geschlossenen Falche" oder kürzer "alle" diese Sehnen. Er weiss zwar dass diese Summe unendlich, und daas das Verhältnis zwischen zwei solchen Summen im allgemeinen unbestimmt ist; allein diese Verhältnis erlangt einen bestimmten Grenzwert, wenn die beiden Flächen zwischen denselben beiden Parallelen eigeschlossen sind, und wenn die parallelen Sehnen, deren Summe in Betracht kommt, auf denselben zu diesen Grenzstellungen parallelen und gegenseitig äquidistanten Geraden abgeschnitten werden. Das Verhältnis wird dann das nämliche wie das zwischen den beiden Flächen, innerhalb deren die Sehnen abgeschnitten werden.*" Nada há a objetar na exposição do grande historiador dinamarquês, salvo que Cavalieri nunca fala de *Grenzwert* (valor limite), nem de "somas", mas de conjuntos (*congeries*, termo que M. Cantor, *Geschichte der mathematik*. Bd. II, Leipzig, 1900. p. 835, traduz justamente por *Gesammheit*), ou agregados (*aggregatum*). O emprego, por Zeuthen, dos termos "soma" e "valor limite" é típico e característico da benevolente, porém má interpretação do pensamento de Cavalieri.

negar a equivalência de uma determinada superfície (figura) a *todas* as suas linhas e contestar que a relação entre o conjunto de todas as linhas de uma figura e o conjunto de todas as linhas de outra é a mesma relação que se estabelece entre essas próprias figuras. De outro modo, seria preciso negar a possibilidade de comparar duas figuras entre si, o que, evidentemente, é absurdo.[24] Essa verificação

---

24   O teorema I do segundo livro da *Geometria continuorum* (p. 100) proclama que os conjuntos formados por "todas as linhas" de uma figura e por "todos os planos" de um corpo geométrico são grandezas suscetíveis de ter relações determinadas com os conjuntos análogos de outra figura ou corpo: "*Quarumlibet planarum figurarum omnes lineae recti transitus et quarumlibet solidorum omnia plana, sunt magnitudines inter se rationem habentes.*" A demonstração, bastante confusa, se baseia na possibilidade de igualar uma dada figura a uma parte de outra. Nesse caso, o conjunto das linhas da primeira estará para o conjunto das linhas da segunda na proporção da parte em relação ao todo. Entretanto, acrescenta Cavalieri, num escólio muito importante do referido teorema (p. 111): "*Scholium. Posset forte quis circa hanc demonstrationem dubitare, non recte percipiens quomodo indefinitae numero lineae, vel plana, quales esse existimari possunt, quae a me vocantur, omnes lineae, vel omnia plana talium, vel talium figurarum possint ad invicem comparari: Propter quod inuendum mihi videtur, dum considero omnes lineae, vel omnia plana alicuius figurae, me non numerum ipsarum comparare, quem ignoramus, sed tantum magnitudinem, quae adaequatur spatio ab eisdem lineis occupato cum illi congruat, et, quoniam ilud spatium terminis comprehenditur, et ideo et earum magnitudo est terminis eisdem comprehensa, quopropter illi potest fieri additio, vel substractio, licet numerum earudem ignoremus; quod sufficere dico, ut illa sint ad invicem comparabilia: Vel enim continuum nihil aliud est praeter ipsa indivisibila, vel aliud, si nihil praeter indivisibilia, profecto si eorum congeris nequit comparari, neque spatium, sive continuum erit comparabile, cum illud nuhil aliud esse ponatur, quam ipsa indisibila: Si vero continuum est aliquid aliud praeter ipsa indivisibilia, fateri aequum est hoc aliquid aliud interiacere ipsa indivisibilia, habemus ergo continuum disseparabile in quaedam, quae continuum componunt, numero adhuc indefinita, inter quaelibet enim duo indivisibilia aequum est interiacere aliquod ilius, quod dictum est esse aliquid in ipso continuo praeter indivisibilia, quae enim ratione tolleretur a medio duarum, a medijs quoque caeterarum tolleretur; hoc cum ita sit comparare nequibimus ipsa continua, siue spatia ad inuicem, cum ea, quae colliguntur, et simul collecta comparantur, scilicet quae continuum componunt, sint numero indefinita, absurdum autem est dicere continua terminis comprehensa non esse ad inuicem comparabilia, ergo absurdum est dicere congeriem omnium linearum siue planorum, duarum quarumlibet figurarum non esse ad inuicem comparabilia, non obstante, quod quae colliguntur, et*

justifica o emprego dos indivisíveis[25] e nos permite substituir o estudo das relações entre as figuras pelo estudo das relações que subsistem entre seus elementos, porém com a condição de que saibamos estabelecer uma correspondência unívoca e recíproca[26] entre esses elementos. É principalmente para isso que serve o chamado método da régua comum (*regula communis*).

*

A noção da *regula* — termo que deveria ser traduzido por *diretriz* — desempenha um papel muito importante no pensamento de Cavalieri, como foi muito bem observado por Cantor.[27] Ela é definida, para a figura plana (fechada) ou o corpo geométrico, como a reta, ou o plano, que são tangentes à referida figura ou o mencionado corpo, num ponto chamado topo (*vortex*). Paralelamente a essa *regula*, podem seguir-se outras (inumeráveis) retas (ou superfícies planas) das quais uma única (ou um único plano) formará a *tangente oposta (tangens opposita)*.[28] A figura ou o corpo em questão se acham, assim, colocados e como que encerrados entre duas retas ou dois planos parelelos.

Se, agora — para considerar, de início, apenas o caso mais simples, o das figuras planas (o caso dos corpos, aliás, é rigorosamente análogo) —, através das duas tangentes paralelas, passarem planos paralelos e, se a partir do primeiro plano — o que passa pela *regula*

---

illam congeriem componunt sint numero indefinita, veluti hoc non obstat in continuo, siue ergo continuum ex indivisibilibus componatur, siue non, indivisibilium congeries sunt ad inuicem comparabiles, et proportionem habent."

25   M. Cantor (*loc. cit.*) nos diz que é nessa passagem que o termo *indivisível* aparece pela primeira vez. De fato, ele já se encontra na página 98.
26   O termo que emprego aqui não é, evidentemente, de Cavalieri. Creio que ele corresponde bem ao seu pensamento, cf. mais adiante, p. 322 e segs.
27   Cf. CANTOR, M. Op. cit. p. 834.
28   Cf. *Geometria continuorum*. p. 3 dif. E: "*Regula appellabitur in planis recta linea cui quaedam lineae ducuntur aequidistantes, et in solidus, planum cui quaedam plana ducuntur aequidistantia, qualis in superioribus est recta linea, vel planum, cuius respectu sumuntur vertices, vel opposita tangentia, cui vel utraque vel alterum tangentium aequidistat.*"

– se fizer deslizar (ou, mais exatamente, *correr*: com efeito, Cavalieri usa o termo *fluere*) paralelamente a ele um plano móvel, até que coincida com o plano que passa pela *tangens opposita*, então, em seu *transitus*, o plano móvel coincidirá sucessivamente com *todas* as linhas da figura em questão e, por suas interseções *com* elas, determina-las-á a *todas*.[29]

---

29   Ibidem. liv. II, dif., I. p. 99-100: "*Si per oppositas tangentes cuiuscunquae datae planae figurae ducantur duo plana inuicem parallela, recta, sive inclinata ad planum datae figurae, hinc inde indefinite producta; quorum alterum moveatur versus reliquum eidem semper aequidistans donec illi congruerit: singulae rectae lineae, quae in toto motu communes sectiones plani moti, et datae figurae, simul collectae vocentur: Omnes linae talis figurae sumptae regulae una earundem, et hoc cum plana fuerint recta ad datam figuram: Cum vero ad illam sunt inclinata vocentur: Omnes lineae ejusdem obliqui transitus datae figurae, regula pariter earundem uma;*" dif. II: "*Si proposito quocumque solido, ejusdem opposita plana tangentia regula, quacunque ducta fuerint hinc inde indefinite producta, quorum alterum versus reliquum moveatur semper eidem aequidistans, donec illi congruerit: singula plana, quae in tot motu concipiuntur in proposito solido simul collecta, vocentur: Omnia plana propositi solidi sumpta regula eorundem una*". Ibidem. p. 104, Appendix: "*Communes sectiones talis moti sive fluentis plani, et figurae.*" Cf. *Exercitationes geometricae*. p. 4. É interessante citar o comentário de KÄSTNER, A. G. *Geschichte der Mathematik*. III. p. 206-207: "*Folgendes ist die erste Definition dieses Buches: Eine ebene Figur wird durch zwo parallele Ebenen begränzt welche auf uhre Ebene senkrecht oder shief stehn; Eine dieser Ebene bewege sich gegen die andere immer sich selbst parallel; Von dem Durchschnitte der bewegten Ebene mit der Ebene der Figur, fällt ein Theil innerhalb der Figur, wird nun die Bewegung fortgesetzt bis die bewegte Ebene auf die ihr gleich anfangs parallele unbewegte fällt, se nennt C. die Linien welche nach und nach der bewegten Ebene und der Figur gemein sind, zusammen: Alle Linien dieser Figur, eine derselben als Reel (pro regula) angenommen. Eben so was sagt die zweyte Definition von einer Ebene die sich selbst parallel durch einen Körper bewegt, bis sie mit einer anderen unbewegten Ebene die den Körper bergränzt zusammenfällt, die Ebene welche sie nach und nach mit dem Körper gemein hat, heissen: alle Ebenen desselben, eine, etwa die äusserste für Regel genommen. Zwey Postulate. Das erste: Congruentium planar, figurar, omnes, lineae sumtae una earumdem ut regula communi sunt congruentes et congruentium solidorum omnia plana, sumto eorum uno ut regula communi pariter sunt congruentia. Er citirt die beyden angeführten Definitionen, da die Definitionen nichts von Congruenz sagen, so bekenne ich dass ich dieses Postulat nicht verstehe, das zweyte welches von ähnlichen Figuren spricht, auch nicht.*" – A utilização, por Cavalieri, da noção do plano móvel para a definição da *congeries* das *omnes*

As relações entre as figuras geométricas são as mesmas que as relações entre os conjuntos de seus elementos. Porém, se para estabelecer essas relações nos fosse preciso considerar os conjuntos em apreço em sua totalidade, a vantagem de novo método sobre o antigo seria mínima ou até nula. A grande descoberta de Cavalieri justamente consiste em reconhecer que, se chegássemos a estabelecer uma relação constante e determinada entre os elementos correspondentes dos conjuntos comparados – tal relação ligando, não diretamente, *todos* os elementos de um conjunto a *todos* os elementos do outro, mas, de início, "cada" elemento de um a "cada" elemento do outro –, teríamos o direito de transpor ou de estender aos conjuntos, isto é, às figuras em sua inteireza, a relação verificada entre seus elementos.

Ora, como determinar esses elementos correspondentes? – eis o principal problema do método dos indivisíveis. No caso mais simples, quando as figuras em questão possuem a mesma altura, chega-se a essa determinação colocando-as de maneira conveniente entre retas paralelas, ou seja, atribuindo-lhes a mesma *regula* e a mesma

---

lineae figurae é extremamente hábil. Ela não é, absolutamente, necessária. Poder-se-ia partir da concepção de todos os pontos (*omnia puncta*) de uma reta. A seguir, poder-se-ia levantar uma perpendicular sobre todos e cada um desses pontos, como o próprio Cavalieri faz (cf. *Geometria continuorum*. p. 101-102: *omnes abscissae*). Mas, certamente, procedendo dessa maneira, não se poderiam evitar as discussões sobre a composição do contínuo e expor-se-ia, não sem razão aparente, à censura de construir o plano com linhas. O plano móvel não constitui a figura; ele a atravessa em virtude de seu movimento, no qual a noção de continuidade já se acha implícita, nela decompõe *todas* as suas linhas, sem esquecer nenhuma, e sem lhes permitir que coincidam. Assim, o movimento assegura a exterioridade recíproca das linhas de figura e é ele quem, de fato, introduz a dimensão que os críticos de Cavalieri nele condenam por não ter incluído em seus indivisíveis. M. Cantor (op. cit. p. 842, cf. *infra*, nota 45, o explica pelo desejo de Cavalieri de assim preparar, com grande antecedência, as bases intuitivas de sua famosa proposição sobre a relação entre o conjunto dos quadrados do triângulo e o conjunto dos quadrados do paralelogramo. É possível, mas é mais simples supor que Cavalieri tenha puramente adotado o método mais geral que se poderia aplicar indiferentemente aos casos de indivisíveis lineares ou planos, retos ou curvilíneos, desobrigado de empregar, na prática, quando só se tratasse de figuras planas, apenas o *transitus* da reta.

tangente *oposta*.[30] Nesse caso, é o plano móvel comum que, por seu *transitus*, determina – e coordena – os elementos correspondentes.

Era de se esperar que Cavalieri começasse pelo estudo da igualdade das figuras geométricas. Mas, certamente, ele entende que esse é um caso simples demais, do qual trata apenas de passagem, a propósito de figuras bastante insólitas, como na *Geometria continuorum*, estabelecendo a igualdade entre lúnulas e triângulos curvilíneos e entre estes e triângulos retilíneos, ou, nas *Exercitationes*, mostrando-nos a igualdade entre um círculo e uma figura bastante retorcida, obtida pela deformação do círculo, ou ainda estudando figuras completamente irregulares.[31]

Desprezando a igualdade, Cavalieri aborda diretamente o estudo da proporcionalidade. Assim, por exemplo, em dois paralelogramas (da mesma altura) que possuem uma "régua" comum, isto é, cujas bases estão sobre uma das paralelas e os lados opostos, sobre a outra, qualquer reta paralela às bases decompõe nos dois para-

---

30 A *regula* se chama, então, *regula comunis*, e o plano móvel atravessa as duas figuras num único *transitus*.

31 Cf. a figura 4 (p. 322) e as que aparecerem na *Geometria continuorum*. p. 485, e nas *Exercitationes geometricae*. p. 4 (cf. a figura abaixo).

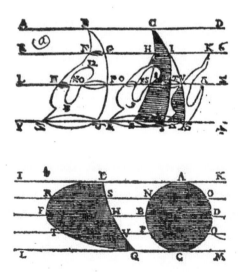

lelogramas segmentos correspondentes (homólogos) cuja relação é constante e igual à relação entre as bases. Segue-se que os paralelogramas (as superfícies) estão entre si como as bases.[32]

O desenho de Cavalieri apresenta o caso mais simples. Mas é evidente – tão evidente que Cavalieri deixa de enunciá-lo – que o paralelismo dos lados AG e CH dos paralelogramas em questão não vem ao caso e que a igualdade, ou a desigualdade, dos ângulos que formam com suas bases é destituída de importância. A única coisa que importa é a relação entre DE e EI, igual à relação entre GM e MH (figura 1). Daí Torricelli tirará até a conclusão de que o fato de ter retas como lados também carece de importância, e que estas podem ser substituídas por círculos ou mesmo por quaisquer curvas.

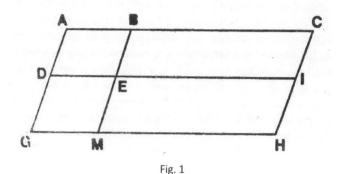

Fig. 1

Os indivisíveis correspondentes (homólogos) dos paralelogramas têm comprimento constante. Mas isso não é absolutamente necessário e Cavalieri nos apresenta o caso de duas figuras cujos elementos correspondentes são de grandeza variável, conservando sempre a mesma relação: se a relação entre BR e RD é igual à relação entre AM e ME (sendo BR qualquer uma das linhas paralelas à base AM), a relação entre as figuras ACM e CME será igual à relação entre AM e ME[33] (figura 2).

---

32 *Geometria continuorum*. liv. II, *Theorema* V, *prop.* V, p. 117. Na demonstração desse teorema, Cavalieri abandona a técnica do plano móvel e diz simplesmente: passemos uma paralela *qualquer* (o grifo é meu).
33 Ibidem. *Theorema* IV, *prop.* IV. p. 115: "*Si duae figurae planae, vel solidae, in eadem altitudine fuerint constitutae ductis autem in planis rectis lineis, et in*

Considerações análogas se aplicam com igual felicidade e eficácia a casos mais complexos, como, por exemplo, o da determinação das relações entre as superfícies de uma elipse e de um círculo. Com efeito, basta tomar um círculo cujo diâmetro é igual a um dos eixos da elipse. Se forem colocados entre paralelas, verificar-se-á que o plano móvel (ou seu *transitus*) determina em cada uma das duas figuras elementos (lineares) correspondentes que sempre – onde quer que a "régua" esteja situada – guardam a relação entre o diâmetro do círculo e o outro eixo da elipse. Por aí mesmo se determina a relação entre as superfícies.[34]

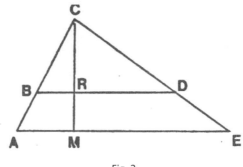

Fig. 2

É claro que a técnica da "régua comum" não é aplicável em todos os casos. Pelo menos, não diretamente, sobretudo quando as figuras estudadas, tendo dimensões diversas, não são suscetíveis de ser colocadas entre paralelas. Entretanto, mesmo nesse caso,

---

figuris solidis ductis planis utcumque inter se parallelis, quorum respectu praedicta sumpta sit altitudo, repertum fuerit ductarum linearum portiones figuris planis interceptas, esse magnitudines proportionales, homologis in eadem figura semper existentibus, dictae figurae erunt inter se, ut unum quolibet eorum antecedentium ad suum consequens in alia figura eiden correspondens." Observemos que, para o estudo das figuras planas, Cavalieri se serve de uma *linha* paralela e só usa o *plano* para a comparação entre os corpos. Notemos, também, que, da relação entre um par qualquer de elementos, ele deduz a relação existente no conjunto. Notemos, enfim, que o desenho de Cavalieri torna muito pouco plausível a verdade de seu teorema.

---

34   Cf. ibidem. liv. III, *Theorema* IX, *prop.* X. p. 211.

situando-as convenientemente e traçando linhas suplementares, isto é, formando figuras auxiliares, pode-se determinar as relações procuradas por meio da aplicação sucessiva da técnica em apreço. Assim, voltando ao estudo dos paralelogramas, demonstra-se: a) que os que têm a mesma base se relacionam entre si como suas alturas; b) que os que possuem bases e alturas diferentes têm entre si uma relação "composta" da relação entre bases e da relação entre alturas.[35] Passa-se agora às figuras semelhantes. Para o caso do triângulo (figura 3), a demonstração é simples: basta superpor

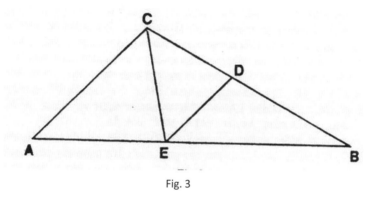

Fig. 3

os triângulos ACB e EDB e traçar a linha CE. Os triângulos ACB e ECB se acham, então, nas condições desejadas para serem comparados. Da mesma forma, os triângulos ECB e EDB. Assim se chega ao resultado de que as figuras semelhantes têm entre si uma relação igual à existente entre os quadrados de suas linhas correspondentes.[36]

Para a demonstração no caso geral, Cavalieri se utiliza das lúnulas que, de início, são igualadas a triângulos curvilíneos, depois a triângulos retilíneos, finalmente comparados entre si.[37] O procedi-

---

35 Ibidem. liv. II, *Theorema* V, *prop*. V. p. 117: "*Parallelogramma in eadem altitudine existentia, inter se sunt, ut bases; et quae in eadem base, ut altitudines*"; *Theorema* IV, *prop*. VI, p. 118: *Parallelogramma habent rationem compositam ex ratione basium et altitudinum juxta easdem bases sumptam*".
36 Cf. CANTOR, M. Op. cit. p. 386.
37 *Geometria continuorum*. II, *Theorema* XV, *prop*. XIV. p. 127 e segs. É interessante citar o corolário I (p. 131) do teorema "*quia... figurae planae similes*

mento empregado por Cavalieri equivale à deformação contínua das figuras estudadas. Assim, não é de surpreender que os historiadores modernos, muitas vezes, lhe tenham atribuído a utilização desse último método.[38]

A noção de elementos (indivisíveis) correspondentes desempenha um papel de primeiro plano no pensamento de Cavalieri. Assim, ele insiste na necessidade de fixar a relação existente apenas entre os elementos "homólogos" das figuras estudadas. Com efeito, não basta estabelecer uma coordenação unívoca e recíproca entre os elementos indivisíveis das figuras estudadas. É preciso, também, que esses elementos sejam "homólogos", isto é, que ocupem nas figuras em questão posições "correspondentes.

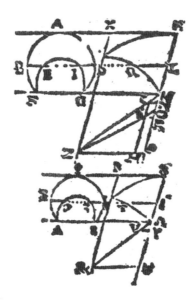

Fig. 4

---

ostensae sunt esse in dupla ratione linearum, vel laterum homologorum, quae aequidistant regulis utcunque sumptis, potet easdem esse in dupla ratione quarumvis homologarum". A demonstração de Cavalieri é longa demais para ser reproduzida aqui. Encontra-se uma boa exposição resumida em ZEUTHEN, H. G. Op. cit. p. 257 e segs.

38   Assim, MOTUCLA, J. F. Op. cit. p. 41; ZEUTEH, H. G. Op. cit. p. 258.

Em outras palavras: que desempenhem o mesmo papel na estrutura dessas figuras. Realmente, se se despreza essa exigência fundamental e se se relacionam elementos não homólogos, chega-se a conclusões paradoxais e até mesmo falsas.[39] Tampouco se deve esquecer que a própria aplicação da técnica da regula (plano móvel que traça os elementos correspondentes das figuras comparadas) está sujeita às condições de homologia.

Assim, quando se estuda a relação entre um triângulo e o paralelograma que o completa (a relação entre os dois triângulos decompostos no paralelograma pela diagnonal) ou, o que é o mesmo, quando se deseja determinar a superfície de um triângulo, verifica-se que o plano móvel traça nos triângulos justapostos as linhas HE e NH que, ao mesmo tempo em que estão ligadas por uma coordenação unívoca e recíproca, não se correspondem de modo algum (não são homólogas). Em compensação, as linhas HE e BM que, reciprocamente, se acham à mesma distância dos topos e das bases dos dois

---

39 Cf. *Exercitationes geometricae*, Exerc. Tertia. cap. XV. p. 238: "*In quo solvitur quaedam difficultas, quae contra indivisibilia fieri poterat, licet eam Guldinus non animadvertit.*" Sejam dois triângulos retângulos da mesma altura, mas de bases diferentes, HDA e HDG. A cada linha paralela a HD do segundo – MF, LE – corresponde uma linha – KB, IC – do primeiro. Segundo parece, dever-se-ia poder concluir daí que o conjunto das linhas do primeiro é igual ao conjunto das linhas do segundo e, portanto, que HDA é igual a HDG. Mas, responde Cavalieri, com relação ao *transitus* de A a H, as linhas KB e IC *non aequaliter distent inter se ac duae* MF e LE. Por conseguinte, não são linhas correspondentes ou homólogas (p. 238 e segs.). Em compensação, a técnica da "régua comum", que determina as linhas IL e KM, permitirá um uso correto do método.

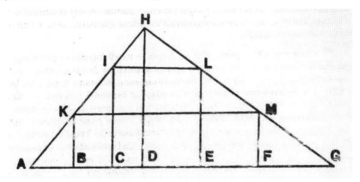

triângulos AFC e CDF se correspondem (são homólogas)[40] (figura 5). Assim, a igualdade entre elas implica a igualdade dos triângulos em questão e, portanto, o fato de que a superfície do triângulo (o conjunto de suas linhas) é exatamente igual à metade da de um paralelograma que tem a mesma base e a mesma altura.[41]

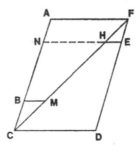

Fig. 5

---

40   *Geometria continuorum*. II, *Theorema* XIX, prop. XIX. p. 146: "*Si in parallelogrammo diameter ducta fuerit, parallelogrammum duplam est cujusuis triangulorum per ipsam diametrum constitutorum.*"

41   Segue-se (*corrolarium* I, p. 147) que "*in unoquoque expositorum triangulorum sumptis duobus quibusuis lateribus, fieri potest sub ilis in eodem angulo parallelogrammum cuius triangulum sit dimidium*". A demonstração de Cavalieri se baseia na análise da figura abaixo, na qual AB = BC e, por conseguinte, as linhas RT do triângulo CEA são iguais a RS (metade de AC) + ST, e as linhas TV do triângulo CEG são iguais a SV (metade de AC) − ST. Encontra-se uma exposição simplificada, mas exata, em ZEUTHEN. Op. cit. p. 260.

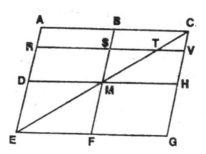

Agora se pode seguir mais adiante e considerar não mais o conjunto das linhas (indivisíveis) traçadas ou marcadas respectivamente no triângulo AFC e no paralelograma AFCD pelo plano móvel[42] ao deslocar-se de AF para CD, mas o conjunto dos quadrados construídos sobre as linhas.[43] Um desses conjuntos será, evidentemente, um paralelepípedo (prisma quadrado), e o outro, uma pirâmide de base quadrada igual à do paralelepípedo. É possível demonstrar que a relação entre esse segundo conjunto e o primeiro será de 1/3.[44]

Essa proposição, que do ponto de vista estritamente gométrico nada acrescenta de novo – com efeito, todos sabem que uma pirâmide é igual à terça parte do prisma construído sobre sua base –, ocu-

---

42 É verdade que Cavalieri não fala explicitamente do plano móvel, mas ele está pressuposto na noção da *regula*.

43 Os teoremas IX, X, XI, XII, XIII (p. 120-125) haviam introduzido a noção de todos os quadrados (*omnia quadrata*) do paralelograma e estabelecido que (*prop.* XI) "*quorumlibet parallelogrammorum omnia quadrata... habent inter se rationem compositam ex ratione quadratorum dictorum laterum (bases) et altitudinum*" e que (*prop.* XIII) "*similium parallelogrammorum omnia quadrata... sunt in tripla ratione lateram homologorum*".

44 *Theorema* XXIV, *prop.* XXIV: "*Exposito parallelogrammo quocumque, in eoque ducta diametro, omnia quadrata parallelogrammi ad omnia quadrata cuiusvis triangulorum per dictam diametrum constituorum erunt in ratione tripla.*" No teorema XXII. p. 150, foi demonstrado que essa relação é constante para todos os paralelogramas, CANTOR, M. Op. cit. p. 842, considera que é na previsão desse teorema que Cavalieri determina seus indivisíveis pela interseção, com o plano da figura estudada, de um plano – e não de uma linha – móvel: "*Man könnte die Frage aufwerfen, wesshalb eine solche Entstehungsweise der durch eine sich fortschiebende Gerade vorgezogen ist? Cavalieri aüssert sich nicht darüber aber vielleicht bestach ihn, dass diese Auffassung ihm gestattete, den Satz von dem Verhältnisse der Gesammthëiten von Quadraten der Geraden des Parallelogrammes und des halbsogressen Dreiecks den Sinnen näher zu bringen. Besitzt die fliessende Ebene welche man senkrecht zu den gegebenen Figuren sich vorstellen darf, die Gestalt eines Quadrates derjenigen Geraden, durch welche sie just hindurch geht, so bilden alle diese Quadrate über dem Parallelogramme ein Parallelopipedon, über dem Dreiecke eine Pyramide, welche, da beide Körper von gleicher Höhe und gleicher Grundfläche sind, ein Drittel des Parallelopipedons an Rauminhalt besitzt.*" Evidentemente, isto é inteiramente possível. Entretanto, convém observar que, em sua demonstração do teorema em questão, Cavalieri não faz qualquer uso dessa possibilidade de tornar a relação entre os conjuntos de quadrados acessível aos sentidos. Pelo contrário, sua demonstração se baseia no estudo da figura plana.

pa, entretanto, um lugar muito importante na obra de Cavalieri, que não deixa de insistir em seu alcance e nos progressos que ela permite atingir.[45] No que tem toda razão, pois sua proposição, que ele chega, aliás, a estender a potências superiores a 2,[46] por isso mesmo

---

45   Cf. *Exercitationes geometricae*. Ex. *quarta*. p. 124 e segs. – MONTUCLA, J. F. Op. cit. p. 39-40 caracteriza muito bem essa segunda parte da *Geometria* de Cavalieri, embora sua caracterização da primeira deixe a desejar (tendo em vista, bem entendido, a má interpretação original): "A geometria dos indivisíveis pode ser dividida em duas partes: uma tem como objeto a comparação das figuras entre si com o auxílio da igualdade ou da relação constante que existe entre seus elementos semelhantes. É do que se ocupa o geômetra italiano em seu primeiro livro e numa parte do segundo. Aí ele demonstra, à sua maneira, a igualdade ou as relações entre os paralelogramas, os triângulos, os prismas etc. de mesma base e mesma altura. Tudo isso pode reduzir-se a uma proposição geral, que é a seguinte: *Todas as figuras cujos elementos crescem ou decrescem semelhantemente da base ao topo estão na mesma proporção em relação à figura uniforme de mesma base e de mesma altura.*
"A segunda parte da geometria dos indivisíveis se ocupa em determinar a relação da soma dessa infinidade de linhas ou de planos crescentes ou decrescentes com a soma de um número semelhante de elementos homogêneos a esses primeiros, mas todos iguais entre si. Um exemplo esclarecerá isso. Um cone, na linguagem de Cavalieri, é composto de um número infinito de círculos decrescentes da base ao topo, enquanto o cilindro, de mesma base e mesma altura, é composto de uma infinidade de círculos iguais. Portanto, ter-se-á a proporção do cone para o cilindro se se encontrar a relação entre a soma de todos os círculos decrescentes no cone e infinitos em número e soma de todos os círculos iguais do cilindro, cujo número é igualmente infinito. No cone, os círculos decrescem da base para o topo, como os quadrados dos termos de uma progressão aritmética. Em outros corpos, seguem uma progressão... O objeto geral do método é determinar a relação dessa soma de termos crescentes ou decrescentes com a soma de termos iguais de que é formada a figura uniforme e conhecida, de mesma base e mesma altura."
Como já afirmei, Cavalieri nunca fala de "somas", mas sempre de conjuntos ou de agregados.

46   Inicialmente, ele o fez em suas *Centuriae di varii problemi per dimonstrare l'Uso et la facilita del logaritmi nella Gnomonica, Astronomia, Geografia.* Bononiae, 1640. Em suas *Exercitationes* (p. 243-244) ele nos diz: "*Cum enim praecipue fusum parabolicum animo circumvoluerem, animadverti illius mensuram haberi posse, si in proposito quocumque parallelogrammo ducto diametro, sumptoque pro regula quolibet illius latere, patefieret ratio omnium quadrato-quadratorum parallelogrammi ad omnia quadrato-quadrata cuiuslibet factorum a diametro triangulorum. Quaerens ergo huiusmodi proportionem*

excedendo o contexto da geometria propriamente dita, e da qual afirma até o valor geral, é, como bem disse Zeuthen,[47] o equivalente exato da fórmula do cálculo integral (que, de resto, daí deriva):

$$\int_0^a x^2\, dx = \frac{1}{3} a^3 \quad \text{e de sua generalização} \quad \int_0^a x^n\, dx = \frac{1}{n+1} a^{n+1}$$

A noção de todos os quadrados (*omnia quadrata*) de uma figura plana, noção que Cavalieri, aliás, generaliza inicialmente na noção de todos os paralelogramas (*omnia parallelogramma*), e depois até na de todas as figuras semelhantes (*omnes figurae similis*),[48] dá lugar a múltiplas e engenhosas aplicações[49] que, todavia, em princípio nada nos trazem de novo. O mesmo não ocorre no que diz respeito à utilização das integrações dos elementos lineares, das integrações dos

---

eam quintuplam esse tandem cognoui. Recolens autem ex mea Geometria lib. 2, prop 19 omnes lineas dicti parallelogrammi esse duplas omnium linearum dicti trianguli, omnia quadrata ex Pro. 24 esse tripla omnium quadratum eiusdem, ne hiatus mihi relinqueretur inter quadrata, et quadratoquadrata, animum ad detegendam quoque rationem omnium cuborum parallelogrammi ad omnes cubos dicti trianguli, eamque quadruplam adinueni. Ita ut denique non sine magna admiratione comprehenderim omnes lineas esse duplas, et omnia quadrata esse tripla, omnes cubos esse quadrupla etc. ex quibus arguebam omnes quadratocubos esse sextuplos, omnes cubocubos octuplos [Cavalieri ou seu editor se engana ao grafar *octuplos* em lugar de *septuplos*], *et sic deinceps iuxta naturalem ordinem numerorum ab unitate deinceps expositorum."*

47   ZEUTHEN, H. G. Op. cit. p. 261.
48   Cf. *Geometria continuorum*. liv. II, *Theorema* XXII, *corrolarii*. p. 153 e segs.
49   Cf. por exemplo, liv. II, *Theorema* XXVIII, que estuda a relação de *"omnia quadrata parallelogrammi ad omnia quadrata trapezii"*; *Theorema* XXXIII, que demonstra que, dadas duas figuras planas (quaisquer), a relação dos sólidos engendrados a partir delas será como a de *"omnia quadrate earumdem figurarum"*; liv. III, *theorema* I, que se ocupa da relação das *"omnia quadrata portionis circuli, vel Ellipsis, ad omnia quadrata parallelogrammi in eadem basi, et altitudine cum portione constituti"*; *Prolema* I, *prop.* VIII que ensina como *"a dato circulo, vel ellipsi portionem abscindere per lineam ad eiusdem axim, vel diametrum ordinatim applicatam, cuius omnia quadrata ad omnia trianguli in eadem basi, et altitudine cum ipsa portione habeant rationem datam"* etc.

quadrados, dos cubos etc. De início, ela permite a Cavalieri dar uma solução simples e fácil ao problema da determinação da superfície e do volume da pirâmide e do cone. Com efeito, os elementos (indivisíveis) das superfícies crescem na proporção simples (aritmética), e os elementos dos volumes, na proporção dupla (geométrica) de suas distâncias do topo. Daí resulta que a superfície será igual à metade, e o volume, ao terço, respectivamente da superfície e do volume do paralelepípedo (cilindro) correspondente.[50]

Mais interessante ainda me parece a utilização das integrações em questão para a solução de problemas no plano. Assim, a do conjunto da progressão dos quadrados permite a Cavalieri efetuar, numa operação e de modo extremamente elegante, a quadratura da parábola clássica[51] (figura 6). Basta enquadrar a parábola ou, mais exatamente, um segmento dela, num paralelograma que tenha por base uma reta que passe por seu topo, e de notar que as linhas traçadas entre essa base e a parábola (as linhas NM) são proporcionais aos quadrados das distâncias entre elas e o diâmetro da parábola (CN) para concluir que o conjunto dessas linhas (*omnes lineae*), que forma o "trilíneo" (*trilineum*) CHE, está para o conjunto das linhas que formam o segmento do paralelograma CMHG na proporção de 1 para 3. Segue-se que a área do segmento da parábola é igual a 2/3 do paralelograma correspondente.

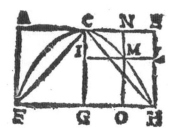

Fig. 6

---

50   Ibidem. liv. II, *Corrolarii IV generalis*, J. *Sectio IX.* p. 185.
51   Ibidem. liv IV, *Theorema I, prop.*, I. p. 285: "*Si parallelogrammum, el triangulum fuerint in eadem basi, et circa eundem axim, vel diametrum cum parabola; parallelogrammum crit parabolae sesquialterum, triangulum autem erit eiusdem parabolae subsesquitertium.*"

Um passo a mais e, modificando de maneira extremamente interessante sua técnica, a saber, abandonando a exigência da coincidência, no plano da figura estudada, do plano móvel com o elemento individual que ele determina, Cavalieri estende o conceito de indivisível a elementos curvilíneos, como, por exemplo, às circunferências concêntricas ao círculo, encarado daí por diante como o conjunto de todas as circunferências concêntricas (*omnes circumferentiae circuli*), o que, por sua vez, permite estudar as figuras curvilíneas, coordenando seus elementos (indivisíveis e curvilíneos), não só com elementos análogos de figuras semelhantes – estabelecendo, assim, uma correspondência entre as "circunferências" de dois círculos –, mas também coordenando os elementos homólogos de figuras não semelhantes – estabelecendo, dessa forma, uma correspondência entre as circunferências do círculo e as retas de um triângulo[52] – e até os elementos

---

52 Assim, no liv. VI, *Theorema* IV, prop. IV. p. 429: "*Dati circuli, nec non similes sectores inter se sunt, ut omnes eorundem circumferentiae*", Cavalieri estabelece uma correspondência entre um círculo e um triângulo: "*... manifestum erit praedictam circumferentiam aequari praedictae parallelae lateribus HO, HM interceptae, et unicuique circumferentiae in circulo ABCD, sic descriptae respondere suam parallelam in triangulo HOM cum sint rectae HM, MD aequales; igitur concludemus omnes circumferentias circuli, DABC, aequari omnibus lineis trianguli HOM*" etc. O teorema V põe em confronto conjuntos de circunferências: "*Sectores inter se comparati... habent eadem rationem quam omnes ipsarum circumferentiae ad omnes illarum circumferentias.*"

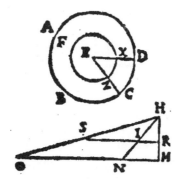

curvilíneos de estrutura inteiramente diferente. É assim que, através de um raciocínio ao mesmo tempo ousado e sutil, Cavalieri chega a juntar a espiral arquimediana à parábola clássica[53] (figura 7). A construção de Cavalieri, como se pode verificar facilmente, equivale a um "desenvolvimento" ou um "desdobramento" da curva.[54]

A concepção dos indivisíveis como elementos correspondentes das figuras estudadas triunfa no que Cavalieri chama de "segundo" método dos indivisíveis, a cuja exposição dedica o Livro VII da *Geometria continuorum*.

---

53 Liv. VI, *Theorema* IX, prop. IX. p. 437: "*Sapatium comprehensum a spirali ex prima revolutione orta, et prima linea, quae initium est revolutionis, est tertia pars primi circuli*".
54 MONTUCLA, J. F. *Histoire des Mathématiques*. p. 41: "Imagine-se um círculo dentro do qual se descreve uma espiral e que se desenvolva esse círculo no triângulo CAa, cuja base é a circunferência e cuja altura é o raio que toca a espiral no centro. Se todas as circunferências medianas forem semelhantemente desenvolvidas em linhas retas paralelas à base Aa, a curva espiral se achará transformada num arco parabólico cujo topo estará em Ct." Cf. a figura abaixo.

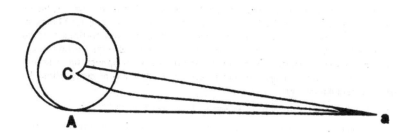

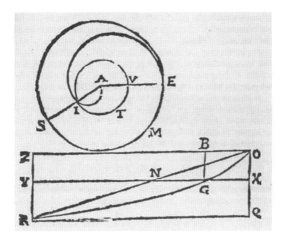

Fig. 7

No prefácio desse sétimo livro, Cavalieri nos explica que deixa aos leitores a tarefa de julgar se o método dos indivisíveis desenvolvido nos seis livros precedentes é tão indubitavelmente certo que convenha à dignidade das matemáticas. Bem entendido, Cavalieri acredita que sim, mas se dá conta de que as noções fundamentais de seu método – "todas as linhas" e "todos os planos" – fazem com que seus contemporâneos hesitem, por lhe parecerem "mais obscuras do que as trevas cimérias". Ora, embora absolutamente não seja assim, notadamente porque os indivisíveis não servem, de modo algum, para compor o contínuo, não é menos verdadeiro o fato de que essa maneira de se exprimir é considerada, tanto pelos filósofos como pelos geômetras, obscura demais e "mais dura" do que deveria ser.[55]

---
55 *Geometria continuorum.* 1, VII. p. 482, *In quo quaecumque in antecedentibus Libris methodo indivisibilium demonstrata fuere, alia ratione, ab eadem independente, breviter ostenduntur.* Praefatio: "Geometriae in sex prioribus Libris, per eam quam indivisibilim methodum non incongruè appelamus, hactenus promotae, talis fuit, qualis hucusque videri potuit, structura, nec non talia, qualia iacta sunt fundamenta. Illa quidem adeo firma, atque inconcussa, esse docuit, ut velut adamantina summorum ingeniorum tamquam arietum ictibus pulsata ne minimum quidem nutantia agnoscerentur. Hoc enim Mathematicarum dignitati, ac summae certitudini, quam prae omnibus alijs humanis scientiis, nemine philosophorum reclamante, ipse sibi vindicarunt, maxime conuenire manifestum est. An id ego sufficienter praestiterim aliorum*

iudicio relinquam, unicuique enim haec perlegenti ex animi sui sententia iudicare licebit. Haud quidem me latet circa continui compositionem, nec non circa infinitum, plurima a philosophis disputari quae meis principiis obesse non paucis fortasse videbuntur, propterea nempe haesitantes quod omnium linearum, seu omnium planorum conceptus cimerijs veluti obscurior tenebris inapprehensibilis videatur: Vel quod in continui ex indivisibilibus compositionem mea sententia prolabatur: vel tandem quod unum infinitum alio maius dari posse pro firmissimo Geometriae sternere auserim fundamento, circa quae millibus qui passim in scholis circumferentur argumentis, ne Achillea quidem arma resistere posse existimantur. His tamen ergo per ea, quae lib. 2, prop. 1. ac illius scholio praecipue declarata, ac demonstrata sunt, satisfieri posse diiudicavi: quod conceptum enim omnium linearum, seu omnium planorum informandum, facile hoc per negationem nos consequi posse existimaui, ita nemper ut nulla linearum, seu planorum excludi intelligatur, Quoad continui autem compositionem, manifestum est ex praeostensis ad ipsum ex indivisibilibus componendum nos minime cogi, solum enim sequi continua indivisibilium proportionem, et e converso, probare intentum fuit, quod quidem cum utraque positione stare potest, tandem vero dicta indivisibilium aggregata non ita pertractauimus ut infinitatis rationem, propter infinitas lineas, seu plana subire videntur, sed quatenus finitatis quandam conditionem, et naturam fortiuntur, ut propterea et augeri et diminui possint, ut ibidem ostensum fuit, is ipsa prout diffinita sunt accipiantur. Sed his nihilominus forte obstrepent Philosophi, reclamanbuntque Geometrae, qui purissimos veritatis latices ex clarissimis haurire fontibus consuescunt sic objicientes. Hie dicendi modus adhuc videtur subobscurus, durior quam par est euadit hic omnium linearum seu omnium planorum conceptus, quapropter hunc tuae Geometriae nodum aut auferas, aut saltem frangas, nisi dissoluas. Fregissem quidem fateor, o Geometrae, vel omnio a prioribus libris sustulissem, nisi indignum facinus mihi visum fuisset nova haec Geometria veluti mysteria sapientissimis abscondere viris; ut, his fundamentis, quibus tot conclusionum ab alijs quoque ostensarum veri tates adeo mirè concordant, alicuius industria melius forte concinnatis, huiusce nodi exoptatam illis dissolutionem aliquando praestare possint. Interim qualiscunque mea fuerit illius tentata dissolutio, ipsum tamen in praesenti libro, nouis alijs denuo straits fundamentis, quibus ea omnis, quae indivisibilium methodo in antecedentibus Libris iam ostensa sunt, alia ratione ab infinitatis exempta conceptu comprobantur, omnino è medio tollendum esse censui. Hoc vero praecipue a nobis factum est, tum ut apud eos, quibus nostra haec indivisibilium methodus minus probabitur, non indigne nostram hanc de continuis doctrinam Geometriae titulo insignari clarius elucescat; tum etiam ut appareat, quod non levi ratione ducti, cum possemus cuncta per indivisibilium methodum praeostensa, tantum per huius Libri fundamenta demonstrare, illam quoque methodum tanquam nouam et consideratione dignam, fuimus prosequuti. Nodum vero ipsum, cui negotium facesseret, non inaniter

De fato, os conceitos em apreço, a saber, os de "todas as linhas" e de "todos os planos" não são, absolutamente, indispensáveis. Pode-se, perfeitamente, prescindir desse meio-termo e, em vez de considerar os conjuntos formados por *todas* as linhas ou *todos* os planos de uma figura e de um corpo para em seguida chegar à própria figura ou ao próprio corpo, é possível abreviar o raciocínio e chegar diretamente das linhas ou dos planos às figuras e aos corpos.[56] Com efeito, basta decompor essas figuras (ou esses corpos) em redes semelhantes de linhas (ou de planos) paralelas (equidistantes) em número indeterminado. As relações entre os elementos (indivisíveis), assim determinados, de uma figura (corpo) e os elementos correspondentes da outra permitem chegar – exatamente como se faz, de acordo com o primeiro método – às relações entre as próprias figuras.[57]

in praecedentibus Libris relictum esse quinimo nos ipsum alicui Alexandro aut frangendem, aut iuxta scrupolissimi cuiusque Geometrae vota dissoluendum, merito reseruasse, non inepte quispiam iudicavit."

56   CANTOR, M. Op. cit. p. 842, caracteriza a diferença entre os dois métodos como se segue: *"Es gibt zwei Methoden der Indivisilien welche zwar beide non jenen Geraden und Ebenen Gegrauch machen, aber in verschiedner Weise; die erste Methode benutze sie vereinigt,* collective, *die zweite einzeln,* distributive. *Innerhalb zweier miteinander zu vergleichender Figuren muss die Entfernung der als unter einander gleich nachgewiesenen Geraden in der einen wie in der anderen Figur dieselbe sein, aber davon dass die Indivisibilien einer Figur der Bedingung gleicher gegenseitiger Entferung unterworfen wären, ist keine Rede. Die Geraden sind, in Übereinstimmung mit dem im ersten Werke Vorgetragenen, auch Durchschnittslinien der gegebenen ebenen Figur mit einer im Flusse begreiffenen Ebene,* planum motum sive fluens". Mais uma vez, nada se tem a objetar contra Cantor..., salvo o desconhecimento da importância do segundo método para a intelecção da obra de Cavalieri e a falta de entendimento do sentido dessa obra.

57   Op. cit., liv. VII, theorema I, prop. I. p. 484: "*Figurae planae quaecunque in eisdem parallelis constitutae, in quibus ductis quibuscunque eisdem prallelis aequidistantibus rectis lineis, conceptae cuiuscumque rectae lineae portiones sunt aequales, etiam inter se aequales erunt: Ex figurae solidae quaecunque in eisdem planis parallelis constitutae, in quibus, ductis quibuscunque planis parallelis aequidistantibus, conceptae cuiuscunque sic ducti plani in ipsis solidis figurae planae sunt aequales, pariter inter se aequales erunt. Dicantur autem figurae aequaliter analogae tum planae, tum ipsae solidae inter se comparatae, ac etiam juxta regulas lineas, seu plana parallela, in quibus esse supponuntur, cum hoc fuerit opus explicare.*" Cf. *Exercitationes geometricae*. p. 3 e segs.

O primeiro teorema do Livro VII (que ainda hoje leva o nome de Cavalieri) proclama, assim, que "as figuras planas, colocadas entre duas paralelas, nas quais quaisquer linhas paralelas àquelas duas primeiras decompõem segmentos iguais, são iguais". O mesmo se dá com relação aos corpos, com a ressalva de que, no lugar de linhas, empregam-se planos.[58]

Evidentemente, é injusto – como fez a história e muitas vezes o fazem os historiadores – restringir a aplicação do segundo método ao caso de igualdade. É claro – e Cavalieri o diz *expressis verbis* – que ele tem um alcance tão geral quanto o primeiro, e que tudo o que pode ser ou foi demonstrado pelo primeiro pode sê-lo pelo segundo.

---

58   *Exercitationes Geometricae*, I. *De priori methodo indivisibilium*, § VI. p. 4: "*Sint enim ex. gr. duae quaecunque figurae planae ABCD, EFGH, in ijsdem parallelis IK, LM, constitutae, eorum autem altera, ut LM, sumatur tanquam regula parallelorum in eisem figuris numero indefinita ducibilium, quorum aliquae in figura ABCD sint, NO, BD, PQ etc. et in figura EFGH, ipsae, RS, FH TV etc. Nunc ergo dipliciter possumus comparare lineas figurae ABCD, ad lineas figurae EFGS, nempe vel collective hoc est comparando aggregatum vel distritutive sc. comparando singillatim quamlibet rectam figurae; ABCD, cuilibet rectae figurae, EFGH, sibi in directum existenti. Iuxta priorem rationem procedit prior methodus, comparat enim ad invicem aggregata omnium linearum planarum figurarum, et aggregata omnium planorum solidorum, quotcunque illa sint. At iuxta priorem se habet posterior methodus comparat enim singulas lineas singulis lineis, et singula plana singulis planis, ijsden in directum constitutis. Utraque autem tradit suam regulam generalem ad figurarum mensuram comparandam, quarum prior talem profert.*" – § VII. p. 5:"*Si in duabus quibuscunque figuris planis, etiam non in eadem altitudine existentibus omnes lineae unius figurae, cuidam signatae regulae parallelae mente descriptibles, et collective sumptae, fuerint aequales omnibus lineis alterius figurae, cuicunque signate regulis parallelis, mente descriptibilibus, et collective sumptis; etiam ipsae figurae erunt aequales et è contra. Ut in schemate nu. 5, si sint aequales, RS, NO, ut et FH, BD, nec non TV, PQ et reliquae etc. collective sumptae; etiam ipsae figurae ABCD, EFGH erint aequales. Immo universaliter quamcunque rationem habuerint omnes lineae ad omnes lineas, eandem habebunt, et ipsae planae figurae. Similiter in solidis, si omnia plana unius fuerint aequalia omnibus planis alterius, sumptis ijsdem quibuscunque regulis, etiam ipsa solida erunt aequalia: et si omnia plana habuerint quamcunque rationem inter se, eadem habebunt et supponantur figurae solidae, et fuerint aequalia plana, RS, NO; FH, BD; TV, PQ et reliqua etc., etiam ipsae figurae ABCD, EFGH, erunt aequales: vel quamcunque illa collectivè sumpta habuerint rationem, eadem et ipsae figurae solidae retinebunt.*"

De fato, o Livro VII da *Geometria continuorum* nos apresenta toda uma série dessas demonstrações paralelas, inclusive a demonstração das proposições relativas à parábola.

O "segundo" método dos indivisíveis me parece confirmar inteiramente a interpretação que procurei dar ao pensamento de Cavalieri. Com efeito, a operação fundamental desse método consiste, *explicitamente*, no estabelecimento de uma correspondência unívoca e recíproca entre os elementos (indivisíveis) homólogos dos objetos estudados.[59]

*

Um estudo exaustivo da obra de Cavalieri deveria passar, agora, à análise da aplicação de seu método ou, mais exatamente, de seus métodos, aos problemas da geometria no espaço, em particular à determinação das superfícies e dos volumes dos corpos de revolução, bem como à sua polêmica, infinitamente instrutiva, com Guldin. Mas não posso fazê-lo aqui. Todavia, espero ter dito o bastante para mostrar toda a originalidade e toda a profundidade do pensamento do grande geômetra italiano, todo o interesse de seu esforço no sentido de evitar os raciocínios infinitesimais (infinitamente pequenos, passagem ao limite), substituindo-os por raciocínios com o finito.

---

59   Ibidem. § VII, p. 5: "*Posterior methodus paulo strictiorem affert, et est huiusmodi. Si in duabus quibuscunque figuris planis in ijsdem parallelis constitutis, quorum altera sit regula singulae lineae cum singulis lineis in directum existentibus, comunique regulae parallelis, collatae, fuerint aequales; etiam ipsae figurae erunt aequales. Immo universaliter quamcunque rationem communiter habuerint dictae lineae singillatim sumptae, eandem habebunt et ipsae figurae. Sic in solidis in plana unius communi regulae aequidistantia fuerunt aequalia planis alterius eidem regulae aequidistantibus, etiam ipsa solida erunt aequalia: et quamcunque rationem communiter habebuerint inter se, eandem habebunt et ipsa solida, quae tamen supponimus esse in ijsdem oppositis tangentibus planis, quorum alterum sit eorum communis regula.*" – § IX: "*Ex his duabus unica regula genralissima construi potest, quae erit totius dictae Geometriae compendium, nempe huiusmodi. Figurae tam planae quam solidae, sunt in ratione omnium suorum indivisibilium collective, et (si in ijsdem reperiatur una quaedam communis ratio) distributive ad invicem comparatorum.*"

Nos cursos de cálculo diferencial e integral de minha juventude, havia o hábito de nos apresentar a derivada de um corpo como uma superfície e a derivada de uma superfície como uma linha. Portanto, não creio estar deformando exageradamente o pensamento de Cavalieri ao insinuar que seus "indivisíveis" são espécies de derivadas pela comparação das quais procura estabelecer as relações entre suas funções primitivas e até mesmo determinar essas funções.

PASCAL SÁBIO[1]

Fazer uma ideia precisa da personalidade e da obra científica de Pascal constitui penosa tarefa; talvez até impossível. Com efeito, uma boa parte dessa obra se perdeu, notadamente o grande *Tratado das cônicas*, de que fala Mersenne em suas *Cogitata physico-mathematica* e cujas qualidades são por ele exaltadas em carta a Huygens.[2] Não dispomos, tampouco, do *Tratado do vácuo*, de que nos ficou apenas o prefácio, com alguns fragmentos,[3] nem do *Tratado de mecânica*, do qual nada nos restou.

Quanto à personalidade de Pascal, foi tão deformada pela hagiografia pascalina que é extremamente difícil dela tratar sem isenção. Mas é o que procurarei fazer hoje, mesmo com o risco de passar por antipascalino.

Todavia, é claro que só lhes poderei fazer uma exposição sumária, muito rápida, muito breve e muito superficial. Com efeito, se

---

[1] Texto de uma comunicação feita em novembro de 1954 a um Seminário sobre Blaise Pascal. Extraído de *Blaise Pascal, l'homme et l'oeuvre*. Paris: Les Éditions de Minuit, 1956. p. 260-285 (Cahiers de Royaumont, Philosophie, n. 1).

[2] Cf. MERSENNE, R. P. M. *Cogitata Physico-mathematica*. Paris, 1644, prefácio: *Unica propositione universalissima, 400 corollariis armata, integrum Apollonium complexus est*; carta a Huygens, março de 1648. *Obras Completas de Huygens*. v. 1, p. 83: "Se vosso Arquimedes vier convosco, nós o faremos ver um dos mais belos tratados de geometria, como nunca viu, que acaba de ser concluído pelo jovem Pascal." Em sua *Comunicação à academia parisiense* (1654). Pascal anuncia: "*Conicorum opus completum et conica Apollonii sexdecimum aetatis annum assecutus excogitavi, et deinde in ordinem congressi.*"

[3] Este *Tratado do vácuo*, anunciado pelas *Novas experiências sobre o vácuo* (em 1647) parece ter sido completado somente em 1651. Com efeito, em sua carta ao Senhor de Ribeyre, de 12 de julho de 1651, Pascal diz que está terminando um tratado que explicará "qual é a verdadeira causa de todos os efeitos que se atribuiu ao horror do vácuo".

a obra disponível do físico Pascal é muito reduzida e consiste, em suma, de algumas experiências, entre as quais a célebre experiência do Puy de Dôme, e dos pequenos tratados dedicados à elaboração ou, mais exatamente, à sistematização da hidrostática, a obra do matemático,[4] mesmo reduzida ao que nos restou, é bastante vasta e, sobretudo, bastante variada, pois consiste, principalmente, no estudo e na solução de problemas concretos. Sua análise detalhada, portanto, seria um tanto longa e difícil. Pelo menos, para nós. Certamente, seria menos difícil para os contemporâneos de Pascal, pois estes, como o próprio Pascal, tinham sobre nós uma vantagem nada desprezível. Sabiam geometria como nós não sabemos mais. Em compensação, sabemos muitas outras coisas, talvez mais importantes, mais fecundas, mais poderosas, como, por exemplo, a álgebra e o cálculo infinitesimal que eles justamente estavam elaborando. Por isso, temos a superioridade de poder resolver facilmente problemas que, para eles, eram muito tormentosos e lhes custavam muito trabalho. Infelizmente, essa superioridade de nada nos serve – muito pelo contrário – quando se trata de refazer a história e de compreender exatamente o pensamento deles. Não somos capazes, como eles, de raciocinar "à maneira dos antigos", isto é, dos gregos, nem mesmo "à maneira dos modernos", ou seja, *grosso modo*, à maneira de Cavalieri ou de Fermat. Não compreendemos, por exemplo, por que, em 1658, Pascal acha necessário demonstrar, "à maneira dos antigos", a igualdade entre a parábola e a espiral, proposição que atribui a Roberval, embora tivesse sido estabelecida já havia algum tempo, de modo bastante difícil, é verdade, por Cavalieri, e, muito elegantemente, por Torricelli, que Pascal não menciona. A menos que não o tenha feito, justamente – *sit venia verbo* – para diminuir o prestígio de Torricelli, *bête noire* de Roberval, o mestre e amigo de Pascal, e para demonstrar, uma vez mais, a legitimidade dos métodos da geometria dos indivisíveis,[5] do qual, aliás, se serve.

---

4   Hoje a obra científica de Pascal é facilmente acessível na segunda edição das *Oeuvres Complètes* de Pascal. Paris: Bibliothèque de la Pléiade, 1954.
5   A expressão "geometria dos indivisíveis" é equívoca. Com efeito, o título da obra de Bonaventura Cavalieri é *Geometria indivisibilibus continuorum nova quadam ratione promota*. Bononiae, 1635, o que quer dizer: *Geometria dos contínuos, tratada... pelo meio dos indivisíveis*, e não: *geometria dos indivisí-*

Com efeito, para Pascal – como também para Cavalieri e Torricelli –, a única geometria realmente verdadeira e bela é a geometria dos gregos. Para nós, não é mais o caso. Assim, quando empreendemos o estudo dos geômetras do século XVII, entre os quais Pascal, que fazemos? Traduzimos os raciocínios pascalinos na nossa própria linguagem, escrevemos algumas fórmulas algébricas, uma ou duas integrais – operação a que Pascal se presta particularmente bem, como observou Nicolas Bourbaki[6] que, a seu gênio matemático, reúne um conhecimento muito profundo da história dessa ciência – e temos a impressão de compreender. Na realidade, não é assim, pois, traduzindo Pascal em fórmulas, deformamos e até desfiguramos profundamente seu pensamento, que se caracteriza essencialmente pela *recusa* das fórmulas, recusa pela qual Pascal pagou bem caro, deixando de fazer, ele próprio, as duas grandes descobertas: a da fórmula do binômio, que deixou para Newton, e a da diferencial, que deixou para Leibniz, descobertas que estes fizeram depois dele e, certamente, graças a ele.

Como explicar essa recusa das fórmulas? Em última análise, ela repousa, seguramente, na própria estrutura do gênio de Pascal. Com efeito, os historiadores das matemáticas nos dizem que, *grosso modo*, há dois tipos de espírito matemático, a saber, os geômetras e os algebristas. De um lado, aqueles que têm o dom de ver no espaço, "amarrando fortemente sua imaginação", como diz Leibniz, que são capazes de nele traçar uma multidão de linhas e de perceber, sem confundi-las, suas conexões e relações.[7] De outro lado, aqueles que, como Descartes, acham cansativo esse esforço de imaginação,

---

veis. Mas, como a expressão é empregada por Pascal, empregá-la-ei também. Cf. meu artigo Bonaventura Cavalieri et la géometrie des continus. In: *Éventail de l'histoire vivante, Hommage à Lucien Febvre*. Paris, 1953. v. I, p. 319 e segs., e *supra*, p. 314-327.

---

6   Cf. BOURBAKI, Nicolas. *Éléments de mathématique*. IX, p. 148, n. XX: "Graças ao prestígio de uma língua incomparável, Pascal chega a criar a ilusão da perfeita clareza". Paris, 1949.
7   O Padre Mersenne, em sua carta a Huygens, citada na nota 2, falando da solução, obtida por Pascal, "do lugar de Papos *ad 3, 4 lineas* que se pretende aqui não ter sido resolvido pelo Senhor des Cartes (sic) em toda a sua extensão", diz que "foram necessárias linhas vermelhas, verdes e pretas etc. para distinguir a grande multidão de considerações..."

como todo esforço de imaginação, e preferem a pureza diáfana das fórmulas algébricas. Para os primeiros, todo problema se resolve por uma construção. Para os últimos, por um sistema de equações. Desargues e Pascal pertencem ao primeiro tipo; Descartes e Leibniz, ao segundo. Para os primeiros, uma seção cônica é um acontecimento no espaço, e uma equação dessa seção cônica não passa de uma representação abstrata e longínqua. Para os últimos, a essência de uma curva é justamente a equação, e sua figura espacial é apenas uma projeção totalmente secundária e às vezes até mesmo inútil.

Léon Brunschvicg escreveu algumas páginas magistrais sobre a oposição do algebrista Descartes ao geômetra Pascal, a oposição de Descartes, o homem *do método*, método onivalente e que deveria ser aplicado a tudo e em toda parte, a Pascal, o homem *dos métodos*, métodos particulares e especiais, próprios a cada caso particular e concreto. Todos as conhecem. Não insistirei nisso.[8]

A atitude de Pascal nos pode parecer estranha, mas, provavelmente, é menos rara do que se crê. Assim, Paul Montel, muito oportunamente, nos lembra[9] uma opinião de Henry Poincaré, que escreveu (a respeito de Descartes): "Um método que reduz a descoberta à aplicação de regras uniformes e que, de um homem paciente faz um grande geômetra, não é verdadeiramente criativo."

Gostaria de acrescentar que a atitude de Pascal, a do geômetra propriamente dito, no século XVII é muito mais normal e muito mais comum do que a de Descartes.[10] Esta última representa, em relação à tradição, uma inovação muito mais profunda e uma ruptura muito mais radical do que as inovações de Cavalieri ou mesmo as de Desargues. Para o século XVII, Descartes, a álgebra, a geometria algébrica é que são coisas difíceis, insólitas, incompreensíveis.

Quanto a Pascal, seu geometrismo inato foi certamente reforçado pela educação matemática que recebeu, e seu antialgebrismo, por sua constante hostilidade para com Descartes.

---

8   Cf. BRUNSCHVICG, Léon. *Blaise Pascal*. Paris, 1953. p. 127 e segs.
9   Cf. MONTEL, Paul. *Pascal mathématicien*. Paris: Palais de la Découverte, 1950.
10 Cf. BOURBAKI, Nicolas. Op. cit., loc. cit. p. 153.

Da educação matemática de Pascal, para dizer a verdade, sabemos muito pouco. O relato hagiográfico da Sra. Périer não deve ser levado a sério. Do relato de Tallemant des Réaux pode aceitar-se a indicação de que, com a idade de 12 anos, Pascal era capaz de ler Euclides, para seu prazer, e de dominar rapidamente seus seis primeiros livros. Isso já é bastante estupendo e suficientemente raro para que precisemos acrescentar alguma coisa.

Podemos admitir, sem receio de nos enganar, que Pascal não se deteve em Euclides e que, desde sua juventude, adquiriu aquele profundo conhecimento da geometria grega, de Arquimedes, de Apolônio, de Papos, que resplandece em sua obra, justamente em sua demonstração da igualdade entre a parábola e a espiral. Isso é tanto mais provável na medida em que seu pai, Étienne Pascal, era um bom conhecedor dessa geometria. Da geometria grega, Pascal passou a Desargues.

Inclino-me a pensar que a influência de Desargues se exerceu através de um intercâmbio pessoal. Com efeito, não creio que alguém, mesmo um gênio como Pascal, tenha sido capaz de compreender e assimilar as ideias e os métodos do grande geômetra lionês para simples leitura do *Brouillon projet d'une atteinte aux événements des rencontres du cône avec un plan* – que, muito justamente, foi cognominado, no século XVII, de *Leçons des ténèbres* – e, sobretudo, de fazê-lo tão depressa a ponto de poder, em 1640, apresentar à Academia Parisiense (a de Mersenne) o *Essay pour les coniques*, no qual a inspiração de Desargues está não apenas patente, como também é vivamente proclamada pelo próprio Pascal.[11] Consequentemente, creio podermos ver em Pascal um verdadeiro discípulo de Desargues, o que, aliás, é honroso, tanto para um como para o outro.

Mas voltemos ao *Essay*. Ao lado de coisas puramente oriundas de Desargues, nele encontramos, nas proposições I e III, o equivalente à famosa "proposição de Pascal", segundo a qual os pontos de encontro dos lados opostos de um hexágono inscrito numa cônica se acham sobre uma linha reta. Essa é, certamente, aquela proposição única a partir da qual Pascal, em seu *Tratado* perdido – pelo menos

---

11 Cf. TATON, R. L'Essay pour les coniques de Pascal. *Revue d'histoire des Sciences*. t. VII, fasc. 1, p. 1-18, 1955.

é o que nos diz Mersenne, sem, entretanto, citar essa proposição –, desenvolverá uma teoria completa dessas linhas.

O hexágono inscrito será, então, denominado *hexágono místico*, e Pascal afirmará que, a cada seção cônica, corresponde um determinado "hexagrama místico", assim como, inversamente, a cada hexagrama corresponde uma determinada seção cônica.

Essa é uma belíssima descoberta, que foi conservada pelo mais puro acaso, a saber, por uma cópia de Leibniz que, em 1675, teve em mãos os papéis de Pascal. Leibniz fez o inventário desses papéis, copiou algumas folhas e, para nossa infelicidade, devolveu os originais a seu legítimo proprietário, Étienne Périer. Esses papéis continham o conjunto dos trabalhos geométricos de Pascal, já anunciados no *Essay pour les coniques* e na *Adresse à l'Académie Parisienne*, de 1654.[12]

Provavelmente, esse conjunto de trabalhos não é o *Tratado das cônicas* de que falara Mersenne, mas, em grande parte, é seu equivalente. No julgar de Leibniz, aliás confirmado pelas poucas páginas por ele conservadas do *Tratado sobre a geração das seções cônicas* (*Generatio conisectionum*),[13] são tratados inspirados em Desargues, e Leibniz, que aconselha a sua impressão, insiste numa publicação imediata. Com efeito, escreve ele, viu surgirem obras – certamente as de La Hire – que têm a marca de uma inspiração idêntica e que poderiam privar a obra de Pascal de seu caráter de novidade.

O julgamento de Leibniz é, portanto, formal: Pascal é um discípulo e continuador de Desargues. Ora, os historiadores de Pascal habitualmente desprezam essa relação entre os dois geômetras, a qual nos é apresentada de maneira totalmente incorreta. Assim, Émile Picard (que, complacentemente, é citado por Jacques Chevalier em sua edição das *Obras completas*[14] de Pascal) nos apresenta Pascal como o inventor dos métodos projetivos "que Poncelet e Chasles seguiriam com tanto brilho no século passado". Assim, Pierre Humbert,

---

12 Cf. Carta de Leibniz a Étienne Périer, de 30 de agosto de 1676. In: PASCAL. *Oeuvres complètes*. 2. ed. Bibliothèque de la Pléiade. p. 63 e segs.: *Adresse à l'Académic Parisiennne*. p. 71 e segs.
13 Ibidem. p. 66 e segs.
14 Ibidem. p. 58.

em sua primeira obra dedicada ao sábio Pascal,[15] nos diz que Pascal foi continuador de Desargues, acrescentando-lhe o gênio. Por meu turno, creio que seria, antes, o caso de dizer: Pascal é Desargues, com a clareza e a sistematização – com efeito, Pascal é claro, enquanto Desargues não o é –, mas o grande gênio criador, o inventor de uma nova forma de geometria, foi Desargues, e não Pascal.

A segunda época de produção matemática de Pascal se situa aproximadamente nos anos 1652-1654, agrupando-se em torno dos trabalhos sobre o triângulo aritmético. É então que Pascal – juntamente com Fermat e independentemente de Galileu, que os precedeu nesse caminho – lança as bases do cálculo de probabilidades. Pelo menos por algum tempo, ele parece ter abandonado a geometria.

No que se refere ao triângulo aritmético, cuja invenção às vezes se atribui a Pascal, trata-se de algo muito antigo. Segundo Moritz Cantor,[16] ele vem dos árabes. Dele se encontra uma forma bastante análoga em Michael Stifel, em 1543, em Tartaglia, em 1556 e, mais próximo de Pascal, em Stevin, em 1625, e em Hérigone, em 1632.[17]

O mérito de Pascal – e trata-se de um grande mérito – consiste, paradoxalmente, no fato de ter girado o triângulo em torno de seu vértice e, por isso mesmo, de o ter transformado, pelo menos em princípio, num quadrado infinito, quadrado subdividido por linhas paralelas, horizontais e verticais, num número infinito de "células". Quanto aos triângulos propriamente ditos, serão constituídos pelas diagonais que ligam os pontos correspondentes das referidas subdivisões. Essas diagonais formarão as "bases" dos triângulos sucessivos.

No quadrado assim constituído, as células da primeira fileira ou "ordem" só contêm o número 1; as da segunda, os números simples; as da terceira, os números triangulares; da quarta, os números piramidais; e assim por diante. Nas mãos de Pascal, que descobre toda uma série de relações extremamente interessantes e curiosas entre os nú-

---

15   Cf. HUMBERT, Pierre. *Cet effrayant génie, L'Oeuvre scientifique de Blaise Pascal*. Paris, 1947. p. 19, 34, 47.
16   Cf. CANTOR, Moritz. *Vorlesungen über Geschichte der Mathematik*. Bd. II, Leipzig, 1900. p. 434, 445.
17   Cf. BOUTROUX, Pierre. Introduction au *Traité du triangle arithmétique dans Oeuvres de Blaise Pascal*. Paris: Ed. L. Brunschvicg e P. Boutroux, 1908. t. III, p. 438 e segs.

meros inscritos nas células (segundo o lugar que essas células ocupam nas "bases" e "ordens" "paralelas" [horizontais] e "perpendiculares" [verticais] do quadro), o "triângulo aritmético" se torna um instrumento engenhoso e poderoso para a solução de problemas de combinações e de probabilidades. Entre outras, Pascal nos demonstra (depois de Hérigone, porém, e mesmo depois de Tartaglia) que as "bases" nos fornecem os coeficientes das potências inteiras do binômio.

Só havia mais um passo a dar: pesquisar a estrutura e a ligação interna dos números que formam as bases e determinar-lhes a fórmula geral. Mas Pascal não deu esse passo. Seu antialgebrismo, sua aversão à fórmula, de que já falei, o levam a deixar de fazer essa grande descoberta. Ele não acha porque não procura.[18]

Em compensação, tendo-a procurado – certamente depois de muitos outros –, encontrou a fórmula geral ou, mais exatamente, a *regra* que permite determinar o número de combinações de *m* objetos tomados *p* a *p*.[19]

Enfim, mencionemos como, pertencendo ao mesmo período do *Tratado do triângulo aritmético* – ou, talvez, um pouco anterior a este –, o interessantíssimo pequeno tratado sobre a *Soma das potências numéricas*,[20] no qual, aproximando, depois de Fermat e Roberval, a soma das potências de uma progressão aritmética da "soma" das linhas ou das figuras planas, como a praticava a geometria dos indivisíveis, Pascal transpõe diretamente os resultados obtidos do campo do descontínuo aritmético para o campo do contínuo geométrico.

Assim, escreve: "Tanto os que são mais como os que são menos versados na doutrina dos indivisíveis reconhecerão facilmente quanto essa concepção é útil para a determinação das áreas curvilíneas. Com efeito, as parábolas de todo tipo e uma infinidade de outras curvas podem ser facilmente medidas. Portanto, se se quisesse aplicar à quantidade contínua o que, por esse método, encontramos para os números, poder-se-iam estabelecer as seguintes regras..." Essas "regras", que não cito, resultam na regra geral:

---

18 Não procura, tampouco, como o fará Wallis, em sua *Arithmetica infinitorum*, utilizar o "triângulo" para os cálculos geométricos.
19 Ibidem. p. 442 e segs.
20 *Potestatum Numericarum Summa, Oeuvres complètes*. p. 166-171.

> "A soma das mesmas potências está para a potência imediatamente superior à maior delas, como a unidade está para o expoente da potência superior."[21]

Além desse engenhoso e fecundo (embora menos original do que habitualmente se pretende) relacionamento entre duas ordens de grandezas – a aritmética e a geométrica – que a tradição clássica se obstinava em manter separadas, encontra-se nesse pequeno tratado a famosa e célebre passagem sobre as relações entre diferentes ordens de grandeza, na qual se pretendeu, por vezes, reconhecer a mais profunda intuição do pensamento de Pascal, intuição que subentende tanto seu pensamento matemático quanto seu pensamento filosófico e mesmo teológico. Eis a passagem, que constitui a conclusão do *Tratado sobre a soma das potências numéricas* e que se segue, imediatamente, à regra de integração que acabo de citar:[22]

> "Não me deterei nos outros casos, porque não é aqui o lugar de estudá-los. Bastará ter enunciado as regras precedentes. As outras se descobrirão sem dificuldades, apoiando-se no princípio de que, *nas grandezas contínuas, o número que se desejar de grandezas, de qualquer natureza que seja, adicionado a uma grandeza de natureza superior, não lhe acrescenta nada*. Assim, os pontos nada acrescentam às linhas: as linhas nada acrescentam às superfícies; as superfícies nada acrescentam aos sólidos. Ou, para falar de números, como convém num tratado de aritmética, as raízes nada acrescentam aos quadrados; os quadrados nada acrescentam aos cubos; e os cubos nada acrescentam aos quadrados etc. De modo que se devem desprezar, como nulas, as quantidades de ordem inferior. Fiz questão de acrescentar essas observações familiares aos que praticam os indivisíveis a fim de pôr em evidência a ligação, nunca suficientemente admirada, que a natureza, ciosa de unidade, estabelece entre as coisas aparentemente afastadas. Ela aparece nesse exemplo em que vemos os cálculos das dimensões das grandezas contínuas se relacionarem com a soma das potências numéricas."

Passagem notável, certamente, mas notem que Pascal nos diz: "Fiz questão de acrescentar essas observações, familiares aos que praticam os indivisíveis", e, de fato, essas observações nada mais são do que a formulação de algo muito banal e bastante conhecido de

---

21   Ibidem. p. 170, 171.
22   Ibidem. p. 171.

todos os matemáticos, pratiquem ou não os indivisíveis. O fato de que não se aumenta uma linha acrescentando-lhe um ponto, como não se aumenta um plano adicionando-lhe uma linha, ou um sólido, acrescentando-lhe um plano, está implícito nos princípios formais da geometria,[23] desde sempre conhecidos, e que nada têm de excitante para o geômetra, a menos que não se lhe apresente o problema geral do contínuo.[24] Quanto à relação entre a soma das potências numéricas (dos números) e a soma dos indivisíveis (das grandezas contínuas), trata-se de algo bem menos conhecido e muito mais novo, mas algo que forma a própria base dos trabalhos de Fermat e de Roberval, cuja influência sobre Pascal parece ter substituído a de Desargues. Ainda uma vez, é na engenhosidade de suas descobertas, na clareza de suas formulações, e não na invenção de novos princípios, que se mostra o gênio de Pascal.

O gênio matemático de Pascal brilhará uma única vez, com toda a intensidade, no grupo de trabalhos dedicados à roleta (cicloide). A história dessa volta de Pascal, que desde sua "noite de fogo" (23.11.1654) se afastara resolutamente do mundo – e das ciências – e esquecera tudo à exceção de Deus, é bem conhecida. Em 1657 – conta-nos Marguerite Périer[25] –, sofrendo uma violenta dor de dente, Pascal, "para aliviar-se, procurou aplicar-se a alguma coisa que, por sua grande força, atraísse tanto os espíritos ao cérebro, que o desviasse de pensar em sua dor. Por isso, pensou na proposição da roleta, feita anteriormente por Mersenne, e que ninguém jamais pudera encontrar, e na qual ele nunca se detivera. Pensou tão bem

---

23 A analogia entre as relações das diversas ordens de grandezas e as que Pascal estabelece entre a ordem dos corpos, a dos espíritos e a da caridade, não nos interessa aqui.

24 Nesse caso, o princípio, expresso por Pascal, não deve ser tomado ao pé da letra, pois é certo que, retirando um ponto de uma linha e mesmo de um espaço, alguma coisa se retira e aí se produz um buraco. Poder-se-ia muito bem transpor essa relação para a relação entre Deus e a criatura e atribuir a esta última, incapaz de acrescentar alguma coisa à ação divina, a capacidade de preservar-lhe a integridade ou, ao contrário, nela produzir um furo pontual.

25 Cf. *Mémoire sur la vie de M. Pascal écrit par Mlle. Marguerite Périer, sa nièce. Oeuvres complètes*. p. 40; cf. também *La vie de M. Pascal écrite par Mme. Périer, sa soeur*. Ibidem. p. 19 e segs.: cf. a nota anônima de *Recueil Guerrier* citada. Ibidem. p. 174.

no problema que encontrou sua solução e todas as demonstrações. Essa dedicação tão viva afastou sua dor de dente, e quando ele parou de pensar no problema, depois de ter encontrado sua solução, sentiu-se curado". Entretanto, "não escreveu nada sobre isso, não fez caso dessa descoberta, olhando-a como vã e inútil, não querendo, absolutamente, interromper o que podia dar de esforço à sua obra sobre a religião". Foi somente a instâncias do Duque de Roannez, que lhe ponderou que, para combater os ateus e os libertinos, seria "bom mostrar-lhes que sabemos mais do que eles a respeito da geometria e do que é sujeito a demonstração", e que, se se submetia à revelação da fé, não era por ignorância, mas, pelo contrário, porque se sabia, mais do que quem quer que fosse, os limites da razão e o valor das provas, que Pascal decidiu redigir suas descobertas e delas fazer o objeto de um concurso.

Em junho de 1658, Pascal, sob o pseudônimo de Amos Dettonville, dirigiu uma carta circular aos matemáticos europeus, propondo-lhes encontrar a solução de seis questões – muito difíceis – sobre a área de um segmento da cicloide, o centro de gravidade desse segmento, os volumes e os centros de gravidade dos corpos de revolução formados por esse segmento que gira em torno de sua base e de seu eixo, oferecendo aos concorrentes dois prêmios, respectivamente de 40 e de 20 pistolas. Uma segunda carta circular fixou as condições de atribuição dos prêmios.

O montante dos prêmios foi confiado a Carcavy, a quem os concorrentes deviam enviar suas memórias.

É muito bonita a história de Marguerite Périer. Infelizmente, é pouco verossímil. Com efeito, ainda que se admitisse o episódio da dor de dente, seria inteiramente inconcebível que Pascal se tivesse lembrado, bruscamente, 20 anos mais tarde, da questão proposta, em 1636, por Mersenne, e que nunca tivesse meditado sobre as propriedades da cicloide, curva muito em voga na época e da qual se ocuparam Descartes, Fermat, Torricelli e, sobretudo, seu mestre e amigo Roberval.[26] Ademais, o relato de Marguerite Périer contém

---

26 Ela havia até provocado uma polêmica entre Torricelli e Roberval, que, muito injustamente, acusara de plágio o sábio italiano. Pascal renovará essa acusação em sua *Histoire de la roulette*, de 1658.

uma inexatidão muito grave: com efeito, ela declara que Pascal "fixara o prazo de 18 meses". De fato, conforme ele próprio confessou, Pascal trabalhou vários meses na solução dos problemas que destinava ao concurso,[27] e enviou sua primeira carta circular no mês de junho de 1658, tendo fixado como termo para o recebimento das respostas o dia 1º de *outubro do mesmo ano*, o que dava aos concorrentes, quando muito, três meses, menos a demora do correio. Não é surpreendente que John Wallis, que, em 18 de agosto de 1658, enviou a Carcavy uma primeira resposta, tenha solicitado a prorrogação do prazo ou, pelo menos, a fixação do dia 1º de outubro como data da expedição e não do recebimento das respostas, enfatizando que as condições do concurso favoreciam demasiadamente os matemáticos franceses, sobretudo os parisienses. Pascal recusou. Em suas *Réflexions sur les conditions des prix attachés à la solution des problèmes concernant la cycloïde* (carta circular de 7 de outubro de 1658, anunciando o encerramento do concurso, em tom bastante autoritário e desagradável), justifica sua recusa, pela consideração bastante especiosa de que, se se procedesse de outra forma, "mesmo os que tivessem ganho os prêmios, achando-se em primeiro lugar entre aqueles cujas soluções tivessem sido recebidas em 1º de outubro, jamais teriam a segurança de poder usufruí-los, pois poderiam ser sempre contestados por outras soluções que poderiam chegar todos os dias, com data anterior, e que os excluiriam pela fé pública dos burgomestres e oficiais de qualquer cidade mal conhecida dos confins da Moscóvia, da Tartária, da Conchinchina e do Japão".[28] Bem

---

27 Cf. Problemata de cycloide, proposita mense junii 1658. *Oeuvres complètes*. p. 180: "*Quum ab aliquot mensibus, quaedam circa cycloidem, ejusque centra gravitatis, meditaremur, in propositiones satis arduas et difficiles, ut nobis visum est, incidimus.*"
28 Cf. Réflexions sur les conditions des prix attachés à la solution des problèmes concernant la cycloide. *Oeuvres complètes*. p. 185. Pascal acrescenta (ibidem): "Não disponho da glória. O mérito a confere. Não a manipulo. Não regulo outra coisa senão a atribuição dos prêmios. Resultantes da minha pura liberdade, pude dispor de suas condições com inteira liberdade. Eu os estabeleci dessa maneira. Ninguém tem motivo para se queixar. Nada devia aos alemães, nem aos moscovitas. Poderia ter oferecido os prêmios unicamente aos franceses. Posso propor outros prêmios somente aos flamengos ou a quem eu quiser."

se vê que Pascal não tinha nenhum desejo de arriscar-se a perder suas 60 pistolas e estava firmemente decidido a ganhar seu próprio concurso.

Apesar das condições desfavoráveis, o concurso provocou um grande interesse. Sluse escreveu a Pascal (em 6 de julho de 1658) que havia, desde muito tempo, resolvido a primeira questão, e que as outras, porém, lhe pareceram demasiadamente árduas. Huygens, que também achou as questões difíceis, resolveu quatro;[29] Christopher Wren não resolveu nenhuma; em compensação, retificou a cicloide – que foi, assim, a segunda curva a ser retificada – e achou que seu comprimento era igual a quatro vezes o diâmetro do círculo gerador. Wallis enviou uma memória bastante longa, na qual abordou todos os problemas suscitados por Pascal, tratando-os de forma muito engenhosa. Infelizmente, trabalhando com muita pressa, cometeu vários erros de cálculo, e mesmo de método, dos quais corrigiu uma parte, mas não todas.[30] Enfim, um jesuíta, o Padre Lalouère, professor do Colégio de Toulouse, enviou uma memória, pretendendo, sem razão, que fosse digno do prêmio.

Imediatamente depois das *Réflexions*, Pascal publicou três escritos que relatam a história do concurso e explicam as razões por que os prêmios não foram conferidos[31] e, posteriormente, em dezembro de 1658, uma *Carta do senhor de Carcavy*, na qual expunha seus resultados e os métodos por ele empregados para obtê-los. Em

---

29 As três primeiras e a sexta. Não achou a solução das outras duas e não pleiteou o prêmio. Entretanto, o concurso teve, para ele, consequências importantes: atraiu sua atenção para a cicloide, que demonstrou, em 1659, ser curva "tautócrona".

30 Wallis refez sua memória e publicou, em 1659, um *Tratactus de cycloide*. Mas nunca perdoou Pascal.

31 *L'Histoire de la roulette*, em 10 de outubro; *Récit de l'examen et du jugement des écrits proposés pour les prix proposés sur le sujet de la roulette, où l'on voit que ces prix n'ont pas été gagnés parce que persone n'a donné la véritable solution des problèmes*, em 25 de novembro; *Suite de l'histoire de la roulette, où l'on voit le procédé d'une personne qui s'était voulu attribuer l'invention des problèmes proposés sur ce sujet*, em 12 de dezembro de 1658, com uma *Addition à la suite de l'histoire de la roulette*, datada de 20 de janeiro de 1659. Os dois últimos escritos foram redigidos contra o Padre Lalouère que, desde a *Histoire de la roulette*, Pascal acusara de ter plagiado Roberval.

janeiro de 1659, foram publicadas as *Cartas de A. Dettonville com algumas de suas invenções na geometria*, que continham, entre outros, o famoso *Tratado dos senos dos quartos de círculos*, que inspirou Leibniz na invenção do cálculo diferencial, na demonstração, "à maneira dos antigos", *da igualdade das linhas espiral e parabólica* e (numa *Carta ao senhor Huygens de Zulichem*) numa demonstração (mas à maneira dos modernos) de que "as curvas das roletas sempre eram, por sua natureza, iguais a elipses", elipses verdadeiras, no caso das cicloides alongadas ou reduzidas, e elipses achatadas em linhas retas, no caso da cicloide comum.[32] São fascinantes a sutilidade, a engenhosidade e o virtuosismo demonstrados por Pascal em seus tratados. Com inigualável habilidade, maneja os métodos dos antigos e dos modernos. Provoca admiração, e Huygens, que, todavia, nele censura o uso de "um método excessivamente audacioso e que se afasta demasiadamente da exatidão geométrica" (Huygens é adepto dos métodos dos "antigos" e jamais apreciou os métodos dos "modernos", isto é, o emprego dos indivisíveis), escreve "que lhe tarda poder chamar-se de discípulo numa ciência em que ele pontifica tão brilhantemente". Entretanto, como se faz muitas vezes, como o faz, por exemplo, Émile Picard, não teria razão quem chamasse esses trabalhos de Pascal "o primeiro tratado de cálculo integral". Certa-

---

32   Cf. "Dimension des lignes courbes de toutes les Roulettes", Lettre de M. Dettonville à M. Huygens de Zuliche. *Oeuvres complètes*. p. 340. O texto de Pascal merece ser citado na íntegra: "Vê-se... por todas essas coisas, que, quanto mais a base da roleta se aproxima de ser igual à circunferência do círculo gerador, tanto menor se torna o pequeno eixo da elipse que lhe é igual em relação ao grande eixo: e que, quando a base é igual à circunferência, isto é, quando a roleta é simples, o pequeno eixo da elipse é inteiramente anulado; e, então, a linha curva da elipse (que é toda achatada) é a mesma coisa que uma linha reta, a saber, seu grande eixo. E daí vem que, nesse caso, a curva da roleta também é igual a uma linha reta. Foi por isso que mandei avisar àqueles a quem enviei este cálculo que as curvas das roletas sempre eram, por sua natureza, iguais a elipses, e que essa admirável igualdade da curva da roleta simples com uma reta, que o senhor Wren encontrou, não era, por assim dizer, senão uma igualdade por acidente, que vem desse caso em que a elipse se acha reduzida a uma reta. Ao que o senhor de Sluse acrescentou esta bela observação de que se deveria ainda admirar nisso a ordem da natureza que não permite que se ache uma reta igual a uma curva senão depois que já se supôs a igualdade de uma reta a uma curva".

mente, é verdade que, "na obra de Pascal sobre a roleta", se encontram, "sob formas geométricas extremamente engenhosas, os resultados fundamentais que se referem ao que os geômetras chamam hoje as integrais curvilíneas e as integrais duplas" e que "basta, para indicar o poder desses métodos, lembrar o belo teorema sobre a igualdade entre um arco de elipse e um arco de cicloide alongada ou reduzida". Também é verdade, como já afirmei, que é muito fácil traduzir os raciocínios de Pascal na linguagem do cálculo infinitesimal. Mas também é verdade que, fazendo-o, só se obtém uma tradução, permanecendo o raciocínio de Pascal essencialmente geométrico. O "caso" do "triângulo característico" é extremamente significativo a esse respeito: é "característico" para Leibniz; não o é para Pascal, porque Pascal não pensa *relação*, pensa *objeto*, e é por isso que deixa de fazer a descoberta de Leibniz como, alguns anos antes, deixara de fazer a descoberta de Newton.

Afirmei que Pascal maneja os métodos dos modernos, isto é, a geometria dos indivisíveis, com um virtuosismo e uma originalidade incomparáveis. Em compensação, sua *interpretação* desse método me parece bastante decepcionante. Pascal não parece ter compreendido o sentido profundo das concepções de Cavalieri, para quem os elementos "indivisíveis" de um objeto geométrico têm uma dimensão a menos que esse objeto,[33] e são as concepções de Roberval – para quem esses elementos têm tantas dimensões quanto o objeto – que, em relação às concepções de Cavalieri, representam um contrassenso, que ele nos apresenta numa passagem célebre e admirada da *Carta ao senhor de Carcavy*,[34] "para mostrar que tudo o que é demonstrado pelas verdadeiras regras dos indivisíveis demonstra-se também, a rigor e à maneira dos antigos; e que, assim, um desses métodos não difere do outro senão na maneira de falar: o que não pode ferir as pessoas razoáveis quando estiverem avisadas do que se entende por isso".

> "Eis por que", continua Pascal, "a seguir não colocarei nenhuma dificuldade em fazer uso da linguagem dos indivisíveis – *soma das linhas* ou *soma dos planos*... *soma das ordenadas* –, que parece não ser geométrica àqueles que não entendem a doutrina dos indivisíveis e

---

33 Sobre a questão, cf. meu artigo citado na nota 5.
34 Cf. Lettre de M. Dettonville à M. de Carcavi. *Oeuvres complètes*. p. 232 e segs.

> que imaginam que constitui pecado contra a geometria exprimir o plano por um número indefinido de linhas, o que só resulta da sua falta de inteligência, pois não se entende por isso senão a soma de um número indefinido de retângulos feitos de cada ordenada com cada uma das pequenas porções iguais do diâmetro, cuja soma é certamente um plano..."

Em suma, portanto, Pascal é um matemático de enorme talento que teve a sorte, em sua juventude, de haver sido formado por Desargues ou, pelo menos, de ter recebido dele uma profunda influência, e que teve a infelicidade, em sua idade madura, de ter sido profundamente influenciado por Roberval.[35] Muito certamente, Pascal é um dos primeiros geômetras de seu tempo, sem que se possa, entretanto, colocá-lo no mesmo plano dos três gênios matemáticos dos quais se pode orgulhar a França do século XVII, a saber, Descartes, Desargues e Fermat.

Voltemo-nos agora para o físico Pascal. Esse é muito mais conhecido do que o matemático, e com razão: enquanto as obras matemáticas de Pascal são, para nós, muito difíceis, as obras do físico Pascal não o são, de modo algum. Assim, são elas constantemente editadas e reeditadas. Qualquer homem comum conhece os fascinantes relatos sobre as *Novas experiências relativas ao vácuo* e *A grande experiência do equilíbrio dos líquidos* (a experiência do Puy de Dôme). Como se disse frequente e justamente, trata-se de joias da literatura científica, e não se pode deixar de admirar a maravilhosa clareza da exposição, a firmeza do pensamento, a arte com que suas experiências são, uma após outra, apresentadas ao leitor.

Há algo de mágico no estilo de Pascal, e as mesmas ideias que se encontram em outros autores tomam um contorno diferente quando expostas através de seus textos. Três páginas confusas do Padre Mersenne ou uma de Roberval são reduzidas por Pascal a 10 linhas, e tem-se impressão de que se trata de coisa completamente diversa. Sentimo-nos tentados a invocar a lei de Boyle-Mariotte e dizer que a densidade do pensamento é inversamente proporcional ao volume ou à extensão do texto.

---

35 É difícil fazer um julgamento objetivo sobre Roberval, cuja obra é mal conhecida e, em grande parte, inédita (ou perdida). Em todo caso, parece certo que, a despeito de seu inegável talento, não chega a integrar a primeira linha dos cientistas. Certamente, Pascal é muito superior a Roberval.

Entretanto, receio que essa magia do estilo nos prive, por pouco que seja, de nossas faculdades críticas e nos impeça de examinar os relatos de Pascal tendo em vista seu conteúdo. Portanto, procuremos fazê-lo com isenção. Todos conhecem o texto das *Novas experiências relativas ao vácuo*. Sem embargo, permitir-me-ei citar-lhes alguns fragmentos sem entrar, porém, na história das circunstâncias que provocam sua publicação.[36]

"A ocasião dessas experiências, escreve Pascal, é tal como se segue. Há cerca de quatro anos que, na Itália, se verificou que um tubo de vidro, do qual uma extremidade está aberta e a outra, hermeticamente selada, estando cheio de mercúrio e tendo a abertura tapada com o dedo ou por outro meio, e colado o tubo perpendicularmente ao horizonte, a abertura tapada estando voltada para baixo e mergulhada dois ou três dedos em mercúrio contido num recipiente cheio até a metade de mercúrio e contendo água na outra metade, se se destapa a abertura mantida mergulhada no mercúrio do recipiente, o mercúrio do tubo desce em parte, deixando no alto do tubo um espaço vazio na aparência, ficando a parte de baixo do mesmo tubo cheia do mesmo mercúrio até uma certa altura. E se se eleva um pouco o tubo, até que sua abertura, que se achava antes mergulhada no mercúrio do recipiente, saindo desse mercúrio, chegue à região da água, o mercúrio do tubo sobe até o alto com a água; e esses dois líquidos se misturam no tubo, mas, enfim, todo o mercúrio desce e o tubo se torna totalmente cheio de água.

Tendo essa experiência sido mandada de Roma ao Padre Mersenne, franciscano de Paris, este a divulgou na França, no ano de 1644, não sem a admiração de todos os sábios e curiosos, através de cujas comunicações, tendo-se tornado famosa em toda parte, dela tomei conhecimento por intermédio do senhor Petit, intendente das fortificações e muito versado em todas as belas letras, e que dela tinha tomado conhecimento através do próprio Padre Mersenne. Então, fizemo-la juntos em Rouen, o mencionado senhor Petit e eu, do mesmo modo como havia sido feita na Itália, e achamos, de ponta

---

36 Cf. *Oeuvres complètes*. p. 362 e segs. Sobre a história do vácuo, cf. o belo estudo de WAARD, Cornelis de. *L'Expérience barométrique, ses antécédents et ses applications*. Thouars, 1936.

a ponta, o que havia sido comunicado daquele país, sem ter, então, notado nada de novo."

O relato de Pascal comporta duas lacunas. Com efeito, ele não nos diz que os "sábios e curiosos" parisienses que tentaram fazer em Paris as experiências de Torricelli não o conseguiram, por uma razão de certa importância: os fabricantes de vidro parisienses eram incapazes de fornecer-lhes tubos de vidro bastante resistentes para suportar a pressão de três pés de mercúrio. Como os vidreiros de Rouen eram melhores do que os de Paris, a zarabatana (o tubo) que Pierre Petit lhes encomendou resistiu. Por isso mesmo, Pierre Petit (com Pascal) foi o primeiro, na França, a conseguir a produção do vácuo "de Torricelli". Em seguida, ele não nos diz que a experiência que efetuou com Pierre Petit, com base na qual ou, pelo menos, a partir da qual modelou as suas próprias experiências, tinha tido como autor o ilustre sábio italiano.

A razão desse duplo silêncio é bastante difícil de compreender. Todavia, poderia supor-se que Pascal não desejasse ferir ou indispor seus amigos parisienses proclamando publicamente o fracasso deles, fracasso pelo qual, aliás, não eram, absolutamente, responsáveis; e que ele achasse que havia inventado e tido sucesso em bastantes experiências novas e originais, para não precisar gabar-se de ter sido (com Petit) *o primeiro* a ter êxito numa experiência antiga. Mas por que omitir o nome de Torricelli? Certamente, Pascal nos dirá ou, mais exatamente, dirá ao senhor de Ribeyre (em 16 de julho de 1651) que, naquela época, isto é, em 1646 e 1647, não sabia que o autor em questão era Torricelli e que, tendo-o sabido, nunca deixou de dizê-lo. Entretanto, deve-se confessar que essa ignorância é, pelo menos, bastante surpreendente, uma vez que Petit, em sua carta a Chanut, refere-se expressamente à experiência "de Torricelli" e que Roberval, em sua primeira *Narração* a Desnoyers, escrita (em outubro de 1647) para defender a prioridade – relativa – de Pascal contra as pretensões de Magni à prioridade absoluta, também o cita, com todas as letras.[37]

---

37 *Oeuvres de Blaise Pascal*. Ed. Brunschvicg-Boutroux. v. I, p. 323 e segs. (Lettre de P. Petit à Chanut), e v. II, p. 21 e segs. (Première narration de Roberval à Desnoyers).

Mas deixemos isso. Continuemos e completemos nossa exposição. As experiências feitas por Petit, com Pascal, eram, em si mesmas, amplamente suficientes para refutar a doutrina tradicional da impossibilidade, ou do "horror", do vácuo. Mas não foram suscetíveis de persuadir os defensores da tradição. Assim, depois da partida de Petit, Pascal decide fazer, desta vez sozinho, uma série de variadas e novas experiências, a fim de convencer os mais incrédulos e destruir definitivamente o antigo e tenaz preconceito.

As experiências de Petit e, mais ainda, as de Pascal, tiveram uma considerável repercussão e valeram a este último uma bem merecida celebridade. Mas, no outono de 1647, o Padre Mersenne recebeu de Varsóvia uma carta, datada de 24 de julho, na qual Pierre Desnoyers, um francês que para lá seguira com Marie de Gonzague, lhe anunciava as experiências "de um capuchinho chamado Valeriano Magni, que publica uma filosofia que prova que o vácuo pode encontrar-se na natureza". O recebimento dessa carta, bem como da "filosofia" do Padre Magni,[38] na qual este se atribuía a glória de ter sido o primeiro a demonstrar a existência do vácuo e de haver testemunhado, com seus próprios olhos, *Locum sine locato Corpus motum successive in vacuo, Lumen nulli corpori inharens*, obrigaram Pascal a publicar suas *Novas experiências*. Por seu lado, Roberval enviou a Desnoyers uma *Narração*, na qual, insurgindo-se contra as pretensões de Magni, que acusa de ter simplesmente plagiado Torricelli, faz o relato dos trabalhos de seu jovem amigo.[39]

No título de seu opúsculo, Pascal nos diz ter feito experiências "nos tubos, seringas, foles e sifões de vários comprimentos e

---

38   *Demonstratio ocularis Loci sine locato, corporis successive moti in vacuo, luminis nulli corpori inhaerentis* etc., Varsaviae, s. d.: (a aprovação da obra é datada de 16 de julho de 1647). Em 12 de setembro de 1647, Magni completou sua obra por uma *Altera pars Demonstrationis ocularis de Possibilitate vacui*. Os dois opúsculos foram reunidos sobre o título de *Admiranda de vacuo*, Varsavie, s. d. (1647).

39   A acusação de plágio formulada por Roberval tem fundamento. Quanto à que Pascal (em sua carta ao Senhor de Ribeyre, de 16 de julho de 1651) fará, por sua vez, pretendendo que Magni havia plagiado a ele próprio, é completamente fantasiosa. Além disso, Magni, em sua resposta à acusação de Roberval (em 5 de setembro de 1648), reconhecerá a propriedade de Torricelli, mas manterá sua originalidade (cf. WAARD, C. de. Op. cit. p. 125 e segs.).

formas, com diversos fluidos, como mercúrio, água, vinho, óleo, ar etc." Também nos diz que seu opúsculo é apenas um "resumo", feito por antecipação, "de um maior tratado sobre o mesmo assunto". A mensagem "ao leitor" nos adverte de que, "tendo em vista que as circunstâncias o impedem de produzir, no momento, um tratado inteiro em que relata uma quantidade de novas experiências que fez sobre o vácuo e as consequências que delas extraiu",[40] quis fazer um relato das principais nesse resumo, "onde se verá, antecipadamente, o delineamento de toda a obra".

Na realidade, "o delineamento de toda obra" não aparece, de modo algum, nas *Novas experiências*. Com efeito, é obra de dúvida que o objetivo do *Tratado* era demonstrar que os efeitos atribuídos ao horror do vácuo são devidos, na realidade, à pressão (ou peso) do ar ambiente. Ora, essas *Novas experiências* ignoram completamente esse assunto e são dedicadas única e exclusivamente à demonstração da existência do vácuo. Essa demonstração se fará em dois tempos: inicialmente, produzir-se-á um espaço "vazio na aparência"; em seguida se mostrará "que o espaço vazio em aparência não está cheio com nenhuma das matérias conhecidas na natureza e que sejam palpáveis de alguma forma". Daí se concluirá, "até que se tenha mostrado a existência da matéria que o preenche", que ele está verdadeiramente vazio e "destituído de qualquer matéria".

As principais experiências relatadas por Pascal são em número de oito: experiências com uma seringa, um fole, um tubo de vidro de 46 pés, experiências com um sifão escaleno cuja perna maior é de 50 pés e a mais curta, de 45 pés, experiências com um tubo de 15 pés cheio de água, no qual se coloca um cordão e que se mergulha num recipiente cheio de mercúrio, ainda uma outra experiência com a seringa e duas experiências com um sifão cuja perna maior tem 10 pés, e a outra, 9½ pés, mergulhadas em dois recipientes de mercúrio. Essas experiências, muito engenhosas, mostram muito bem que a natureza: a) longe de opor uma invencível resistência à produção

---

40 O que impedia Pascal de publicar seu Tratado era o fato de que ainda não o havia escrito. Com efeito, só o concluirá em 1651 (cf. nota 3, mas tampouco o publicará). Segundo Florin Périer, "esse tratado foi perdido ou, como ele muito apreciava a brevidade, reduziu-o a dois pequenos tratados" sobre *L'équilibre des liquides et la pesanteur de la masse d'air*.

do vácuo, não lhe opõe senão uma limitada resistência; b) que uma força superior, por pouco que seja, àquela com que a água tende a cair de uma altura de 31 pés, basta para produzi-lo; e que, ademais, a natureza não resiste à produção de um grande vácuo mais do que à produção de um pequeno; e c) que o vácuo, uma vez produzido, pode ser aumentado à vontade, sem que a natureza a isso se oponha. Dessas experiências, deter-nos-emos em apenas duas, as mais célebres – a terceira e a quarta –, nas quais Pascal nos diz haver utilizado tubos de vidro de 46 e até 50 pés. Citemos a descrição.

3. "Um tubo de vidro de 46 pés, do qual uma extremidade é aberta e a outra, selada hermeticamente, estando cheio de água ou, melhor, de vinho tinto, para ser mais visível, depois arrolhado e, nesse estado, perpendicularmente ao horizonte, com a abertura arrolhada para baixo, é colocado num recipiente cheio de água e mergulhado cerca de um pé. Se se desenrola a abertura, o vinho do tubo desce até uma certa altura, que é de 32 pés da superfície da água do recipiente que tinge insensivelmente, e desunindo-se do alto do vidro, deixa um espaço de cerca de 13 pés, vazio na aparência, ou de fato não parece que algum corpo tenha podido sucedê-lo. E se se inclina o tubo, como então a altura do vinho do tubo se torna menor por essa inclinação, o vinho sobe até que chegue à altura de 32 pés. E enfim, se o tubo é inclinado até a altura de 32 pés, ele se enche inteiramente, absorvendo, assim, tanta água quanto havia expelido de vinho, embora seja visto cheio de vinho desde o alto até 13 pés próximo à parte de baixo e cheio de água tingida insensivelmente nos 13 pés inferiores que restam."

4. "Um sifão escaleno, cuja perna mais alta é de 50 pés e a mais curta, de 45, estando cheio de água, e as duas aberturas arrolhadas estando colocadas em dois recipientes cheios de água e mergulhadas de cerca de um pé, de sorte que o sifão esteja perpendicular ao horizonte e que a superfície da água de um recipiente seja mais alta do que a superfície da outra em cinco pés: se se desenrolham as duas aberturas, estando o sifão nesse estado, a perna mais longa não atrai, absolutamente, a água da mais curta, nem, consequentemente, a do recipiente onde se acha, contra o sentimento de todos os filósofos e artesãos. Mas a água desce de ambas as pernas dos dois recipientes, até a mesma altura no tubo precedente, contando a altura a partir

da superfície da água de cada um dos recipientes. Mas, inclinando-se o sifão abaixo da altura de cerca de 30 pés, a perna mais longa atrai a água que está no recipiente da mais curta. E, quando é elevado acima dessa altura, isso cessa, e ambos os lados derramam, cada um no seu recipiente. E, quando é abaixado, a água da perna mais longa atrai a água da mais curta, como anteriormente."

O texto é digno de Pascal. Mas, por alguns instantes, esqueçamos que se trata de Pascal. Suponhamos que estejamos diante de um texto anônimo, ou assinado por autor desconhecido. Não nos perguntaríamos se o autor em questão realmente fez as experiências de que fala e se, tendo-as feito, as descreveu *exatamente* e *completamente*? Façamos essas perguntas a Pascal.

Tubos de vidro de 46 pés... Mesmo hoje, é muito difícil fabricá-los. Embora Roberval nos afirme que foram fabricados com uma arte maravilhosa – Roberval, porém, fala em 40 pés –, é pouco provável que os fabricantes de vidro do século XVII, mesmo os de Rouen, tenham sido capazes de produzir um desses tubos. Além disso, manusear um tubo de 15 metros não é fácil, mesmo que – mais uma vez, a informação nos é dada por Roberval – se os ligue a mastros.[41] A fim de fazê-los executar os movimentos descritos nas experiências de Pascal, são necessários andaimes, aparelhos para suspender, enfim, uma instalação industrial muito mais possante e mais complicada do que as empregadas normalmente nos estaleiros de construção naval. Pois é muito mais fácil e mais simples instalar um mastro de navio do que movimentar, da maneira exigida por Pascal, um sifão escaleno cuja perna maior é de 50 pés... É um pouco surpreendente que Pascal não nos tenha fornecido, de tal sifão, nem uma descrição, nem um desenho. Não nos sentimos satisfeitos de ser informados, por Pascal, que essas experiências lhe custaram muito trabalho e dinheiro, e por Roberval, que Pascal construiu aparelhos muito engenhosos. Gostaríamos de ter informações precisas sobre esses aparelhos, bem como sobre a maneira pela qual se prepararam efetivamente os tubos e o grande sifão de 50 pés.

---

41 Primeira *Narration à Desnoyers*. A *Narration de Roberval* muitas vezes é mais rica em precisões – e mesmo em fatos – do que as *Nouvelles expériences*.

Que sejamos bem compreendidos: não quero insinuar que Pascal não tenha executado as experiências que nos descreve – ou as que Roberval nos relata –, embora a literatura científica do século XVII esteja cheia de experiências que não puderam ser realizadas. O Padre Mersenne – menos crédulo, a esse respeito, do que os historiadores dos séculos XIX e XX –, muito justamente pôs em dúvida as famosas experiências de Galileu sobre a queda livre dos corpos e sobre o movimento dos corpos sobre o plano inclinado. Viviani nos contou a experiência – inventada em todos os detalhes – que o jovem Galileu teria feito em Pisa, lançando balas de canhão do alto da torre inclinada. Borelli, em sua polêmica com Stefano d'Angeli, invoca friamente experiências cujos resultados – se ele as tivesse feito – poderiam tê-lo deixado confuso. E, quanto ao próprio Pascal, o *Traité de l'équilibre des liqueurs* contém uma série de experiências das quais Robert Boyle já havia, com razão, assinalado o caráter de experiência de pensamento.[42]

Nada há de anormal em tudo isso. Como acabo de dizer, a literatura científica do século XVII – e não só do século XVII – está cheia dessas experiências fictícias e poderia escrever-se um livro muito instrutivo sobre o papel, na ciência, das experiências não realizadas e até de impossível realização.

Porém, uma vez mais, não quero afirmar que Pascal não fez as experiências que nos diz ter feito. Em compensação, creio poder afirmar que ele não as descreveu *tal como as fez* e não expôs seus resultados *tal como se verificaram sob seus olhos*. Certamente ele nos escondeu alguma coisa.

Com efeito, quando, inspirado pelos *Discorsi*, de Galileu, Gasparo Berti fez, em Roma, a primeira experiência do vácuo[43] – Berti utilizara um tubo de chumbo de 10 metros de comprimento que terminava com uma longa cabeça de vidro que fixou na fachada de sua casa –, constatou-se que, como dissera Galileu, a água parou a uma certa altura. Mas verificou-se, também, outra coisa, a saber, que essa água se pôs a borbulhar. O que era muito natural: o ar dissolvido na

---

42   Assim, a experiência do homem que apoia um tubo sobre a coxa, mantendo-se 20 pés abaixo da superfície da água.
43   Cf. WAARD, Cornelis de. Op. cit. p. 101 e segs.

água escapava, formando bolhas, o que, por outro lado, era bastante constrangedor para os partidários do vácuo, como o próprio Berti. Os que negavam o vácuo podiam, com aparente razão, afirmar que o espaço acima da água só era vazio na aparência e que, de fato, ele estava cheio de ar e de vapor de água.

O fato de a água borbulhar não podia deixar de produzir-se nos tubos de Pascal, pois é inevitável. Em 1950, quando a experiência de Pascal foi reproduzida no *Palais de la Découverte* (foi nessa ocasião que se percebeu a dificuldade de se conseguir um tubo de vidro de 15m, ao qual finalmente se renunciou, substituindo-o por um conjunto de tubos de 2,25m), verificou-se que a água borbulhava, e até violentamente.

Esse fenômeno podia ter escapado a Pascal? Não creio – aliás, admiti-lo equivaleria a pronunciar uma condenação a Pascal experimentador –, tanto mais que o fato de a água borbulhar não é o único fenômeno notável que se produz no tubo: devido à pressão do ar (e do vapor de água), a coluna de água desce, e essa descida atinge 1,50m em 24 horas.[44]

Mas há algo mais. Em 1647, Roberval não só tomara violentamente o partido de Pascal contra Magni, mas também, em sua *Primeira narração* a Desnoyers (outubro de 1647), nos oferece, sobre as experiências de Pascal, precisões e ampliações que o próprio Pascal não forneceu. Roberval, que endossara todas as conclusões de Pascal, muda bruscamente de opinião em 1648. É que, em 1647, ele próprio fizera muito poucas experiências (com mercúrio). Desde então, multiplicou suas experiências e percebeu que pequenas bolhas de ar subiam através da coluna de mercúrio. Provinham elas do ar agarrado às paredes do tubo, ou era o ar, em estado comprimido, contido no próprio mercúrio? Pouco importa. Em todo caso, tornava-se evidente que não se podia admitir que o vácuo aparente era idêntico ao vácuo real. E Roberval, em sua *Segunda narração* (maio de 1648), descrevendo as experiências de Pascal com a água e o vinho, acrescenta que os que as presenciaram – Roberval não se achava em

---

44 Esses fenômenos – o borbulhar e o rebaixamento do nível – devem ser ainda mais pronunciados no caso do vinho do que no da água. Quanto ao sifão, uma bolha de ar devia, fatalmente, produzir-se em seu extremo superior.

Rouen – não puderam deixar de observar as pequenas bolhas de ar elevando-se ao longo do tubo e aumentando de tamanho à medida que se elevavam. Fenômeno que implica uma compressibilidade e, vice-versa, uma dilatabilidade do ar que excede tudo o que se podiam imaginar.[45]

Parece-me que se impõe a conclusão: Pascal não nos fez o relato completo e exato das experiências que efetuou, ou imaginou, o que projeta uma luz singular sobre a polêmica com o Padre Noel e, além disso, modifica sensivelmente a imagem tradicional de Pascal, experimentador sagaz e prudente que a simpatia histórica opõe ao apriorista impenitente que se chama Descartes. Não, Pascal não é um discípulo fiel de Bacon, uma primeira edição de Boyle.

Há bolhas de ar na água, e mesmo no mercúrio? Grande coisa! Para Pascal isso não tem importância alguma. Ele *imaginou* tão bem, tão claramente as experiências que fez – ou não fez – que delas reteve profundamente o essencial, a saber, a interação dos líquidos (para Pascal, o ar é um líquido) que se mantêm mutuamente em equilíbrio.[46] É pena que os líquidos utilizados – o vinho, a água, o óleo, o mercúrio – não sejam líquidos perfeitos, contínuos, homogêneos, que contenham ar, e que esse mesmo ar se agarre às paredes dos tubos. O ar dilatado enche o "vácuo aparente"? É verdade, e é bem constrangedor. Mas se se pudesse eliminá-lo, se se pudesse empregar líquidos que não o contenham, *então* a experiência faria resplandecer a identidade entre o vácuo aparente e o vácuo verdadeiro. Pois, embora Pascal, em suas conclusões, não afirme formalmente a existência dessa identidade – ele o lembrará em suas cartas ao Padre Noel e ao senhor Le Pailleur –, é claro que ele está plenamente convencido disso. A própria definição que ele dá do fenômeno em sua carta ao Padre Noel – embora, certamente, tenha razão em salientar que uma definição não é um julgamento e que dizer "eu chamo tal coisa por tal nome" não implica, em princípio, a afirmação de sua existência – o

---

45 Cf. *Deuxième Narration, Oeuvres*. Ed. Brunschvicg-Boutroux. v. II, p. 328. Essa observação de Roberval é de uma malícia atroz.
46 Em 1647, como prova a Carta a Florin Périer, de 15 de novembro, relativa à experiência barométrica a executar no Puy de Dôme, e o fato de que, nessa mesma época, ele já havia concebido a experiência do vácuo, Pascal já possuía pleno domínio de sua doutrina.

prova suficientemente. Não se diz "o que chamamos espaço vazio é um espaço com comprimento, largura e profundidade, imóvel e capaz de receber e de conter um corpo de igual tamanho e forma; e é o que se chama *sólido* em geometria, na qual não se consideram senão coisas abstratas e imateriais" se não se crê em sua existência real, e o Padre Noel, ao comentar um erro formal, não se enganou quanto a isso. Pascal, simplesmente, não quer mostrar prematuramente suas baterias. Com efeito, mantém em reserva todo um *Tratado* que conterá a demonstração exigida e, ao mesmo tempo, explicará, pela teoria do equilíbrio dos líquidos, a razão por que o vácuo se produz nos tubos. Aguardando, não quer semear a dúvida no espírito das pessoas simples que, pelo contrário, é preciso preparar para aceitar as provas futuras. E não quer, também, dar armas a seus adversários.

Entre seus adversários, o mais célebre, o mais tristemente célebre, é, sem dúvida, o Padre Noel, da Companhia de Jesus, que, após ter lido as *Novas experiências*, dirigiu a Pascal uma carta, na qual, misturando um pouco os argumentos antigos e as concepções cartesianas – e dando toda a importância à transmissão da luz através do vácuo aparente –, defendia a doutrina tradicional e propunha que se admitisse que "o vácuo aparente dos tubos de Torricelli estava cheio de um ar purificado que entra pelos pequenos poros do vidro". A resposta de Pascal, uma obra-prima de ironia polida e severa, administra ao Vice-Provincial de La Flèche uma lição de método e uma lição de física. Entre outras coisas, Pascal diz ao pobre jesuíta que a natureza da luz não é conhecida, e que a definição que lhe dá o Padre Noel ("A luz é um movimento luminar de raios compostos de corpos lúcidos, isto é, luminosos"), sendo circular, não quer dizer absolutamente nada e, portanto, que ele não tem o direito de afirmar que a luz só se pode propagar no espaço cheio e não no vácuo, e que, pelo fato de uma hipótese explicar um fenômeno observado, não se pode concluir pela verdade dessa hipótese, pois os mesmos fenômenos podem muito bem receber uma multiplicidade de explicações e ser produzidos pelas mais diversas causas. Assim, por exemplo, os fenômenos celestes, que se explicam tão bem na hipótese de Ptolomeu quanto nas de Copérnico ou de Tycho Brahe.

O Padre Noel deveria calar-se. Infelizmente, para ele – e felizmente, para nós –, respondeu, e é a essa resposta que devemos à brilhante *Carta* de Pascal ao senhor Le Pailleur,[47] insuperável obra-prima de polêmica impiedosa e feroz. O pobre Padre Noel é literalmente colocado na berlinda, torcido e retorcido, no mais perfeito ridículo. O leitor não pode evitar o riso e termina sua leitura com a impressão de que, enquanto Pascal é um gênio, o Padre Noel é um perfeito imbecil, e que as objeções metafísicas por ele levantadas contra a ideia do vácuo são tão destituídas de valor quanto sua definição da luz ou sua explicação da subida do mercúrio (ou da água) no tubo pela ação da "leveza que se move"...

Com toda a certeza, Pascal é um gênio, e o Padre Noel, também com certeza, não é um gênio; longe disso. Não há qualquer dúvida quanto a isso e tampouco quanto à superioridade da física de Pascal sobre a desse pobre escolástico retardado. Entretanto, quando ele escreve: "*Este espaço que não é nem Deus, nem criatura, nem corpo, nem espírito, nem substância, nem acidente, que transmite a luz sem ser transparente, que resiste sem resistência, que é imóvel e se transporta com o tubo, que está em toda parte e não está em parte alguma, que tudo faz e nada faz* etc." – é certo que seja, verdadeiramente, ridículo e estúpido? E a resposta de Pascal, que escamoteia o "nem Deus, nem criatura", pretextando que "os mistérios relativos à Divindade são santos demais para que sejam profanados em nossas disputas", como se se tratasse de uma questão dogmática e não de um problema de metafísica pura: e que escreve: "*Nem corpo, nem espírito*. É verdade que o espaço não é nem corpo, nem espírito, mas é espaço; assim, o tempo não é nem corpo, nem espírito, mas é tempo; e como o tempo não deixa de ser, embora não seja nenhuma dessas coisas, o espaço vazio bem pode existir, sem que, por isso, seja corpo ou espírito. *Nem substância, nem acidente*. Assim é, se se entende pela palavra *substância* o que é corpo ou espírito; pois, nesse sentido, o espaço não será nem substância, nem acidente; mas será espaço, como, nesse mesmo sentido, o tempo não é nem substância, nem acidente, mas é tempo, porque para ser, não é necessário ser substância ou acidente" – essa resposta é verdadeiramente tão admirável? Pascal não dá um tratamento um pouco desatento, um pouco irrefletido, a graves problemas metafísicos que preocupa-

---

47   Em 1648; cf. *Oeuvres complètes*. p. 377-391.

ram os maiores espíritos de seu tempo? Em todo caso, é certo que, quando lemos tudo isso em Gassendi, no qual Pascal vai buscá-lo, admiramo-lo muito menos. E até não o admiramos de modo algum.

Em compensação, quando encontramos as objeções do Padre Noel em outros autores, elas não nos parecem ridículas. Pois o que diz o Padre Noel é exatamente o que nos dizem Descartes, Spinoza e Leibniz que, todos eles, coincidem na negação do vácuo e se interrogam, muito seriamente – Newton também o faz –, sobre o problema das possíveis relações entre um espaço que, compreendido como o compreende Pascal, não pode ser uma criatura ou Deus, com o risco de dar respostas diferentes a esse problema que todos eles levaram muito a sério.

Mesmo a objeção segundo a qual a passagem da luz através do "vácuo aparente" exclui a possibilidade de um "vácuo real" não é objeto de zombaria quando a vemos sob a pena de Huygens. Tampouco achamos ridículos os físicos do século XIX que, a partir de Young e de Fresnel, por razões análogas às do Padre Noel, que por isso poderia ser apresentado como precursor destes, postulam um éter gerador de luz para explicar a transmissão da luz através do "vácuo aparente". A magia da expressão de Pascal é algo de perigoso, ao qual é muito difícil, mas tanto mais necessário, resistir a qualquer preço. Porque ele nos induz em erros históricos e nos conduz a injustiças e inconsequências.

Mas já ultrapassei o tempo que me foi dado e tenho de determe aqui, sem poder abordar nem *A grande experiência do equilíbrio dos líquidos* (a experiência do Puy de Dôme), cuja organização meticulosa e precisa permanece – mesmo que a ideia dessa experiência lhe tenha sido sugerida por outros, principalmente por Descartes, que previa um resultado positivo, ou pelo Padre Mersenne, que duvidava de que desse algum resultado – como um mérito incontestável de Pascal e um indiscutível testemunho de seu gênio experimental; nem os *Tratados do equilíbrio dos líquidos e do peso da massa de ar*, que resumem – e, certamente, completam – o *Tratado do vácuo*, que se perdeu,[48] e que nos mostram Pascal sob um aspecto novo, o de ordenador e de sistematizador.

---

48 Cf. notas 3 e 40.

Com efeito, há poucas ideias realmente novas nesses *Tratados*. Talvez não haja neles absolutamente nenhuma ideia nova. Lendo-os, pode-se facilmente (como o fez Pierre Boutroux) notar – Pascal não cita ninguém – as fontes às quais recorreu ou nas quais se inspirou: Stevin, Mersenne, Torricelli. Mas a multiplicidade e a variedade das experiências descritas, entre as quais a do "vácuo no vácuo", a ordem admirável em que os fatos – tanto reais quanto imaginados – são apresentados ou dispostos, em função de uma ideia única, notadamente a do *equilíbrio dos líquidos*, equilíbrio baseado no princípio do trabalho virtual – sem esquecer a invenção da prensa hidráulica, belo exemplo de engenhosidade tecnológica de Pascal –, fazem deles uma obra de fulgurante originalidade e digna de figurar entre as obras clássicas da ciência.

Não que o espírito de sistematização de que Pascal, nesses *Tratados*, nos oferece um exemplo tão belo, não comporte algum perigo. Com efeito, a assimilação do ar a um líquido, aliás corrente em sua época – também Descartes assimila o ar a um líquido muito tênue –, em outras palavras, a assimilação da pneumática à hidrostática, leva Pascal (embora, para explicar a dilatação de uma bexiga transportada ao alto de uma montanha, que varia com a altitude, ele ressalte a importância da maior ou menor compressão do ar) a não distinguir nitidamente (o que, aliás, é algo muito difícil e será o grande mérito do R. Boyle) entre a *pressão* do ar e seu *peso* ou, o que é o mesmo, entre a pressão elástica de um gás e a pressão não elástica de um líquido, e a explicar pelo *peso* do ar os fenômenos produzidos por sua *pressão*.

PERSPECTIVAS DA HISTÓRIA DAS CIÊNCIAS[1]

A belíssima comunicação de Henry Guerlac vem em boa hora. Trata-se, ao mesmo tempo, de um admirável *survey* da história, em geral, e da história da ciência, em particular, e de uma crítica sobre a maneira como ela tem sido apresentada até o presente. Com efeito, depois de havermos dedicado muito tempo e esforço à discussão de problemas concretos da história das ciências, é bom que reflitamos sobre o nosso próprio modo de proceder e que, na qualidade de historiadores, nos coloquemos a nós mesmos "em questão". Portanto, sigamos a prescrição délfica de Guerlac e nos perguntemos: "Que é a história?" Como ele nos recorda, esse termo se aplica exclusivamente à história *humana*, ao passado *humano*. Mas é ambíguo. De um lado, designa o conjunto de tudo o que ocorreu antes de nós; em outras palavras, o conjunto de fatos e acontecimentos do passado – poder-se-ia chamá-la "história objetiva" ou "atualidade passada"; e, de outro lado, designa o *relato* que disso faz o historiador, relato cujo objeto é esse passado. *Res gestae* e *historia rerum gestarum*. Ora, o passado, justamente enquanto *passado*, permanece para sempre inacessível: o passado se dissipou, não é mais, não podemos tocá-lo, e somente a partir de seus vestígios e traços *ainda presentes* – obras, monumentos, documentos que escaparam da ação destruidora do tempo e dos homens – é que procuramos reconstruí-lo. Mas a histó-

---

[1] Texto original de uma comunicação feita em resposta a uma exposição de Henry Guerlac no Colóquio de Oxford, em julho de 1961. A tradução inglesa foi publicada em *Scientific Change...* (A. C. Crombie, edit., Londres, 1963. p. 847-857). A exposição de Henry Guerlac se acha nas p. 797-817 da mesma obra. Texto original de uma comunicação feita em resposta a uma exposição de Henry Guerlac no Colóquio de Oxford, em julho de 1961. A tradução inglesa foi publicada em *Scientific Change...* (A. C. Crombie, edit., Londres, 1963. p. 847-857). A exposição de Henry Guerlac se acha nas p. 797-817 da mesma obra.

ria objetiva – a que é feita e vivida pelos homens – oferece poucos elementos à história dos historiadores. Dela subsistem coisas sem valor para o historiador. Ela destrói sem piedade os documentos mais importantes,[2] as obras mais belas, os monumentos mais prestigiosos.[3] O que lhes deixa – ou lhes deixou – são ínfimos fragmentos do que eles precisariam. Assim, as reconstruções históricas são sempre incertas e até duplamente incertas... Pobre pequena ciência conjectural: foi assim que Renan se referiu à história.

Ademais, as reconstruções sempre são parciais. O historiador não conta tudo, nem mesmo tudo o que sabe ou poderia saber. Como poderia fazê-lo? Tristam Shandy nos mostrou muito bem que isso era impossível. O historiador conta apenas o que é importante. A história do historiador, *historia rerum gestarum*, não contém todas as *res gestae*, mas apenas as que são dignas de serem salvas do esquecimento. A história do historiador, portanto, é o resultado de uma escolha. E até de uma dupla escolha.

Da escolha dos contemporâneos e sucessores imediatos – ou mediatos – das *res gestae*, historiadores do presente ou conservadores do passado, que anotaram em seus anais, inscrições e memórias, os fatos que *lhes* pareciam importantes e dignos de serem retidos e transmitidos a seus descendentes, que copiaram os textos que *lhes* pareciam dever ser preservados. E da escolha do historiador que, mais tarde, utiliza os documentos – materiais que herdou – e que, muitas vezes, não está de acordo com seus contemporâneos ou seus predecessores sobre a importância relativa dos fatos e o valor dos textos que lhe transmitem, ou não lhe transmitem.

Mas ele nada pode fazer contra isso. Assim, acha-se reduzido a lamentar a ignorância de um conjunto de fatos ou da data de um acontecimento que os contemporâneos julgaram desprezível e que lhe parecem de importância capital; ou a lamentar a circunstância de

---

2   Assim, os escritos pré-socráticos, de Demócrito... Em compensação, conservamos Diógenes Laércio.
3   Por certo, às vezes é às destruições e às catástrofes que devemos esses fragmentos... Assim, as tábuas cuneiformes que foram conservadas pelas areias do deserto e hoje se deterioram em nossos museus. Assim, as admiráveis estátuas gregas descobertas pela arqueologia submarina.

não dispor de textos que, para ele, seriam de valor primordial, e que seus antecessores não julgaram dignos de serem conservados.[4]

É que o historiador projeta na história os interesses e a escala de valores de seu tempo, e é de acordo com as ideias de seu tempo – e com as suas próprias ideias – que empreende a sua reconstrução. É justamente por isso que a história se renova e que nada muda mais rapidamente do que o imutável passado.

Em seu belíssimo resumo da evolução da história – a história dos historiadores –, Guerlac nos chama a atenção para o alargamento e o aprofundamento da história nos tempos modernos, sobretudo a partir do século XVIII.[5] O interesse se volta para os períodos e os aspectos da vida anteriormente desconhecidos, mal conhecidos ou desprezados. Da história dinástica e política nosso interesse passa à história dos povos e das instituições, à história social e econômica, à história dos costumes, das ideias, das civilizações. Sob a influência da filosofia das luzes, a história se transforma na história do "progresso do espírito humano". Pensemos em Condorcet que, curiosamente, Guerlac se esqueceu de mencionar. Assim, é normal haver sido no século XVIII que a história das ciências – campo em que esse progresso é incontestável e até espetacular – se tenha constituído em disciplina independente.[6]

Quase ao mesmo tempo, ou pouco mais tarde, mormente sob a influência da filosofia alemã, a história se torna a via universal de explicação, chegando a conquistar o mundo da natureza. A regra: "o passado explica o presente" se estende à cosmologia, à geologia, à biologia. O conceito da evolução se torna um conceito-chave. E foi com justiça que o século XIX foi batizado como o século da his-

---

4   Os contemporâneos anotam o que lhes diz respeito de maneira imediata, isto é, os acontecimentos. Os processos lentos e profundos lhes escapam. Ademais, entre os acontecimentos há um grande número deles que, no momento em que se produzem, não são absolutamente importantes ou notáveis, e que só depois adquirem esse caráter, em razão dos efeitos que produzem mais tarde, como, por exemplo, o nascimento dos grandes homens, o aparecimento de uma invenção técnica etc.
5   Contrariamente à opinião generalizada, que o considera anti-histórico, o século XVIII contém as origens de nossa historiografia.
6   Como a história da arte, um século antes.

tória. Quanto à história propriamente dita, a história humana, seus progressos nos séculos XIX e XX foram e continuam a ser assombrosos. A decifração das línguas mortas, as escavações sistemáticas etc., acrescentaram milênios ao nosso conhecimento do passado. Mas toda medalha tem seu reverso. Estendendo-se e enriquecendo-se, a história se especializa e se fragmenta, se divide e se subdivide. Em lugar da história da humanidade, temos histórias múltiplas, disso ou daquilo, histórias parciais e unilaterais. Em lugar de um tecido unido, fios separados. Em lugar de um organismo vivo, *membra disjecta*.

É justamente essa especialização pertinaz e a separação hostil das grandes disciplinas históricas que Guerlac censura nas "histórias" – ou nos historiadores – modernas, muito particularmente na história – e nos historiadores – das ciências. Pois são elas – e eles –, mais do que outras, que se tornaram culpadas dos dois erros maiores que acabo de mencionar, que praticaram um isolacionismo orgulhoso em relação a seus vizinhos, que adotaram uma atitude abstrata – Guerlac a chama "idealista" –, não levando em conta as condições reais em que nasceu, viveu e se desenvolveu a ciência. Com efeito, se desde Montucla e Kästner, Delambre e Whewell, a história das ciências fez brilhantes progressos, renovando nossa concepção da ciência antiga, revelando-nos a ciência babilônica e, hoje, a ciência chinesa, ressuscitando a ciência medieval e árabe; se, com Auguste Comte, ela procurou – aliás, sem sucesso – integrar-se na história da civilização e, com Duhem e Brunschvicg, associar-se à história da filosofia (disciplina quase tão "abstrata" quanto a própria filosofia), de qualquer forma e a despeito de Tannery, continuou a ser uma disciplina à parte, sem ligação com a história geral ou social (nem mesmo pelo viés da história da técnica e da tecnologia). Assim, infelizmente, mas não sem razão aparente, ela foi, por sua vez, desprezada pelos historiadores propriamente ditos.

Portanto, Guerlac considera que a história das ciências, que nestes últimos tempos se ligou à história das ideias e não somente à da filosofia, não obstante continuou a ser abstrata demais, excessivamente "idealista". Guerlac entende que ela deve superar esse idealismo, deixando de isolar os fatos que descreve de seu contexto histórico e social e de emprestar-lhes uma (pseudo-) realidade própria e independente, e que, em primeiro lugar, deve renunciar à separação – arbitrária e artificial – entre ciência pura e ciência aplicada, teoria e prática. Deve retomar a unidade real da atividade científica – pensamento ativo e ação pensante –, ligada em sua evolução, às sociedades que a geraram e nutriram – ou entravaram – seu desenvolvimento e sobre cujas histórias, por sua vez, exerceu uma ação. Só assim é que ela poderá evitar a fragmentação que a ameaça cada vez mais e reencontrar – ou encontrar – sua unidade. Ser uma *história das ciências* e não uma justaposição pura e simples de histórias separadas das ciências – e das técnicas – diversas.

Em grande parte, estou muito de acordo com meu amigo Guerlac – aliás, penso que todos estamos – em sua crítica da especialização radicalizante e da fragmentação se se produz na história. Todos nós sabemos que o todo é maior do que a soma das partes; que uma coleção de monografias locais não forma a história de um país; e que mesmo a história de um país é apenas um fragmento de uma história mais geral. Donde as recentes tentativas de tomar por objeto da história conjuntos mais vastos, de escrever, por exemplo, a história do Mediterrâneo, em vez das histórias separadas dos países da região etc. Todos sabemos, também, que a divisão que operamos entre diversas atividades humanas, que isolamos para delas fazermos campos separados, objetos de histórias também separadas, é bastante artificial, e que, na realidade, elas se condicionam, se interpenetram e formam um todo. Mas que fazer? Não podemos compreender o todo sem distinguir-lhe os aspectos, sem analisar-lhes as partes.[7] A reconstituição, a síntese vem depois. Se é que vem... o que não ocorre com frequência, a julgar pelas últimas tentativas de renovar as façanhas de Burckhardt e de nos oferecê-las sob o prestigioso nome de história das civilizações. As histórias justapostas não formam uma história... Uma história das matemáticas, mais uma história da astronomia, mais uma história da física, uma da química e uma da biologia, não formam uma história da ciência; nem mesmo das ciências...[8] É lamentável, sem dúvida; tanto mais lamentável quanto mais as ciências se influenciam e se apoiam mutuamente. Pelo menos, par-

---

7   Nosso pensamento tende à abstração e à análise. A realidade é uma coisa, e as diversas ciências que estudam seus vários aspectos – físico, químico, eletromagnético – são produtos da abstração.

8   Uma história da música justaposta à história da arquitetura, da escultura, da pintura etc. não forma uma história da arte.

cialmente. Mas, ainda uma vez, que fazer? A especialização é o preço do progresso, da abundância de materiais, do enriquecimento de nossos conhecimentos que, cada vez mais, ultrapassam a capacidade dos seres humanos. Assim, ninguém pode escrever a história das ciências; nem mesmo a história de uma ciência... As recentes tentativas o provam abundantemente. Mas o mesmo ocorre em todos os campos. Ninguém pode escrever a história da humanidade; nem mesmo a história da Europa, a história das religiões ou a história das artes.[9] Como, hoje, ninguém pode gabar-se de conhecer as matemáticas, ou a física, ou a química, ou a literatura. Por todos os lados, estamos submersos. Eis um grande problema – superabundância e especialização extremas. Mas não é nosso problema. E, quanto a mim, não conheço sua solução.

Passemos agora à segunda censura que Guerlac nos faz: a de sermos "idealistas" e de desprezarmos a ligação entre a ciência dita pura e a ciência aplicada e, por isso, de desconhecer o papel da ciência como fator histórico. Confesso que não me sinto culpado. Aliás, nosso "idealismo" – já voltarei a esse ponto – não passa, na realidade, de uma reação contra as tentativas de interpretar – ou de mal interpretar – a ciência moderna, *scientia activa*, *operativa*, como uma promoção da técnica. Seja ela louvada ou exaltada, por seu caráter prático e eficaz, explicando-se seu nascimento pelo ativismo do homem moderno – da burguesia em ascensão – opondo-se à atitude passiva do espectador – a do homem medieval ou antigo; seja ela designada e condenada como uma "ciência do engenheiro" que substitui a busca da intelecção pela busca do sucesso; seja ela explicada por um *hybris* da vontade de poder, que tende a rejeitar a *theoria* em favor da *praxis*, para fazer do homem "o senhor e dono da natureza", em vez de ser seu reverente contemplador... nada disso vem ao caso. Em ambos os casos, estamos em presença do mesmo desconhecimento da natureza do pensamento científico.

Ademais, pergunto-me se a insistência de Guerlac na ligação entre a ciência pura e a ciência aplicada e no papel da ciência como fator histórico não é, pelo menos parcialmente, uma projeção no passado de um estado de coisas atual ou, quando menos, moderno.

---

9 Nem mesmo a de uma única arte.

Com efeito, é certo que o papel da ciência na sociedade moderna tem crescido constantemente no decurso destes últimos séculos e que, hoje, a ciência ocupa, na sociedade, uma posição de relevo que se está tornando preponderante. Também é certo que a ciência se tornou um fator de enorme importância — talvez até decisivo — na história. Não é menos certo que sua conexão com a ciência aplicada é mais do que estreita: os grandes "instrumentos" da física nuclear são usinas. E nossas usinas automáticas não são mais que a teoria encarnada, como o são, aliás, muitos objetos de nossa vida quotidiana, desde o avião que nos transporta até o alto-falante que nos permite sermos ouvidos...

Certamente, tudo isso não é um fenômeno inteiramente novo, mas o resultado de um desenvolvimento. De um desenvolvimento acelerado, cujos primórdios se situam muito longe, às nossas costas. Assim, é claro que a história da astronomia moderna está indissoluvelmente ligada à história do telescópio e que, em geral, a ciência moderna seria inconcebível sem a construção dos inúmeros instrumentos de observação e de medida de que se serve e em cuja fabricação, como nos mostrou Daumas, realiza-se, desde os séculos XVII e XVIII, a colaboração entre o sábio e o técnico.[10] É incontestável que há um sensível paralelismo entre a evolução da química teórica e da química industrial, entre a evolução da teoria da eletricidade e a de sua aplicação.

Porém, essa interação entre a teoria e a prática, a penetração desta por aquela e *vice-versa*, a elaboração teórica da solução de problemas práticos — e vimos, durante a guerra e depois dela, até onde isso pode chegar — me parecem um fenômeno essencialmente moderno. A Antiguidade e a Idade Média nos oferecem poucos exemplos disso, se é que nos oferecem algum, afora a invenção do quadrante solar e a descoberta, por Arquimedes, do princípio que leva seu no-

---

10   Esta colaboração acarretou o aparecimento e o desenvolvimento de uma indústria inteiramente nova, a dos instrumentos científicos, que desempenhavam — e ainda desempenham — um papel preponderante na *cientização* da tecnologia e cuja importância não cessou de aumentar com cada progresso realizado no campo das ciências experimentais. Com efeito, como seria possível o desenvolvimento da física atômica sem o desenvolvimento paralelo das máquinas de calcular e da fotografia?

me.[11] Quanto às técnicas antigas, é forçoso admitir que, mesmo na Grécia, continuem algo muito mais diverso da "ciência aplicada". Por mais surpreendente que isto nos possa parecer, podem-se edificar templos e palácios, e até catedrais, abrir canais e construir pontes, desenvolver a metalurgia e a cerâmica, sem possuir saber científico, ou possuindo apenas rudimentos. A ciência não é necessária à vida de uma sociedade, ao desenvolvimento de uma cultura, à edificação de um estado e até de um império. Assim, houve impérios, e grandes civilizações, e muito belas (pensemos na Pérsia e na China), que prescindiram inteiramente, ou quase inteiramente, da ciência. Como houve outras (pensemos em Roma) que, tendo recebido a herança da ciência, a ela nada, ou quase nada, acrescentaram. Assim, não devemos exagerar o papel da ciência como fator histórico: no passado, até onde ele efetivamente existiu, como na Grécia, ou no mundo ocidental pré-moderno, esse papel foi mínimo.[12]

Isso nos conduz, ou nos reconduz, ao problema da ciência como fenômeno social, e ao problema das condições sociais que permitem ou entravam seu desenvolvimento. Que há tais condições é perfeitamente evidente, e nisso estou muito de acordo com Guerlac. Aliás, como poderia deixar de estar, visto que eu mesmo insisto nisso[13] há alguns anos? Para que a ciência nasça e se desenvolva, é preciso, como já nos explicou Aristóteles, que haja homens que disponham de lazer. Mas não basta isso. É preciso, também, que entre os membros das *leisured classes* surjam homens que encontrem sua satisfação na compreensão, na *theoria*. É preciso, ainda, que esse exercício da *theoria*, a atividade científica, tenha um valor aos olhos da sociedade.[14] Ora, essas são coisas absolutamente desnecessárias, são até coisas muito raras e que, tanto quanto sei, só se realizaram duas vezes na história. Pois, que não se aborreça Aristóteles, o homem não é naturalmente animado do desejo de compreender. Nem mesmo o homem ateniense. E as sociedades, pequenas e grandes, geralmente

---

11   Pode-se acrescentar o exemplo do célebre túnel de Eupalino.
12   Neugebauer assinala a quantidade ínfima de sábios na Antiguidade.
13   Cf. meu artigo em *Scientific Monthly*. 1995. t. LXXX, p. 107-111.
14   As aristocracias guerreiras desprezam a ciência, não a cultivando, assim, Esparta. O mesmo se dá com as sociedades "aquisitivas"; assim, Corinto. Penso que é inútil dar exemplos mais recentes.

não têm senão um reduzido apreço pela atividade puramente gratuita – e, pelo menos em seu início, puramente inútil – do teórico.[15] Pois, é mister reconhecer, a teoria não conduz, pelo menos imediatamente, à prática. E a prática não engendra, pelo menos diretamente, a teoria. Na maioria dos casos, pelo contrário, a prática se desvia da teoria. Assim, não foram os agricultores egípcios, que tinham de medir os campos do vale do Nilo, que inventaram a geometria. Foram os gregos, que nada tinham de medir. Os agricultores se contentavam com receitas. Da mesma forma, não foram os babilônios, que acreditavam na astrologia e que, por isso, precisavam calcular e prever as posições dos planetas do céu – como acaba de nos lembrar Van der Waerden –, que elaboraram um sistema de movimentos planetários.[16] Mais uma vez, foram os gregos, que não acreditavam na astrologia. Os babilônios se contentavam em inventar métodos de cálculo – ainda receitas –, aliás extremamente engenhosos.

Parece-me daí resultar que, se podemos explicar por que a ciência não nasceu e não se desenvolveu na Pérsia ou na China – as grandes burocracias, como nos explicou Needham, são hostis ao pensamento científico independente[17] – e se, a rigor, podemos explicar por que ela pôde nascer e desenvolver-se na Grécia, não podemos explicar por que isso efetivamente ocorreu.

Também me parece vão pretender deduzir a ciência grega da estrutura social da cidade; ou mesmo da *ágora*. Atenas não explica Eudoxo, nem Platão. Siracusa tampouco explica Arquimedes. Como Florença não explica Galileu. De minha parte, creio que o mesmo ocorre no que se refere aos tempos modernos, e mesmo em nossa época, sem embargo da aproximação entre a ciência pura e a ciência

---

15 São resultados práticos que Héron pede a Arquimedes. E foi a invenção legendária – das máquinas de guerra que, segundo a tradição, glorificou Arquimedes. Também eram resultados práticos que Louvois esperava da Academia Real das Ciências, e isso contribuiu para o declínio dessa instituição.
16 Sempre se esquece de que a astrologia só se interessa pelas posições dos planetas no céu e pelas figuras que nele se formam.
17 Mesmo hoje, elas só buscam resultados "práticos" e, se às vezes estimulam as pesquisas teóricas – *fundamental research* –, é na medida em que delas esperam aplicações. Assim, frequentemente há abundância de teóricos nesse sentido, os quais, seguindo e imitando Bacon, procuram persuadir as sociedades de que, cedo ou tarde, a pesquisa teórica se revelará "compensadora".

aplicada, da qual falei há pouco. Não é a estrutura social da Inglaterra no século XVII que nos pode explicar Newton, nem é a da Rússia de Nicolau I que pode lançar alguma luz sobre a obra de Lobatchevski. Esta é uma empresa inteiramente quimérica, tão quimérica quanto querer predizer a futura evolução da ciência ou das ciências em função da estrutura social ou das estruturas sociais de nossa sociedade ou de nossas sociedades.

Pense que o mesmo se dá no tocante às aplicações práticas da ciência. Não é por elas que se pode explicar sua natureza e sua evolução. Com efeito, creio (e se isso é *idealismo*, estou pronto a suportar o opróbrio de ser um *idealista* e a receber as censuras e as críticas de meu amigo Guerlac) que a ciência, a ciência de nossa época, como a dos gregos, é essencialmente *theoria*, busca da verdade, e que, por isso, ela tem e sempre teve uma vida própria, uma história imanente, e que é somente em função de seus próprios problemas, de sua própria história, que ela pode ser compreendida por seus historiadores.

Creio até que justamente aí está a razão da grande importância da história das ciências e do pensamento científico para a história geral. Pois, se a humanidade é, como disse Pascal, um único homem que vive sempre e que aprende sempre, é de nossa própria história, e mais que isso, é de nossa autobiografia que nos ocupamos ao estudá-la. E é também por isso que ela é tão apaixonante e, ao mesmo tempo, tão instrutiva. Ela nos revela o espírito humano no que ele tem de mais alto, em sua busca incessante, sempre insatisfeita e sempre renovada, de um objetivo que sempre lhe escapa: a busca da verdade, *itinerarium mentis in veritatem*. Ora, esse *itinerarium* não é dado por antecipação, e o espírito não o percorre em linha reta. O caminho na direção da verdade é cheio de ciladas e semeado de erros, e nele os fracassos são mais frequentes do que os sucessos. Fracassos, de resto, por vezes tão reveladores e instrutivos quanto os êxitos. Assim, cometeríamos um engano se desprezássemos o estudo dos erros; é através deles que o espírito progride em direção à verdade. O *itinerarium mentis in veritatem* não é uma via direta. Dá voltas, faz desvios, entra em becos sem saída, dá marcha a ré. E nem mesmo é uma via, mas várias. A do matemático não é a do químico, nem a do biólogo, nem mesmo a do físico... Assim, é preciso que sigamos todas essas vias em sua realidade concreta, isto é, em sua separação historicamente produzida, e que nos resignemos a escrever as histórias *das ciências* antes de poder escrever a história *da ciência*, na qual virão a juntar-se como os afluentes de um rio nele se juntam.

Essa história da ciência será escrita algum dia? Isso... só o futuro saberá.

ÍNDICE ONOMÁSTICO

A

ABUL'L-BARAKAT HIBATALLAH IBN MA-LKÃ AL-BAGHDAHI, 180
ACHAIA, Jacomo de, 133
ADURNUS, Vicentius Franciscus, 319
AGOSTINHO (Santo), 9, 10, 11, 22, 25, 26, 29
AGUCHI, Monsenhor Giovanni Battista, 289
ALAIS, Louis de Valois (Conde de), 346, 347
ALBERTI, Leon Battista, 104
ALBERTO DA SAXÔNIA, 99
ALBERTO MAGNO (Santo), 29, 65
ALDROVANI, Ulisse, 46
ALEXANDRE (DE AFRODÍSIA), 37, 38, 64
ALFARABI, Abu Nasr Muhammad, 17, 23, 24, 38
ALGAZALI (Ibn Al-Ghazali), 19
ALHAZEN (Ibn Al-Haytham), 63, 64
ALLEN, G., 308
AMBOISE, Charles Chaumont, 96
ANDERSON, Alexander, 354
ANGELI, Stefano degli, 233, 407
ANSELMO (Santo), 26, 29, 36
APOLÔNIO (DE PERGA), 46, 47, 83, 86, 87, 389
AQUILES, 380
ARIOSTO, 287, 289, 291
ARISTARCO (DE SAMOS), 77, 83, 86, 87
ARISTÓTELES, 9, 10, 13, 14, 15, 17, 18, 19, 20, 21, 22, 24, 30, 33, 35, 37, 38, 40, 41, 60, 62, 70, 79, 84, 86, 100, 103, 114, 121, 134, 137, 138, 143, 144, 146, 153, 154, 156, 157, 158, 160, 162, 163, 168, 172, 173, 175, 177, 178, 179, 180, 183, 184, 187, 188, 191, 202, 204, 206, 207, 209, 210, 213, 216, 217, 218, 219, 220, 225, 227, 229, 230, 231, 232, 234, 235, 236, 237, 238, 239, 240, 246, 247, 248, 251, 253, 256, 257, 258, 260, 261, 263, 264, 265, 272, 273, 296, 322, 337, 338, 340, 344, 422
ARQUIMEDES, 4, 17, 46, 51, 128, 137, 140, 141, 142, 144, 156, 172, 184, 191, 213, 248, 249, 256, 257, 258, 353, 354, 357, 359, 385, 389, 421, 423
ARUNDEL, Thomas Howard (Conde de), 98
ATWOOD, George, 265
AUZOUT, Adrien, 348
AVERRÓIS (Ibn Ruchd), 16, 17, 29, 31, 38, 39, 40, 41, 64, 239
AVICENA (Ibn Sina), 17, 24, 27, 29, 31, 34, 35, 38, 39, 64, 180

B

BACON, Francis, 7, 8, 12, 58, 68, 71, 98, 409, 423
BACON, Roger, 7, 24, 29, 63, 64, 65, 69, 70
BALDI, Bernardino, 100, 134

BALIANI, Giovanni Battista, 222, 224, 267, 305, 321, 322
BARROW, Isaac, 4, 308
BASSON, Sébastien, 349
BEATIS, Antonio de, 97
BEECKMAN, Isaac, 182
BELAVAL, Y., X
BENEDETTI, Giambattista, 100, 134, 137, 138, 139, 143, 144, 145, 147, 149, 151, 152, 153, 155, 156, 157, 158, 160, 161, 162, 163, 167, 172, 180, 184, 220, 234, 235, 236, 241, 242, 243, 245, 246, 252, 255, 256, 257, 259, 261, 262, 263, 265, 272, 303, 321
BERGSON, Henri, 165
BÉRIGARD, Claude Guillermet de, 349
BERNI, Francesco, 289
BERNIER, François, 338, 348
BERNOULLI, Jean I., 311
BERTI, Gasparo, 407, 408
BERTRAND, Juliette, 9
BLUMENBACH, Johann Friedrich, 98
BOAS, George, 156
BOAVENTURA (São), 22, 26, 29
BOÉCIO (Anicius Manlius Torquatus Severinus [Boetius]), 17, 22
BÖHME, Jacob, 1
BORCHERT, E., 180
BORDIGA, R., 137
BORELLI, Giovanni Alfonso, IX, 146, 249, 343, 352, 407
BORGIA, César, 96
BORKENAU, F., 166
BOUILLAUD, Ismaël, 342
BOURBAKI, Nicolas, 307, 387, 388
BOUTROUX, Pierre, 353, 391, 413
BOYER, Carl B., 355, 358
BOYLE, Robert, 4, 304, 338, 348, 400, 407, 409, 413
BRADWARDINE, Thomas, 74, 99, 239

BRÉHIER, Émile, 43, 47, 170
BROUNCKER, Lord William, 311
BRUNELLESCHI, Filippo, 103, 104
BRUNO, Giordano, 2, 50, 51, 94, 172, 202, 204, 206, 207, 208, 298, 346
BRUNSCHVICG, Léon, 193, 351, 358, 388, 391, 402, 409, 418
BUONAMICI, Francesco, 187, 189, 221
BURCKHARDT, Jacob, 104, 419
BURLEY, Walter, 158
BURTT, E. A., 191, 193

C

CABEO, Nicolau, 222, 223, 224, 321
CALIPO, 85
CALLERANI, Cecilia, 96
CAMPANELLA, Tommaso, 45
CANTOR, Moritz, 351, 361, 363, 365, 369, 373, 381, 391
CAPRA DE NOVARRA (Duque de Savoia), 137, 151
CARCAVY, Pierre de, 395, 396, 397, 399
CARACCI, Annibal, 289
CARACCI (Família), 289
CARDANO, Gerolamo, 44, 100, 134, 135
CASSIRER, Ernst, 169, 193
CAVALIERI, Bonaventura, 4, 192, 213, 292, 351, 352, 353, 354, 355, 356, 357, 358, 359, 360, 361, 362, 363, 364, 365, 366, 367, 368, 369, 370, 371, 372, 373, 374, 375, 376, 377, 378, 379, 381, 382, 383, 384, 386, 387, 388, 399
CAVERNI, Raffaello, 171, 221, 223
CELLINI, Benvenuto, 97
CESALPINO, Andrea, 9, 13, 14
CESI, Frederico, 292, 293
CHALDICIUS, 22
CHANUT, Pierre, 402
CHASLES, Michel, 353, 390
CHEVALIER, Jacques, 390
CIAMPOLI, J., 353

CÍCERO, Marco Túlio (Marcus Tulius Cicero), 9, 17, 18, 22, 24
CIGOLI (Ludovico Cardi da Cigoli, dito), 287, 289
CLAGET, Marshall, 55, 133, 156, 158, 160, 239, 240
COHEN, I. Bernard, 247, 304
COLONNA C'ISTRIA, Ignace, 9
COMTE, Auguste, 418
CONDORCET (Marie Jean Antoine Nicolas de Caritat, Marquês de), 417
COOPER, Lane, 228
COPÉRNICO, Nicolau, 1, 2, 46, 48, 50, 75, 76, 83, 86, 87, 89, 90, 91, 92, 93, 98, 144, 149, 162, 204, 205, 206, 207, 212, 283, 284, 292, 293, 317, 342, 410
CORONEL, Louis, 133
CREMONINI, Cesare, 13, 167, 171
CREW, Henry, 253, 284, 285
CRIVELLI, Lucrezia, 96
CROMBIE, Alistair C., 56, 57, 58, 59, 61, 63, 65, 66, 67, 68, 69, 70, 71, 72, 73, 74, 75, 76, 77, 78, 79, 80, 81, 415
CTESIBIUS, 307, 309, 349
CUVILLIER, Armand, 215

D

DANTE ALIGHIERI, 21
DAUMAS, Maurice, 421
DEFOSSEZ, L., 311, 326, 327
DELAMBRE, Jean-Baptiste, 342, 418
DEMÓCRITO, 338, 350
DESARGUES, Gérard, 388, 389, 390, 391, 394
DESCARTES, René, 1, 2, 3, 4, 7, 8, 12, 13, 15, 21, 58, 59, 68, 72, 73, 74, 78, 79, 109, 165, 168, 169, 171, 172, 182, 184, 191, 195, 197, 198, 199, 209, 212, 229, 305, 317, 339, 341, 349, 351, 387, 388, 395, 409, 412, 413
DESNOYERS, Pierre, 403, 406, 408
DETTONVILLE, Amos, 395, 398, 399

DIELS, Hermann, 309
DIGGES, Leonard, 344
DIGGES, Thomas, 212, 344, 345
DIJKSTERHUIS, Eduard J., 172, 239
DIÓGENES LAÉRCIO, 416
DONATELLO (Donato di Nicola di Beto Bardi, dito), 96
DOROLLE, M., 9
DU PUY, Pierre, 347
DUHEM, Pierre, 55, 74, 98, 99, 100, 101, 109, 133, 146, 135, 150, 158, 159, 167, 168, 171, 172, 173, 180, 181, 202, 220, 242, 302, 418
DULAERT, JEAN, 133
DUNS SCOTO, 35, 71, 72
DÜRER, Albrecht, 46
DURKHEIM, Émile, 16

E

EINSTEIN, Albert, 198, 229, 294, 301
EPICURO, 350
ESTE, Isabella D', 96
ESTRATÃO DE LÂMPSACO, 158
EUCLIDES, 16, 17, 61, 101, 138, 143, 234, 389
EUDOXO (DE CNIDO), 85, 354, 423
EUPALINO (DE MEGARA), 422

F

FAHIE, J. J., 216, 218
FEBVRE, Lucien, 102, 351, 387
FERMAT, Pierre de, 46, 337, 352, 386, 391, 392, 394, 395, 400
FICINO, Marsílio, 45, 102
FILÃO (DE ALEXANDRIA), 158, 161, 172, 180, 184, 257
FRANCISCO I (Rei da França), 97, 98
FROIDEMONT, Liberto, 345

G

GALILEU [GALILEI] GALILEO, 3, 51, 52, 53, 58, 59, 71, 73, 75, 76, 77, 78, 79,

109, 110, 112, 133, 135, 137, 138, 145, 158, 165, 166, 167, 168, 170, 171, 172, 173, 180, 181, 183, 184, 185, 186, 187, 189, 190, 191, 192, 193, 194, 195, 196, 197, 198, 199, 200, 201, 202, 204, 208, 209, 210, 211, 212, 213, 215, 216, 217, 218, 220, 221, 222, 223, 224, 225, 227, 228, 229, 230, 231, 232, 233, 234, 237, 239, 241, 243, 244, 245, 246, 247, 248, 249, 250, 251, 252, 253, 254, 255, 257, 259, 260, 261, 262, 263, 264, 265, 266, 267, 268, 269, 270, 271, 272, 273, 274, 276, 277, 278, 279, 280, 281, 284, 285, 287, 288, 289, 290, 291, 292, 293, 294, 295, 296, 297, 298, 299, 300, 301, 302, 303, 304, 305, 307, 308, 309, 310, 311, 313, 314, 317, 318, 321, 322, 323, 329, 331, 332, 337, 339, 341, 343, 344, 345, 346, 347, 352, 356, 359, 360, 391, 407, 423

GALLÉ, Jean, 345

GASSENDI, Pierre, 145, 212, 337, 338, 339, 340, 341, 342, 343, 344, 346, 347, 348, 349, 350, 412

GERLANDO, Ernst, 311

GESNER, Konrad, 46

GHERARDINI, N., 289

GERHARDT, C. I., 355

GHIBERTI, Lorenzo, 103

GHISONUS, Stephanus, 319

GIACOMELLI, Raffaele, 137, 234, 310

GILBERT, William, 301, 303

GILSON, Étienne, 19, 35, 134, 137

GONZAGUE, Marie-Louise de, 403

GRIMALDI, Francesco Maria, 319, 322, 323

GROSSETESTE, Robert, 56, 59, 60, 61, 62, 63, 64, 65, 69, 70, 71, 72, 73, 78

GROSSMAN, H., 166

GUATELIS, Robert, 108

GUBERNATIS, Angelo de, 215

GUERLAC, Henry, 415, 417, 418, 419, 420, 422, 424

GULDIN, Paul, 4, 352, 355, 358, 359, 383

GUZMAN, Gabriel de, 138, 139, 234

H

HARRIOT, Thomas, 342

HARVEY, William, 301

HAZARD, Paul, 9

HÉRIGONE, Pierre, 392

HÉRON (DE ALEXANDRIA), 46, 423

HIÉRON, 423

HIPARCO, 83, 86, 87, 180, 181

HOBBES, Thomas, 165

HOGBEN, Lancelot, 308

HOOKE, Robert, 4, 304, 320, 327

HUMBERT, Pierre, 342, 390, 391

HUTIN, Serge, 301

HUYGENS, Christiaan, 3, 71, 271, 311, 315, 320, 323, 324, 325, 326, 327, 328, 329, 385, 387, 397, 398, 412

I

IBN GABIROL [AVICEBRON], 22, 60

INGOLI, Francesco, 345, 346

J

JABIR (Abu Musa Jabir), 23

JÂMBLICO, 213

JAMMER, Max, 249

JANSEN, B., 180

JOÃO BURIDANO, 74, 99, 159, 167, 168, 172, 180

JOÃO ESCOTO ERÍGENA, 11

JOHNSON, F., 344, 345

JORDANO DE NEMORE, 71

K

KANT, Immanuel, 5, 179

KÄSTNER, Abraham Gotthelf, 352, 353, 357, 364, 418

Índice Onomástico

KEPLER, Johannes, 2, 44, 49, 50, 51, 78, 83, 89, 91, 92, 93, 94, 131, 202, 204, 207, 208, 209, 210, 228, 249, 250, 291, 292, 293, 296, 297, 298, 299, 301, 317, 342, 343, 345, 352, 353, 354, 356, 359, 360
KILWARDBY, Robert, 67
KLIBANSKY, Raymond, 23
KOYRÉ, Alexandre, IX, X, 1, 134
KRAUS, Paul, 23

L

LA HIRE, Philippe de, 390
LABERTHONNIÈRE, Lucien, 166
LALOUÈRE, Padre Antoine de, 397
LANGE, H., 74
LAPLACE (Pierre Simon, Marquês de), 83
LARKEY, S., 344
LARROQUE, Jacques-Philippe Tamizey, 307
LASSWITZ, Kurd, 169
LE PAILLEUR, François, 409, 411
LEÃO X (Papa), 97
LEGARDE, G. de, 24
LEIBNIZ, Gottfried Wilhelm, 1, 4, 15, 354, 355, 387, 388, 390, 398, 399, 412
LENOBLE, Robert, 338
LEO, N., 288
LEONARDO DA VINCI, 74, 95, 96, 99, 100, 101, 102, 103, 104, 105, 106, 107, 108, 109, 110, 111, 113, 118, 131, 133, 135, 146, 158, 162, 180, 242, 251, 289, 296
LEONI, Pompeo, 98
LEROY, Maxime, 166
L'HÔPITAL, Guillaume-François-Antoinne de, 311
LIBRI, Guglielmo, 98, 138, 139, 187, 234, 255, 380
LICETI, Fortunio, 187, 223
LICHTENBERG, James P., 16
LOBATCHEVSKI, Nikolai Ivanovitch, 424
LORIA, Gino, 351, 353

LOUVOIS, François-Michel de Tellier (Marquês de), 423
LUCRÉCIO (Titus Lucretius Carus), 350

M

MAC CURDY, Edward, 98
MACH, Ernst, 169, 174, 221, 228, 301
MACRÓBIO (Ambrosius Macrobius Theodosius), 17
MAGNI, Valeriano (Padre), 402, 403, 408
MAIER, Anneliese, 55, 74, 75, 158, 160, 240, 249
MALEBRANCHE, Nicolas de, 15, 26
MANDONNET, M. (Padre), 38
MAQUIAVEL, Nicolau, 9, 12, 13
MARCIUS, Johannes, 224
MARCOLONGO, Roberto, 180
MARIE, Maximilien, 351, 352, 353, 357
MARISCO, Adam de, 64
MARLIANI, Giovanni, 102, 103
MARTINENGO, Gabriel Tadino di, 131
MASSON-OURSEL, Lucien, 83, 84
MAUROLICO, Francesco, 46, 69
MAXWELL, James Clerk, 5
MAZZONI, Jacopo, 188, 189, 221
MEDICIS (Família), 97, 101
MEDICI, Leopoldo de, 311
MÉDICIS, Lourenço de (dito O MAGNÍFICO), 96
MELZI, Francesco, 98
MENZZER, C. L., 283
MERSENNE, Marin (Padre), 182, 271, 307, 308, 312, 313, 314, 315, 316, 317, 323, 324, 325, 327, 328, 329, 330, 331, 337, 343, 345, 385, 387, 389, 390, 394, 395, 400, 401, 403, 407, 412, 413
MERZ, R., 18
MESTRE ECKART (Johann Eckart, dito), 11
MEYERSON, Émile, 168, 169, 178
MEYRONNES, François de, 159

MICHALSKY, K., 180
MILHAM, Willis Ibister, 308
MILL, John Stuart, 72
MONTEL, Paul, 388
MONTUCLA, Jean-Étienne, 353, 357, 370, 374, 378, 418
MORAY, Robert, 328
MORIN, Jean-Baptiste, 345
MOSCOVICI, Serge, 267
MOSER, S., 180
MOULINIER, L., 9

N

NAMER, Émile, 217, 218
NAPOLEÃO BONAPARTE, 70
NEEDHAM, Joseph, 423
NESSI, 215
NEUGEBAUER, Otto, 422
NEVRE, 346
NEWTON, Isaac, 3, 4, 5, 53, 58, 59, 71, 75, 79, 80, 93, 94, 169, 198, 199, 229, 248, 250, 304, 305, 308, 311, 338, 339, 341, 387, 399, 412, 424
NICOLAU I, Czar, 424
NIFO, Agostinho, 45
NOEL, Étienne (Padre), 340, 409, 410, 411, 412
NOLHAC, Pierre de, 9

O

OCCAM, Guilherme de, 65, 66, 71, 72, 74, 75
OLSCHKI, Leonard, 166, 167, 193, 218
ORESME, Nicolau de, 74, 99, 158, 160, 167, 168, 172, 180, 250
OSIANDER (Andreas Hosemann, dito), 76
OVÍDIO (Publius Ovidius Naso), 101

P

PACIOLI, Luca, 102, 108
PALLAVACINUS, Jacobus Maria, 319
PANOFSKY, Erwin, 287, 288, 289, 290, 291, 293, 294, 295, 296, 297, 298, 299

PAPOS, 46, 387
PARACELSO (Philippus Aureolus Theophrastus Bombastus von Hohenheim, dito), 2
PASCAL, Blaise, 2, 170, 191, 317, 337, 348, 352, 385, 386, 387, 388, 389, 390, 391, 392, 393, 394, 395, 396, 397, 398, 399, 400, 401, 402, 403, 404, 406, 407, 408, 409, 410, 411, 412, 413, 424
PASCAL, Étienne, 389
PATTESON, Louise D., 327
PEDRO DAMIÃO (São), 10
PEIRESC, Nicolas-Claude Fabri de, 307
PEREGRINO DE MARICOURT (Pedro, o), 71, 116
PÉRIER, Étienne, 389
PÉRIER, Florin, 404, 409
PÉRIER, Gilberte Pascal, 389
PÉRIER, Marguerite, 394, 395
PETIT, Pierre, 401, 403
PETRARCA, Francesco, 9, 10
PEURBACH, Georg Von, 89
PICARD, Émile, 390, 398
PICO DELLA MIRANDOLA, Giovanni, 102
PINÈS, Salomon, 180
PIRENNE, Henrique, 16
PLATÃO, 9, 17, 18, 20, 21, 22, 23, 24, 25, 26, 29, 38, 49, 84, 153, 172, 187, 188, 190, 191, 193, 194, 195, 196, 212, 213, 338, 350, 423
PLÍNIO, O VELHO (Caius Plinius Secundus), 17
PLOTINO, 11, 17, 20, 21, 25
PLUTARCO, 86
POINCARÉ, Henri, 388
POMPONAZZI, Pietro, 45
PONCELET, Jean Victor, 390
POPPER, K., 228
PORTA, Giambattista della, 44, 303
PROCLO, 2, 75, 213

PSEUDO-DIONÍSIO, 11
PTOLOMEU, Cláudio, 17, 46, 75, 76, 83, 86, 87, 88, 89, 90, 91, 93, 204, 342, 345

R

RAFAEL (Rafaello Santi ou Sanzio, dito), 291
RAMUS (Pierre de la Ramée), 43, 144
RANDALL, John Hermann, 69, 70, 165, 171, 303
RAVAISON-MOLLIEN, Charles Lacher, 98
RENAN, Ernest, 40, 416
RENIERI, Vincenzo, 222, 223, 224, 225
REY, Abel, 8, 9
RHAETICUS, Georg Joachim, 90
RIBEYRE, 385, 402, 403
RICCIOLI, Giambattista, 223, 224, 233, 316, 317, 318, 319, 320, 321, 322, 323, 327, 329, 352
RICHTER, Jean-Paul, 98
RIEZLER, Kurt, 176
RIVET, André, 339
ROANNEZ, Artus Gouffier (Duque de), 395
ROBERT, G., 30
ROBERVAL, Gilles Personne de, 4, 337, 348, 352, 355, 386, 392, 394, 395, 397, 399, 400, 402, 403, 406, 407, 408
ROCCO, Antonio, 193
ROCHOT, Bernard, 337, 339, 349
RODENGUS, Camillus, 319
RONCHI, Vasco, 69
ROTHMANN, Christopher, 207
ROVERE, Francesco Maria della (Duque de Urbino), 124, 125, 131
RUBENS, Octavius, 319

S

SAGREDO, Giovanni, 189, 196, 229, 230, 231, 241, 242, 266, 271, 274, 275

SAINT-VINCENT, Grégoire de, 352, 354
SALVIATI, Filippo, 229, 231, 232, 233, 235, 236, 237, 238, 239, 240, 241, 242, 244, 246, 248, 267, 275, 276, 310
SALVIATI, Francesco, 291
SALVIO, Alfonso de, 253, 284, 285
SARTON, George, 55, 104
SCHOLZ, Heirinch, 354
SELEUCO, 86
SÊNECA (Lucius Annaeus Seneca, dito SÊNECA, O FILÓSOFO), 17, 18
SFORZA (Família), 96, 101
SFORZA, Francesco, 96, 97
SFORZA, Ludovic (dito O MOURO), 96
SHANDY, Tristam, 416
SIGÉRIO DE BRABANTE, 30
SIMPLÍCIO, 229, 230, 231, 232, 233, 234, 236, 238, 239, 240, 244, 246, 248, 266, 268
SIMPLICIUS, 229
SINGER, Charles, 216
SLUSE, René-François de, 397, 398
SNELLIUS (Willebrod Snell van Royen, dito), 325, 326
SÓCRATES, 19
SOTO, Dominique, 242
SOVERUS, Bartholomaeus, 354
SPINOZA, Baruch, 1, 15, 25, 412
STEVIN, Simon, 139, 144, 413
STIFEL, Micchael, 391
STRAUSS, E., 193
STRAUSS, Leo, 20, 23
STRONG, E. W., 193
SWINESHEAD, Richard, 99

T

TACQUET, Andreas, 4
TAISNIER, Jean, 138
TALLEMANT DES RÉAUX, Gédeon, 389
TANNERY, Paul, 168, 171, 202, 221, 302, 418

TARTAGLIA, Niccolò, 100, 113, 114, 115, 116, 117, 118, 119, 120, 122, 123, 124, 125, 126, 127, 128, 129, 130, 131, 132, 133, 134, 137, 139, 143, 147, 157, 158, 392
TASSO, Torquato, – 287, 288, 289, 290, 291, 298
TATON, René, X, 389
TELESIO, Bernardino, 45
TEODORICO DE FREIBERG, 12, 65, 69, 71
THEMISTIOS, 37
THOMAS, D., 257
THORNDIKE, Lynn, 55, 172
TOMÁS DE AQUINO (Santo), 7, 8, 22, 30, 31, 33, 35, 36, 37, 40, 41, 173
TORRICELLI, Evangelista, 4, 192, 193, 305, 348, 349, 352, 355, 356, 386, 387, 395, 402, 403, 410, 413
TRAUMÜLLER, Friedrich, 311
TREVISANO, Marco, 156
TRIVULZIO, Gian Giacomo, 97
TYCHO BRAHE, 48, 49, 52, 90, 91, 93, 204, 207, 208, 210, 293, 297, 342, 345, 410

U

UNWIN, 309
URBINO (Guido Ubaldo de Montefeltro, Duque de), 124

V

VAILLATI, G., 234
VARRON, Michel, 344
VASARI, Giorgio, 95, 291
VENDELINUS, Godefroi, 321
VERROCCHIO, Andrea di, 96, 103, 104
VESÁLIO, André, 46, 98, 111
VICTORINUS, Marius, 17
VIÈTE, François, 144
VIGNAUX, Georgette, 165
VINCI, Ser Piero da, 95, 96, 108
VIVIANI, Vicenzo, 215, 218, 219, 220, 221, 222, 289, 310, 311, 343

W

WAARD, Cornelis de, 401, 403, 407
WAERDEN, Bartel van der, 423
WALLIS, John, 4, 392, 396, 397
WHEWELL, William, 301, 308, 418
WHITEHEAD, Alfred North, 165
WITELIUSZ (ou VITELLIO) (Erasm Ciolek), 12, 65, 71
WOHLWILL, E., 180, 219, 220, 222, 293, 310
WOLF, Abraham, 358
WÖLFLIN, H., 104, 288
WREN, Christopher, 327, 397, 398

Y

YOUNG, Thomas, 412

Z

ZABARELLA, Jacques, 171, 172
ZÉNON (Padre), 319, 323
ZEUTHEN, Hieronymus G., 355, 361, 370, 372, 375
ZILSEL, E., 166

A marca FSC é a garantia de que a madeira utilizada na fabricação do papel com o qual este livro foi impresso provém de florestas gerenciadas, observando-se rigorosos critérios sociais e ambientais e de sustentabilidade.

FORENSE
UNIVERSITÁRIA

www.forenseuniversitaria.com.br
bilacpinto@grupogen.com.br

Serviços de impressão e acabamento
executados, a partir de arquivos digitais fornecidos,
nas oficinas gráficas da EDITORA SANTUÁRIO
Fone: (0XX12) 3104-2000 - Fax (0XX12) 3104-2016
http://www.editorasantuario.com.br - Aparecida-SP